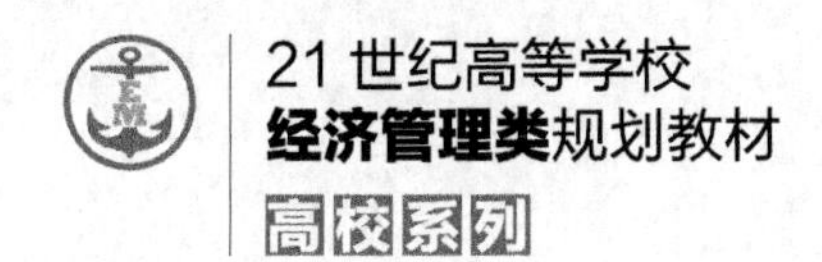

EXCEL DATA ANALYSIS AND PROCESSING

Excel 2010 商务数据分析与处理（第2版）

杨尚群 乔红 蒋亚珺 编著

ECONOMICS AND MANAGEMENT

人民邮电出版社
北京

图书在版编目（CIP）数据

Excel 2010商务数据分析与处理 / 杨尚群，乔红，蒋亚珺编著. -- 2版. -- 北京 : 人民邮电出版社，2016.8(2024.1重印)
21世纪高等学校经济管理类规划教材. 高校系列
ISBN 978-7-115-42768-7

Ⅰ. ①E… Ⅱ. ①杨… ②乔… ③蒋… Ⅲ. ①表处理软件－高等学校－教材 Ⅳ. ①TP391.13

中国版本图书馆CIP数据核字(2016)第174803号

内容提要

本书较系统地介绍了 Excel 2010 的功能、操作技巧、各种实用函数、数据处理和数据分析工具的使用等。本书的特点是通过案例引导读者掌握解决实际应用问题的方法和技巧。本书案例丰富且具有实用价值，并配有习题和实验，以便读者巩固所学知识，提高实际应用能力。

本书可作为本科、研究生相关课程的教材，也可作为 Excel 培训班、办公室管理人员和计算机爱好者的自学参考书或速查手册。

◆ 编　　著　杨尚群　乔　红　蒋亚珺
责任编辑　许金霞
责任印制　沈　蓉　彭志环

◆ 人民邮电出版社出版发行　　北京市丰台区成寿寺路 11 号
邮编　100164　　电子邮件　315@ptpress.com.cn
网址　http://www.ptpress.com.cn
固安县铭成印刷有限公司印刷

◆ 开本：787×1092　1/16
印张：17.25　　　2016年8月第2版
字数：388千字　　　2024年1月河北第15次印刷

定价：42.00 元

读者服务热线：(010)81055256　印装质量热线：(010)81055316
反盗版热线：(010)81055315

前言

FOREWORD

计算机应用技术已经成为各个领域人员必须掌握的重要技能，计算机水平是衡量人才素质的重要指标。Excel 是 Office 办公系列软件之一，应用范围非常广泛，已经是办公自动化、数据处理、数据分析等方面重要的工具。

本书全面系统地介绍了 Excel 2010 的功能和使用方法。第 1 章是数据处理与分析基础，介绍 Excel 入门级的基础知识和基本操作。如果对计算机有一定的基础，可以从第 2 章开始学习。第 2 章是商务数据计算与统计。通过案例介绍了商务数据计算与统计方法，包括各种分组计算函数和强大功能的数据透视表。第 3 章是财务数据计算。主要介绍与财务相关的数据计算，包括财务单据的格式、财务函数计算、工薪税的计算、个人财务数据的计算与预算、个人投资优化预测等。第 4 章是商务数据表格式设置、显示与打印。通过案例介绍条件格式的使用方法与技巧。例如，隔行或隔列用不同的颜色标识、对特定条件的数据标识，以及数据窗口操作、页面设置与打印。第 5 章是商务数据图表制作、设计与应用。通过案例介绍常用图表的制作与设计。例如，柱形图、条形图、折线图、面积图、饼图和圆环图等。还通过案例介绍数据透视图、股价图、甘特图、悬浮柱形图、组合图、直方图、排列图和雷达图，并用图表比较股票增长率等。第 6 章是商务数据查询、处理与管理。通过案例介绍了用多种方法进行查询的方法和技巧。例如用数据有效性、VLOOKUP 以及数据透视表等进行查询。第 7 章是商务数据分析。介绍了单变量求解、模拟运算表、方案管理器、线性回归分析、规划求解、移动平均、相关分析、方差分析和 z-检验等工具的功能，同时通过案例介绍这些分析工具的用途和使用方法。第 8 章、第 9 章和第 10 章是与前面章节配套的上机实验，包括基本应用实验、函数应用实验以及数据分析实验。通过上机实验将理论与实践结合，提高实际应用能力。

本书第 1 章～第 6 章由杨尚群编写；第 7 章、第 10 章由乔红编写；第 8 章和第 9 章由蒋亚珺编写。

编　者

2016 年 6 月

目录 CONTENTS

目 录

CONTENTS

目录 CONTENTS

CHAPTER1

第1章 数据处理与分析基础

1.1 认识工作簿、工作表和单元格区域

1.1.1 工作簿、工作表和单元格区域

安装 Office 办公软件以后，单击任务栏左下角的“开始”按钮（或“图形视窗”），选择“所有程序”→“Microsoft Office”→“Microsoft Office Excel 2010”，启动 Excel2010，打开 Excel 2010 应用程序。应用程序窗口由选项卡、名称框、编辑栏、文档窗口和状态栏等组成。一个文档窗口打开一个工作簿，如图 1.1 所示。

1．应用程序窗口、工作簿、工作表

（1）应用程序窗口与工作簿：一个 Excel 应用程序中可以打开多个 Excel 工作簿。默认的 Excel 工作簿扩展名为“.xlsx”。一个 Excel 文件也称为一个工作簿。一个工作簿由一个或多个工作表组成。

（2）工作表与工作表标签：一个工作簿包含的工作表数量受可用内存的限制（默认值为 3 个工作表）。工作表标签是工作表的名字，在工作表的下方。单击工作表标签，使该工作表成为当前工作表。

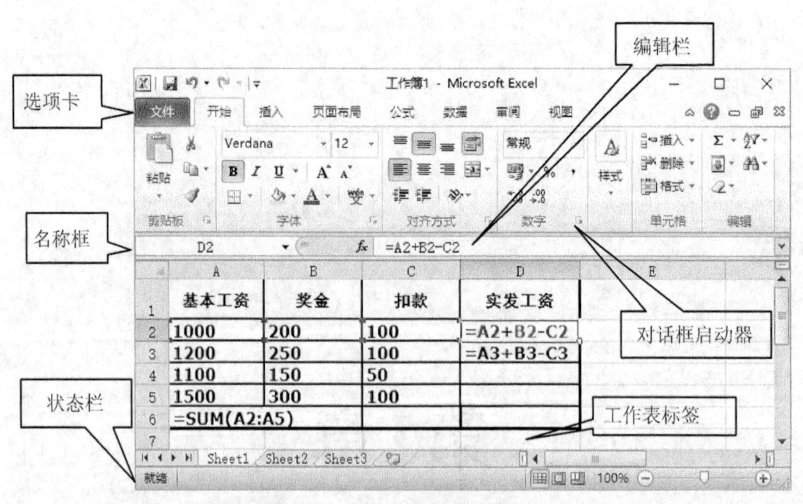

图 1.1　Excel 应用程序窗口

2．名称框、编辑栏、对话框启动器、单元格

（1）名称框：用于显示活动单元格的地址、定义单元格区域的名字或选定单元格区域等。

（2）编辑栏：用于输入、编辑和显示活动单元格的数据或公式。

（3）对话框启动器：单击“对话框启动器”可以快速打开相应的对话框。

（4）单元格：一个工作表由单元格、行号、列标、工作表标签等组成。工作表中的一个方格称为一个单元格，每个单元格都有一个名称，名称由行编号和列编号组成。行编号范围为 1～1048576（1048576 行），列标的范围为 A～Z、AA～AZ、……XAA～XFD（16384 列）。一个工作表由 1048576×16384 个单元格组成。

按 Ctrl 键+箭头键，可快速移动当前焦点（光标）到数据区域的边缘。例如，新建的工作簿的每张工作表均为空。以下操作可以快速查看表格的边缘。

- 按【Ctrl+→】组合键，移到最右侧的列（XFD 列）。
- 按【Ctrl+↓】组合键，移到最大行（1048576 行）。
- 按【Ctrl+Home】组合键，移到 A1 单元格。

每一个单元格名称也称为单元格地址。单元格地址的正确表示是：列标在前，行号在后。例如，第 2 行，第 3 列（C 列）的单元格的地址是“C2”。

用鼠标单击 C2 单元格，该单元格被选定为当前（或活动）单元格。同时名称框显示单元格的地址，编辑栏显示单元格的内容。

3．单元格区域的表示

一个单元格区域由多个连续的单元格组成。在表示单元格区域时，用冒号、逗号或空格作为分隔符的含义是完全不同的，在书写时一定要注意。

（1）表示单元格区域用冒号、逗号

冒号转为逗号。例如，SUM（B2:C4）等价于 SUM（B2,B3,B4,C2,C3,C4）

如果要引用两个单元格区域的“并集”，用“,”分隔两个区域。“并集”是包含两个单元格区域的所有单元格。例如，SUM（B2:C4，C3:D4）等价于 SUM（B2,B3,B4,C2,C3,C4,C3,C4,D3,D4）。

一个单元格区域也可以采用其他表示形式。例如，SUM（B4:C2）、SUM（C2:B4）或 SUM（C4:B2），系统自动为 SUM（(B2:C4)。

（2）空格的使用

如果要引用两个单元格区域的"交集"，用空格分隔两个区域。"交集"是两个单元格区域的公共单元格区域。例如，B2:C4 C3:D4 表示 C3 和 C4 两个单元格。

这是因为：B2:C4 等价 B2,B3,B4,C2,C3,C4

C3:D4 等价 C3,C4,D3,D4

它们的交集是 C3,C4。

如果在 B2:C4 和 C3:D4 区域的单元格分别输入数字 1，则：

在 B5 单元格输入公式：=SUM(B2:C4,C3:D4)，结果显示 10，即重复计算 C3 和 C4。

在 B5 单元格输入公式：=SUM(B2:C4 C3:D4)，结果显示 2，即两个区域的交集。如图 1.2 所示。

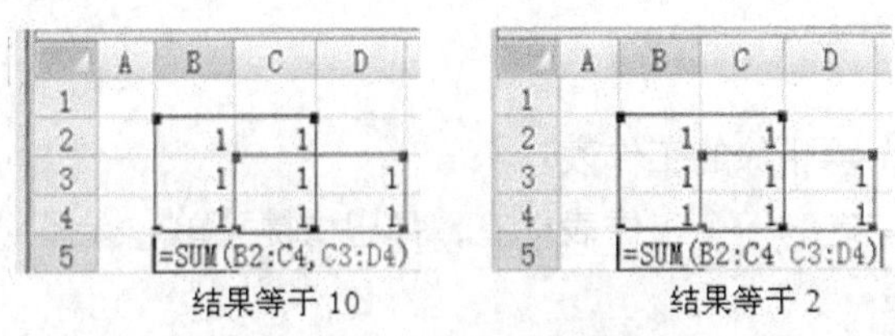

图 1.2　单元格区域表示

1.1.2　选定/插入/删除/重新命名工作表

1．选定/放弃选定工作表

如果同时选定了多个工作表（其中只有一个工作表是当前工作表，当前工作表也称为活动工作表），对当前工作表的编辑操作，也会作用到其他被选定的工作表。

例如，在当前工作表的某个单元格输入了数据，或者进行了格式修饰操作等，实际上是对所有选定工作表的相同位置的单元格做同样的操作。

（1）选定一个工作表

常用的操作有：

- 单击工作表的标签，该工作表为选定状态，并成为当前工作表。
- 按【Ctrl + PageUp】组合键：选定当前工作表标签左侧的工作表，使它成为当前工作表。
- 按【Ctrl + PageDown】组合键：选定当前工作表标签右侧的工作表，使它成为当前工作表。

（2）选定相邻的多个工作表

操作步骤：单击第 1 个工作表的标签，按【Shift】键的同时单击最后一个工作表的标签。

（3）选定不相邻的多个工作表

操作步骤：按【Ctrl】键的同时，鼠标单击要选定的工作表标签。

（4）选定全部工作表

操作步骤：鼠标右键单击某个工作表标签，弹出快捷菜单，选择"选定全部工作表"。

（5）放弃选定工作表

操作步骤：单击另一个非当前工作表的标签，同时放弃在这之前选定的工作表。

若放弃选定的多张工作表，可鼠标右键单击工作表标签，选择“取消组合工作表”。

2．插入空白工作表

插入一张工作表的操作步骤为：单击工作表标签最右侧的“插入工作表”按钮，插入一个工作表。

插入多个工作表的操作步骤：

（1）选定多个工作表标签。

（2）鼠标右键单击选定的工作表标签，弹出快捷菜单，选择“插入”，弹出对话框，单击“确定”。

如果事先选定多个工作表，则插入与选定同等数量的工作表。新插入的工作表的位置默认在选定的工作表左侧。

3．删除工作表

操作步骤：

（1）选定一个或多个要删除的工作表。

（2）鼠标右键单击选定的一个工作表标签，弹出快捷菜单，选择“删除”。

4．重新命名工作表

操作步骤：双击工作表标签，输入新的名字即可。

1.1.3 移动、复制工作表

1．在一个文档内（即一个工作簿内）“移动/复制”工作表

若在一个工作簿内移动工作表，可以改变工作表在工作簿中的先后顺序。复制工作表，可以建立工作表的备份。

移动工作表的操作步骤如下。

（1）选定要移动的一个或多个工作表标签。

（2）鼠标指针指向选定的工作表标签，按住鼠标左键，沿标签向左或向右拖动工作表标签。在拖动鼠标的同时会看到鼠标指针头上有一个黑色三角指针（见图 1.3（a）），当黑色三角指针指向要移动到的目标位置时，松开鼠标按键，被拖动的工作表移动到黑色三角指针所指的位置。

复制工作表的操作步骤与移动工作表的操作类似。只是在拖动工作表标签的同时按住【Ctrl】键。当鼠标指针移到要复制的目标位置时，先松开鼠标按键，后松开【Ctrl】键即可。

2．在不同的工作簿之间“移动/复制”工作表

在两个不同的工作簿之间移动/复制工作表，要求两个工作簿文件都必须在同一个 Excel 应用程序窗口下打开，允许一次移动/复制多个工作表。

操作步骤：

（1）在一个 Excel 应用程序窗口下，分别打开两个 Excel 文档（源工作簿和目标工作簿）。

（2）使源工作簿成为当前工作簿。

（3）在当前工作簿选定要复制或移动的一个或多个工作表标签。

（4）鼠标右键单击选定的工作表标签，弹出快捷菜单，选择“移动或复制工作表”，弹出“移动或复制工作表”对话框（见图 1.3（b））。

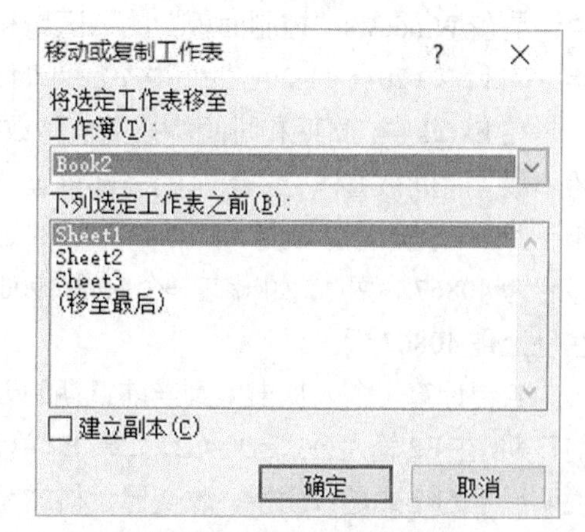

(a) 工作表标签　　(b)“移动或复制工作表”对话框

图 1.3 “复制”/“移动”工作表

（5）单击“工作簿”的下拉列表，从中选择要复制/移动到目标的工作簿。

（6）在“下列选定工作表之前”的列表中，选择插入目标工作簿的位置。

（7）如果移动工作表，放弃选中“建立副本”选项；如果复制工作表，一定要选中“建立副本”选项，单击“确定”后，实现选定的工作表移动/复制到目标工作簿，当前工作簿为目标工作簿。

1.2 数据类型与序列

1.2.1 数值型、文本型和逻辑型数据

Excel 的数据类型有三种：数值型（含日期）、文本型和逻辑型。

1．数值型数据

数值型数据一般由数字、正负号、小数点、¥、$、%、/、E（或 e）、AM、PM 组成，可以进行算术运算。在默认情况下，数值型数据在单元格右对齐，有效数字为 15 位（非 0 数字）。

数值型数据有以下常用格式。

（1）常规格式输入：100，0.001，-1234.5。

（2）科学记数格式输入：

<整数或实数>e<整数>　或者　<整数或实数>E<整数>

其中“e”或“E”后面为以 10 为底的指数。例如，

输入：1.23E6（实际上是：1.23×10^{6}）等价输入 1230000。

输入：6.5E-5（实际上是 6.5×10^{-5}），等价输入 0.000065。

（3）分数格式输入：0 1/3。先输入零和空格，然后再输入分数 1/3。

（4）日期和时间格式输入：日期的分隔符有三种，“/”“-”或者“.”，在输入日期时可以选择其中之一。但是显示格式由当前系统决定。更改当前系统默认的日期显示格式，不在 Excel 中，是在 Windows“控制面板”的“区域和语言选项”中进行更改。中国的日期格式默认为：年-月-日，如 2011-11-20。时间格式：小时:分:秒，如 3:32:09 AM。

在 Excel 中，日期和时间均按数值型数据处理。Excel 将日期存储为数字序列号，时间存储为小数（时间被看作“一天”的一部分）。在默认情况下，Excel 是 1900 日期系统。约定 1900 年 1 月 1 日是数字序列号 1（第 1 天）。例如，输入日期 2011-11-20，将其显示格式改为数值型，显示为 40867。说明，如果有一个人是 1900 年 1 月 1 日出生，到 2011-11-20 这一天，这个人活在世上是 40867 天。

若要计算一个人从出生到当前日期的天数（见图 1.4），在 C2、D2 分别输入出生日期和当前日期，在 E2 输入公式=D2-C2，如果 E2 单元格显示的是日期格式，如显示的天数是“1919-5-13”说明显示的格式是日期型，改变显示格式为数值型就能正确显示天数。改变日期型显示格式为数值型格式的操作如下。

（1）鼠标右键单击该单元格，在弹出的快捷菜单中选择“设置单元格格式”。

（2）在“数字”选项卡，选择“数值”，不要小数位即可。

在图 1.4 中，第 2 行的 B2:E2，与第 3 行的 B3:E3 的内容是一样的。只是第 2 行显示为日期格式，而第 3 行显示为数值格式。

	A	B	C	D	E	
1		日期	出生日期	当前日期	天数	
2	日期格式	1900-1-1	1997-1-1	2016-5-14	1919-5-13	=D2-C2
3	数值格式	1	35431	42504	7073	=D3-C3

图 1.4　日期显示格式与数值显示格式比较

快速输入当前计算机系统的日期和时间，有以下方法。

- 输入当前计算系统的日期：按【Ctrl+“;”】组合键。
- 输入当前计算系统的时间：按【Shift+Ctrl+“;”】组合键。
- 输入当前计算系统的日期和时间：按【Ctrl+“;”】组合键，然后按空格键，最后按【Shift+Ctrl +“;”】组合键。

用上述方法输入的日期和时间是固定值，不会随着计算机系统的日期变化而改变。若希望输入的日期和时间能随着计算机系统的日期和时间自动更新，可以用 TODAY 或 NOW 函数完成（见后面的章节介绍）。

当单元格内容显示为“######”时，怎么办?

当单元格宽度不够时，数值型数据会在单元格显示“######”，解决方法是：增加单元格宽度。操作是：鼠标指针指向列标上字母之间的分隔线，按住鼠标左键，向右拖动鼠标。

表 1.1 列出了一些输入数据时常见的问题与说明。

表 1.1　输入数据

输入数据	默认格式	编辑栏显示	单元格显示	说明
12345678901234567890	常规	12345678901234500000	1.23457E+19	有效 15 位
－0 7 / 3	分数	−2.33333333333333	−2 1/3	无限循环小数，有效 15 位
2.5e3	科学记数	2500	2.50E+03	
12e-4	科学记数	0.0012	1.20E-03	
3/2	默认日期	3 月 2 日	2011-3-2	“年”取自当前系统
1:50 P	默认时间	1:50 PM	13:50:00	
输入数据或公式计算结果	常规	能正确显示	######	单元格的宽度不够，加宽单元格的宽度即可

注意：数值型数据只有 15 位有效，第 16 位及 16 位以上的数据被强制成数据“0”。

如果输入身份证号，是 18 位数字，则后 3 位被强制成数据“0”。如何输入 18 位身份证号码呢？可以用文本型的数据来解决。

2．文本型数据

文本型数据由汉字、字符串或数字串组成，特点是可以进行字符串运算，不能进行算术运算（除数字串以外）。

若在单元格中输入：N101、100 件、职员、12 台等，都被认为是文本型的数据。

默认情况下，在单元格输入的文本型数据，自动左对齐显示，不需要输入定界符双引号或单引号。如果输入的内容有数字和文字（或字符），会认为是文本型数据。例如，输入“100 元”，认为是文本型数据，不能参加数值计算。如果希望输入“100”，能自动显示为“100 元”，并且“100 元”还能参加计算，只需要改变数据的显示格式即可，见后面相关内容的介绍。

若文本型的数据出现在公式中，必须用英文的双引号“” 括起来（用中文的双引号会出错）。

例如，=IF（C2="男"，"YES"，"NO"）

在计算机中，某些数字串按文本型数据处理，如职工号、邮政编码、产品代号等编号。这些编号通常是按照一定的约定编排的。例如，职工号的前 4 位代表是哪一年入职的，5～6 位是部门编号等。用户可以通过提取编号的一部分实现查找和筛选。

输入数字串时，可以在数字串前面加一个单引号“'”（要求是英文单引号）。

例如，输入 18 身份证号，默认数值型，只能输入 15 位有效数字，这时可以输入单引号后再输入 18 位数字：

'110108201601016868

但是每一个身份证号都要输入单引号“'” 太麻烦了！

解决的办法如下。

（1）选定要输入身份证的单元格区域（如：A2:A100)。

（2）单击“开始”选项卡，“数字”组，单击“数字格式”右侧的按钮，弹出列表，选择“文本”。

执行以上操作后，在改为文本格式的单元格区域可以输入 18 位身份证号了。

当单元格的宽度不够，无法显示较长的文本串，怎么办？

有以下三种不同的解决办法。

（1）其右侧单元格不存放任何内容，自动占用右侧相邻单元格显示。但是右侧单元格仍然还是空。如果右侧单元格存放了内容（非空），超出的文本被隐藏。这时可以考虑用下面的两种方法解决显示问题。

（2）加宽单元格宽度。操作是：鼠标指针指向当前列与右侧列的列编号之间的缝隙，当鼠标变成双向箭头时，向右拖动鼠标。

（3）采用“自动换行”或“强制换行”，将一个单元格的内容显示在多行。

- 自动换行，可以一次对多个单元格设置自动换行。

操作步骤：

① 选定单元格区域。

② 单击“开始”选项卡，“对齐方式”组，单击“自动换行”按钮。

- 强制换行，一次只能对一个单元格操作。

操作步骤：

① 双击单元格或单击单元格再单击编辑栏。

② 光标定位到要换行的位置，按【Alt+回车】组合键。

如果一个单元格的内容要分为多行显示，再将光标定位到要分行的位置，按【Alt】键的同时按回车键，反复执行即可。

3．逻辑型数据

逻辑型的数据只有两个，TRUE（真值）和 FALSE（假值），可以直接在单元格输入逻辑值 TRUE 或 FALSE，也可以通过输入公式得到计算的结果为逻辑值。

例如，在某个单元格输入公式=3<4，结果为 TRUE。

例如，在 C2 输入公式：=B2="男"，在 B2 输入：男，则 C2 为 TRUE，否则为 FALSE。

1.2.2 输入序列与自定义序列

1．自动填充序列

Excel 提供了自动填充等差数列和等比数列的功能。例如，在连续的多个单元格输入一组编号是连续的数字序列 101，102，103，……，可以用“填充柄”快速自动填充。

用手动的方法自动填充等差序列，要求在序列开始处的两个相邻的单元格输入序列的第一个和第二个数据，然后选定这两个单元格，再将鼠标指针指向“填充柄”，拖动鼠标实现“填充序列”。

【例 1-1】自动填充等差序列 1，2，3，4，5，如图 1.5 所示。

操作步骤：

（1）在 A1 和 A2 单元格分别输入数字“1”和“2”。

（2）选定 A1 和 A2 两个单元格。

（3）鼠标指针指向选定区右下角“填充柄”处，当鼠标指针变成实心的“+”形状，按住鼠标左键向下拖动鼠标。

如果数据序列的差距是“1”可以用下列更简便的方法。

例如，输入数字序列：100001，100002，100003，100004，…

操作步骤：

（1）输入数字 100001 之后，按回车键。

（2）单击“100001”所在的单元格，鼠标指针指向该单元格右下角的“填充柄”处，当鼠标指针变成实心“+”形状时，按【Ctrl】键的同时向下拖动鼠标即可。

【例 1-2】自动填充等比数列 3，6，12，24…

操作步骤：

（1）在单元格输入“3”，选定包含“3”在内的连续的多个单元格。

（2）单击“开始”选项卡，在“编辑”组，单击“填充”按钮，弹出下拉列表，选中“序列”。

（3）在“序列”对话框，“步长值”输入“2”，单击“确定”，如图 1.6 所示。

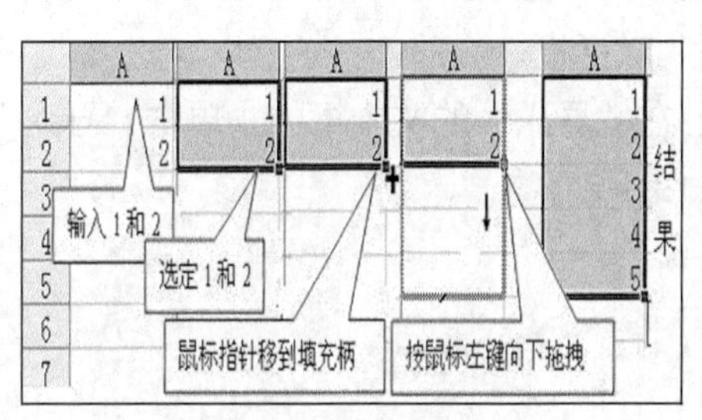

图 1.5　自动填充序列

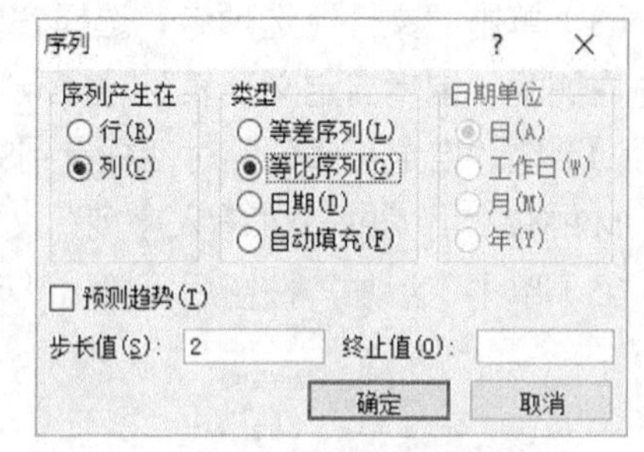

图 1.6　“序列”对话框

【例 1-3】自动填充文本序列“星期一、星期二……星期日”，如图 1.7 所示。

操作步骤：

（1）在单元格输入“星期一”。

（2）单击“星期一”所在的单元格，鼠标指针指向该单元格右下角的“填充柄”，按住鼠标左键向下（或左、右、上）拖动鼠标，出现星期序列：星期一、星期二……星期日。

为什么输入“星期一”，可以“呼唤出”星期二……星期日？

这是因为在 Excel 内部已经定义了一些常用的文本序列，例如，“星期”“月份”“季度”等序列。只要在单元格输入已定义在文本序列中的任何一个文本项，都可以用“填充柄”依次复制“呼唤”出序列中的其他文本项。

G	H	I	J	K	L	M
等差数列		等比数列	自动输入文本序列			自定义序列
1	100001	3	星期一	Monday	一月	小学
2	100002	6	星期二	Tuesday	二月	初中
3	100003	12	星期三	Wednesday	三月	高中
4	100004	24	星期四	Thursday	四月	中专
5	100005	48	星期五	Friday	五月	大专
6	100006	96	星期六	Saturday	六月	大学
			星期日	Sunday	七月	

图 1.7　自动填充序列

2. 自定义序列

自定义序列，通常有以下两个目的。

（1）将自定义序列存储，便于今后多次使用。

（2）按自定义序列排序（见排序相关内容）。

如果经常输入某个特定的序列，可以定义该序列到 Excel 自定义序列的列表中。今后使用该序列时，只需要输入序列中的任何一项，拖动“填充柄”，就可以“呼唤”出序列其他的项。下面举例说明如何自定义序列。

【例 1-4】自定义序列：小学、初中、高中、中专、大专、大学。

操作步骤：

（1）在相邻单元格输入序列。例如，在 M2:M7 单元格区域依次输入：小学、初中、高中、中专、大专、大学。

（2）选定 M2:M7 单元格区域。

（3）单击“文件”选项卡，选择“选项”→“高级”，在右侧最下面的“常规”列表中，单击右侧的“编辑自定义列表”，打开“自定义序列”对话框。

（4）在“自定义序列”对话框看到$M$2:$M$7，在“导入”的文本框中，单击“导入”按钮，M2:M7 的序列进入“输入序列”文本框，如图 1.8 所示。

（5）单击“添加”按钮后再单击“确定”按钮。

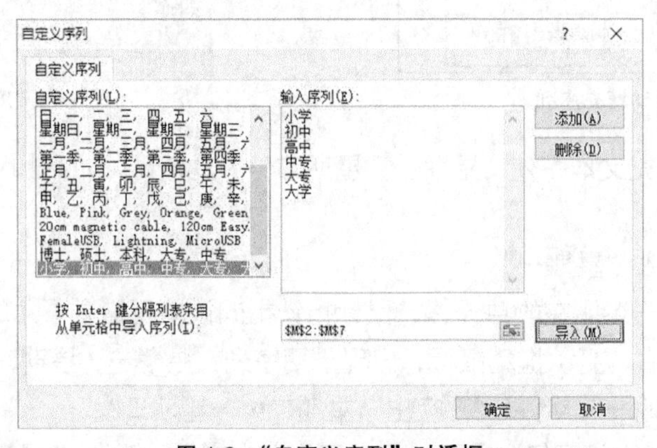

图 1.8 “自定义序列”对话框

另外需要注意的是，如果直接在“自定义序列”对话框输入自定义序列，最好输入每个数据项后，单击回车键，而不是用“逗号”分隔。如果用“逗号”分隔，一定要用“英文逗号”系统才能识别出序列。

1.3 数据的基本编辑操作

1.3.1 选定单元格区域（行或列）

1. 选定一个单元格区域

方法 1：适用于选定的区域较小。

操作步骤：

（1）鼠标单击准备选定的区域的左上角单元格。

（2）鼠标放在单元格的中间，按住鼠标左键向区域的右下角拖动鼠标。

方法 2：适用于选定的区域较大。

操作步骤：

（1）鼠标单击准备选定的区域的左上角单元格。

（2）鼠标指针移动到准备选定区域右下角的单元格，先按住【Shift】键，同时单击鼠标左键。

方法 3：适用于需要多次选择的区域。

操作步骤：

在“名称框”输入单元格区域，按回车键。例如，在“名称框”输入 A1:C5 后，按回车键，可选定 A1:C5。

用以上方法之一选定单元格区域后，选定区的左上角的第一个单元格正常显示并且该单元格为活动单元格，其余单元格反显。

2．选定不相邻的多个单元格区域

操作步骤：

（1）选定一个单元格区域。

（2）按【Ctrl】键的同时，单击另一个单元格区域的左上角单元格向右下方拖动鼠标来选定。反复执行可选择多个不相邻的区域。

3．选定行、列、全选

常用的操作有以下几种。

（1）选定一行或一列：单击要选定的“行号”或“列标”按钮。

（2）选定相邻的若干行或若干列：单击要选定的“行号”或“列标”按钮，沿“行”或者“列”方向拖动鼠标，鼠标经过的行或列被选中。

（3）选定不相邻的多行/列：与选定相邻的多行/列操作一样，只是按住鼠标的同时按【Ctrl】键。

（4）选定工作表的所有单元格：单击“全选”按钮（单元格区域左上角）。

4．取消选定的区域

操作步骤：鼠标单击任意一个单元格或按任意一个移动光标键，就可以取消之前的选定区域。

1.3.2 修改、清除单元格内容

单元格中存放的信息包括：内容、格式和批注。

1．输入/修改单元格内容

常用的方法有：

（1）单击单元格，输入数据。

（2）单击单元格，再单击“编辑栏”，在“编辑栏”修改内容后，单击回车键或单击“√”

按钮。

（3）双击单元格，直接在单元格修改内容。

（4）单击“编辑栏”上的“×”按钮或按键盘的【Esc】键，放弃最后做的输入或编辑操作。

2．清除单元格内容

清除单元格内容，但不清除格式的操作步骤：

（1）选定单元格（区域）。

（2）按【Delete】键。

清除单元格内容、格式、批注的操作步骤：

（1）选定单元格（区域）。

（2）单击“开始”选项卡，选择“编辑”组，单击“清除”按钮。

（3）在弹出的下拉菜单中，可以仅清除“格式”“内容”或“批注”。如果选择“全部清除”，则同时清除格式、内容和批注。

1.3.3 数据的移动、复制与转置

在前面已经介绍了用“填充柄”复制序列的操作。下面介绍用鼠标和“剪贴板”实现复制和移动操作。

在一般情况下，复制或移动操作包括复制或移动数据的内容、格式和批注。

Excel 与 Word 的复制或移动操作有所不同。在 Excel 中，进行移动或复制操作时，如果目标位置有数据，则会覆盖目标位置的数据。如果要保留目标位置的数据，必须用“移动插入”或“复制插入”实现（见后面的“移动插入”和“复制插入”）。

1．用鼠标移动、复制操作

操作步骤：

（1）选定单元格区域。

（2）将鼠标指针指向选定区的边框上，当指针变成十字箭头“✥”形状时，如果按住鼠标左键拖动鼠标到目标位置，是移动操作。如果拖动鼠标的同时按住【Ctrl】键到目标位置（先松开鼠标，后松开【Ctrl】键）是复制操作。

2．用剪贴板移动、复制数据

Office2010 提供的 24 个“剪贴板”是 Office 办公软件的公共存储区域，用于存放 Office 不同的应用程序或同一个应用程序的移动或复制的数据。若 Office 剪贴板任务窗格没有打开，只能使用一个“剪贴板”。

打开 Office“剪贴板”任务窗格（剪贴板列表）的操作步骤：

（1）单击“开始”选项卡。

（2）单击“剪贴板”组的右下角的“启动器”。

移动/复制数据，操作步骤：

（1）选定单元格区域。

（2）单击“剪贴板”组“剪切”按钮（或【Ctrl+X】组合键）移动数据。

单击“剪贴板”组“复制”按钮（或【Ctrl+C】组合键）复制数据。

执行（2）后，选定的内容进入“剪贴板”列表（可以反复执行该操作，但剪贴板最多可放置 24 项）。

（3）单击目标位置，单击“剪贴板”任务窗格中要粘贴的项目。如果仅粘贴最后一次移动到“剪贴板”列表的内容，单击“粘贴”按钮（或【Ctrl+V】组合键）。

用“剪贴板”执行“复制”操作后，原数据区会出现“虚框线”，这时可以继续使用“粘贴”（或【Ctrl+V】组合键）操作，将最后进入“剪贴板”列表的内容粘贴到其他位置。但是，如果按【Esc】键，则去除“虚框线”，就不能用“粘贴”操作了。但是可以单击“剪贴板”任务列表中的任何项目“粘贴”。

3．“选择性”复制操作

以上介绍的复制操作，均包括复制单元格的全部信息。如果只复制其中一部分信息，可以用“选择性粘贴”实现。

操作步骤：

（1）选定要复制的单元格区域，单击“复制”按钮。

（2）鼠标右键单击目标位置，选择“选择性粘贴”，弹出“选择性粘贴”对话框，如图 1.9 所示。根据需要，选择下列之一。

- 全部：包括单元格数据内容、格式和批注（等价于“粘贴”）。
- 公式：只粘贴已复制信息中的公式，不复制格式、批注。
- 数值：只粘贴已复制信息中的数据。如果已复制到“剪贴板”的是公式，则只复制公式的计算结果，而不复制公式。
- 格式：只粘贴已复制信息中的格式，不粘贴数据内容、批注。

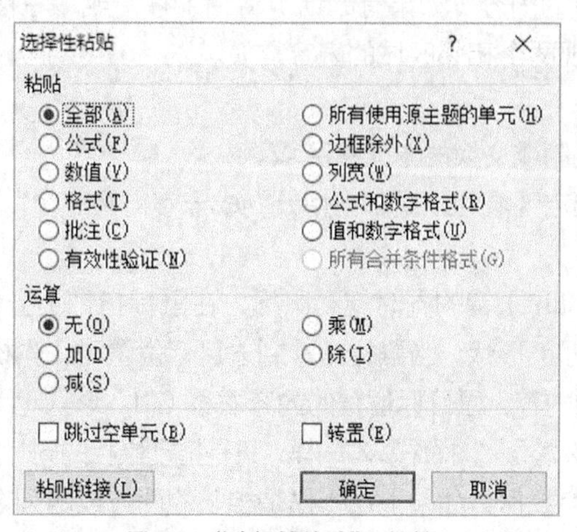

图 1.9 “选择性粘贴”对话框

4．转置

转置是指将选定区域的“行”转为“列”，或“列”转为“行”。

操作步骤：

（1）选定需要转换的单元格区域（如：选定图 1.10 中的 A2:G12 单元格区域）。

（2）单击“复制”按钮。

（3）鼠标右键单击空白区域的左上角单元格（如：单击图 1.10 中的 I3 单元格），弹出快捷菜单，选择“选择性粘贴”，在“选择性粘贴”对话框选中“转置”复选框。

（4）单击“确定”按钮，结果如图 1.10 所示。

职工情况简表

编号	性别	年龄	学历	科室	职务等级	工资
10001	女	36	本科	科室2	副经理	4600.97
10002	男	28	硕士	科室3	普通职员	3800.01
10003	女	30	博士	科室3	普通职员	4700.85
10004	女	45	本科	科室2	监理	5000.78
10005	女	42	中专	科室1	普通职员	4200.53
10006	男	40	博士	科室1	副经理	5800.01
10007	女	29	博士	科室1	副经理	5300.25
10008	男	55	本科	科室2	经理	5600.5
10009	男	35	硕士	科室3	监理	4700.09
10010	男	23	本科	科室2	普通职员	3000.48

编号	10001	10002	10003	10004	10005	10006	10007	10008	10009	10010
性别	女	男	女	女	女	男	女	男	男	男
年龄	36	28	30	45	42	40	29	55	35	23
学历	本科	硕士	博士	本科	中专	博士	博士	本科	硕士	本科
科室	科室2	科室3	科室3	科室2	科室1	科室1	科室1	科室2	科室3	科室2
职务	副经	普通	普通	监理	普通	副经	副经	经理	监理	普通
工资	4601	3800	4701	5001	4201	5800	5300	5601	4700	3000

图 1.10 转置

转置除了用以上介绍的方法外，还可以用 TRANSPOSE 函数来实现。

1.3.4 数据的移动插入、复制插入和交换

数据的移动插入和复制插入，适用于移动或复制到的目标位置有数据，又不想删除目标位置的数据。

在执行“移动”和“复制”操作时，如果目标位置是空白区域（没有内容），则“源单元格区域”的内容“移动”或“复制”到“目标位置”。如果目标位置有数据，则会覆盖目标位置的原有内容。

“移动插入”和“复制插入”是将源单元格区域的内容“移动”或“复制”到目标位置，同时目标单元格区域原有的内容（如果有的话）将“下移”或“右移”（不覆盖目标位置的数据）。移动插入还可以实现两个相邻区域的内容交换。

操作步骤：

（1）选定要移动、复制或交换的单元格区域。

（2）鼠标指针指向选定区域的边框，当指针变成十字箭头“✥”形状时，根据需要，选择下列之一。

- 移动插入：按【Shift】键的同时拖动鼠标，在鼠标指针上会看到有一个与选定区域等高的“I”（或等宽的“⟼”）形状，当鼠标指针到达目标位置时，先松开鼠标，后松开【Shift】键，目标位置插入选定的内容，原目标位置的内容右移（“I”形状时）或下移（“⟼”形状时）。
- 复制插入：与“移动插入”操作基本一样，只是拖动鼠标的同时按【Ctrl】键和【Shift】键。
- 相邻的行或列交换数据：如果上述操作是相邻的两行或两列数据做“移动插入”操作，可实现相邻的两行或两列数据的交换。

1.3.5 插入、删除单元格（行或列）

1. 插入单元格、行或列操作

操作步骤：

（1）选定一个单元格区域、若干行或者若干列（选定单元格区域的大小、行数或者列数与

将要插入的数量相等）。

（2）鼠标右键单击选定区，弹出快捷菜单，选择“插入”。

如果之前选定的是“行”（或“列”），则在选定的“行”（或“列”）的位置插入行（或“列”），原来的“行”向下移（或“列”向右移）。插入操作到此结束。

（3）如果之前选定的是单元格区域，则弹出“插入”对话框，如图 1.11（a）所示（其中活动单元格指的是选定的单元格区域）。根据需要，选择下列之一。

- 活动单元格右移：新插入的单元格区域出现在选定区，选定的单元格区域向右移。
- 活动单元格下移：新插入的单元格区域出现在选定区，选定的单元格区域向下移。

2．删除单元格、行或列操作

操作步骤：

（1）选定一个单元格区域、若干行或者若干列（选定单元格区域的大小、行数或者列数与将要删除的数量相等）。

（2）鼠标右键单击选定区，弹出快捷菜单，选择“删除”。

如果之前选定的是“行”（或者“列”），则删除选定的行（或者列），选定行下面的行（或右侧的列）补充上。删除操作到此结束。

（3）如果之前选定的是单元格区域，则弹出“删除”对话框，如图 1.11（b）所示（其中活动单元格指的是选定的单元格区域）。根据需要，选择下列之一。

- 右侧单元格左移：删除单元格后，右边的单元格（如果有的话）向左移补充。
- 下方单元格上移：删除单元格后，下面的单元格（如果有的话）向上移补充。
- 整行：删除选定的行后，下面的行上移。
- 整列：删除选定的列后，右侧的列左移。

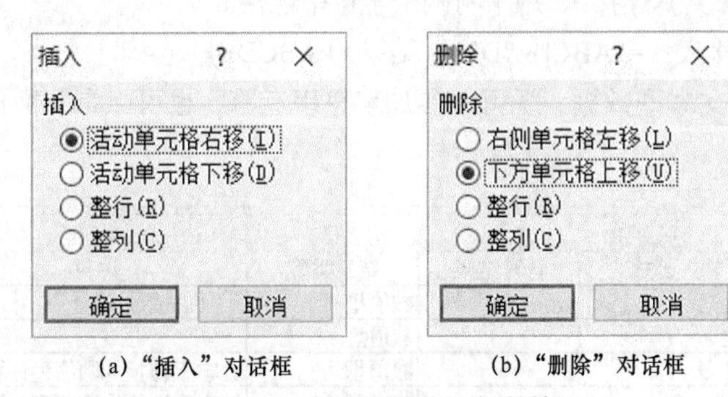

(a)“插入”对话框　　(b)“删除”对话框

图 1.11　插入/删除单元格对话框

1.4　用公式对数据进行计算

Excel 最强大的功能就是可以使用公式对表中的数据进行各种计算，如算术运算、逻辑关系运算和字符串运算等。公式的一般格式为：

=<表达式>

一个表达式可以包含：常量（数据）、运算符、地址引用和函数等。

1.4.1　三种表达式与公式

1．算术表达式

算术运算符：　+、−、*、/、^（乘方）、%（百分号）。

优先级别由高到低依次为：(　)→函数→%→^乘方→*，/→+，−。

算术表达式由数值型数据、算术运算符、单元格地址引用和函数等组成。

例如，2^3 表示 2 的 3 次方。如果在单元格输入：=2^3 ，结果为 8。

例如，下面的表达式是先求 C4 单元格的数值与 B2:B10 平均值的乘积，再求 100 与这个乘积的累加和。

=100+C4*AVERAGE(B2:B10)

2．关系表达式与逻辑表达式

关系运算符：=、>、<、>=（大于等于）、<=（小于等于）、<>（不等）。

关系表达式是由算术表达式和关系运算符组成的有意义的式子，一般格式为：

<算术表达式><关系运算符><算术表达式>

关系表达式的结果是逻辑值 TRUE 或 FALSE。在一个关系表达式中值允许出现一个关系运算符。

例如，在单元格输入：=2>=5，结果为 FALSE。

在单元格输入：="ABC"="AbC"，结果为 TRUE。默认非精确比较，不区分大小写字母。

在 Excel 中，没有逻辑运算符，而是用逻辑函数实现逻辑运算。逻辑表达式由关系表达式和逻辑函数组成。

3．字符串表达式

文本运算符：&（文本连接），用于将两个字符串连接。

例如，在单元格输入：="ABC"&"DE"，结果为 ABCDE。

数字串是特殊的文本型数据，既可以参加字符串运算，也可以参加数值运算，如图 1.12 所示。

	A	B	C	D
1	输入公式	计算结果	结果类型	注意
2	=2*2^3	16	数值型	"^"优先级别高于"*"
3	=1+2	3	数值型	
4	="1"+2	3	数值型	数字串转换为数值型计算
5	="1"+"2"	3	数值型	数字串转换为数值型计算
6	="a"+1	#VALUE!	出错	操作数的类型不正确
7	="a"+"1"	#VALUE!	出错	操作数的类型不正确
8	="1"&"2"	12	文本型	
9	="a"&"1"	a1	文本型	用英文的双引号
10	="a"&1	a1	文本型	数字1等价"1"
11	="x"&" "&"y"	x y	文本型	用英文的双引号
12	=3>5	FALSE	逻辑型	用英文的大于号
13	="AB"="ab"	TRUE	逻辑型	大小写字母相等
14				

图 1.12　公式与显示结果

1.4.2 公式应用案例

【例 1-5】用图 1.13 和图 1.14 的数据表，完成以下任务。

- 计算总计。总计 = 工资 + 补贴。
- 快速计算每个储蓄所的存款总和。
- 每个季度的平均存款额。

1．计算总计

总计 = 工资 + 补贴。

操作步骤：

（1）在 I3 单元格输入公式：= G3 + H3。

（2）鼠标指针移动到 I3 单元格右下角“填充柄”处，当鼠标指针变成实心的“+”时，双击鼠标，或按住鼠标左键向下拖动鼠标到第 22 行，实现复制公式，计算其他人员的“总计”，如图 1.13 所示。

	A	B	C	D	E	F	G	H	I
1	职工情况简表								
2	编号	性别	年龄	学历	科室	职务等级	工资	补贴	总计
3	10001	女	36	本科	科室2	副经理	4600.97	500	5100.97
4	10002	男	28	硕士	科室3	普通职员	3800.01	150	3950.01
5	10003	女	30	博士	科室3	普通职员	4700.85	150	4850.85
6	10004	女	45	本科	科室2	监理	5000.78	300	5300.78
7	10005	女	42	中专	科室1	普通职员	4200.53	150	4350.53
8	10006	男	40	博士	科室1	副经理	5800.01	500	6300.01
9	10007	女	29	博士	科室1	副经理	5300.25	500	5800.25
10	10008	男	55	本科	科室2	经理	5600.50	500	6100.50
11	10009	男	35	硕士	科室3	监理	4700.09	300	5000.09
12	10010	男	23	本科	科室2	普通职员	3000.48	150	3150.48
13	10011	男	36	大专	科室1	普通职员	3100.71	150	3250.71
14	10012	男	50	硕士	科室1	经理	5900.55	500	6400.55
15	10013	女	27	中专	科室3	普通职员	2900.36	150	3050.36
16	10014	男	22	大专	科室1	普通职员	2700.42	150	2850.42
17	10015	女	35	博士	科室3	监理	4600.46	300	4900.46
18	10016	女	58	本科	科室1	监理	5700.58	300	6000.58
19	10017	女	30	硕士	科室2	普通职员	4300.79	150	4450.79
20	10018	女	25	本科	科室3	普通职员	3500.39	150	3650.39
21	10019	男	40	大专	科室3	经理	4800.67	500	5300.67
22	10020	男	38	中专	科室2	普通职员	3301.00	150	3451.00

I
总计
=G3+H3
=G4+H4
=G5+H5
=G6+H6
=G7+H7
=G8+H8
=G9+H9
=G10+H10
=G11+H11
=G12+H12
=G13+H13
=G14+H14
=G15+H15
=G16+H16
=G17+H17
=G18+H18
=G19+H19
=G20+H20
=G21+H21
=G22+H22

图 1.13 “算术表达式”举例

执行以上操作后，观察 I 列的公式，理解公式复制后变化了，但是公式引用的相对位置没有变。

2．快速计算每个储蓄所的存款总和

操作步骤：

（1）选定 B2:F7（计算前，F 列为空白）。（见图 1.14）

（2）单击“开始”选项卡，选择“编辑”组，单击“自动求和”按钮。

3．快速计算每个季度的平均存款额

操作步骤：

（1）选定 B2:E7 或 B2:E8（计算前，第 8 行为空白）。（见图 1.14）

（2）单击“开始”选项卡，选择“编辑”组，单击“自动求和”右侧的“箭头”按钮，选择“平均值”。

观察存放计算结果的 F 列和第 8 行，已经自动输入公式，如图 1.14 所示。

	A	B	C	D	E	F
1	时间 部 门	一季度	二季度	三季度	四季度	总计
2	第一储蓄所	70000	65000	80000	78000	293000
3	第二储蓄所	85000	76000	90000	82000	333000
4	第三储蓄所	58000	60000	72000	75000	265000
5	第四储蓄所	60000	70000	80000	90000	300000
6	第五储蓄所	43000	42100	51000	65000	201100
7	第六储蓄所	12000	32000	33000	34000	111000
8	平均值	54666.67	57516.67	67666.67	70666.67	

图 1.14 计算结果

【**例 1-6**】快速输入图 1.15 中的单位名称和电话号码。

B 列"单位名称"都有"学院"两个字，可以先在 A 列输入不包含"学院"的单位名称，然后再用字符串连接，实现快速输入"学院"两个字。

操作步骤：

（1）输入 A 列的文字。例如，图 1.15（a）的 A2:A5。

（2）在 B2 单元格输入公式：=A2&"学院"，然后复制到 B3:B5。

（3）在 E2 单元格输入公式="6868"&D2，再将其复制到 E3:E5，如图 1.15（b）所示。

说明：执行以上操作后，保留 B 列和 E 列，删除 A 列和 D 列。但是删除 A 列和 D 列后，显示错误"#REF!"（见图 1.15（c）），这是因为删除了公式引用的单元格。这时必须将 B 列和 E 列的公式转为数值后再删除 A 列和 D 列。

如果没有将公式转为数值删除了 A 列和 D 列，可以反复单击"快速访问工具栏"的"撤销"按钮，直到恢复数据为止。

（4）将 B 列和 E 列公式转成对应的数值。选定 B2:E5，按【Ctrl+C】组合键，或单击"复制"按钮，鼠标指针指向选定区，单击鼠标右键，单击"选择性粘贴"，在"选择性粘贴"对话框，选中"数值"复选框

（5）单击"确定"按钮。

（6）删除 A 列和 D 列。

最后结果，如图 1.15（d）所示。

	A	B	C	D	E
1		单位名称			电话
2	计算机	=A2&"学院"		5101	=6868&D2
3	信息	=A3&"学院"		5151	=6868&D3
4	金融	=A4&"学院"		5032	=6868&D4
5	外贸	=A5&"学院"		5034	=6868&D5

（a）用公式快速输入批量数据

	A	B	C	D	E
1		单位名称			电话
2	计算机	计算机学院		5101	68685101
3	信息	信息学院		5151	68685151
4	金融	金融学院		5032	68685032
5	外贸	外贸学院		5034	68685034

（b）显示结果

	A	B	C
1	单位名称		电话
2	#REF!		#REF!
3	#REF!		#REF!
4	#REF!		#REF!
5	#REF!		#REF!

（c）删除数据公式计算出错

	A	B	C
1	单位名称		电话
2	计算机学院		68685101
3	信息学院		68685151
4	金融学院		68685032
5	外贸学院		68685034

（d）正确结果

图 1.15 "字符串表达式"举例

【例 1-7】图 1.16 是 CPU 报价表。要求根据 B 列的报价，区分报价大于等于 1000 的 CPU。如果 CPU 报价大于等于 1000，在 D 列对应的行显示 TRUE，否则显示 FALSE。

操作步骤：

（1）D2 输入公式：=B2>=1000。

（2）双击 D2 单元格的填充柄（D2 单元格公式复制到 D 列下面的其他单元格），如图 1.16 所示。

	A	B	C	D
1	CPU处理器	报价	备注	报价>=1000
2	酷睿E5200/2.6G/2M/双核	90	Intel盒装（775针）	FALSE
3	酷睿E5700/2.7G/4M/双核	130	Intel盒装（775针）	FALSE
4	奔腾G1630-2.8G/1155双核	205	Intel盒装（1155针）第三代	FALSE
5	奔腾G2030-3.0G/1155双核	323	Intel盒装（1155针）第三代	FALSE
6	i3-3220-3.3G/3M/1155双核	635	Intel盒装（1155针）第三代	FALSE
7	i3-3240-3.4G/3M/1155双核	665	Intel盒装（1155针）第三代	FALSE
8	i5-3470-3.2G/6M/1155四核实芯铜底风扇	1045	Intel盒装（1155针）第三代	TRUE
9	至强E3-1220V2-3.3G/1155散片四核独立	1275	Intel盒装（1155针）第三代	TRUE
10	至强E3-1230V2-3.3G/1155散片四核独立	1275	Intel盒装（1155针）第三代	TRUE
11	至强E3-1230V3-3.3G/1150散四核独立	1397	Intel盒装（1150针）第四代	TRUE
12	奔腾G1820-2.7G/1150针双核	195	Intel盒装（1150针）第四代	FALSE
13	奔腾G1840-2.8G/1150针双核	213	Intel盒装（1150针）第四代	FALSE
14	奔腾G3240-3.1G/1150针双核	315	Intel盒装（1150针）第四代	FALSE

图 1.16 “关系表达式”举例

1.4.3 三种地址引用应用案例

1．A1 引用样式

Excel 有“A1”和“R1C1”两种地址“引用样式”，通常人们习惯用默认的“A1 引用样式”。本书都是以“A1 引用样式”为例介绍 Excel 的使用。

若在公式中出现单元格地址，则认为该公式引用了单元格地址。根据不同的需要，在公式中引用单元格地址分三种引用方式。它们是相对地址引用、绝对地址引用和混合地址引用。

例如，用“A1 引用样式”表示引用 C1 单元格的三种地址引用方式如下。

- 相对地址引用：C1。
- 绝对地址引用：$C$1。
- 混合地址引用：$C1，C$1。

混合地址是相对地址和绝对地址的混合引用。混合地址“$C1”的列“C”是绝对地址，行“1”是相对地址；而“C$1”的列是相对地址，行是绝对地址。

实际上 C1、$C$1、$C1 和 C$1 都表示引用 C1 单元格地址，只是采用了不同的引用方式。

如果在 D1 单元格输入：

=C1+100

=$C$1+100

=$C1+100

=C$1+100

我们称为 D1 单元格的公式引用了 C1 单元格。D1 单元格的值等于 C1 单元格的值加 100。如果 D1 单元格的公式不被复制到其他的单元格，则引用地址用相对地址 C1、绝对地址$C$1，混合地址$C1 或 C$1 都是等价的。否则，如果 D1 单元格公式要复制到其他的单元格，则不同的引用可能会得到不同的结果。所以在复制公式时必须考虑选择用哪一种地址引用方式。

（1）“相对地址”的特点

若公式被复制，公式引用的“相对地址”会与原来的不一样，但是引用的相对位置不会改变。

（2）“绝对地址”的特点

“$”就像一把“锁”，将行地址和列地址“锁住”。无论“绝对地址”被复制到哪个位置，复制后的“绝对地址”永远不变，始终为固定的地址。

（3）混合地址的特点

一半按相对地址的约定，另一半按绝对地址的约定。

如果要复制的公式仅仅是向“行”方向复制，或者向“列”的方向复制，只考虑用相对地址或绝对地址就可以了。

如果要复制的公式不仅向“行”方向复制，还要向“列”的方向复制，不但要考虑用相对地址、绝对地址，还要考虑用混合地址。

（4）快速切换不同的地址引用

在输入地址时，按【F4】键可以实现以不同的地址引用方式的快速转换。

若在 D1 输入公式：= C1+100，鼠标单击公式中“C1”所在的位置（单击的位置紧邻引用地址“C1”前、后或中或选定 C1），反复按【F4】键，可实现不同的引用地址方式的转换，例如：

$C$1 → $C1 → C$1 → C1 → $C$1 →…

【例 1-8】图 1.17 是一个“电脑配件价目表”，其中有商品名、单价和数量等，完成以下任务。

1. 计算每种商品的“总计”

总计 = 单价×数量

操作步骤：

（1）在 D4 输入公式：=B4*C4。

（2）选定 D4 单元格，再拖动 D4 单元格的“填充柄”向下复制到 D7 单元格。

2. 计算每种商品打折后的单价

为了便于更改商品打折的折扣，将“折扣”放在 B1 单元格

操作步骤：

（1）在 E4 输入公式：=B4*$B$1。

（2）选定该单元格，再拖动“填充柄”向下复制到 E7 单元格。

说明：因为 E 列单元格的公式中“单价”总是引用相对位置左侧的第 2 列的单元格，所以“单价”用相对地址；由于每一个商品的“折扣”都是引用 B1 单元格，因此 B1 要用绝对地址。当然，上述 E4 中公式也可以用等价的混合地址表示，写成：=$B4*B$1。用混合地址容易出错，因为它会仅仅向列的方向复制，所以应根据需要尽量用相对地址和绝对地址引用来满足各种计算。

3. 计算每种商品打折后的总计

操作步骤：

（1）在 F4 单元格输入公式：=E4*C4。

（2）接着向下复制即可，如图 1.17 所示。

	A	B	C	D	E	F
1	折扣	0.9				
2	电脑配件价目表					
3	商品名	单价(元)	数量（台）	总计	折扣后单价	折扣后总计
4	电脑音箱	119	100	=B4*C4	=B4*$B$1	=E4*C4
5	电脑显示器	490	50	=B5*C5	=B5*$B$1	=E5*C5
6	U盘	129	2000	=B6*C6	=B6*$B$1	=E6*C6
7	笔记本电脑	4999	30	=B7*C7	=B7*$B$1	=E7*C7

图 1.17 “相对地址与绝对地址”的引用举例

下面以输入“九九乘法表”为例说明混合地址的使用

【例 1-9】创建“九九乘法表”。

操作步骤：

（1）在 A 列输入 1～9 数字序列作为被乘数，在第 2 行输入 1～9 数字序列作为乘数，如图 1.18 所示。

fx =$A3*B$2

	A	B	C	D	E	F	G	H	I	J
1	九九乘法表									
2		1	2	3	4	5	6	7	8	9
3	1	1	2	3	4	5	6	7	8	9
4	2	2	4	6	8	10	12	14	16	18
5	3	3	6	9	12	15	18	21	24	27
6	4	4	8	12	16	20	24	28	32	36
7	5	5	10	15	20	25	30	35	40	45
8	6	6	12	18	24	30	36	42	48	54
9	7	7	14	21	28	35	42	49	56	63
10	8	8	16	24	32	40	48	56	64	72
11	9	9	18	27	36	45	54	63	72	81

图 1.18 “九九乘法表”混合地址引用举例

（2）在 B3 单元格输入公式：=$A3*B$2。

（3）将 B3 单元格的公式复制到 B3:J11 即可。

说明：

- “被乘数”：是固定在“A 列”的不同的行上，因此被乘数的“列”要用绝对地址才能锁定在 A 列，而被乘数的“行”引用 A 列同行的数据，所以“行”用相对地址，即“$A3”；
- “乘数”：固定在“第 2 行”的不同的列上，因此乘数的“行”要用绝对地址，“列”用相对地址，即 B$2。

2．R1C1 引用样式

Excel 的地址引用的另一种表示法是“R1C1”引用样式。根据使用习惯可以选择“A1”或“R1C1”引用样式。两种引用样式切换的操作步骤：

（1）单击“文件”选项卡，选择“选项”。

（2）单击左侧列表的“公式”，在右侧选中或放弃“R1C1 引用样式”后单击“确定”按钮。

“R1C1”引用样式的“行标号”和“列标号”都用数字表示。用 R<行标号>表示“行”，确认用“R1C1 引用样式”后，行号范围是 1～1048576；用 C<列标号>表示“列”，列标号范围是 1～16384，如图 1.19 所示。

	1	2	3	4	5	6
1	折扣	0.9				
2	电脑配件价目表					
3	商品名	单价(元)	数量（台）	总计	折扣后单价	折扣后总计
4	电脑音箱	119	100	=RC[-2]*RC[-1]	=RC[-3]*R1C2	=RC[-1]*RC[-3]
5	电脑显示器	490	50	=RC[-2]*RC[-1]	=RC[-3]*R1C2	=RC[-1]*RC[-3]
6	U盘	129	2000	=RC[-2]*RC[-1]	=RC[-3]*R1C2	=RC[-1]*RC[-3]
7	笔记本电脑	4999	30	=RC[-2]*RC[-1]	=RC[-3]*R1C2	=RC[-1]*RC[-3]

图 1.19 “R1C1”引用样式

“R1C1 引用样式”的相对地址、绝对地址和混合地址的表示如下。

- 相对地址引用：R[数字]C[数字]。
- 绝对地址引用：R 数字 C 数字。
- 混合地址引用：R[数字]C 数字或者 R 数字 C[数字]。

在图 1.18 中，计算电脑音箱的总计，是用当前行的左面第 2 列（表示为相对地址 RC[-2]）乘以当前行的左面第 1 列（表示为相对地址 RC[-1]），都是相对地址引用，即 RC[-2]* RC[-1]。

计算电脑音箱折扣后的单价，是当前行的左面第 3 列（表示为相对地址 RC[-3]）乘以固定的第 1 行第 2 列的折扣（表示为绝对地址），即 RC[-3]*R1C2。

1.4.4 复制、移动、插入、删除单元格对公式的影响

1．复制公式需要注意的问题

若被复制的公式中没有引用任何地址，复制到目标位置的公式与原来的公式一样。

若被复制的公式中有“地址引用”，复制到目标位置的公式中“相对地址”引用的相对位置不变，“绝对地址”始终为固定的地址引用。

有时希望将公式复制到目标位置时，目标位置公式中引用的地址无论是哪一种都不变，可以考虑执行下面的操作。

操作步骤：

（1）在公式的第 1 个位置前面插入单引号“‘”，使公式变成字符串。

（2）将公式前面添加单引号“’”的公式复制到目标位置。

（3）删除原位置和目标位置单元格的公式前面单引号“‘”。

另外，如果目标位置仅仅要公式的计算结果，可以不复制公式，只复制公式的值。操作是：选定公式所在的单元格或单元格区域，单击“开始”选项卡的“复制”按钮，鼠标右键单击目标位置，选择“选择性粘贴”，在“粘贴”组选择“数值”后单击“确定”按钮即可。

如果只是将一个单元格中的公式改变为公式的结算结果，操作是：双击单元格，按【F9】键。

2．移动公式需要注意的问题

若将公式从一个单元格移动到另一个单元格，无论公式中是否有地址引用，公式都不会发生变化，包括原来的地址引用。这与公式的复制是完全不同的。

3．复制/移动对公式的影响

（1）复制与公式相关的单元格

如果某个单元格区域被公式引用了，将它们复制到其他的位置，不会影响公式的引用。

（2）移动与公式相关的单元格

如果 D1 单元格引用 C1 单元格，但是将 C1 单元格的数据移动到 B1，则 D1 单元格引用的 C1 会变成 B1。

4．插入/删除对公式的影响

下面通过对图 1.20 中的数据表进行插入/删除单元格的操作，观察插入/删除对公式的影响。

例如，在 G23 单元格输入公式：=SUM(G3:G22)。

如果在第 3 行到第 22 行插入 2 行，则 G23 的公式自动在 G25 单元格，公式为：=SUM(G3:G24)。

所以，在引用区域插入单元格，公式会自动调整。同样，如果删除引用区域单元格，公式也会自动调整。

	A	B	C	D	E	F	G	H	I
1	职工情况简表								
2	编号	性别	年龄	学历	科室	职务等级	工资	补贴	总计
3	10001	女	36	本科	科室2	副经理	4600.97	500	5100.97
4	10002	男	28	硕士	科室3	普通职员	3800.01	150	3950.01
5	10003	女	30	博士	科室3	普通职员	4700.85	150	4850.85
6	10004	女	45	本科	科室2	监理	5000.78	300	5300.78
7	10005	女	42	中专	科室1	普通职员	4200.53	150	4350.53
8	10006	男	40	博士	科室1	副经理	5800.01	500	6300.01
9	10007	女	29	博士	科室1	副经理	5300.25	500	5800.25
10	10008	男	55	本科	科室2	经理	5600.50	500	6100.50
11	10009	男	35	硕士	科室3	监理	4700.09	300	5000.09
12	10010	男	23	本科	科室2	普通职员	3000.48	150	3150.48
13	10011	男	36	大专	科室1	普通职员	3100.71	150	3250.71
14	10012	男	50	硕士	科室1	经理	5900.55	500	6400.55
15	10013	女	27	中专	科室3	普通职员	2900.36	150	3050.36
16	10014	男	22	大专	科室1	普通职员	2700.42	150	2850.42
17	10015	女	35	博士	科室3	监理	4600.46	300	4900.46
18	10016	女	58	本科	科室1	监理	5700.58	300	6000.58
19	10017	女	30	硕士	科室2	普通职员	4300.79	150	4450.79
20	10018	女	25	本科	科室3	普通职员	3500.39	150	3650.39
21	10019	男	40	大专	科室3	经理	4800.67	500	5300.67
22	10020	男	38	中专	科室2	普通职员	3301.00	150	3451.00
23						总计	87510.40	5700.00	93210.40
24									

（a）插入行前

=SUM(G3:G24)

	A	B	C	D	E	F	G
1	职工情况简表						
2	编号	性别	年龄	学历	科室	职务等级	工资
3	10001	女	36	本科	科室2	副经理	4600.97
4	10002	男	28	硕士	科室3	普通职员	3800.01
5	10003	女	30	博士	科室3	普通职员	4700.85
6	10004	女	45	本科	科室2	监理	5000.78
7	10005	女	42	中专	科室1	普通职员	4200.53
8	10006	男	40	博士	科室1	副经理	5800.01
9							
10							
11	007	女	29	博士	科室1	副经理	5300.25
12	10008	男	55	本科	科室2	经理	5600.50
13	10009	男	35	硕士	科室3	监理	4700.09
14	10010	男	23	本科	科室2	普通职员	3000.48
15	10011	男	36	大专	科室1	普通职员	3100.71
16	10012	男	50	硕士	科室1	经理	5900.55
17	10013	女	27	中专	科室3	普通职员	2900.36
18	10014	男	22	大专	科室1	普通职员	2700.42
19	10015	女	35	博士	科室3	监理	4600.46
20	10016	女	58	本科	科室1	监理	5700.58
21	10017	女	30	硕士	科室2	普通职员	4300.79
22	10018	女	25	本科	科室3	普通职员	3500.39
23	10019	男	40	大专	科室3	经理	4800.67
24	10020	男	38	中专	科室2	普通职员	3301.00
25						总计	87510.40

（b）插入行后

图 1.20　“插入/删除操作对公式的影响”的举例

1.5　单元格区域、行或列的命名及应用

1.5.1　命名/删除命名

1．单元格区域命名

如果对一个单元格区域命名后，今后要引用这个区域，可以用名字来代替。对一个区域命名的好处如下。

（1）通过名字引用单元格区域，要比用地址引用更加直观。

（2）通过名字可快速选定单元格区域，尤其当单元格区域非常大时，用名字选定区域更加方便。

例如，若要对一个很大的数据表区域做多种操作，每个操作都需要选定这个数据区域是很麻烦的。若对这个区域命名了，在名称框输入区域的名字，可快速选定命名的区域；也可以在公式中输入区域的名字代替区域的地址。

单元格区域命名的名称不能与单元格的名字重名。例如，不能用单元格地址“A1”为单元格区域命名。

命名单元格区域的操作步骤：

（1）选定单元格区域。

（2）单击“公式”选项卡，选择“定义的名称”组，单击“定义名称”，弹出“新建名称”对话框，在“名称框”输入名称，在“范围”框确认该名称应用的范围是工作簿还是某个工作表。

（3）单击“确定”按钮。

另外，也可以用非常简便的方法为指定单元格区域命名，见后面的例子。

2．为数据表的行/列命名

Excel 提供了快速为数据表的行或列命名的方法。用该方法为行命名后，每一行的名称是用数据表该行首列的文字命名。用该方法为列命名后，每一列的名称用该列的首行的文字命名。

操作步骤：

（1）选定数据表区域（包括数据表的首行或首列）。

（2）单击“公式”选项卡，选择“定义的名称”组，单击“根据所选内容创建”，弹出“以选定区域创建名称”对话框。根据需要选择其中的选项。

3．删除命名

单击“公式”选项卡，选择“定义的名称”组，单击“名称管理器”，选中要删除的名称，单击对话框中的“删除”按钮即可。

1.5.2 命名应用案例

【例 1-10】职工情况表如图 1.21（a）所示，完成以下任务。

1．为图 1.21 工作表命名

操作步骤：

（1）选定 A2:G22。

（2）单击“名称框”，在“名称框”输入名字。例如，输入“工作表”，按回车键。

今后要选定这个工作表，可以单击名称框，选择“工作表”即可。

2．用名称求平均年龄和工资总和

（1）选定 A2:G22。

（2）单击“公式”选项卡，选择“定义的名称”组，单击“根据所选内容创建”，弹出“以选定区域创建名称”对话框，如图 1.21（b）所示。

（3）选中“首行”复选框，单击“确定”按钮。

执行以上操作后，职工情况表的 A 列名称为“编号”，B 列名称为“性别”，……

命名后，可以用名称代替单元格区域。

工作表 fx 编号

	A	B	C	D	E	F	G
1	职工情况简表						
2	编号	性别	年龄	学历	科室	职务等级	工资
3	10001	女	36	本科	科室2	副经理	4600.97
4	10002	男	28	硕士	科室3	普通职员	3800.01
5	10003	女	30	博士	科室3	普通职员	4700.85
6	10004	女	45	本科	科室2	监理	5000.78
7	10005	女	42	中专	科室1	普通职员	4200.53
8	10006	男	40	博士	科室1	副经理	5800.01
9	10007	女	29	博士	科室1	副经理	5300.25
10	10008	男	55	本科	科室2	经理	5600.5
11	10009	男	35	硕士	科室3	监理	4700.09
12	10010	男	23	本科	科室2	普通职员	3000.48
13	10011	男	36	大专	科室1	普通职员	3100.71
14	10012	男	50	硕士	科室1	经理	5900.55
15	10013	女	27	中专	科室3	普通职员	2900.36
16	10014	男	22	大专	科室1	普通职员	2700.42
17	10015	女	35	博士	科室3	监理	4600.46
18	10016	女	58	本科	科室1	监理	5700.58
19	10017	女	30	硕士	科室2	普通职员	4300.79
20	10018	女	25	本科	科室3	普通职员	3500.39
21	10019	男	40	大专	科室3	经理	4800.67
22	10020	男	38	中专	科室2	普通职员	3301

(a) 数据表

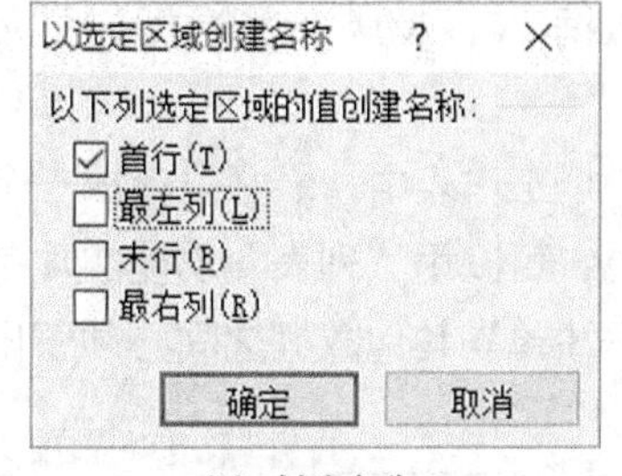

(b) 创建名称

图 1.21 单元格区域命名

（4）计算平均“年龄”。

输入公式：=AVERAGE(年龄)等价于输入=AVERAGE(C3:C22)。

很明显，公式引用的“年龄”更直观。但是输入“年龄”比输入“C3:C22”还要麻烦，用下面选择名称的方法就容易多了。

先输入“=AVERAGE”，然后单击“公式”选项卡，选择“定义的名称”组，单击“用于公式”按钮，如图 1.22 所示，选择“年龄”，单击回车键即可。

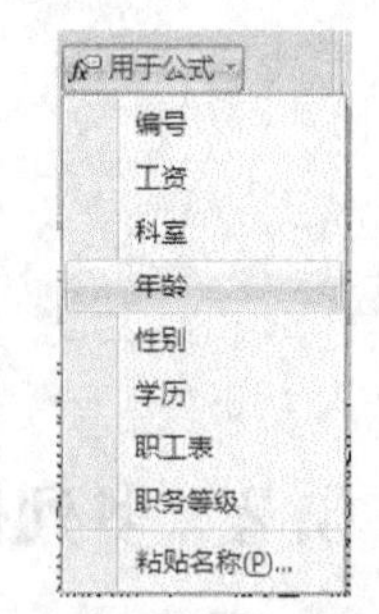

图 1.22 单元格区域命名

（5）计算“工资”总和。

输入公式：=SUM(工资)。

用上面介绍的方法，同样可快速输入该公式。

1.5.3 批注操作

“批注”是为单元格加的注释。如果需要对某个单元格的内容添加说明信息，可以在批注中描述。一个单元格添加了批注后，会在单元格的右上角出现一个三角标识，当鼠标指针指向这个标识时，显示批注信息。

（1）添加批注

操作步骤：鼠标右键单击要加批注的单元格，选择“插入批注”，输入注释文字。

（2）编辑批注、删除批注

操作步骤：鼠标右键单击已经加批注的单元格，选择编辑批注或删除批注。

1.6 数据清单与多列排序技巧

1.6.1 数据清单

数据清单由标题行（表头）和数据部分组成。在图 1.23 中数据清单区域为 A1:G22。

数据清单一般具有以下特性。

（1）第一行是标题行，由字段名组成。字段名不能同名。

（2）从第二行起是数据部分（不允许出现空白行、空白列）。每一行数据称为一个记录。每一列称为一个字段。每一列的数据通常为同一个类型的数据。例如，图 1.23 中的数据清单 B 列为文本型数据，C 列为数值型数据。而 A 列的编号可以全部是数值型数据，也可以全部是文本型数据。

（3）在一个工作表中，最好只存放一个数据清单，且放置在工作表的左上角。如果要放置多个数据清单，可以用“列表”功能实现每个数据清单均为独立的列表。

（4）数据清单与其他数据之间必须留出至少一个空白行和一个空白列。

字段名　　标题行（7 个字段）
字段值　　记录

	A	B	C	D	E	F	G
1	职工情况简表						
2	编号	性别	年龄	学历	科室	职务等级	工资
3	10001	女	36	本科	科室2	副经理	4600.97
4	10002	男	28	硕士	科室3	普通职员	3800.01
5	10003	女	30	博士	科室3	普通职员	4700.85
6	10004	女	45	本科	科室2	监理	5000.78
7	10005	女	42	中专	科室1	普通职员	4200.53
8	10006	男	40	博士	科室1	副经理	5800.01
9	10007	女	29	博士	科室1	副经理	5300.25
10	10008	男	55	本科	科室2	经理	5600.50
11	10009	男	35	硕士	科室3	监理	4700.09
12	10010	男	23	本科	科室2	普通职员	3000.48
13	10011	男	36	大专	科室1	普通职员	3100.71
14	10012	男	50	硕士	科室1	经理	5900.55
15	10013	女	27	中专	科室3	普通职员	2900.36

图 1.23　数据清单

1.6.2　多列排序原则与技巧

1．排序原则

（1）数值型数据排序的原则

按数值的大小排序。

（2）字母与符号的排序原则

英文字母按字母的 ASCII 码值的大小排序。例如，“A” < “B” … < “Z”，默认不区分大小写字母。如果包含数字和文本字符，在升序排序时按：数字 0～9、（空格）、! " # $ % & ( ) * , . / : ; ? @ [\ ] ^ _ ` { | } ~ + < = >、以及字母 A～Z 的顺序排列。默认情况下，不区分大小写字母也就是"A"="a"。如果希望排序时区分大小写字母，在“数据”选项卡中单击“排序”按钮，在“选项”中可以选中区分大小写字母。

例如：在单元格输入="ABCD"<"ABDA"，显示结果为 TRUE（因为"C"<"D"）。

（3）汉字的排序原则

在默认的情况下，汉字的排序顺序按汉语拼音字母的大小排序（与汉语字典的汉字排序一致），也可以根据需要选择下列三种排序之一。

- 按拼音字母排序（默认排序。升序排列时，按汉语字典中的字母顺序排列）。

例如，按升序排列时，因为“L” < “W” 所以“李”排在 “王”的前面。

- 按笔画排序（在“排序”对话框中选择。按汉语字典中笔画顺序）。

例如，按升序排列，笔画少的排列在前面，“王”排在“李”的前面。

按“自定义序列”排序（自定义序列，在“排序”对话框中选择自定义序列）。

（4）逻辑值的排序原则

逻辑值按升序排列时，由于逻辑假值 FALSE 认为是数据 0，排在前面，逻辑真值 TRUE 认为是数据 1 排在后面。

（5）其他情况的排序

无论是升序还是降序排序时，空白单元格总是排在最后面。所有错误值的优先级相同。

排序前，最好取消隐藏的行和列。因为对“列”数据进行排序时，隐藏的行中数据也会被排序。同样如果对“行”数据排序时，隐藏的列中数据也会被排序。

2．一个字段的排序技巧

在数据清单中，对字段“列”数据的排序是指：按数据清单中某一个“列”数据的大小“升序”或“降序”重新排列整个记录行的先后顺序。最简单的排序技巧是单击要排序的列中的任意一个单元格，单击“升序”按钮或“降序”按钮进行排序。一定是先单击要排序列的任意一个单元格，而不是选定要排序的列。

默认情况下，文本型数据排序按汉语拼音排列。“男”和“女”的汉语拼音分别是“nan”和“nv”，升序排列后，性别为“男”的记录排在前面，性别为“女”的记录排在后面。如果按笔画排序，笔画少的排在前面，笔画多的在后面。

【例 1-11】针对图 1.23 职工情况表，完成以下任务。

1．“学历”按汉语拼音升序排列

操作步骤：

（1）单击数据清单“学历”所在“列”的任何一个单元格。例如，单击 D5 单元格。

（2）单击“数据”选项卡，再单击“排序和筛选”组的“升序”按钮。排序结果，如图 1.24 所示。

	A	B	C	D	E	
1				职工情况简表		
2	编号	性别	年龄	学历	科室	职务
3	10001	女	36	本科	科室2	副经
4	10004	女	45	本科	科室2	监理
5	10008	男	55	本科	科室2	经理
6	10010	男	23	本科	科室2	普通
7	10016	女	58	本科	科室1	监理
8	10018	女	25	本科	科室3	普通
9	10003	女	30	博士	科室3	普通
10	10006	男	40	博士	科室1	副经
11	10007	女	29	博士	科室1	副经
12	10015	女	35	博士	科室3	监理
13	10011	男	36	大专	科室1	普通
14	10014	男	22	大专	科室1	普通
15	10019	男	40	大专	科室3	经理
16	10002	男	28	硕士	科室3	普通
17	10009	男	35	硕士	科室3	监理
18	10012	男	50	硕士	科室1	经理
19	10017	女	30	硕士	科室2	普通
20	10005	女	42	中专	科室1	普通
21	10013	女	27	中专	科室3	普通
22	10020	男	38	中专	科室2	普通

图 1.24 “学历”按汉语拼音排列

2．“学历”按笔画从少到多排列

操作步骤：

（1）单击数据清单的任何一个单元格。

（2）单击“数据”选项卡，再单击“排序”按钮，弹出“排序”对话框。

（3）单击“选项”按钮，弹出“排序选项”对话框，选中“笔划排序”，单击“确定”按钮。

（4）在“主要关键字”框内选择“学历”，排序依据为“数值”，次序为“升序”，如图 1.25 所示。

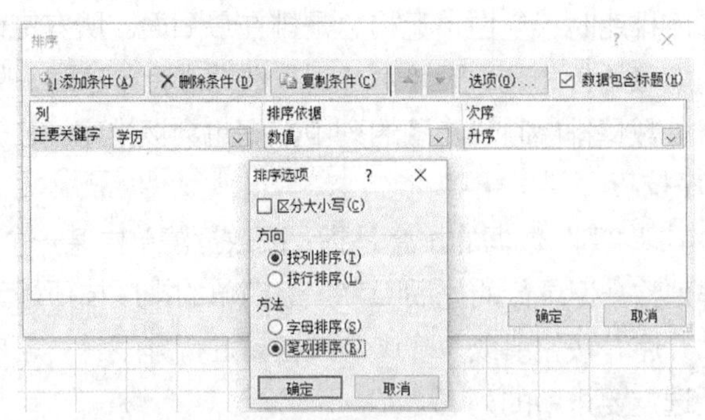

图 1.25 “排序”对话框与“排序选项”对话框

（5）单击“确定”按钮。

排序结果，如图 1.26 所示。

	A	B	C	D	E
1	职工情况简表				
2	编号	性别	年龄	学历	科室
3	10011	男	36	大专	科室1
4	10014	男	22	大专	科室1
5	10019	男	40	大专	科室3
6	10005	女	42	中专	科室1
7	10013	女	27	中专	科室3
8	10020	男	38	中专	科室2
9	10001	女	36	本科	科室2
10	10004	女	45	本科	科室2
11	10008	男	55	本科	科室2
12	10010	男	23	本科	科室2
13	10016	女	58	本科	科室1
14	10018	女	25	本科	科室3
15	10002	男	28	硕士	科室3
16	10009	男	35	硕士	科室3
17	10012	男	50	硕士	科室1
18	10017	女	30	硕士	科室2
19	10003	女	30	博士	科室3
20	10006	男	40	博士	科室1
21	10007	女	29	博士	科室1
22	10015	女	35	博士	科室3

图 1.26 “学历”按笔画排列

3．多个字段排序技巧

在 Excel 中，可以对任意多个字段（列）排序。多字段排序的技巧是：最次要的字段先排序，最关键的字段最后排序。下面通过例子说明多个字段排序的技巧。

【例 1-12】对图 1.23 的职工情况表排序。要求性别“男”的记录排在前面，性别“女”的记录排在后面，对性别相同的记录，按年龄从大到小排序。

说明：本例题涉及两个排序字段，一个是性别，另一个是年龄。先对“年龄”“降序”排序，后对“性别”“升序”排序。因为年龄排序是在性别相同的情况下，性别一定是相同的排在一起。重要的排序字段是性别。

操作步骤：

（1）单击“年龄”列任意一个单元格，单击“降序”按钮。

（2）单击“性别”列任意一个单元格，单击“升序”按钮。

得到的排序结果，如图 1.27 所示。性别相同的排在一起，当性别相同时，年龄按降序排列。

	A	B	C	D	E	F	G
1	职工情况简表						
2	编号	性别	年龄	学历	科室	职务等级	工资
3	10008	男	55	本科	科室2	经理	5600.50
4	10012	男	50	硕士	科室1	经理	5900.55
5	10006	男	40	博士	科室1	副经理	5800.01
6	10019	男	40	大专	科室3	经理	4800.67
7	10020	男	38	中专	科室2	普通职员	3301.00
8	10011	男	36	大专	科室1	普通职员	3100.71
9	10009	男	35	硕士	科室3	监理	4700.09
10	10002	男	28	硕士	科室3	普通职员	3800.01
11	10010	男	23	本科	科室2	普通职员	3000.48
12	10014	男	22	大专	科室1	普通职员	2700.42
13	10016	女	58	本科	科室1	监理	5700.58
14	10004	女	45	本科	科室2	监理	5000.78
15	10005	女	42	中专	科室1	普通职员	4200.53
16	10001	女	36	本科	科室2	副经理	4600.97
17	10015	女	35	博士	科室3	监理	4600.46
18	10003	女	30	博士	科室3	普通职员	4700.85
19	10017	女	30	硕士	科室2	普通职员	4300.79
20	10007	女	29	博士	科室1	副经理	5300.25
21	10013	女	27	中专	科室3	普通职员	2900.36
22	10018	女	25	本科	科室3	普通职员	3500.39

图 1.27　两个字段的排序

【例 1-13】针对图 1.23 的职工情况表排序，要求“科室”按“升序”排列；如果是同一个“科室”，要求性别“男”排在前面，“女”排在后面；如果“性别”相同，再按“工资”的“降序”排列。

上述问题涉及三个字段同时排序。要求科室相同的排在一起，所以科室要最后排序。应该最先排序“工资”，然后排序“性别”，最后排序“科室”。

操作步骤：

（1）单击“工资”列中的任意一个单元格，单击“降序”按钮。

（2）单击“性别”列中的任意一个单元格，单击“升序”按钮。

（3）单击“科室”列中的任意一个单元格，单击“升序”按钮。

排序结果，如图 1.28 所示。同一个“科室”排在一起，每个“科室”都是“男”在前，“女”在后的顺序；同一个“科室”并且 “性别”相同时，按“工资”从高到低顺序排列。

	A	B	C	D	E	F	G
1	职工情况简表						
2	编号	性别	年龄	学历	科室	职务等级	工资
3	10012	男	50	硕士	科室1	经理	5900.55
4	10006	男	40	博士	科室1	副经理	5800.01
5	10011	男	36	大专	科室1	普通职员	3100.71
6	10014	男	22	大专	科室1	普通职员	2700.42
7	10016	女	58	本科	科室1	监理	5700.58
8	10007	女	29	博士	科室1	副经理	5300.25
9	10005	女	42	中专	科室1	普通职员	4200.53
10	10008	男	55	本科	科室2	经理	5600.50
11	10020	男	38	中专	科室2	普通职员	3301.00
12	10010	男	23	本科	科室2	普通职员	3000.48
13	10004	女	45	本科	科室2	监理	5000.78
14	10001	女	36	本科	科室2	副经理	4600.97
15	10017	女	30	硕士	科室2	普通职员	4300.79
16	10019	男	40	大专	科室3	经理	4800.67
17	10009	男	35	硕士	科室3	监理	4700.09
18	10002	男	28	硕士	科室3	普通职员	3800.01
19	10003	女	30	博士	科室3	普通职员	4700.85
20	10015	女	35	博士	科室3	监理	4600.46
21	10018	女	25	本科	科室3	普通职员	3500.39
22	10013	女	27	中专	科室3	普通职员	2900.36

图 1.28　三个字段的排序

1.6.3 含自定义序列的多列排序

汉字的排序除了按拼音排序或笔画排序以外，还可以按自定义的数据系列排序。

对于汉字的排序，有时要求人为地按某个特定的顺序排序。

例如，“学历”按：博士、硕士、本科、大专、中专的顺序排列；职务等级按“经理”“副经理”“监理”“普通员工”的顺序排列等。这需要在排序前将排序的关键字定义为“自定义序列”，然后再按“自定义序列”排序。

【例 1-14】对图 1.23 的职工情况表排序。“科室”按“升序”排列；如果“科室”相同，则按“学历”的“降序”（博士、硕士、本科、大专、中专）顺序排列；如果“学历”相同，则按“工资”的“降序”排列。

操作步骤：

1．自定义“学历”序列

说明：自定义的“学历”序列可以直接在“自定义序列”对话框输入，如图 1.29 所示。但是为了省去输入汉字序列的环节，可以将数据表 E 列的博士、硕士、本科、大专和中专复制到连续的单元格区域 I12:I16。建立好序列后，再删除 I12:I16 中的内容即可。

（1）将数据表 E 列的博士、硕士、本科、大专和中专，复制到单元格 I12:I16。

（2）选中 I12:I16 单元格区域，单击“文件”选项卡，单击“选项”按钮。

（3）单击“高级”，在右侧最下面“常规”组单击“编辑自定义列表”按钮，在“自定义序列”对话框中单击“导入”按钮。

（4）单击“添加”按钮后单击“确定”按钮。

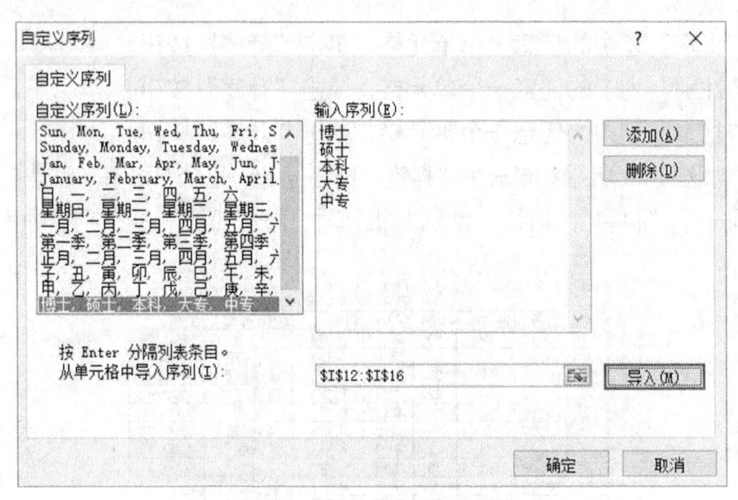

图 1.29 “自定义序列”对话框

2．排序

（1）单击数据清单中的任意一个单元格。

（2）单击“数据”选项卡的“排序”按钮，打开“排序”对话框，如图 1.30 所示。

（3）在“列”主要关键字中选择“科室”。

（4）单击“添加条件”按钮，在“次要关键字”中选择“学历”，在“次序”中选择“自定义序列”，再选择已经创建的序列：博士，硕士，本科，大专，中专。

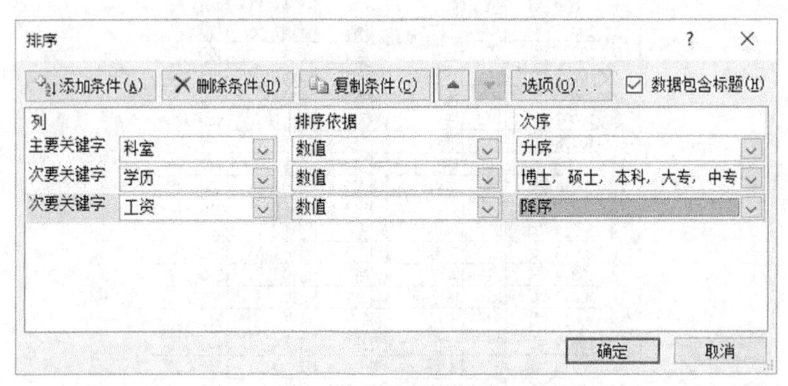

图 1.30 “排序”对话框

（5）单击“添加条件”按钮，在“次要关键字”中选择“工资”，在“次序”中选择“降序”。

（6）单击“确定”按钮。

（7）删除 I12:I16 的序列。

排序结果，如图 1.31 所示。

	A	B	C	D	E	F	G	H	I
1	职工情况简表								
2	编号	性别	年龄	学历	科室	职务等级	工资		
3	10006	男	40	博士	科室1	副经理	5800.01		
4	10007	女	29	博士	科室1	副经理	5300.25		
5	10012	男	50	硕士	科室1	经理	5900.55		
6	10016	女	58	本科	科室1	监理	5700.58		
7	10011	男	36	大专	科室1	普通职员	3100.71		
8	10014	男	22	大专	科室1	普通职员	2700.42		博士
9	10005	女	42	中专	科室1	普通职员	4200.53		硕士
10	10017	女	30	硕士	科室2	普通职员	4300.79		本科
11	10008	男	55	本科	科室2	经理	5600.50		大专
12	10004	女	45	本科	科室2	监理	5000.78		中专
13	10001	女	36	本科	科室2	副经理	4600.97		
14	10010	男	23	本科	科室2	普通职员	3000.48		
15	10020	男	38	中专	科室2	普通职员	3301.00		
16	10003	女	30	博士	科室3	普通职员	4700.85		
17	10015	女	35	博士	科室3	监理	4600.46		
18	10009	男	35	硕士	科室3	监理	4700.09		
19	10002	男	28	硕士	科室3	普通职员	3800.01		
20	10018	女	25	本科	科室3	普通职员	3500.39		
21	10019	男	40	大专	科室3	经理	4800.67		
22	10013	女	27	中专	科室3	普通职员	2900.36		

图 1.31 排序结果

1.7 用数据有效性限制数据的输入

1.7.1 用数据有效性建立下拉列表

在创建数据表时，如果数据表中的某些数据是由有限个离散型数据表示的，可以用下拉列表快速输入这类数据。例如，调查问卷中的选择题；再如，输入“职工情况表”中的性别、学历、科室和职务等。它们都具有离散有限个的数据特征，这样的数据可以采用建立下拉列表的方式快速输入。

【例 1-15】以图 1.32 中的数据表为例，创建“学历”的下拉列表。

	A	B	C	D	E	F	G
1	职工情况简表						
2	编号	性	年龄	学历	科室	职务等级	工资
3	10001	女	36	本科	科室2	副经理	4600.97
4	10002	男	28	硕士	室3	普通职员	3800.01
5	10003	女	30	博士	室3	普通职员	4700.85
6	10004	女	45	硕士	室2	监理	5000.78
7	10005	女	42	本科	室1	普通职员	4200.53
8	10006	男	40	大专 中专 博士	科室1	副经理	5800.01
9	10007	女	29	博士	科室1	副经理	5300.25
10	10008	男	55	本科	科室2	经理	5600.5
11	10009	男	35	硕士	科室3	监理	4700.09
12	10010	男	23	本科	科室2	普通职员	3000.48
13	10011	男	36	大专	科室1	普通职员	3100.71
14	10012	男	50	硕士	科室1	经理	5900.55
15	10013	女	27	中专	科室3	普通职员	2900.36
16	10014	男	22	大专	科室1	普通职员	2700.42
17	10015	女	35	博士	科室3	监理	4600.46
18	10016	女	58	本科	科室1	监理	5700.58
19	10017	女	30	硕士	科室2	普通职员	4300.79
20	10018	女	25	本科	科室3	普通职员	3500.39
21	10019	男	40	大专	科室3	经理	4800.67
22	10020	男	38	中专	科室2	普通职员	3301

图 1.32　创建下拉列表

操作步骤：

（1）选定“学历”列（“学历”列可以有内容或空白）。例如，选定 D3:D22。

（2）单击“数据”选项卡，单击“数据工具”组的“数据有效性”，选择“数据有效性”，打开“数据有效性”对话框，如图 1.33 所示。

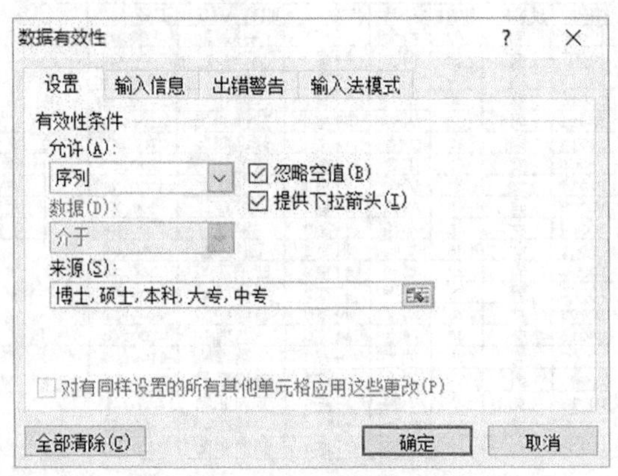

图 1.33　“数据有效性”对话框

（3）在“设置”选项卡的“有效性条件”中的“允许（A）”下拉列表选择“序列”。

（4）在“来源”框输入数据：博士，硕士，本科，大专，中专。该数据序列将出现在下拉列表中。一定要注意数据之间的分隔符是英文的逗号。

（5）单击“确定”按钮。

执行以上操作后，已经建立好下拉列表。单击 D3:D22 区域的任何一个单元格，会在单元格的右侧出现下拉列表的按钮，单击该按钮，会显示“数据有效性”对话框中输入的序列，可以选择其中之一。

用同样的方法，可以为性别、科室和职务创建下拉列表。

1.7.2 用数据有效性限制数据输入的应用案例

"数据有效性"是 Excel 提供的用于定义在单元格中输入允许输入的内容。定义数据有效性以后，可以防止输入无效数据。当输入无效数据时，可以定义发出警告，也可以定义显示提供信息帮助输入有效数据。

【例 1-16】限制输入数据的范围，完成以下任务。

1．限制在职职工的年龄，限制输入只能是 18～70 的整数

操作步骤：

（1）选定要设置限定条件的数据区。（打开"数据有效性"对话框，参见【例 1-15】）

（2）在"设置"选项卡的"允许"中选择"整数"，"数据"选择"介于"，"最小值"选择"18"，"最大值"选择"70"，如图 1.34 所示。

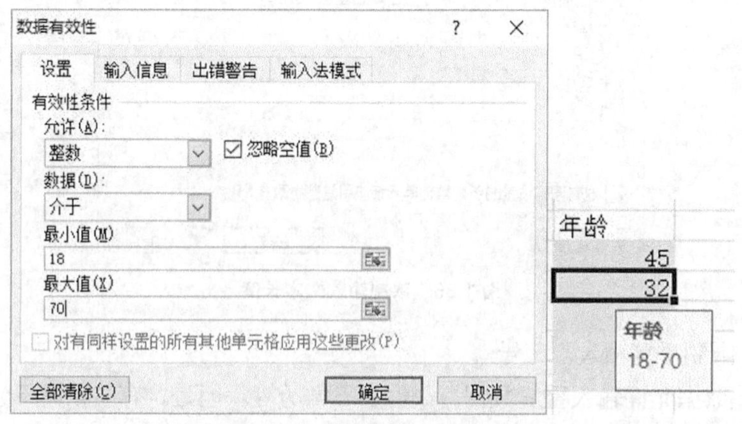

图 1.34 限制输入数据的范围

（3）若希望在输入数据时，提醒输入数据范围，可以在"输入信息"选项卡中输入标题和提示信息，如图 1.35 所示。

如果输入错误信息，系统会显示警告。也可以根据需要在"出错警告"中重新设置。

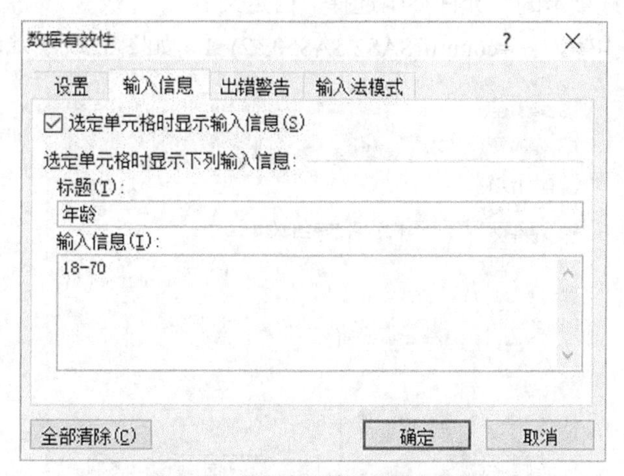

图 1.35 显示允许输入的提示信息

2．限制输入的身份证为 18 位

由于 Excel 数值型数据的有效位是 15 位，所以输入的身份证号必须在文本格式下才能正确输入。

操作步骤：

（1）选定要设置限定条件的数据区。

（2）在“设置”选项卡的“允许”中选择“文本长度”，数据选择“等于”，“长度”中输入“18”，如图 1.36 所示。

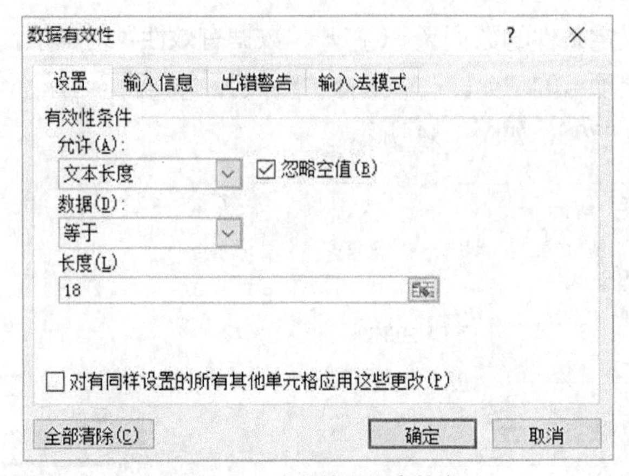

图 1.36　限制输入文本长度

【例 1-17】限制重复输入职工号。

说明：有些数据允许输入重复数据，如性别、学历等。但是，有些数据不允许输入重复数据，如职工号、商品编号等。限制输入重复数据，就是再次输入的数据与之前的数据不应相同，或者说，出现的次数大于 1 次，认为是重复输入。

操作步骤：

（1）选定准备输入职工号的数据区。例如，选定 A2:A50。

（2）在“设置”选项卡的“允许”中选择“自定义”。

（3）在“公式”中输入：=countif($A$2:$A$50,a2)=1，如图 1.37 所示。

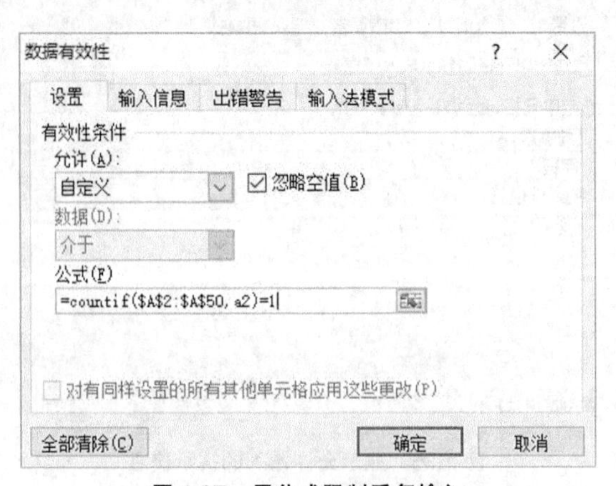

图 1.37　用公式限制重复输入

（4）单击“出错警告”选项卡，在“样式”中选择“停止”，“标题”输入“出现重复输入”（用于对话框的名称），“错误信息”输入“职工号是唯一值!”（对话框中的提示信息），如图 1.38（a）所示。

如果出现重复录入，显示结果如图 1.38（b）所示。

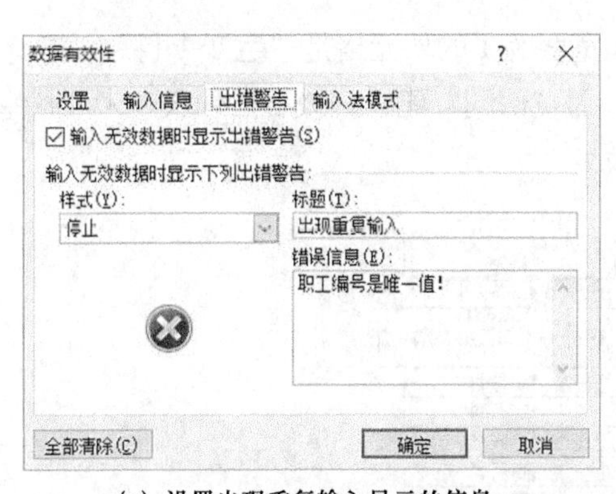

(a) 设置出现重复输入显示的信息

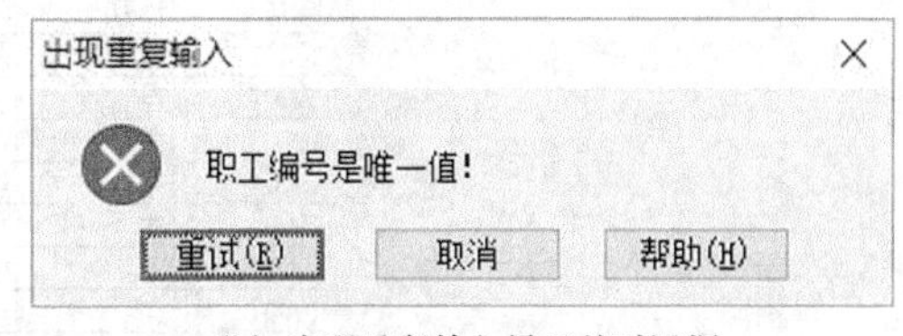

(b) 出现重复输入显示的对话框

图 1.38 设置出现重复输入时的对话框

1.7.3 用数据有效性建立二级下拉列表

1. 查找函数 MATCH

格式：MATCH（查找值，查找区，[匹配类型]）

功能：在“查找区”查找与“查找值”匹配的值，返回匹配值所在的位置序号。

匹配类型如下。

0：查找第一个等于查找值的值。

1：查找小于或等于查找值中的最大值。查找区的值，必须按升序排列。

-1：查找大于或等于查找值中的最小值。查找区的值，必须按降序排列。

例如：MATCH("b",{"a","b","c"},0) 返回"b"所在的位置为 2。

2. 引用函数 OFFSET

格式：OFFSET（参照系，偏移行，偏移列，[高度]，[宽度]）

功能：通过上下左右偏移得到新的区域的引用。返回的引用可以是一个单元格也可以是一个区域，并且可以引用指定行数和列数的区域。

参照系：偏移量参照的引用区域。

偏移行：相对于偏移量参照系的左上角单元格，上（下）偏移的行数。

偏移列：相对于偏移量参照系的左上角单元格，左（右）偏移的列数。

高度：要返回的引用区域的行数。

宽度：要返回的引用区域的列数。

例如：

=OFFSET(A1,1,2,1,1) 的值为“生产 1 科”，如图 1.39 所示。

	A	B	C	D
1	财务处	营销处	生产处	质量监督处
2	财务1科	商务科	生产1科	质量科
3	财务2科	销售科	生产2科	技术科
4			设备科	

图 1.39 “部门”工作表

以 A1 为参照，向下 1 行，向右 2 列，高度和宽度为 1 的单元格是“生产 1 科”。

【例 1-18】用数据有效性建立二级下拉列表。为“部门”建立一级下拉列表；为“科室”建立相对“部门”的二级下拉列表，如图 1.40 所示。

	A	B	C	D
1	编号	性别	部门	科室
2	10001	女	财务处	财务2科
3	10002	男	生产处	
4	10003	女	财务处	
5	10004	女	质量监督处	质量科
6	10005	女	营销处	商务科
7	10006	男	生产处	生产1科
8	10007	女	营销处	商务科
9	10008	男	营销处	商务科
10	10009	男	营销处	销售科
11	10010	男	营销处	销售科

图 1.40 一级和二级下拉列表

已知一级部门与二级科室的关系在“部门”工作表中。

- 财务处：财务 1 科、财务 2 科。
- 营销处：商务科、销售科。
- 生产处：生产 1 科、生产 2 科。
- 质量监督处：质量科、技术科。

操作步骤：

（1）选定“部门”所在的单元格区域 C2:C11，如图 1.40 所示。

（2）单击“数据”选项卡，单击“数据工具”组的“数据有效性”，选择“数据有效性”，打开“数据有效性”对话框，如图 1.41 所示。

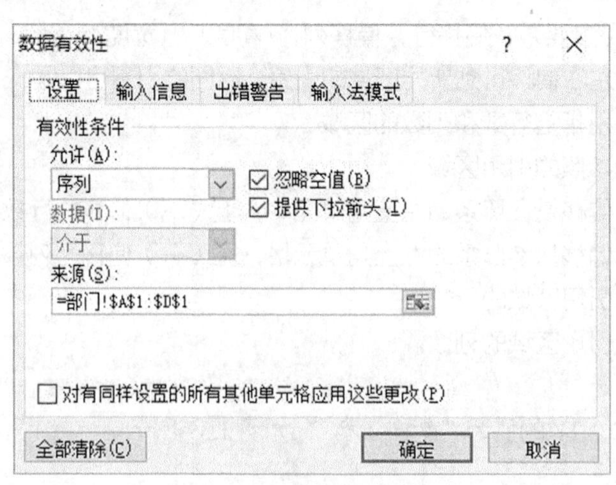

图 1.41 设置一级下拉列表

（3）在“设置”选项卡的“有效性条件”中的“允许（A）”下拉列表选择“序列”。

（4）在“来源”框输入公式：=部门!$A$1:$D$1，单击“确定”按钮。

（5）选定“科室”所在的单元格区域 D2:D11。

（6）单击“数据”选项卡，单击“数据工具”组的“数据有效性”，选择“数据有效性”，打开“数据有效性”对话框，如图 1.42 所示。

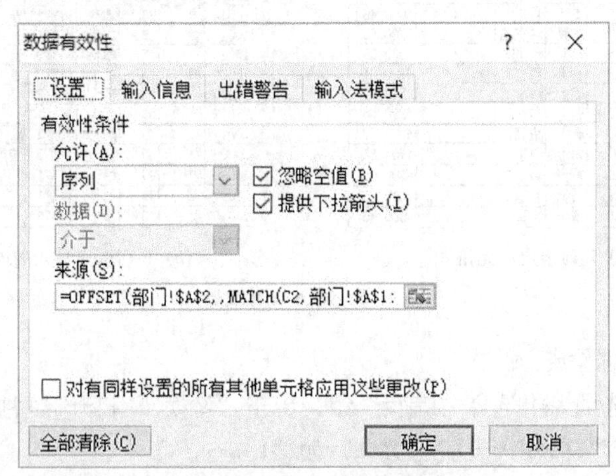

图 1.42　设置二级下拉列表

（7）在“设置”选项卡的“有效性条件”中的“允许（A）”下拉列表选择“序列”。

（8）在“来源”框输入公式：

=OFFSET(部门!$A$2,,MATCH(C2,部门!$A$1:$D$1,0)-1,COUNTA(OFFSET(部门!$A:$A,,MATCH(C2,部门!$A$1:$D$1,0)-1))-1)

（9）单击“确定”按钮。

1.7.4　快速输入批量相同的数据

1．用【Ctrl+回车】组合键快速输入相同的数据

操作步骤：

（1）单击要输入数据的单元格。

（2）按住【Ctrl】键的同时，依次单击或选定其他要输入数据的单元格，如图 1.43（a）所示。

（3）输入数据，如输入“普通职员”（不要按回车键）。

（4）同时按【Ctrl】键和回车键。

执行以上操作的结果，如图 1.43（b）所示。

2．用剪贴板快速输入相同的数据

如果重复输入相同的较长的数据，可以先输入简单容易输入的数据，然后再替换为真正要输入的数据。

操作步骤：

（1）在要输入数据的单元格输入简单且有别于其他数据的数据，如“1”。

	A	B	C	D	E	F	G
1	职工情况简表						
2	编号	性别	年龄	学历	科室	职务等级	工资
3	10011	男	36	大专	科室1		3100.71
4	10014	男	22	大专	科室1		2700.42
5	10019	男	40	大专	科室3		4800.67
6	10005	女	42	中专	科室1		4200.53
7	10013	女	27	中专	科室3		2900.36
8	10020	男	38	中专	科室2		3301
9	10001	女	36	本科	科室2		4600.97
10	10004	女	45	本科	科室2		5000.78
11	10008	男	55	本科	科室2		5600.5
12	10010	男	23	本科	科室2		3000.48
13	10016	女	58	本科	科室1		5700.58
14	10018	女	25	本科	科室3		3500.39
15	10002	男	28	硕士	科室3		3800.01
16	10009	男	35	硕士	科室3		4700.09
17	10012	男	50	硕士	科室1		5900.55
18	10017	女	30	硕士	科室2		4300.79
19	10003	女	30	博士	科室3		4700.85
20	10006	男	40	博士	科室1		5800.01
21	10007	女	29	博士	科室1		5300.25
22	10015	女	35	博士	科室3		4600.46

（a）F 列选定单元格

	A	B	C	D	E	F	G
1	职工情况简表						
2	编号	性别	年龄	学历	科室	职务等级	工资
3	10011	男	36	大专	科室1	普通职员	3100.71
4	10014	男	22	大专	科室1	普通职员	2700.42
5	10019	男	40	大专	科室3		4800.67
6	10005	女	42	中专	科室1	普通职员	4200.53
7	10013	女	27	中专	科室3	普通职员	2900.36
8	10020	男	38	中专	科室2	普通职员	3301
9	10001	女	36	本科	科室2		4600.97
10	10004	女	45	本科	科室2		5000.78
11	10008	男	55	本科	科室2		5600.5
12	10010	男	23	本科	科室2	普通职员	3000.48
13	10016	女	58	本科	科室1		5700.58
14	10018	女	25	本科	科室3	普通职员	3500.39
15	10002	男	28	硕士	科室3	普通职员	3800.01
16	10009	男	35	硕士	科室3		4700.09
17	10012	男	50	硕士	科室1		5900.55
18	10017	女	30	硕士	科室2	普通职员	4300.79
19	10003	女	30	博士	科室3	普通职员	4700.85
20	10006	男	40	博士	科室1		5800.01
21	10007	女	29	博士	科室1		5300.25
22	10015	女	35	博士	科室3		4600.46

（b）F 列填充输入的内容

图 1.43　输入批量数据

（2）选定这个数据区域。

（3）在“开始”选项卡中选择“编辑”组，单击“替换”，打开“替换为”对话框。

（4）在“查找内容”框输入要找的数据，如“1”。

（5）在“替换为”框输入要替换数据，如“普通职员”。

执行以上操作后，将选定区域的“1”替换为“普通职员”。

1.8　错误值

错误值一般以“#”符号开头，出现错误值有表 1.2 所列的几种原因。

表 1.2　错误值表

错误值	错误值出现原因	举例
#DIV/0!	除数为 0	例如：＝3 / 0
#N/A	引用了无法使用的数值	例如：HLOOKUP 函数的第 1 个参数对应的单元格为空
#NAME?	不能识别的名字	例如：＝SUN(a1:a4)
#NULL!	交集为空	例如：=SUM(a1:a3　b1:b3)
#NUM!	数据类型不正确	例如：=SQRT(-4)
#REF!	引用无效单元格	例如：引用的单元格被删除
#VALUE!	不正确的参数或运算符	例如：＝1＋“a”
########	宽度不够，加宽即可	

另外，若在操作中常遇到打不开选定的文档、选项卡上的按钮均为灰色无法选择时，可以试试按键盘的【Esc】键。因为很多情况都是由于单元格处在编辑状态无法进行其他操作，按【Esc】键可以退出单元格编辑状态。

习题

【第 1 题】对图 1.44 的企业员工数据表，完成以下任务。

（1）快速计算当前工资的平均工资。

（2）快速计算开始工资的最低工资。

（3）快速统计企业员工数据表的员工人数。

	A	B	C	D	E	F	G
1	编号	性别	出生日期	当前工资	开始工资	受教育程度（年）	职位
2	1	女	21-Nov-86	4690.00	2975.00	12	普通职员
3	2	女	25-Aug-88	5140.00	3050.00	12	普通职员
4	3	女	27-Feb-86	4915.00	3155.00	15	普通职员
5	4	女	25-Apr-88	4795.00	3125.00	12	普通职员
6	5	女	24-Sep-88	5095.00	3095.00	12	普通职员
7	6	女	13-Dec-83	6355.00	3650.00	16	普通职员
8	7	女	9-Dec-88	5125.00	3095.00	12	普通职员
9	8	女	1-May-88	4690.00	3275.00	15	普通职员
10	9	女	25-Dec-89	4765.00	3125.00	12	普通职员
11	10	女	25-Aug-89	4810.00	3095.00	12	普通职员
12	11	女	30-Jul-88	4990.00	3125.00	12	普通职员
13	12	女	15-Apr-90	4840.00	3125.00	12	普通职员
14	13	女	13-Mar-90	4315.00	3095.00	12	普通职员
15	14	女	16-May-90	4630.00	3125.00	12	普通职员
16	15	女	28-Nov-90	4660.00	3200.00	12	普通职员

图 1.44　企业员工数据表

【第 2 题】对图 1.44 的企业员工数据表，为“性别”和“职位”创建快速输入下拉列表。

【第 3 题】对图 1.44 的企业员工数据表，完成以下任务。

（1）建立排序表 1：性别相同时，职位高的在前，职位低的在后。

（2）建立排序表 2：受教育程度相同的，按性别男排在前面，女排在后面，性别相同时按工资从高到低排列。

CHAPTER2

第2章 商务数据计算与统计

2.1 最基本的商务数据计算与统计

2.1.1 描述数据集中趋势的统计量计算

1．求和函数 SUM

格式：SUM(参数 1,参数 2,…)

功能：求一系列数据的累加和。

参数：单元格地址、单元格区域、数组、表达式、常量和名称等。

对于参数的约定，需要注意以下 3 点。

（1）如果参数本身是数字、逻辑值及数字的文本表达式，则它们都将参加计算。

例如：=SUM(10,"5",FALSE,TRUE)，结果是 16。

其中“5”被转换为数字 5，FALSE 等于 0，TRUE 等于 1，所以计算结果是 10+5+0+1=16。

（2）如果参数为数组或引用，只有其中的数值型将被计算。数组或引用中的空白单元格、逻辑值或文本将被忽略。

例如：A1、B1、C1 和 D1 单元格分别输入 10、"5"、FALSE 和 TRUE，E1 单元格输入：=SUM(A1:D1)，结果是 10。

（3）如果参数为错误值或为不能转换为数字的文本，将会导致错误，包含零值的单元格将被计算在内。

例如：求 A1、B1、C1 和 D1 单元格累加和的公式：

=SUM(A1:D1) 等价于 = SUM(A1,B1,C1,D1) 或 =A1+B1+C1+D1

后面介绍的函数中关于参数的约定与 SUM 类似，不再赘述。

2．算术平均值函数 AVERAGE

格式：AVERAGE(参数 1,参数 2,…)

功能：求一系列数据的算术平均值。

例如，求 A1、B1、C1 和 D1 单元格平均值的公式：

=AVERAGE(A1:D1) 或 =AVERAGE(A1,B1,C1,D1) 或 =(A1+B1+C1+D1)/4

算术平均值与每一个数据都有关，任何数据的变动都会引起平均数的变动。算术平均值的主要缺点是易受极端值的影响，极端值是指偏大或偏小的数据。当出现偏大数值时，算术平均值将会被抬高，当出现偏小数值时，算术平均值会降低。

3．中位数函数 MEDIAN

格式：MEDIAN(参数 1,参数 2,…)

功能：求一系列数据的中值。中值是一系列数据按从小到大排序后，取排在中间的一个值。如果参加统计数据的个数为偶数，取位于中间的两个数的平均值。

例如：

=MEDIAN(4,3,6)，结果是 4（取 3，4，6 中间的 4）。

=MEDIAN(6,2,4,3)，结果是 3.5（取 2，3，4，6 中间两个数的平均值，(3+4)/2=3.5）。

中位数与数据的排列位置有关，某些数据的变动对它没有影响。它是一组数据排序后中间位置上的代表值，不受数据极端值的影响。

4．众数函数 MODE

格式：MODE(参数 1，参数 2，…)

功能：返回一系列数据中出现频率最高的数。如果数据中没有重复出现的数，返回错误值 # N/A。

例如：

=MODE(3,5,5,2,3,5)，结果是 5（只有 5 出现的次数最多，3 次）。

=MODE(2,3,3,3,5,5,5)，结果是 3（3 和 5 出现次数最多，都是 3 次。返回先出现的 3）。

=MODE(2,5,5,5,3,3,3)，结果是 5（3 和 5 出现次数最多，都是 3 次。返回先出现的 5）。

从以上的例子看出，众数不是唯一的。

众数与数据出现的次数有关，着眼于对各数据出现的频率的考察，其大小只与这组数据中的部分数据有关，不受极端值的影响。众数的缺点是具有不唯一性。一组数据中可能会有一个众数，也可能会有多个众数或者没有众数。

如果数据是对称型的分布，平均值、中位数和众数这三者的值通常很接近。判断平均值所处的百分位数（或中位数）可确定集中趋势。

【例 2-1】对“北京新发地批发市场”（2016 年 3 月 29 日到 3 月 31 日）蔬菜价格数据，完成以下计算任务。数据文件如图 2.1 所示。

	A	B	C	D	E	F	G	H
1	北京新发地批发市场							
2	日期	品种	最低价格	最高价格	平均价格		最低价格的平均值	5.43
3	2016-3-29	大白菜	2.40	3.40	2.90		最低价格的中位数	4.00
4	2016-3-29	洋白菜	4.20	5.20	4.70		最低价格的众数	3.00
5	2016-3-29	油菜	4.00	5.00	4.50			
6	2016-3-29	小白菜	3.00	4.00	3.50		最低价格中的最高价格	19.00
7	2016-3-29	生菜	5.20	7.00	6.10		最低价格中的最低价格	1.00
8	2016-3-29	菠菜	2.40	4.00	3.20			

图 2.1　蔬菜价格表

（1）计算每种蔬菜的平均价格。

在 E3 输入公式=AVERAGE(C3:D3)，向下复制该公式，计算其他蔬菜的平均价格。

（2）计算最低价格的平均值。

输入公式：=AVERAGE(C3:C148)

（3）计算最低价格的中位数。

输入公式：=MEDIAN(C3:C148)

（4）计算最低价格的众数。

输入公式：=MODE(C3:C148)

2.1.2　描述数据离散程度的统计量计算

1．最大值函数 MAX

格式：MAX(参数 1,参数 2,…)

功能：求一系列数据的最大值。

2．最小值函数 MIN

格式：MIN(参数 1,参数 2,…)

功能：求一系列数据的最小值。

【例 2-2】计算图 2.1“北京新发地批发市场”蔬菜最低价格中的最高价格和最低价格。

（1）计算最低价格中的最高价格。

输入公式：=MAX(C3:C148)

（2）计算最低价格中的最低价格。

输入公式：=MIN(C3:C148)

3．标准差函数

格式：STDEV(参数 1,参数 2,…)

功能：把每个参数看作 x，若有 $x_1,x_2,\cdots x_n$ 共 n 个数，则

平均值 $\overline{x}=\dfrac{x_1+x_2+\cdots+x_n}{n}$　　　标准差 $\text{STDEV}=\sqrt{\dfrac{\sum_{i=1}^{n}\left(x_i-\overline{x}\right)^2}{n-1}}$

标准差反映一组数据与其平均值的离散程度。如果标准差比较小，说明数据与平均值的离

散程度较小，则平均值能够反应数据的均值，具有统计意义。反之，如果标准差比较大，说明数据与平均值的离散程度较大（数据中可能含有非常大或非常小的数），则平均值在一定程度上失去数据“均值”的意义。

例如，假设A公司和B公司都有8个职工，他们的工资如表2.1所示。A公司和B公司的月平均工资是一样的，都是 4250 元。这两个公司职工的平均工资相同，并不能说明大多数职工的工资都在4250元左右。从表中可明显看出A 公司职工的月平均工资失真，不能反映大多数职工的工资水平，而这时的中位数要比平均值更有价值，更能反映大多数职工的平均工资水平。如果中位数与平均值差距大，说明数据集中程度不高。A 公司工资的标准差明显大于B公司。通过比较标准差、中位数、平均值、最低工资和最高工资等统计量，可以清楚了解工资的离散程度。

表2.1 A公司与B公司职工工资表

编号	公司A	公司B
1	2000	3500
2	2000	3900
3	2000	5000
4	2000	4100
5	2000	3500
6	2000	3900
7	2000	4100
8	20000	6000
平均工资	4250	4250
标准差	6363.96	848.53
中位数	2000	4000
众数	2000	3500
最低工资	2000	3500
最高工资	20000	6000

2.2 带条件的数据统计计算案例

2.2.1 IF函数与逻辑函数分组计算案例

1．分支函数IF

格式：IF（逻辑表达式，[表达式1]，[表达式2]）

功能：若“逻辑表达式”值为真，函数值为“表达式1”的值；否则为“表达式2”的值。

方括号部分表示可以省略。当“逻辑表达式”的值为真时，函数值为“表达式 1”的值。如果省略“表达式 1”（注意逗号不能省略），结果是“0”；否则，当“逻辑表达式”的值为假时，函数值为“表达式2”的值。如果省略“表达式2”，结果是“0”。

用途：用于在给定的多个不同的条件情况下，得出不同的结果。

IF 函数最多允许嵌套 64 层。每一层 IF 函数的结果，都是由“逻辑表达式”决定。结果取值为“表达式 1”的值或者“表达式 2”的值。

例如，在 F2 单元格输入公式：=IF(B2>=60,TRUE,FALSE)

如果 B2 单元格的值大于等于 60，F2 单元格的结果是 TRUE，否则是 FALSE。

在 F2 单元格输入：=IF(B2>=60,"A",B")

如果 B2 单元格的值大于等于 60，F2 单元格的结果是字符“A”，否则是字符“B”。

注意：文本型的数据出现在表达式中一定要用双引号定界符。

【例 2-3】对图 2.2 的职工情况表，完成以下任务。

（1）按年龄分两组：35 及 35 岁以下为“青年组”，35 岁以上为“中年组”。

在 H3 单元格输入公式：

=IF(C3<=35,"青年组","中年组")

然后向下复制公式。

（2）按年龄分成三组：35 及 35 岁以下为“青年组”，35～49 岁为“中青年组”，大于 49 岁为“中老年组”。

在 I3 单元格输入公式：

=IF(C3<=35,"青年组",IF(C3<=49,"中青年组","中老年组"))

然后向下复制公式。

（3）按性别、年龄分成六组，分组标准如下。

- 35 及 35 岁以下为“青年男组”和“青年女组”；
- 35～49 岁为“中青年男组”和“中青年女组”；
- 大于 49 岁为“中老年男组”和“中老年女组”。

按性别划分后，分为 6 组。但是“性别”来自每个记录，所以还是可以按 3 个分支处理。

在 J3 单元格输入公式：

=IF(C3<=35,"青年",IF(C3<=49,"中青年","中老年"))&B3&"组"

然后向下复制该公式。

	A	B	C	D	E	F	G	H	I	J
1	职工情况简表									
2	编号	性	年龄	学历	科室	职务等级	基本工资	两组	分成三组	改为六组
3	10001	女	36	本科	科室2	副经理	4600.97	中年组	中青年组	中青年女组
4	10002	男	28	硕士	科室3	普通职员	3800.01	青年组	青年组	青年男组
5	10003	女	30	博士	科室3	普通职员	4700.85	青年组	青年组	青年女组
6	10004	女	45	本科	科室2	监理	5000.78	中年组	中青年组	中青年女组
7	10005	女	42	中专	科室1	普通职员	4200.53	中年组	中青年组	中青年女组
8	10006	男	40	博士	科室1	副经理	5800.01	中年组	中青年组	中青年男组
9	10007	女	29	博士	科室1	副经理	5300.25	青年组	青年组	青年女组
10	10008	男	55	本科	科室2	经理	5600.5	中年组	中老年组	中老年男组
11	10009	男	35	硕士	科室3	监理	4700.09	青年组	青年组	青年男组
12	10010	男	23	本科	科室2	普通职员	3000.48	青年组	青年组	青年男组
13	10011	男	36	大专	科室1	普通职员	3100.71	中年组	中青年组	中青年男组
14	10012	男	50	硕士	科室1	经理	5900.55	中年组	中老年组	中老年男组
15	10013	女	27	中专	科室3	普通职员	2900.36	青年组	青年组	青年女组
16	10014	男	22	大专	科室1	普通职员	2700.42	青年组	青年组	青年男组
17	10015	女	35	博士	科室3	监理	4600.46	青年组	青年组	青年女组
18	10016	女	58	本科	科室1	监理	5700.58	中年组	中老年组	中老年女组
19	10017	女	30	硕士	科室2	普通职员	4300.79	青年组	青年组	青年女组
20	10018	女	25	本科	科室3	普通职员	3500.39	青年组	青年组	青年女组
21	10019	男	40	大专	科室3	经理	4800.67	中年组	中青年组	中青年男组
22	10020	男	38	中专	科室2	普通职员	3301	中年组	中青年组	中青年男组
23										

图 2.2 职工情况表（分组）

2．逻辑与函数 AND

格式：AND(参数 1,参数 2,…)

功能：如果所有的参数均为真值则函数为真值；否则，有一个参数为假值则函数为假值。

例如，C3 存放的是年龄，判断年龄是否在[20，30]的逻辑表达式为：

AND（C3>=20，C3<=30）

如果 C3 的年龄在 20～30，该表达式的结果是真值，否则为假值。

3．逻辑或函数 OR

格式：OR (参数 1,参数 2,…)

功能：如果有一个参数为真值，则函数为真值；否则，所有的参数均为假值，则函数为假值。

例如，B3、C3 和 D3 分别存放的是性别、年龄和学历。

判断学历为本科或者为大专的逻辑表达式为：

OR（D3 ="本科"，D3="大专"）

判断性别为“男”或者年龄大于等于 20 的逻辑表达式为：

OR（B3="男"，C3>=20）

4．逻辑非函数 NOT

格式：NOT(参数)

功能：函数值取参数的反值。参数值为真则函数值为假。否则，参数值为假，则函数值为真。

例如，F3 存放的是科室信息，判断是否是“科室 1”的逻辑表达式为：

NOT(F3="科室 1")　等价于 F3<>"科室 1"

如果 F3 不等于"科室 1"，则结果是真值，否则为假值。

【例 2-4】对职工情况表，完成以下任务。

（1）增加一列标记，如果年龄在 20～30，则标记“是”，否则不标记，如图 2.3 所示。

在 H3 单元格输入公式：

=if（AND（C3>=20，C3<=30），"是"，""）

然后向下复制公式。

	A	B	C	D	E	F	G	H	I
1	职工情况简表								
2	编号	性别	年龄	学历	科室	职务等级	基本工资	标记	统计
3	10001	女	36	本科	科室2	副经理	4600.97		1
4	10002	男	28	硕士	科室3	普通职员	3800.01	是	0
5	10003	女	30	博士	科室3	普通职员	4700.85	是	0
6	10004	女	45	本科	科室2	监理	5000.78		1
7	10005	女	42	中专	科室1	普通职员	4200.53		0
8	10006	男	40	博士	科室1	副经理	5800.01		0
9	10007	女	29	博士	科室1	副经理	5300.25	是	0
10	10008	男	55	本科	科室2	经理	5600.5		1
11	10009	男	35	硕士	科室3	监理	4700.09		0
12	10010	男	23	本科	科室2	普通职员	3000.48	是	1
13	10011	男	36	大专	科室1	普通职员	3100.71		1
14	10012	男	50	硕士	科室1	经理	5900.55		0
15	10013	女	27	中专	科室3	普通职员	2900.36	是	0
16	10014	男	22	大专	科室1	普通职员	2700.42	是	1
17	10015	女	35	博士	科室3	监理	4600.46		0
18	10016	女	58	本科	科室1	监理	5700.58		1
19	10017	女	30	硕士	科室2	普通职员	4300.79	是	0
20	10018	女	25	本科	科室3	普通职员	3500.39	是	1
21	10019	男	40	大专	科室3	经理	4800.67		1
22	10020	男	38	中专	科室2	普通职员	3301		0

图 2.3　职工情况表（标记符合条件的记录）

（2）用“1”标识出学历是本科、大专的职工，并统计出人数。

在 I3 单元格输入公式：

=IF(OR(D3 ="本科"，D3="大专"),1,0)

然后向下复制公式。

计算本科和大专的人数，也就是计算“1”的个数。

输入公式：=SUM(I3:I22)

【例 2-5】根据下面每个题目中给的条件，计算“职工情况表”的“补助 1”“补助 2”“工会会费扣款”和“应发工资”。

（1）计算“补助 1”。

计算“补助 1”的标准是：经理 500，监理 300，其余人员 150。

在 H3 输入公式：

=IF(OR(F3="经理",F3="副经理"),500,IF(F3="监理",300,150))

向下复制计算其他职工的“补助 1”。计算结果，如图 2.4 所示。

（2）计算“补助 2”。

计算“补助 2”的标准是：职务等级为“监理”及以上，且基本工资低于 5000 的补助 200。

在 I2 输入公式：

=IF(AND(NOT(F3="普通职员"),G3<5000),200,0)

向下复制计算其他职工的“补助 2”。

（3）计算“工会会费扣款”。

假设：工会会费扣款为基本工资的 3%。计算结果进行四舍五入保留 2 位小数。

在 J2 输入公式：

=ROUND(G3*0.03,2)

向下复制计算其他职工的工会会费扣款。

（4）计算“应发工资”。

在 K2 输入公式：

=SUM(G3:I3)−J3

	A	B	C	D	E	F	G	H	I	J	K
1	职工情况简表										
2	编号	性	年龄	学历	科室	职务等级	基本工资	补贴1	补贴2	工会会费扣款	应发工资
3	10001	女	36	本科	科室2	副经理	4600.97	500	200	138.03	5162.94
4	10002	男	28	硕士	科室3	普通职员	3800.01	150	0	114.00	3836.01
5	10003	女	30	博士	科室3	普通职员	4700.85	150	0	141.03	4709.82
6	10004	女	45	本科	科室2	监理	5000.78	300	0	150.02	5150.76
7	10005	女	42	中专	科室1	普通职员	4200.53	150	0	126.02	4224.51
8	10006	男	40	博士	科室1	副经理	5800.01	500	0	174.00	6126.01
9	10007	女	29	博士	科室1	副经理	5300.25	500	0	159.01	5641.24
10	10008	男	55	本科	科室2	经理	5600.5	500	0	168.02	5932.48
11	10009	男	35	硕士	科室3	监理	4700.09	300	200	141.00	5059.09
12	10010	男	23	本科	科室2	普通职员	3000.48	150	0	90.01	3060.47
13	10011	男	36	大专	科室1	普通职员	3100.71	150	0	93.02	3157.69
14	10012	男	50	硕士	科室1	经理	5900.55	500	0	177.02	6223.53
15	10013	女	27	中专	科室3	普通职员	2900.36	150	0	87.01	2963.35
16	10014	男	22	大专	科室1	普通职员	2700.42	150	0	81.01	2769.41
17	10015	女	35	博士	科室3	监理	4600.46	300	200	138.01	4962.45
18	10016	女	58	本科	科室1	监理	5700.58	300	0	171.02	5829.56
19	10017	女	30	硕士	科室2	普通职员	4300.79	150	0	129.02	4321.77
20	10018	女	25	本科	科室3	普通职员	3500.39	150	0	105.01	3545.38
21	10019	男	40	大专	科室3	经理	4800.67	500	200	144.02	5356.65
22	10020	男	38	中专	科室2	普通职员	3301	150	0	99.03	3351.97

图 2.4　职工情况表（IF 条件与逻辑函数）

2.2.2 简单条件快速统计计算案例

1．条件计数函数 COUNTIF

格式：COUNTIF (条件数据区,"条件")

功能：统计“条件数据区”中满足给定"条件"的单元格的个数。

条件数据区：该区域的每个单元格都必须是数字或名称、数组或包含数字的引用。空值和文本值将被忽略。

条件：可以是数字、文本、表达式、函数或单元格地址引用。其中文本必须用双引号括起来，数字可以不用双引号括起来。

在“条件”中可以使用通配符“?”匹配任意一个单个字符，“*”匹配任一个字符串。如果要查找实际的问号或星号，在字符前键入波形符“～”。

注意：

- 为了避免发生计算错误，选择“条件数据区”时不要选择标题。
- 只能对给定的数据区域中满足一个条件的单元格统计个数，若对一个以上的条件统计单元格的个数，用 COUNTIFS、数据库函数 DCOUNT 或 DCOUNTA 实现。

2．条件求和函数 SUMIF

格式：SUMIF(条件数据区,"条件"[,求和数据区])

功能：在“条件数据区”查找满足"条件"的单元格，统计满足条件的单元格对应于“求和数据区”中数据的累加和。

其中，方括号部分表示可以省略。如果“求和数据区”省略，统计“条件数据区”满足条件的数据累加和，这时的“条件数据区”也是“求和数据区”。

SUMIF 函数中的前两个参数与 COUNTIF 中的前两个参数的含义相同。

注意：为了避免发生计算错误，选择“条件数据区”以及“求和数据区”时，不要选择标题。

系统执行该函数的过程是：在“条件数据区”中查找满足"条件"的单元格，记住它们在“条件数据区”的位置，并将其对应到“求和数据区”相应的位置，在“求和数据区”求这些位置上的数据的累加和。

3．条件求平均值函数 AVERAGEIF

格式：AVERAGEIF (条件数据区,"条件"[,求平均值数据区])

功能：在“条件数据区”查找满足"条件"的单元格，统计满足条件的单元格对应于“求平均值数据区”中数据的平均值。如果“求平均值数据区”省略，统计“条件数据区”满足条件的单元格中数据的平均值。

系统执行该函数的过程和规定与 SUMIF 基本相同，不同的是 AVERAGEIF 按条件求平均值，SUMIF 函数按条件求累加和。

【例 2-6】根据职工情况表的数据完成以下任务。

（1）统计 35 岁及以下的人数。

输入公式： =COUNTIF(C3:C22,"<=35")

（2）统计低于平均基本工资的人数。

输入公式：=COUNTIF(G3:G22,"<"&AVERAGE(G3:G22))

（3）统计“科室2”的基本工资总和。

输入公式：=SUMIF(E3:E22,"科室2",G3:G22)

（4）统计“科室2”的平均基本工资。

输入公式：=AVERAGEIF(E3:E22,"科室2",G3:G22)

计算结果，如图2.5所示。

4．多条件求个数函数COUNTIFS

格式：COUNTIFS (条件数据区1,"条件1" [,条件数据区2,"条件2"],…)

功能：对多个条件数据区域，判断是否满足给定的对应的条件，计算符合所有条件的单元格的个数。

说明：格式中的方括号部分可以省略，最多允许127个区域和条件对。其余规定与COUNTIF相同。

COUNTIFS与COUNTIF不同的是：COUNTIFS可以对同时满足多个条件的数据区的单元格实现计数，COUNTIF只能实现对满足一个条件的数据区及单元格计数。

5．多条件求和函数SUMIFS

格式：SUMIFS (求和数据区,条件数据区1,"条件1" [,条件数据区2,"条件2"],…)

功能：对多个条件数据区域，判断是否满足给定的对应的条件，对符合所有条件的数据区的单元格求和。

注意：SUMIFS的求和数据区是第一个参数，SUMIF的求和数据区是第三个参数。

6．多条件求个数函数AVERAGEIFS

格式：AVERAGEIFS (求平均值数据区,条件数据区1,"条件1" [,条件数据区2,"条件2"],…)

功能：对多个条件数据区域，判断是否满足给定的对应的条件，对符合所有条件的数据区的单元格求平均值。

注意：AVERAGEIFS的求平均值数据区是第一个参数，AVERAGEIF的求平均值数据区是第三个参数。

【例2-7】根据职工情况表的数据完成以下任务。计算结果如图2.5所示。

（1）统计性别为“男”且年龄在30～40（含30，40）的人数。

输入公式：

=COUNTIFS(B3:B22,"男",C3:C22,">=30",C3:C22,"<=40")

（2）统计性别为“男”且年龄在30～40（含30，40）的人的平均基本工资。

输入公式：

=AVERAGEIFS(G3:G22,B3:B22,"男",C3:C22,">=30",C3:C22,"<=40")

（3）统计性别为“男”且学历是“博士”和“硕士”的人数。

输入公式：

=COUNTIFS(B3:B22,"男",D3:D22,"博士")+ COUNTIFS(B3:B22,"男",D3:D22,"硕士")

计算结果，如图2.5所示。

	A	B	C	D	E	F	G	H	I	J
1	职工情况简表									
2	编号	性别	年龄	学历	科室	职务等级	基本工资			
3	10001	女	36	本科	科室2	副经理	4600.97		平均年龄	36.2
4	10002	男	28	硕士	科室3	普通职员	3800.01		最高工资	5900.55
5	10003	女	30	博士	科室3	普通职员	4700.85			
6	10004	女	45	本科	科室2	监理	5000.78		工资总和	87510.40
7	10005	女	42	中专	科室1	普通职员	4200.53		最低工资	2700.42
8	10006	男	40	博士	科室1	副经理	5800.01			
9	10007	女	29	博士	科室1	副经理	5300.25		35岁及以下的人数	10
10	10008	男	55	本科	科室2	经理	5600.5		低于平均工资的人数	9
11	10009	男	35	硕士	科室3	监理	4700.09		科室2的工资总和	25804.52
12	10010	男	23	本科	科室2	普通职员	3000.48		科室2的平均工资	4300.75
13	10011	男	36	大专	科室1	普通职员	3100.71			
14	10012	男	50	硕士	科室1	经理	5900.55			
15	10013	女	27	中专	科室3	普通职员	2900.36		男且年龄【30-40】的人数	5
16	10014	男	22	大专	科室1	普通职员	2700.42		男且年龄【30-40】的平均基本工资	4340.50
17	10015	女	35	博士	科室3	监理	4600.46		男且学历是博士和硕士的人数	4
18	10016	女	58	本科	科室1	监理	5700.58			
19	10017	女	30	硕士	科室2	普通职员	4300.79			
20	10018	女	25	本科	科室3	普通职员	3500.39			
21	10019	男	40	大专	科室3	经理	4800.67			
22	10020	男	38	中专	科室2	普通职员	3301			

图 2.5 职工表（条件统计）

2.2.3 用数据库函数实现任意条件统计计算案例

对满足任何复杂条件的统计计算用数据库函数。用数据库函数可以实现多个条件之间是“与”关系，也可以是“或”关系的统计。因此，数据库函数的功能涵盖了前面介绍的带条件的函数。用数据库函数要求事先设置条件区，要比前面介绍的条件统计函数复杂些。

1．数据库函数的格式与约定

数据库函数的格式：

函数名(数据清单区,指定的统计字段,条件区)

数据清单区：“数据清单区”与第 1 章介绍的数据清单的约定相同。“数据清单区”包含字段名行，可以是整个数据表或其中的一部分，但是一定要包含所有条件字段和统计字段。

指定的统计字段：它可以是以下三种形式之一。

- 字段名所在的单元格地址。
- 带英文双引号的“字段名”。
- “列”在数据清单中的位置（用数字表示）：“1”表示第 1 列，“2”表示第 2 列……

例如，统计“博士”的平均年龄。第 2 个参数写为以下 3 种形式都是等价的。

第 2 个参数是地址引用：DAVERAGE(A2:G22,C2,…)

第 2 个参数是字段名：DCOUNT(A2:G22,"年龄",…)

第 2 个参数是序号：DCOUNT(A2:G22,3,…)（当数据清单区从 A 列开始时）

条件区：它有如下规定。

（1）条件区第 1 行的规定有 2 种。

规定 1：第 1 行输入字段名或字段名所在地址的引用。

说明：如果给出的条件可以直接在数据清单中找到，第 1 行必须与数据清单的字段名完全一样，或字段名所在地址的引用。例如，条件是统计性别为“男”的人数。“性别”在 B2 单元格，第 1 行可以输入“性别”或“=B2”。

规定 2：第 1 行为空白（不输入任何内容，但是属于条件区）。

说明：如果给出的条件不能直接在数据清单中找到，这时就需要用公式计算的条件。例如，条件是统计低于平均工资的人数。数据清单中包含数据表数据，需要用公式计算平均工资。公式由逻辑或关系表达式组成，公式的结果是逻辑值。只有公式计算结果为真值时，才认为记录是符合条件的。

（2）条件区第2行开始设置条件。

条件输入的位置有如下规定。

- 若条件放在不同的行（占用多行），为“或”关系。
- 若条件放在同一行（占用多列），为“与”关系。

条件的内容有如下规定。

- 在条件中允许出现“*”代表任意一个字符串，“？”代表任意一个字符。
- 条件区中的文字不需要加双引号，直接输入文字内容即可。
- 条件区中的关系运算符（如“<”“<=”“>”或“>=”）、“*”和“？”，必须是英文字符，不能是中文字符。
- 一次只能对工作表中的一个条件区进行统计。

当条件区第1行不能为空白时，最好不要重新输入字段名，而是用地址引用。如果输入错误会导致统计结果不正确。

例如：条件是满足性别为“男”且“工资”低于平均工资。

设置的条件区，如表2.2所示。

表2.2　条件区

=B2	
男	=G3<AVERAGE($G$3:$G$22)

系统会对数据清单从上到下查找满足条件的记录。例如，

第1条记录，“女”，不符合条件；

第2条记录，“男”，符合条件，再计算G4<AVERAGE($G$3:$G$22)？如果该记录的工资小于平均工资，找到一个符合条件的记录。对这个满足条件的记录再做相应的统计计算。否则再向下继续查找。

第3条记录，“女”，不符合条件；

……；

第6条记录，“男”，符合条件，再计算G8<AVERAGE($G$3:$G$22)？

……。

直到数据清单最后1行。

2．数据库函数

（1）条件求和函数DSUM。

格式：DSUM(数据清单区,指定的统计字段,条件区)

功能：在“数据清单区”找出满足“条件区”条件的记录，对满足条件的记录“指定的统计字段”数据求累加和。

说明：DSUM与SUM不同，SUM可以求任意位置的数据累加和，DSUM只能求数据清单中某列数据中满足条件的数据累加和。

DSUM 包含了 SUMIF 的功能。SUMIF 只能对给定的一个条件求数据的累加和，而 DSUM 可以对给定的多个条件求指定的列数据的累加和。

（2）条件求平均值函数 DAVERAGE。

格式：DAVERAGE(数据清单区,指定的统计字段,条件区)

功能：在“数据清单区”找出满足“条件区”条件的记录，对满足条件的记录“指定的统计字段”数据求平均值。

（3）条件求最大值函数 DMAX。

格式：DMAX(数据清单区,指定的统计字段,条件区)

功能：在“数据清单区”找出满足“条件区”条件的记录，返回满足条件的记录“指定的统计字段”数据的最大值。

（4）条件求最小值函数 DMIN。

格式：DMIN(数据清单区,指定的统计字段,条件区)

功能：在“数据清单区”找出满足“条件区”条件的记录，返回满足条件的记录“指定的统计字段”数据的最小值。

（5）条件统计数值型数据的个数函数 DCOUNT。

格式：DCOUNT(数据清单区,［指定的统计字段］,条件区)

功能：在“数据清单区”找出满足“条件区”条件的记录，返回满足条件的记录“指定的统计字段”数值型数据的单元格个数。

如果“指定的统计字段”省略，逗号不能省略。例如：

DCOUNT(数据清单区,,条件区)

功能是对“数据清单区”求满足“条件区”条件的记录的个数。

（6）条件统计个数函数 DCOUNTA。

格式：DCOUNTA(数据清单区,［指定的统计字段］,条件区)

功能：在“数据清单区”找出满足“条件区”条件的记录，返回满足条件的记录“指定的统计字段”数值型数据的单元格个数。

如果指定的统计字段省略，逗号不能省略。例如：

DCOUNTA(数据清单区,,条件区)

功能是对“数据清单区”求满足“条件区”条件的记录的个数（与 DCOUNT 相同）。

【例 2-8】对图 2.6 的数据表完成以下计算任务。

（1）统计性别为男，并且学历是博士和硕士的人的平均年龄和平均基本工资。

设置条件区 I4:J6，如图 2.6 所示。

I4，J4 分别输入“=B2”“=D2”。将数据表中的“男”“博士”“硕士”分别复制粘贴到 I5:J6。

计算平均年龄，输入公式：=DAVERAGE(A2:G22,C2,I4:J6)

计算平均基本工资，输入公式：=DAVERAGE(A2:G22,G2,I4:J6)

（2）统计科室 1 或科室 2 的年龄为 30～40 的人数。

设置条件区 I10:K12，如图 2.6 所示。

输入公式：=DCOUNT(A2:G22,,I10:K12)

（3）统计博士中的最高工资。

设置条件区 I16:I17，如图 2.6 所示。

输入公式：=DMAX(A2:G22,G2,I16:I17)

（4）统计硕士中低于平均工资的人数。

设置条件区 I21:J22，如图 2.6 所示。

在 J22 输入公式：=G3<AVERAGE($G$3:$G$22)。

由于第 1 条记录不符合条件，J22 单元格公式的结果显示为“FALSE”。

输入公式：=DCOUNT(A2:G22,,I21:J22)

	A	B	C	D	E	F	G	H	I	J	K	L	M	N
2	编号	性别	年龄	学历	科室	职务等级	基本工资		统计性别为男且学历是博士和硕士的平均年龄和平均工资					
3	10001	女	36	本科	科室2	副经理	4600.97		条件区：		平均年龄	38.25		
4	10002	男	28	硕士	科室3	普通职员	3800.01		性别	学历	平均工资	5050.17		
5	10003	女	30	博士	科室3	普通职员	4700.85		男	博士				
6	10004	女	45	本科	科室2	监理	5000.78		男	硕士				
7	10005	女	42	中专	科室1	普通职员	4200.53							
8	10006	男	40	博士	科室1	副经理	5800.01		统计科室1或科室2的年龄30-40的人数					
9	10007	女	29	博士	科室1	副经理	5300.25		条件区：		结果：	5		
10	10008	男	55	本科	科室2	经理	5600.5		科室	年龄	年龄			
11	10009	男	35	硕士	科室3	监理	4700.09		科室1	>=30	<=40			
12	10010	男	23	本科	科室2	普通职员	3000.48		科室2	>=30	<=40			
13	10011	男	36	大专	科室1	普通职员	3100.71							
14	10012	男	50	硕士	科室1	经理	5900.55		统计博士中的最高工资					
15	10013	女	27	中专	科室3	普通职员	2900.36		条件区：		结果：	5800.01		
16	10014	男	22	大专	科室1	普通职员	2700.42		学历					
17	10015	女	35	博士	科室3	监理	4600.46		博士					
18	10016	女	58	本科	科室1	监理	5700.58							
19	10017	女	30	硕士	科室2	普通职员	4300.79		统计硕士低于平均工资的人数					
20	10018	女	25	本科	科室3	普通职员	3500.39		条件区：		结果：	2		
21	10019	男	40	大专	科室3	经理	4800.67		学历					
22	10020	男	38	中专	科室2	普通职员	3301		硕士	FALSE				

图 2.6 数据库函数的应用

【例 2-9】图 2.7 中的数据表是评价基金公司的指标数据表，包括：收益性、安全性和流动性三项指标数据。请统计在这些基金公司中，三项指标均大于 0.7、有两项指标大于 0.7、有一项指标大于 0.7 以及没有指标大于 0.7 的公司数量。

下面用两种方法完成本题的计算。

方法 1：用 COUNTIF 函数

思路：先用 COUNTIF 函数统计出每个公司大于 0.7 指标的项目数量，然后再统计符合每个统计数量的个数。

操作步骤：

（1）在单元格 E2 输入公式：=COUNTIF(B2:D2,">0.7")

（2）向下复制单元格 E2，计算其他公司大于 0.7 的项目的个数。

（3）统计没有指标>0.7 的公司数量。

输入公式：=COUNTIF(E2:E26,0)

（4）统计有一项指标>0.7 的公司数量。

输入公式：=COUNTIF(E2:E26,1)

（5）统计有两项指标>0.7 的公司数量。

输入公式：=COUNTIF(E2:E26,2)

（6）统计有三项指标>0.7 的公司数量。

输入公式：=COUNTIF(E2:E26,3)

方法 2：用 DCOUNT 函数

用 DCOUNT 函数容易出错的是，在建立条件区时，仅考虑>0.7，而没有考虑<=0.7 的情况。

操作步骤：

（1）统计有三项指标>0.7 的公司数量。

建立条件区：G5:I6

输入公式：=DCOUNT(B1:D26,,G5:I6)

（2）统计有两项指标>0.7 的公司数量。

建立条件区：G9:I12

输入公式：=DCOUNT(B1:D26,,G9:I12)

（3）统计有一项指标>0.7 的公司数量。

建立条件区：G15:I18 输入公式：=DCOUNT(B1:D26,,G15:I18)

（4）统计没有指标>0.7 的公司数量。

建立条件区：G21:I22

输入公式：=DCOUNT(B1:D26,,G21:I22)

统计结果，如图 2.7 所示。

	A	B	C	D	E	F	G	H	I	J
1	公司名称	收益性	安全性	流动性	计数					
2	基金公司1	0.6	0.9	0.9	2		没有>0.7	一项>0.7	二项>0.7	三项>0.7
3	基金公司2	0.9	0.4	0.4	1		4	14	4	3
4	基金公司3	0.8	0.5	0.8	2					
5	基金公司4	0.8	0.8	0.8	3		收益性	安全性	流动性	
6	基金公司5	0.6	0.5	0.9	1		>0.7	>0.7	>0.7	
7	基金公司6	0.5	0.6	0.9	1		三项>0.7	3		
8	基金公司7	0.7	0.7	0.9	1					
9	基金公司8	0.6	0.8	0.5	1		收益性	安全性	流动性	
10	基金公司9	0.6	0.8	0.6	1		>0.7	>0.7	<=0.7	
11	基金公司10	0.8	0.5	0.5	1		>0.7	<=0.7	>0.7	
12	基金公司11	0.9	0.7	0.7	1		<=0.7	>0.7	>0.7	
13	基金公司12	0.5	0.5	0.8	1		二项>0.7	4		
14	基金公司13	0.5	0.6	0.7	0					
15	基金公司14	0.6	0.9	0.7	1		收益性	安全性	流动性	
16	基金公司15	0.7	0.7	0.6	0		>0.7	<=0.7	<=0.7	
17	基金公司16	0.7	0.7	0.7	0		<=0.7	>0.7	<=0.7	
18	基金公司17	0.9	0.9	0.8	3		<=0.7	<=0.7	>0.7	
19	基金公司18	0.9	0.5	0.8	2		一项>0.7	14		
20	基金公司19	0.7	0.6	0.5	0					
21	基金公司20	0.8	0.9	0.8	3		收益性	安全性	流动性	
22	基金公司21	0.8	0.6	0.9	2		<=0.7	<=0.7	<=0.7	
23	基金公司22	0.5	0.5	0.9	1		没有>0.7	4		
24	基金公司23	0.6	0.9	0.5	1					
25	基金公司24	0.8	0.6	0.6	1					
26	基金公司25	0.9	0.6	0.6	1					

图 2.7　条件统计

2.3　日期型与文本型数据的统计计算

2.3.1　日期型数据的统计计算

1．获取日期中的日数函数 DAY

格式：DAY(日期型参数)

功能：用整数（1～31）返回日期在一个月中的序号。

例如：

=DAY("2016/10/1")　结果是日期日数 1。

2．获取日期的月份函数 MONTH

格式：MONTH(日期参数)

功能：用整数（1～12）返回日期的月份。

例如：

=MONTH("2016/10/1")　结果是日期中的月份：10。

3．获取日期的年函数 YEAR

格式：YEAR(日期参数)

功能：用四位整数返回日期的年份。

例如：

=YEAR("2016/10/1")　结果是日期中的年：2016。

4．获取当前日期和时间函数 NOW

格式：NOW()

功能：返回当前计算机系统的日期和时间，包括年、月、日和时间。

说明：NOW()函数的值会根据计算机系统的不同的日期和时间自动更新。

例如：

=NOW()　结果是当前的日期和时间（例如，显示 2016/7/19　15:48:57）。

按【F9】键或编辑其他单元格，系统重新计算日期和时间（默认情况下不显示“秒”。可以通过改变显示格式显示需要的日期和时间以及格式）。

5．获取当前日期函数 TODAY

格式：TODAY()

功能：返回当前计算机系统的日期，包括年、月、日。

说明：TODAY()函数的值会根据计算机系统的不同的日期自动更新。

6．建立日期函数 DATE

格式：DATE(Year,Month,Day)

功能：用三个数值型数据组成一个日期型数据。

例如：

=DATE(2016,10,1)，结果是日期：2016/10/1

如果计算 2017 年 10 月 1 日距离现在有多少天，可输入公式：

="2017/10/1"-TODAY()

或者=DATE（2017,10,1）-TODAY()

7．计算两个日期之间的天数(d)、月数(m)或年数(y)

格式：=DATEDIF(开始日期,终止日期,"间隔标识")

功能：根据间隔标识计算两个日期之间的天数(d)、月数(m)或年数(y)。

其中间隔标识如下。

"d"：两个日期间隔的天数。

"m"：两个日期间隔的时间段中的整月数。

"y"：两个日期间隔的整年数。

"md"：两个日期天数的差，忽略日期中的月和年。

"yd"：两个日期中天数的差，忽略日期中的年。

"ym"：两个日期中月数的差，忽略日期中的日和年。

例如，

=DATEDIF("2012/1/1","2016/8/10","d")，结果为 1683 天。

=DATEDIF("2012/1/1","2016/8/10","m")，结果为 55 个月。

=DATEDIF("2012/1/1","2016/8/10","y")，结果为 4 年。

=DATEDIF("2012/1/1","2016/8/10","md")，结果为 9 天。（忽略日期中的月和年）

=DATEDIF("2012/1/1","2016/8/10","yd")，结果为 222 天。（忽略日期中的年）

=DATEDIF("2012/1/1","2016/8/10","ym")，结果为 7 个月。（忽略日期中的日和年）

【例 2-10】 对职工情况数据表，完成以下任务。数据表如图 2.8 所示。

1．统计 2005 年以前参加工作的男职工和 2000 年以前参加工作的女职工人数

操作步骤：

（1）建立条件区：J4:K6。

在 J4:J6 分别输入：=B2、男、女，如图 2.8 所示。

K4 为空白；

K5 单元格输入：=YEAR(D3)<2005；

K6 单元格输入：=YEAR(D3)<2000。

（2）在 J7 单元格输入：=DCOUNT(A2:H22,,J4:K6)。

2．统计到目前（2016 年）为止，工龄大于 20 年的人数

操作步骤：

（1）建立条件区：J13:J14。

J13 为空白单元格；

J14 单元格输入：=2016-YEAR(D2)>20。

（2）在 J15 单元格输入：=DCOUNT(A2:H22,,J13:J14)。

职工情况简表

编号	性别	年龄	参加工作日期	学历	科室	职务等级	工资
10001	女	36	2004-8-1	本科	科室2	副经理	4600.97
10002	男	28	2014-9-1	硕士	科室3	普通职员	3800.01
10003	女	30	2015-6-5	博士	科室3	普通职员	4700.85
10004	女	45	1996-11-12	本科	科室2	监理	5000.78
10005	女	42	1991-9-12	中专	科室1	普通职员	4200.53
10006	男	40	2006-7-7	博士	科室1	副经理	5800.01
10007	女	29	2015-7-18	博士	科室1	副经理	5300.25
10008	男	55	1985-1-16	本科	科室2	经理	5600.5
10009	男	35	2006-6-16	硕士	科室3	监理	4700.09
10010	男	23	2015-7-15	本科	科室2	普通职员	3000.48
10011	男	36	2001-8-20	大专	科室1	普通职员	3100.71
10012	男	60	1993-5-18	硕士	科室1	经理	5900.55
10013	女	27	2010-12-21	中专	科室3	普通职员	2900.36
10014	男	22	2014-7-15	大专	科室1	普通职员	2700.42
10015	女	35	2009-5-20	博士	科室3	监理	4600.46
10016	女	58	1982-1-17	本科	科室1	监理	5700.58
10017	女	30	2012-6-1	硕士	科室2	普通职员	4300.79
10018	女	25	2013-6-25	本科	科室3	普通职员	3500.39
10019	男	40	1999-2-23	大专	科室3	经理	4800.67
10020	男	38	1998-1-11	中专	科室2	普通职员	3301

（1）统计2005年以前参加工作的男职工和2000年以前参加工作的女职工人数 。

性别	
男	TRUE
女	FALSE
8	

=YEAR(D3)<2005
=YEAR(D3)<2000
=DCOUNT(A2:H22,,J4:K7)

（2）统计到目前（2016年）为止，工龄大于20年的人数。

FALSE
4

=2016-YEAR(D3)>20
=DCOUNT(A2:H22,,J13:J15)

图 2.8　日期函数的应用

【例 2-11】对职工情况数据表，完成以下任务。数据表如图 2.9 所示。

1．计算职工的年龄

根据出生日期计算年龄，通常有两种。一种是不足一年计算在内（当前系统日期小于生日的日期），另一种是不足一年不计算在内。例如，在实际生活中，银行、保险、医院等出具的电子信息中记载的年龄，都是按照不足一年不计算在内的原则计算年龄。

方法 1：根据出生日期计算年龄（不足一年，计算在内）

操作步骤：

（1）在 D3 单元格输入：=YEAR(TODAY())-YEAR(C3)。

（2）将公式复制到 D4:D22。

方法 2：根据出生日期计算年龄（不足一年，不计算在内）

操作步骤：

（1）在 E3 输入公式：=DATEDIF(C3,TODAY(),"y")。

（2）将公式复制到 E4:E22。

从图 2.9 的 D 列和 E 列可以看出，以上两种方法求出的年龄有相同的，也有不同的。这是因为 TODAY()返回的日期是 2016 年 4 月 12 日。在这个日期之后出生的还没有过生日，所以实际年龄要小一岁，只有到了生日日期后才会一致。实际应用中，可以根据需要选择其中之一。

2．如果计算机系统的月份与职工月份相同，提示“★发放生日快乐礼物★”

操作步骤：

（1）在 F3 输入公式：=IF(MONTH(C3)=MONTH(TODAY()),"★发放生日礼物★","")。

（2）将公式复制到 F4:F22。

fx =DATEDIF(C3,TODAY(),"y")

	A	B	C	D	E	F
1	职工情况简表					
2	编号	性别	出生日期	年龄	按生日计算年龄	生日礼物提醒
3	10001	女	1980-7-3	36	35	
4	10002	男	1988-4-17	28	27	★发放生日礼物★
5	10003	女	1986-1-8	30	30	
6	10004	女	1971-4-2	45	45	★发放生日礼物★
7	10005	女	1974-8-22	42	41	
8	10006	男	1976-7-23	40	39	
9	10007	女	1987-5-21	29	28	
10	10008	男	1961-8-23	55	54	
11	10009	男	1981-4-11	35	35	★发放生日礼物★
12	10010	男	1993-10-16	23	22	
13	10011	男	1980-6-16	36	35	
14	10012	男	1966-10-7	50	49	
15	10013	女	1989-4-6	27	27	★发放生日礼物★
16	10014	男	1994-9-28	22	21	
17	10015	女	1981-11-20	35	34	
18	10016	女	1958-10-12	58	57	
19	10017	女	1986-5-21	30	29	
20	10018	女	1991-2-4	25	25	
21	10019	男	1976-3-29	40	40	
22	10020	男	1978-11-22	38	37	

图 2.9　标记符合指定日期的记录

2.3.2　文本型数据的统计计算

在下面介绍的文本函数中，请注意以下两点。

（1）字符串 S 可以是字符串常数，也可以是文本型的公式。

（2）若两个函数名的不同仅在于一个函数名的后面多一个“B”，则带“B”的函数中一个汉字为 2 个字符；不带“B”的函数中一个汉字为 1 个字符。请参考 LEN 和 LENB。

1．字符串长度函数 LEN、LENB

格式：LEN(S)、LENB(S)

功能：返回字符串的长度。

LEN 与 LENB 的区别是：

- LEN 中的一个汉字为 1 个字符。
- LENB 中的一个汉字为 2 个字符。

例如：

=LEN("计算机 CPU")　结果是 6。

=LENB("计算机 CPU")　结果是 9。

2．截取子串函数 MID、MIDB

格式：MID(S，m，n)、MIDB(S，m，n)

功能：返回 S 串从 m 位置开始的共 n 个字符或文字。

例如：

=MID("计算机中央处理器 CPU",4,5)　结果是"中央处理器"。

=MIDB("计算机中央处理器 CPU",7,4)　结果是"中央"。

=MID("CPU",2,1)　结果是"P"。

3．截取左子串函数 LEFT、LEFTB

格式：LEFT(S［,n］)

功能：返回 S 串最左边的 n 个字符。如果省略 n，默认 n=1。

例如：

=LEFT("计算机中央处理器 CPU",4)　结果是"计算机中"。

=LEFTB("计算机中央处理器 CPU",4)　结果是"计算"。

4．截取右子串函数 RIGHT、RIGHTB

格式：RIGHT(S［,n］)、RIGHTB(S［,n］)

功能：返回 S 串最右边的 n 个字符。如果省略 n，默认 n=1。

例如：

=RIGHT("计算机中央处理器",3)　结果是“处理器”。

=RIGHTB("计算机中央处理器",6)　结果是“处理器”。

5．删除首尾空格函数 TRIM

格式：TRIM(S)

功能：删除 S 字符串的前导空格和尾部空格。

6．数值转文本函数 TEXT

格式：TEXT(数值型数据,格式)

功能：按给定的“格式”将“数值型数据”转换成文本型数据。

格式符“#”：显示有效数字（不显示前导 0 和无效 0）。

格式符“0”：显示有效数字（若 0 格式符的位置无有效数字，显示 0）。

格式定义最后为“,”，显示格式缩小“千”。

格式定义最后为“,,”，显示格式缩小“百万”。

例如：

=TEXT(12.345,"$##,##0.00")　结果是$12.35。

=TEXT(37895,"yy-mm-dd")　结果是 03-10-01。

说明：结果是文本型，其中 37895 与日期 03-10-01 等值。

7．四舍五入转换文本函数 FIXED

格式：FIXED(数值型数据 [,n] [,逻辑值])

功能：对“数值型数据”进行四舍五入并转换成文本数字串。

当 n>0 时，对数据的小数部分从左到右的第 n 位四舍五入；

当 n=0 时，对数据的小数部分最高位四舍五入取数据的整数部分；

当 n<0 时，对数据的整数部分从右到左的第 n 位四舍五入。

如果省略 n，默认 n=2。

如果“逻辑值”为 FALSE 或省略，则返回的文本中包含逗号分隔符。

FIXED 函数的功能与 ROUND 基本一样，不同的是 FIXED 的结果是文本型数据，且可以选择是否带逗号分隔符。

例如：

=FIXED(1234.56,-1)　结果是 1,230。

8．文本转数值函数 VALUE

格式：VALUE(S)

功能：将文本型数据转为数值型数据。

例如：

=VALUE("12.80")　结果是 12.8。

=VALUE("AB")　结果是 #VALUE!。

9．大小写字母转换函数 LOWER、UPPER

格式：LOWER(S)

功能：大写字母转为小写字母。

格式：UPPER(S)

功能：小写字母转为大写字母。

LOWER 与 UPPER 都不改变文本中的非字母的字符。

例如：

=LOWER("aBCdE")　结果是"abcde"。

=UPPER("aBCdE")　结果是"ABCDE"。

10．替换函数 REPLACE、REPLACEB

格式：REPLACE(S1,m,n,S2)、REPLACEB(S1,m,n,S2)

功能：结果是 S1，但是 S1 中从 m 开始的 n 个字符已经被 S2 替换。

例如：

=REPLACE("abcdef",2,3,"x")　结果是"axef"。

=REPLACE("abcd",1,2,"xyz")　结果是"xyzcd"。

11．比较函数 EXACT

格式：EXACT(S1,S2)

功能：比较两个字符串是否完全相等。如果字符串 S1 等于字符串 S2 返回 TRUE，否则返回 FALSE。只有 S1 与 S2 的长度相等且按位相等（区分大小写字母）时，结果才是 TRUE。

例如：EXACT("EXCEL","Excel")=FALSE。

=EXACT("abc","ab")　结果是 FALSE。

12．查找函数 FIND、FINDB

格式：FIND(sub,S,n)、FINDB(sub,S,n)

功能：从 S 串的左起第 n 个位置开始查找 sub 子串，返回 sub 子串在 S 中的起始位置。如果在 S 中没有找到 sub，返回 # VALUE!。FIND 区分大小写，sub 中不允许使用通配符。

例如：

=FIND("ab","xaBcaba",1)　结果是 5。

=FIND("计算机","中国计算机",1)　结果是 3。

=FINDB("计算机","中国计算机",1)　结果是 5。

13．搜索函数 SEARCH、SEARCHB

格式：SEARCH(**sub**,S,n)、SEARCHB(**sub**,S,n)

功能：与 FIND 基本一样，但是 SEARCH 不区分大小写，sub 中允许使用通配符。通配符包括问号（“?”可匹配任意的单个字符）和星号（“*”可匹配任意一串字符)。如果要查找真正的问号或星号，在问号或星号的前面键入波形符(“～”)。

例如：

=SEARCH("ab","xaBcaba",1)　结果是 2。（注意 SEARCH 不区分大小写）

【例 2-12】数值型数据与文本型数据之间的转换。

（1）数值转为文本。

在图 2.10 的 A 列输入数值型的数字序列，1001，1002，…，转换为文本型数据后可以带前导“0”。

例如，在 C2 输入公式：=TEXT(A2,"000000")，复制到 C3:C6。C 列的数据为带两个前导“0”的文本型数据。

（2）文本转为数值。

在图 2.10 的 E 列输入文本型数列，‘1001，‘1002，…，或者选定要输入文本的单元格区域，在“开始”选项卡的“数字”组中，单击“数字格式”列表，选择“文本”，然后再在文本格式的单元格中输入的数据都是文本。

文本转换为数值型数据的操作是在 F2 输入公式：=VALUE(E2),再复制到 F3:F6。

	A	B	C	D	E	F
1	数值	改变格式为“000000”	数值转为文本		文本	文本转为数值
2	1001	001001	001001		1001	1001
3	1002	001002	001002		1002	1002
4	1003	001003	001003		1003	1003
5	1004	001004	001004		1004	1004
6	1005	001005	001005		1005	1005

图 2.10　文本与数值转换

【**例 2-13**】图 2.11 的 A 列为单位名称，要求将 A 列中含有“中信实业银行”的文字更名为“中信银行”后放入 B 列。

本例题的任务可以用“查找/替换”功能来实现，也可以用函数来实现。

用函数实现的操作思路：首先用查找函数 FIND 在 A 列对应位置查找“中信实业银行”，找到后确定它所在的起始位置。然后用 REPLACE 函数从确定的位置开始共 6 个文字用“中信银行”替换。操作步骤：

（1）在 B2 输入公式：

=REPLACE(A2,FIND("中信实业银行",A2,1),6,"中信银行")

（2）将该公式复制到 B3:B6。

如果 FIND 函数查找不到要找的字符串，返回 # VALUE!。

fx =REPLACE(A2,FIND("中信实业银行",A2,1),6,"中信银行")

	A	B	C	D
1	单位名称	更名		
2	北京　中信实业银行	北京 中信银行		
3	上海　中信实业银行	上海 中信银行		
4	中信实业银行广州分理处	中信银行广州分理处		
5	中信实业银行北京分理处	中信银行北京分理处		
6	中国中信	#VALUE!		
7				

图 2.11　字符串替换应用举例

【**例 2-14**】对“北京新发地批发市场”网站下载的数据进行处理。

网址为：http://www.vegnet.com.cn/Price/Market/30。

说明：在该网址看到的数据，很像表格数据，如图 2.12 所示。但是，从该网址下载数据，或者将数据复制/粘贴到 Excel，所有的数据都在 A 列，如图 2.13 的 A 列所示。

北京新发地批发市场

日期	品种	批发市场	最低价格	最高价格	平均价格	计量单位	找产品
[2016-3-29]	大白菜	北京新发地批发市场	￥2.40	￥3.40	￥2.90	元/千克(kg)	查找
[2016-3-29]	洋白菜	北京新发地批发市场	￥4.20	￥5.20	￥4.70	元/千克(kg)	查找
[2016-3-29]	油菜	北京新发地批发市场	￥4.00	￥5.00	￥4.50	元/千克(kg)	查找
[2016-3-29]	小白菜	北京新发地批发市场	￥3.00	￥4.00	￥3.50	元/千克(kg)	查找
[2016-3-29]	生菜	北京新发地批发市场	￥5.20	￥7.00	￥6.10	元/千克(kg)	查找
[2016-3-29]	菠菜	北京新发地批发市场	￥2.40	￥4.00	￥3.20	元/千克(kg)	查找
[2016-3-29]	木耳菜	北京新发地批发市场	￥19.00	￥20.00	￥19.50	元/千克(kg)	查找
[2016-3-29]	茼蒿	北京新发地批发市场	￥6.00	￥7.00	￥6.50	元/千克(kg)	查找
[2016-3-29]	苋菜	北京新发地批发市场	￥4.00	￥5.00	￥4.50	元/千克(kg)	查找
[2016-3-29]	香菜	北京新发地批发市场	￥3.60	￥6.00	￥4.80	元/千克(kg)	查找
[2016-3-29]	油麦菜	北京新发地批发市场	￥2.40	￥4.00	￥3.20	元/千克(kg)	查找

图 2.12　“北京新发地批发市场”网站

	A	B	C	D	E
1	北京新发地批发市场				
2	日期品种批发市场最低价格最高价格平均价格计量单位找产品	日期	品种	最低价格	最高价格
3	[2016-3-29]大白菜北京新发地批发市场￥2.40￥3.40￥2.90元/千克(kg)查找	2016-3-29	大白菜	2.40	3.40
4	[2016-3-29]洋白菜北京新发地批发市场￥4.20￥5.20￥4.70元/千克(kg)查找	2016-3-29	洋白菜	4.20	5.20
5	[2016-3-29]油菜北京新发地批发市场￥4.00￥5.00￥4.50元/千克(kg)查找	2016-3-29	油菜	4.00	5.00
6	[2016-3-29]小白菜北京新发地批发市场￥3.00￥4.00￥3.50元/千克(kg)查找	2016-3-29	小白菜	3.00	4.00
7	[2016-3-29]生菜北京新发地批发市场￥5.20￥7.00￥6.10元/千克(kg)查找	2016-3-29	生菜	5.20	7.00
8	[2016-3-29]菠菜北京新发地批发市场￥2.40￥4.00￥3.20元/千克(kg)查找	2016-3-29	菠菜	2.40	4.00
9	[2016-3-29]木耳菜北京新发地批发市场￥19.00￥20.00￥19.50元/千克(kg)查找	2016-3-29	木耳菜	19.00	20.00
10	[2016-3-29]茼蒿北京新发地批发市场￥6.00￥7.00￥6.50元/千克(kg)查找	2016-3-29	茼蒿	6.00	7.00
11	[2016-3-29]苋菜北京新发地批发市场￥4.00￥5.00￥4.50元/千克(kg)查找	2016-3-29	苋菜	4.00	5.00
12	[2016-3-29]香菜北京新发地批发市场￥3.60￥6.00￥4.80元/千克(kg)查找	2016-3-29	香菜	3.60	6.00
13	[2016-3-29]油麦菜北京新发地批发市场￥2.40￥4.00￥3.20元/千克(kg)查找	2016-3-29	油麦菜	2.40	4.00
14	[2016-3-29]空心菜北京新发地批发市场￥16.00￥18.00￥17.00元/千克(kg)查找	2016-3-29	空心菜	16.00	18.00

图 2.13 “北京新发地批发市场”数据处理前、后

下面的任务是如何将 A 列的数据拆分到 B～E 列。

如何将数据中的日期、品种和价格等信息拆分到不同的列?

下面的操作是用文本函数实现截取 A 列中的日期、品种名称、最低价格和最高价格的方法，将它们分别存放在 B～E 列。

操作思路与步骤：

（1）发现在数据中的人民币符号有两种，“￥”和“¥”。为了方便处理，将所有的“¥”替换为“￥”，操作是：选中 A 列，在“开始”选项卡的“编辑”组中单击“查找和选择”按钮，选择“替换”，在“查找”框输入“¥”，“替换为”框输入“￥”，单击“全部替换”按钮。

（2）分离出日期。

在 B3 输入公式：=VALUE(MID(A3,2,9))

（3）分离蔬菜品种名称。

在 C3 输入公式：

=MID(A3,FIND("]",A3,1)+1,FIND("￥",A3,1)-1-FIND("]",A3,1)-LEN("北京新发地批发市场"))

（4）分离蔬菜最低价格。

在 D3 输入公式：

=VALUE(MID(A3,FIND("￥",A3,1)+1,FIND("￥",A3,FIND("￥",A3,1)+1)-FIND("￥",A3,1)-1))

（5）分离蔬菜最高价格。

在 E3 输入公式：

=VALUE(MID(A3,FIND("￥",A3,FIND("￥",A3,1)+1)+1,FIND("￥",A3,FIND("￥",A3,FIND("￥",A3,1)+1)+1)-(FIND("￥",A3,FIND("￥",A3,1)+1)+1)))

（6）选中 B3:E3，单击选定区域右下角的“填充柄”将公式向下复制到其他行。

执行以上操作后，可以删除 A 列。但是要注意，一定要先将 B～E 列的公式转为数值之后，再删除 A 列。

说明：许多网站为了保护自己的权益，不允许复制网站数据。但是，有些网站的数据允许复制。本案例中“北京新发地批发市场”的数据允许复制。但是按上述操作复制数据后，做了比较麻烦的处理。

其实，本例是为了介绍一些常见的处理网络数据的方法。实际上，有时可以在 Excel 中用打开“网页”的方法，获取网站数据为 Excel 数据表。下面还是以下载“北京新发地批发市场”蔬菜数据的例子来说明。

操作步骤：

（1）在 Excel 中，单击“文件”选项卡，选择“打开”。

（2）在“打开文件”对话框的“文件类型”中选择“XML”。

（3）将网址 http://www.xinfadi.com.cn/marketanalysis/1/list/1.shtml 复制粘贴到“文件名”框，单击“打开”按钮。

2.4 分组统计计算

在 Excel 中可以用多种方法实现分组统计。例如，按性别分组统计平均年龄、工资总和、最高工资等，可以用前面介绍的函数实现。但是每一个函数只能得到一个结果。如果对同样的分类，进行多组分类汇总，可以用分类汇总实现，也可以用数据透视表实现。

2.4.1 用分类汇总功能实现分组统计

1．分类汇总

分类汇总是指按数据清单中某一列数据进行分类后，按不同的“分类”对数据进行统计。统计结果包括分类数据的累加和、个数或平均值等。

在分类汇总时，要区分哪些是分类字段，哪些是统计字段。例如，如果希望按性别分类计算平均年龄时，性别是分类字段，年龄是统计字段。

在用“分类汇总”对话框之前，要将“分类字段”按升序或降序排列好。也就是“分类字段”中的同一类别的数据存放在相邻的单元格，然后再用“分类汇总”对话框进行分类汇总，才能保证得到正确的结果。

在“分类汇总”对话框中需要选择以下内容。

（1）选择分类字段。确定数据清单中的某一列为“分类字段”。

（2）确定分类汇总的方式：总和、个数或平均值等。

（3）确定统计字段。要统计哪些数据列。

2．取消分类汇总

取消分类汇总结果，恢复数据为分类汇总之前的状态的操作是：单击数据清单区，单击“数据”选项卡中的“分类汇总”选项，单击“全部删除”按钮。

【例 2-15】以图 2.15 中的数据表为例，完成以下任务。

1．按“科室”分类，求各科室的平均年龄、平均工资和人数

操作步骤：

（1）按“科室”列“升序”或“降序”排列。操作是：单击“科室”列中任意一个单元格，单击“数据”选项卡的“升序”按钮。

（2）单击“职工情况表”中任意一个单元格。

（3）单击“数据”选项卡，单击“分类汇总”，打开“分类汇总”对话框（见图 2.14（a））。

（4）“分类字段”选择“科室”，“汇总方式”选择“平均值”，“选定汇总项”选中“年龄”和“基本工资”，单击“确定”按钮。已经完成按科室分类的求平均值。

（5）再次打开“分类汇总”对话框，“汇总方式”选择“计数”，“选定汇总项”选择“科室”或其他字段均可，放弃选择“替换当前分类汇总”，单击“确定”按钮，如图 2.14（b）所示。

分类汇总结果，如图 2.15 所示。

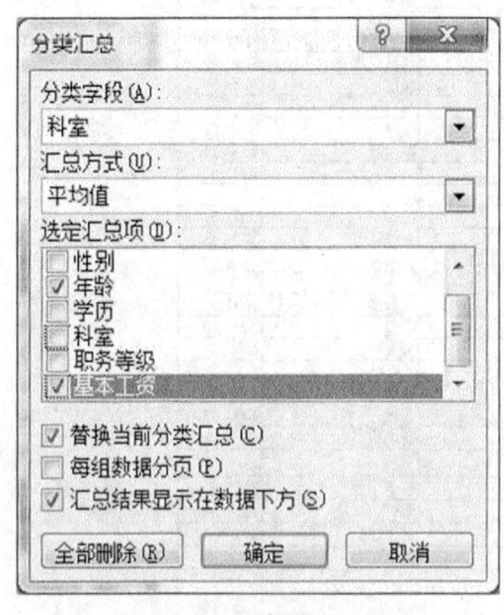

(a) 平均值

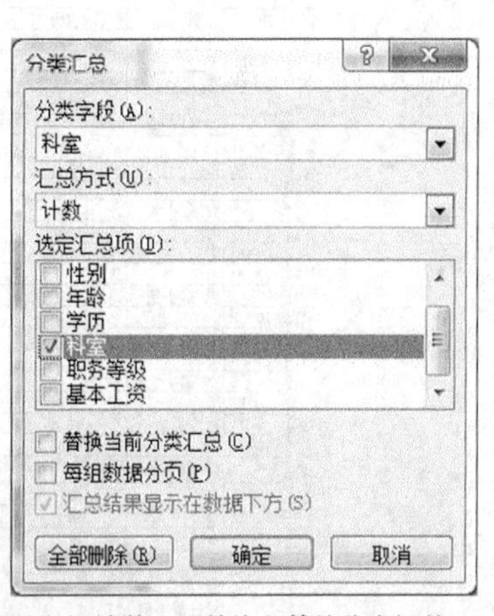

(b) 计数，不替换之前的分类汇总

图 2.14　分类汇总

	A	B	C	D	E	F	G
1	职工情况简表						
2	编号	性	年龄	学历	科室	职务等级	基本工资
3	10005	女	42	中专	科室1	普通职员	4200.53
4	10006	男	40	博士	科室1	副经理	5800.01
5	10007	女	29	博士	科室1	副经理	5300.25
6	10011	男	36	大专	科室1	普通职员	3100.71
7	10012	男	50	硕士	科室1	经理	5900.55
8	10014	男	22	大专	科室1	普通职员	2700.42
9	10016	女	58	本科	科室1	监理	5700.58
10				科室1 计数	7		
11			39.6		科室1 平均值		4671.86
12	10001	女	36	本科	科室2	副经理	4600.97
13	10004	女	45	本科	科室2	监理	5000.78
14	10008	男	55	本科	科室2	经理	5600.5
15	10010	男	23	本科	科室2	普通职员	3000.48
16	10017	女	30	硕士	科室2	普通职员	4300.79
17	10020	男	38	中专	科室2	普通职员	3301
18				科室2 计数	6		
19			37.8		科室2 平均值		4300.75
20	10002	男	28	硕士	科室3	普通职员	3800.01
21	10003	女	30	博士	科室3	普通职员	4700.85
22	10009	男	35	硕士	科室3	监理	4700.09
23	10013	女	27	中专	科室3	普通职员	2900.36
24	10015	女	35	博士	科室3	监理	4600.46
25	10018	女	25	本科	科室3	普通职员	3500.39
26	10019	男	40	大专	科室3	经理	4800.67
27				科室3 计数	7		
28			31.4		科室3 平均值		4143.26
29				总计数	22		
30			36.2		总计平均值		4375.52

图 2.15　按“科室”分类汇总

2．求出每个“科室”不同“性别”的最小年龄

完成这个任务的关键是排序。

操作步骤：

（1）按“性别”排序（升序/降序）。

（2）再按“科室”排序（升序）。

（3）单击“职工情况简表”中任意一个单元格，单击“数据”选项卡，选择“分类汇总”。

（4）“分类字段”选择“性别”；“汇总方式”选择“最小值”；“选定汇总项”选中“年龄”。

分类汇总结果，如图2.16所示。

	职工情况简表						
2	编号	性别	年龄	学历	科室	职务等级	基本工资
3	10006	男	40	博士	科室1	副经理	5800.01
4	10011	男	36	大专	科室1	普通职员	3100.71
5	10014	男	22	大专	科室1	普通职员	2700.42
6	10012	男	50	硕士	科室1	经理	5900.55
7		男 最小值	22				
8	10016	女	58	本科	科室1	监理	5700.58
9	10007	女	29	博士	科室1	副经理	5300.25
10	10005	女	42	中专	科室1	普通职员	4200.53
11		女 最小值	29				
12	10008	男	55	本科	科室2	经理	5600.5
13	10010	男	23	本科	科室2	普通职员	3000.48
14	10020	男	38	中专	科室2	普通职员	3301
15		男 最小值	23				
16	10001	女	36	本科	科室2	副经理	4600.97
17	10004	女	45	本科	科室2	监理	5000.78
18	10017	女	30	硕士	科室2	普通职员	4300.79
19		女 最小值	30				
20	10019	男	40	大专	科室3	经理	4800.67
21	10009	男	35	硕士	科室3	监理	4700.09
22	10002	男	28	硕士	科室3	普通职员	3800.01
23		男 最小值	28				
24	10018	女	25	本科	科室3	普通职员	3500.39
25	10015	女	35	博士	科室3	监理	4600.46
26	10003	女	30	博士	科室3	普通职员	4700.85
27	10013	女	27	中专	科室3	普通职员	2900.36
28		女 最小值	25				
		总计最小值	22				

图2.16　按“科室”“性别”分类汇总举例

2.4.2　用数据透视表功能实现分组统计

数据透视表是对原有的数据清单重组并建立一个统计报表，是一种交互的、交叉制表的Excel报表，用于对数据进行汇总和分类汇总。例如，按不同的“性别”统计“年龄”；按“职务等级”统计“年龄”和“工资”情况等。

建立数据透视表的操作非常简单，关键是将字段名正确地拖动到数据透视表框架的四个特殊区域。下面以图2.17中数据为例，建立数据透视表。

	A	B	C	D	E	F	G
1	职工情况简表						
2	编号	性别	年龄	学历	科室	职务等级	基本工资
3	10001	女	36	本科	科室2	副经理	4600.97
4	10002	男	28	硕士	科室3	普通职员	3800.01
5	10003	女	30	博士	科室3	普通职员	4700.85
6	10004	女	45	本科	科室2	监理	5000.78
7	10005	女	42	中专	科室1	普通职员	4200.53
8	10006	男	40	博士	科室1	副经理	5800.01
9	10007	女	29	博士	科室1	副经理	5300.25
10	10008	男	55	本科	科室2	经理	5600.5
11	10009	男	35	硕士	科室3	监理	4700.09
12	10010	男	23	本科	科室2	普通职员	3000.48
13	10011	男	36	大专	科室1	普通职员	3100.71
14	10012	男	50	硕士	科室1	经理	5900.55
15	10013	女	27	中专	科室3	普通职员	2900.36
16	10014	男	22	大专	科室1	普通职员	2700.42
17	10015	女	35	博士	科室3	监理	4600.46
18	10016	女	58	本科	科室1	监理	5700.58
19	10017	女	30	硕士	科室2	普通职员	4300.79
20	10018	女	25	本科	科室3	普通职员	3500.39
21	10019	男	40	大专	科室3	经理	4800.67
22	10020	男	38	中专	科室2	普通职员	3301

行标签	平均年龄
科室1	39.57
科室2	37.83
科室3	31.43
总计	36.2

	值	
行标签	计数项:性别	计数项:性别2
博士	4	20.00%
硕士	4	20.00%
本科	6	30.00%
中专	3	15.00%
大专	3	15.00%
总计	20	100.00%

图2.17　数据表与数据透视表结果

【例2-16】对图2.17中的数据表，完成以下任务。

1．用数据透视表统计图 2.17 中每个“科室”的平均“年龄”

操作步骤：

（1）单击数据清单中的任意一个单元格。

（2）单击“插入”选项卡，单击“数据透视表”，选择“数据透视表”。在“创建数据透视表”对话框选中“现有工作表”，单击“I2”单元格（存放透视表的位置）。

（3）将右侧的“数据透视表字段列表”的“科室”按钮拖到下面的“行标签”框内；“年龄”按钮拖到“∑数值”区（见图 2.18（a））。

（4）由于系统默认数值型数据的汇总方式为“求和”，因此要改变年龄的汇总方式。操作是：鼠标单击“∑数值”区的“年龄”右侧的向下箭头的按钮，选择“值字段设置”，打开“值字段设置”对话框。

（5）选择“汇总方式”为“平均值”，“自定义名称”改为“平均年龄”，单击“确定”（见图 2.18（b））。

（6）选择数据透视表结果区，在“开始”选项卡的“数据”组中单击“减少小数位”，使小数位保留 2 位。

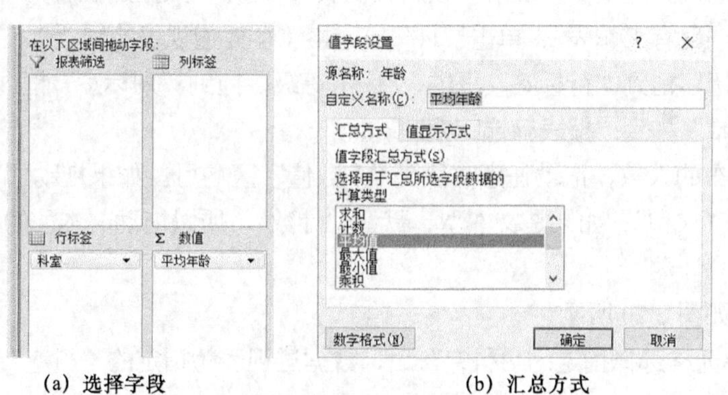

(a) 选择字段　　　　(b) 汇总方式

图 2.18　选择字段与汇总方式

2．统计各学历的人数以及占总人数的百分比

操作步骤：

（1）同上（1）；

（2）同上（2）；选中“现有工作表”时，单击“I10”单元格。

（3）将右侧的“数据透视表字段列表”的“学历”拖到下面的“行标签”框内；“性别”拖到“∑数值”区（见图 2.19（a））。

（4）再次将“数据透视表字段列表”的“性别”拖到“∑数值”区，名称为“性别 2”。

（5）鼠标单击“∑数值”区的“性别 2”右侧的向下箭头的按钮，选择“值字段设置”。

（6）在“值字段设置”对话框中选择“值显示方式”。

（7）在“值显示方式”中，选择“占同列数据总和的百分比”（见图 2.19（b））。

（8）单击“确定”按钮。

得到数据透视表的结果，如图 2.17 所示。

透视表建立后，随时可以修正，见后面的介绍。

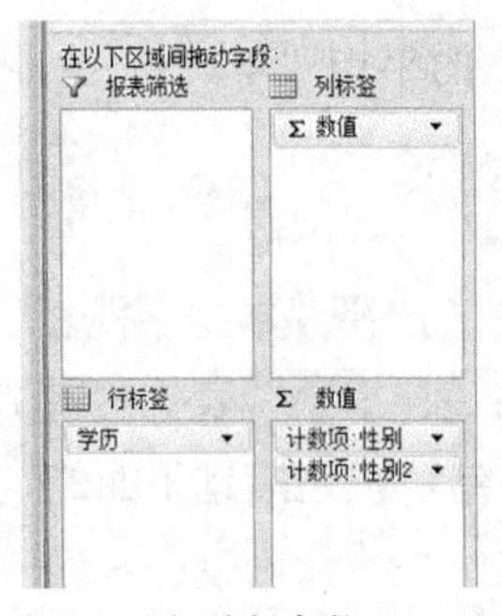

（a）选择字段

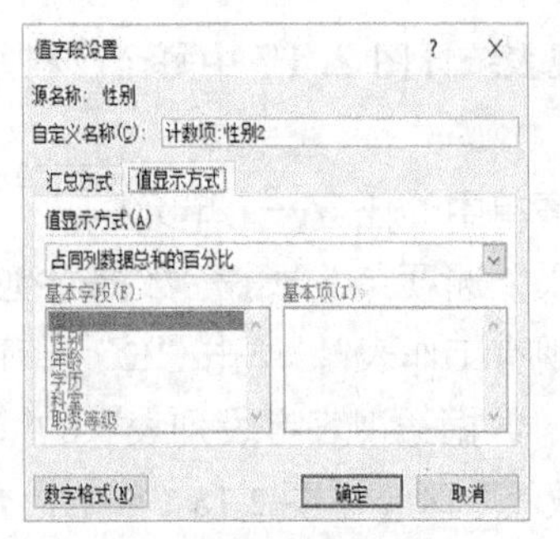

（b）值显示方式

图 2.19　选择字段与“值显示方式”对话框

【例 2-17】对图 2.17 中的数据表，完成以下任务。

1．统计不同的学历、不同的职务等级的分布情况，并且能按不同的科室显示分布情况

操作步骤：

（1）单击数据清单中的任意一个单元格。

（2）单击“插入”选项卡，单击“数据透视表”，选择“数据透视表”。在“创建数据透视表”对话框选中“现有工作表”，单击“I4”单元格（存放透视表的位置）。

（3）将“学历”拖到“行标签”框内，“职务等级”拖到“列标签”框内。

（4）将“科室”拖到“报表筛选”框内。

（5）统计分布的人数，拖动任意字段到“∑数值”区均可。如果拖动“∑数值”区的字段是数值型，默认“求和”；如果是文本型，默认“计数”。所以拖动文本型的“性别”到“∑数值”区，自动为“计数”。

统计结果，如图 2.20 所示。

如果在 J1 单元格选择指定的“科室”后，数据透视表为指定的“科室”统计结果。

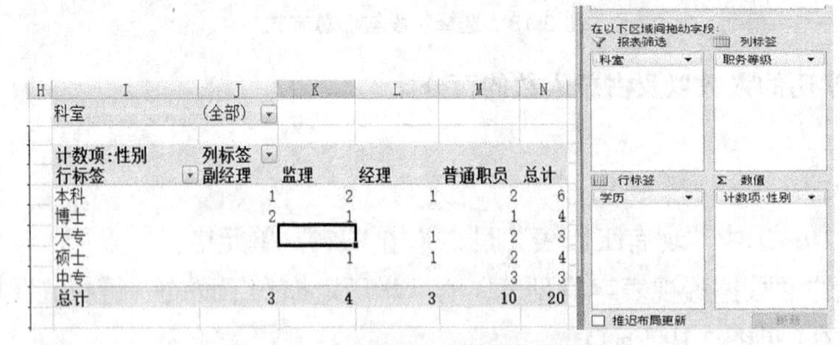

科室　（全部）

计数项:性别	列标签				
行标签	副经理	监理	经理	普通职员	总计
本科	1	2	1	2	6
博士	2	1		1	4
大专			1	2	3
硕士		1	1	2	4
中专				3	3
总计	3	4	3	10	20

图 2.20　“数据透视表”的筛选与统计

2．按“性别”和“科室”分类统计人数和平均工资

操作步骤：

（1）单击数据清单中的任意一个单元格。

（2）单击“插入”选项卡，单击“数据透视表”，选择“数据透视表”。在“创建数据透视表”对话框选中“现有工作表”，单击“I14”单元格（存放透视表的位置）。

（3）将“科室”按钮拖到“行标签”，“性别”按钮拖到“列标签”。

（4）“人数”拖到“∑数值”区，自动为“计数”。

（5）“平均基本工资”拖到“∑数值”区，单击“∑数值”区的“基本工资”按钮右侧向下箭头按钮，选择“值字段设置”，在“值字段设置”对话框的“汇总方式”中选择“平均值”。

（6）将“列标签”中“∑数值”按钮拖动到“行标签”。

（7）若要修改数据透视表中的统计项名称，双击要修改的名称，在弹出的对话框输入新的名称即可。

统计结果，如图 2.21 所示。

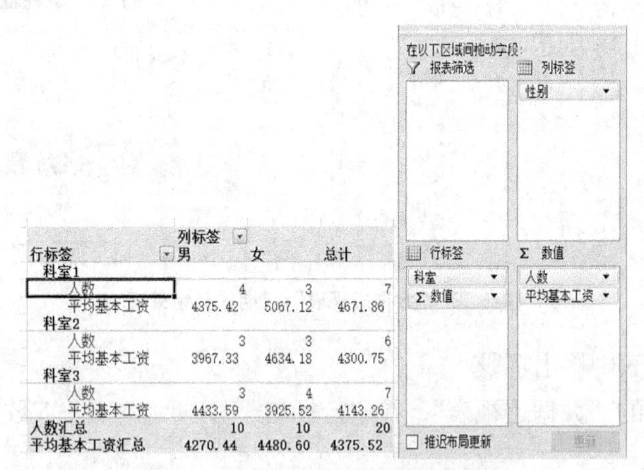

	列标签		
行标签	男	女	总计
科室1			
人数	4	3	7
平均基本工资	4375.42	5067.12	4671.86
科室2			
人数	3	3	6
平均基本工资	3967.33	4634.18	4300.75
科室3			
人数	3	4	7
平均基本工资	4433.59	3925.52	4143.26
人数汇总	10	10	20
平均基本工资汇总	4270.44	4480.60	4375.52

图 2.21 “数据透视表”统计多项数据

【例 2-18】对图 2.22 中的数据表，按“年”“季度”“月”分组统计不同时间段的股票平均开盘价与平均收盘价。

操作步骤：

（1）单击数据清单中的任意一个单元格。

（2）单击“插入”选项卡，单击“数据透视表”，选择“数据透视表”。在“创建数据透视表”对话框选中“现有工作表”，单击“G3”单元格（存放透视表的位置）。

（3）将“日期”按钮拖到“行标签”。

（4）将“开盘价”和“收盘价”拖到“∑数值”区，并且按上面例子中介绍的操作步骤将统计计算改为“平均值”。

（5）将数据格式改为显示 2 位小数。（选定透视表中的数据，单击“开始”选项卡，单击“数字”组的“启动器”按钮，将“数字”选项卡的“数值”确定为 2 位小数。

（6）鼠标右键单击已经建立好的“数据透视表”中的“日期”列中的任意一个日期，在弹出的列表中选择“组合”，会弹出“分组”对话框。

（7）在“分组”对话框中选择“月”“季度”和“年”。

统计结果，如图 2.22 所示。

有关数据透视表的其他操作如下。

（1）打开/关闭“字段列表”。

单击已经建立好的“数据透视表”，“字段列表”表自动显示在右侧。如果没有显示“字段列表”，可以单击“数据透视表”中的任意单元格，单击“选项”选项卡，单击“字段列表”按钮即可。

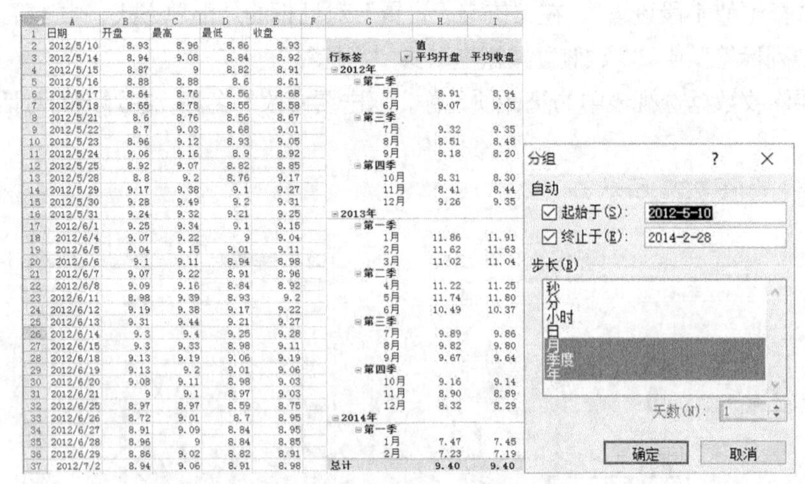

图 2.22 “数据透视表”日期的分组处理

（2）从数据透视表中移出字段。

单击已经建立好的“数据透视表”，在“行标签”“列标签”或“∑数值”区中拖出字段名即可。

（3）调整分类项的前后顺序。

用鼠标直接拖拽相应的按钮即可。

（4）更新数据透视表中的数据。

如果原数据清单中数据被修改了，系统不会自动更新数据透视表中的统计数据，也不允许用手动的方式修改数据透视表中的统计数据。因此，若要更新数据透视表的统计结果，单击建好的“数据透视表”，单击“选项”选项卡，单击“刷新”按钮。

2.4.3 数据的频数统计计算

Excel 中用频数函数 FREQUENCY 统计数据的频数。

格式：FREQUENCY（数据区，分段点区）

功能：按“分段点区”给出的分段，以数组的形式返回“数据区”中数据在各分段点的频数分布。

说明：

（1）“分段点区”是一列连续的单元格区域，数值按升序排列。

（2）“分段点区”中的每一个数据表示一个分段点，统计的结果是包含该数据以及小于该数据的个数。

（3）如果分段区有 n 个数，则返回数组元素的个数最多为 n + 1。

（4）公式结束按【Ctrl+Shift+回车】组合键。

例如，如果分段点区有 3 个数据作为分段点，统计结果最多有 4 个，分别是：

小于等于第一个数的个数（频数）；

大于第一个数，且小于等于第二个数的个数（频数）；

大于第二个数，且小于等于第三个数的个数（频数）；

大于第三个数的个数。

【例 2-19】对图 2.23 数据表完成以下任务。

1．统计职工情况表中的不同年龄段的人数。

年龄段，分别是：

年龄小于 30；

30～39；

40～49；

以及年龄大于 49 的人数。

思路：所求的是 4 个年龄段的人数，因此分段点区为 3 个分段点数据。为了保证每一个区段都表示等于且小于区段点，设置的三个分段点分别为 29、39 和 49。

操作步骤：

（1）建立分段点区 I3:I5：分别输入 29、39 和 49，如图 2.23 所示。

（2）选定存放统计结果的区：选定 J3:J6。

（3）在选定结果区的情况下输入函数：

=FREQUENCY(C3:C22,I3:I5)（不要按回车键）

（4）按【Ctrl+Shift+回车】组合键。

2．统计职工情况表中的不同工资段的人数。

工资段，分别是：

小于 3000（不含 3000）；

3000～4000（不含 4000）；

4000～5000（不含 5000）；

大于等于 5000。

操作步骤：

（1）建立分段点区 I9:I11：分别输入 2999.99、3999.99 和 4999.99，如图 2.23 所示。

	A	B	C	D	E	F	G	H	I	J	K
1	职工情况简表										
2	编号	性别	年龄	学历	科室	职务等级	基本工资		年龄分段点区	统计结果	
3	10001	女	36	本科	科室2	副经理	4600.97		29	6	年龄≤29的人数
4	10002	男	28	硕士	科室3	普通职员	3800.01		39	7	29＜年龄≤39 之间的人数
5	10003	女	30	博士	科室3	普通职员	4700.85		49	4	39＜年龄≤49之间的人数
6	10004	女	45	本科	科室2	监理	5000.78			3	年龄＞49的人数
7	10005	女	42	中专	科室1	普通职员	4200.53				
8	10006	男	40	博士	科室1	副经理	5800.01		基本工资分段点	统计结果	
9	10007	女	29	博士	科室1	副经理	5300.25		2999.99	2	<3000
10	10008	男	33	本科	科室2	经理	5600.50		3999.99	5	[3000,4000)
11	10009	男	35	硕士	科室3	监理	4700.09		4999.99	7	[4000,5000)
12	10010	男	23	本科	科室2	普通职员	3000.48			6	>=5000
13	10011	男	36	大专	科室1	普通职员	3100.71				
14	10012	男	50	硕士	科室1	经理	5900.55				
15	10013	女	27	中专	科室3	普通职员	2900.36				
16	10014	男	22	大专	科室1	普通职员	2700.42				
17	10015	女	35	博士	科室3	监理	4600.46				
18	10016	女	58	本科	科室1	监理	5700.58				
19	10017	女	30	硕士	科室2	普通职员	4300.79				
20	10018	女	25	本科	科室3	普通职员	3500.39				
21	10019	男	40	大专	科室3	经理	4800.67				
22	10020	男	38	中专	科室2	普通职员	3301.00				

图 2.23　频数函数应用

（2）选定存放统计结果的区：选定 J9:J12。

（3）在选定结果区的情况下输入函数：

=FREQUENCY(G3:G22,I9:I11)（不要按回车键）

（4）按【Ctrl+Shift+回车】组合键。

2.5　合并计算应用案例

1．按位置合并计算

如果要合并计算的数据是按同样的顺序和位置排列存放的，则可以通过相同的位置进行合并计算。

在实际工作中，有时会对相同格式的报表进行汇总。下面通过例子介绍如何用 Excel 提供的合并计算快速汇总报表。

【例 2-20】图 2.24 是 2013 年、2014 年和 2015 年的三张销售报表。计算这三张报表对应月份的销售数量、销售总价和邮费的总计。

	A	B	C	D
1	销售月份	售出数量	售出总价	邮费
2	2015年1月	618	30900	44
3	2015年2月	596	29800	29
4	2015年3月	696	34800	39
5	2015年4月	576	28800	42
6	2015年5月	633	31650	38
7	2015年6月	583	29150	38
8	2015年7月	333	16650	29
9	2015年8月	330	16500	21
10	2015年9月	315	15750	16
11	2015年10月	626	31300	39
12	2015年11月	661	33050	47
13	2015年12月	334	16700	30

图 2.24　销售报表（2013～2015 年）

操作步骤：

（1）插入一张工作表，用于存放汇总结果。

（2）在 A1 单元格输入“2013-2015 年月份”。在 A2:A13 输入月份序列：1 月、2 月、……、12 月。

（3）单击 B1 单元格（存放合并计算结果）。

（4）单击“数据”选项卡，在“数据工具”组单击“合并计算”，打开“合并计算”对话框，如图 2.25 所示。

（5）在“函数”列表选择“求和”。

（6）单击“引用位置”框。

（7）单击“2013 销售”工作表标签，选定 B1:D13，单击“添加”按钮。

（8）单击“2014 销售”工作表标签，选定 B1:D13，单击“添加”按钮。

（9）单击“2015 销售”工作表标签，选定 B1:D13，单击“添加”按钮。

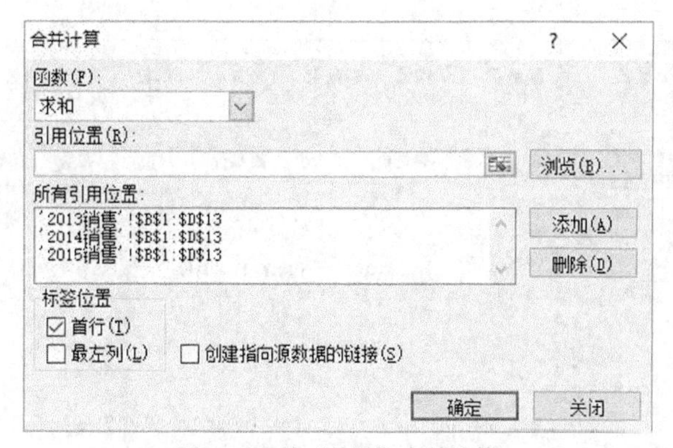

图 2.25　按“位置”合并计算

（10）在“标签位置”选项中选中“首行”。

（11）单击“确定”按钮。

最后再根据需要修改 B1：D1 的名称。

计算结果如图 2.26 所示。

	A	B	C	D
1	2013-2015年月份	售出总量	售出总价	邮费
2	1月	1647	82350	118
3	2月	1604	80200	94
4	3月	1617	80850	94
5	4月	1398	69900	97
6	5月	1623	81150	97
7	6月	1193	59650	85
8	7月	1312	65600	91
9	8月	1133	56650	82
10	9月	1373	68650	85
11	10月	1917	95850	123
12	11月	1612	80600	95
13	12月	1007	50350	72

图 2.26　按“位置”合并计算结果

如果没有选择“创建指向源数据的链接”，合并计算的结果是数据。如果选择“创建指向源数据的链接”，合并计算的结果单元格内是公式。公式与合并前的数据之间有链接，如果合并计算前的数据被更改，合并计算结果会自动被更新。选择“创建指向源数据的链接”后，还会在合并计算的工作表中的左侧出现“+”按钮，单击“+”按钮，可以在当前工作表中展开显示“源数据”。

2．按名称合并计算

如果要合并计算的数据具有相同的行名称或列名称，则可按名称相同进行合并计算。

【例 2-21】图 2.27 有三张工作表，分别是 2014 年、2015 年和 2016 年 6 月中旬的水果价格。求出这三年水果价格的平均价格。也就是对最低价、平均价和最高价求平均值。

注意：在原始数据的三个工作表中，水果名称的位置没有规律。也就是说，同一种水果名称，在三个工作表中放在不同的行。因此不能用“按位置合并计算”。这种情况要按“品名”的名称唯一值对应合并计算。

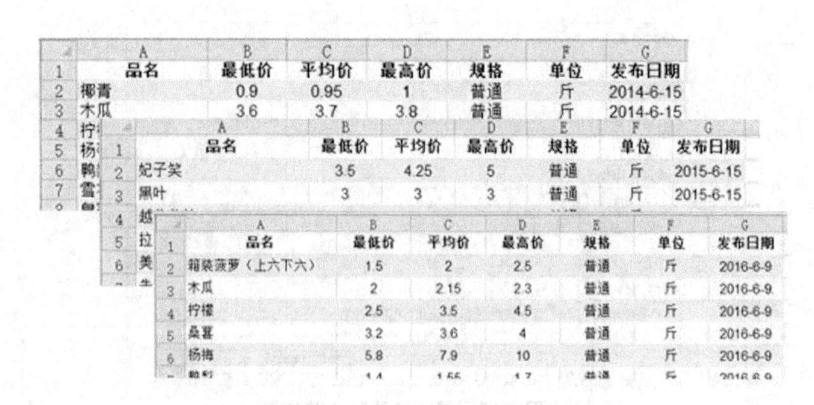

	A	B	C	D	E	F	G
1	品名	最低价	平均价	最高价	规格	单位	发布日期
2	椰青	0.9	0.95	1	普通	斤	2014-6-15
3	木瓜	3.6	3.7	3.8	普通	斤	2014-6-15

	A	B	C	D	E	F	G
1	品名	最低价	平均价	最高价	规格	单位	发布日期
2	妃子笑	3.5	4.25	5	普通	斤	2015-6-15
3	黑叶	3	3	3	普通	斤	2015-6-15

	A	B	C	D	E	F	G
1	品名	最低价	平均价	最高价	规格	单位	发布日期
2	箱装菠萝（上六下六）	1.5	2	2.5	普通	斤	2016-6-9
3	木瓜	2	2.15	2.3	普通	斤	2016-6-9
4	柠檬	2.5	3.5	4.5	普通	斤	2016-6-9
5	桑葚	3.2	3.6	4	普通	斤	2016-6-9
6	杨梅	5.8	7.9	10	普通	斤	2016-6-9

图 2.27　水果价格表（2014～2016 年）

操作步骤：

（1）插入一张新的工作表，且单击 A1 单元格（存放合并计算结果）。

（2）单击“数据”选项卡，在“数据工具”组中单击“合并计算”，打开“合并计算”对话框，如图 2.28 所示。

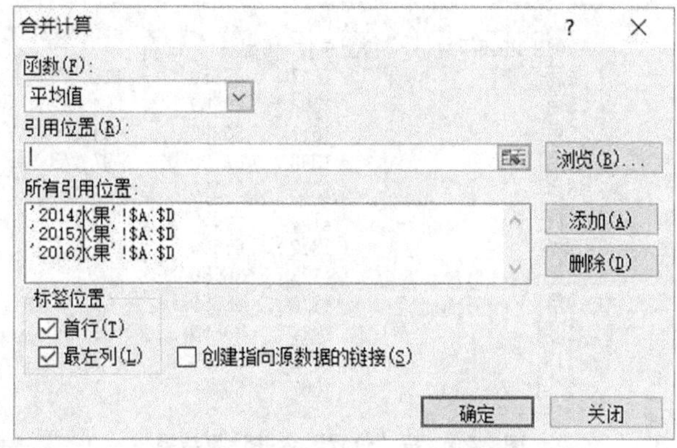

图 2.28　按“名称”合并计算

（3）在“函数”列表选择“平均值”。

（4）单击“引用位置”框。

（5）单击“2014 水果”工作表标签，选定 A～D 列，单击“添加”按钮。

（6）单击“2015 水果”工作表标签，选定 A～D 列，单击“添加”按钮。

（7）单击“2016 水果”工作表标签，选定 A～D 列，单击“添加”按钮。

（8）在“标签位置”选项中选中“首行”和“最左列”。

（9）单击“确定”按钮。

如果选中“创建指向源数据的链接”，源数据表（水果数据表）与当前合并结果表建立链接，源数据表数据更新，合并表的数据会自动更新。

计算结果如图 2.29 所示。

从以上的操作步骤看出，与按“位置”合并计算操作基本一样，只是按“位置”合并计算时可以不选择“首行”和“最左列”。

	A	B	C	D
1		最低价	平均价	最高价
2	汤米芒果	4.50	5.25	6.00
3	苹果芒	3.50	4.00	4.50
4	凯特芒果	5.00	6.00	7.00
5	椰青	0.95	1.00	1.05
6	箱装菠萝（上六下六）	1.40	1.90	2.40
7	木瓜	2.77	2.88	3.00
8	柠檬	5.33	6.67	8.00
9	杨莓	6.00	7.00	8.00
10	桑葚	2.60	3.18	3.75

图 2.29　合并计算后的数据表

习题

【第 1 题】根据工资表（见图 2.30），用公式计算出发放 100 元、50 元、20 元、10 元、5 元、2 元和 1 元纸币的数量。

	A	B	C	D	E	F	G	H
1	姓名	工资	100元	50元	10元	5元	2元	1元
2	NAME1	4562						
3	NAME2	3972						
4	NAME3	5396						
5	NAME4	8361						
6	NAME5	5125						
7	NAME6	4727						
8	NAME7	4520						
9	NAME8	7978						
10	NAME9	8539						
11	NAME10	8061						
12	NAME11	5573						
13	NAME12	7765						
14	NAME13	6501						

图 2.30 【第 1 题】数据表

【第 2 题】根据企业员工数据表（见图 2.31），用公式完成以下任务。

（1）建立“工资类别”列。按当前工资低于 4000、4000～8000 和高于 8000 分为“低”“中”“高”三类，并写入“工资类别”列。

（2）用公式计算：每个人的当前工资与开始工资的差的最大值与最小值。

（3）用公式计算：最高工资、最低工资、平均工资。

（4）统计各职位人员的人数以及占总人数的百分比。

	A	B	C	D	E	F	G
1	编号	性别	出生日期	当前工资	开始工资	受教育程度（年）	职位
2	1	女	21-Nov-86	4690.00	2975.00	12	普通职员
3	2	女	25-Aug-88	5140.00	3050.00	12	普通职员
4	3	女	07-Feb-[illegible]	4915.00	3155.00	15	普通职员
5	4	女	25-Apr-88	4795.00	3125.00	12	普通职员
6	5	女	24-Sep-88	5095.00	3095.00	12	普通职员
7	6	女	13-Dec-83	6355.00	3650.00	16	普通职员
8	7	女	9-Dec-88	5125.00	3095.00	12	普通职员
9	8	女	1-May-88	4690.00	3275.00	15	普通职员
10	9	女	25-Dec-89	4765.00	3125.00	12	普通职员
11	10	女	25-Aug-89	4810.00	3095.00	12	普通职员
12	11	女	30-Jul-88	4990.00	3125.00	12	普通职员
13	12	女	15-Apr-90	4840.00	3125.00	12	普通职员
14	13	女	13-Mar-90	4315.00	3095.00	12	普通职员
15	14	女	16-May-90	4630.00	3125.00	12	普通职员
16	15	女	28-Nov-90	4660.00	3200.00	12	普通职员

图 2.31 【第 2 题】数据表

【第 3 题】根据职工情况表（见图 2.32），完成以下任务。

（1）增加“奖金”列。“奖金”列满足以下条件。

- 如果职务等级为“经理”或“副经理”，“奖金”为“基本工资”的 20%；
- 如果职务等级为“监理”，“奖金”为“基本工资”的 15%；
- 如果职务等级为“普通职员”，“奖金”为“基本工资”的 10%；

（2）统计每个科室不同学历的人数。

（3）统计不同学历的人数以及平均工资。

	A	B	C	D	E	F	G
1	职工情况简表						
2	编号	性	年龄	学历	科室	职务等级	基本工资
3	10001	女	36	本科	科室2	副经理	4600.97
4	10002	男	28	硕士	科室3	普通职员	3800.01
5	10003	女	30	博士	科室3	普通职员	4700.85
6	10004	女	45	本科	科室2	监理	5000.78
7	10005	女	42	中专	科室1	普通职员	4200.53
8	10006	男	40	博士	科室1	副经理	5800.01
9	10007	女	29	博士	科室1	副经理	5300.25
10	10008	男	55	本科	科室2	经理	5600.5
11	10009	男	35	硕士	科室3	监理	4700.09
12	10010	男	23	本科	科室2	普通职员	3000.48
13	10011	男	36	大专	科室1	普通职员	3100.71
14	10012	男	50	硕士	科室1	经理	5900.55
15	10013	女	27	中专	科室3	普通职员	2900.36
16	10014	男	22	大专	科室1	普通职员	2700.42
17	10015	女	35	博士	科室3	监理	4600.46
18	10016	女	58	本科	科室1	监理	5700.58
19	10017	女	30	硕士	科室2	普通职员	4300.79
20	10018	女	25	本科	科室3	普通职员	3500.39
21	10019	男	40	大专	科室3	经理	4800.67
22	10020	男	38	中专	科室2	普通职员	3301

图 2.32 【第 3 题】数据表

【第 4 题】用第 2 题的数据表制作下面的图表 1 和图表 2，如图 2.33 和图 2.34 所示。

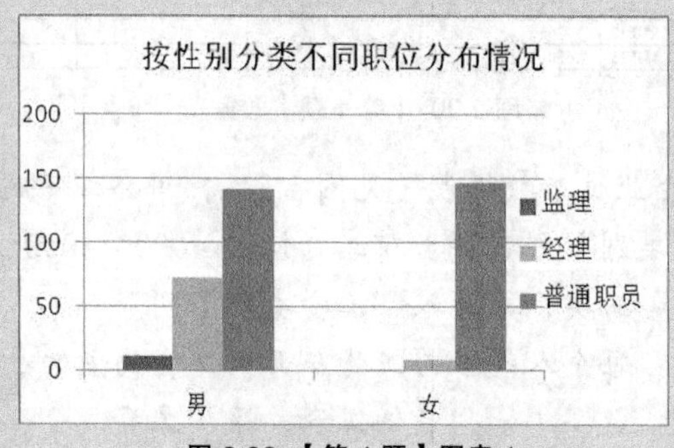

图 2.33 【第 4 题】图表 1

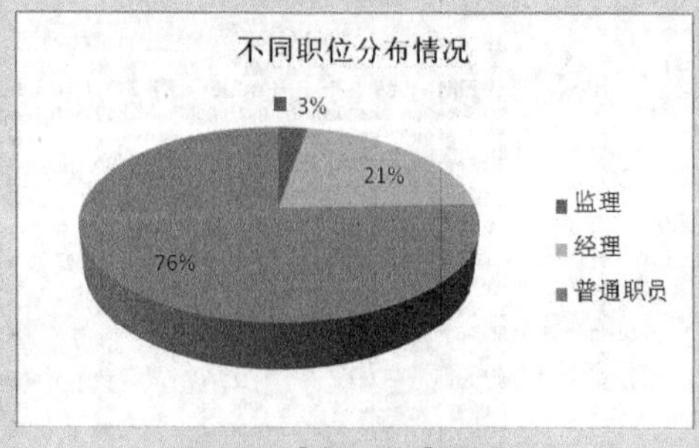

图 2.34 【第 4 题】图表 2

CHAPTER3

第3章 财务数据计算

3.1 设置金额数据显示格式

3.1.1 相关函数介绍

在财务单据中，要求输入阿拉伯数字的金额，能自动显示为中文的大写。

例如：输入 12.5，显示为“拾贰元五角”。

本节内容的难点是如何将小写数字转换成中文大写数字。首先介绍一些非常有用的函数。

1．取整函数 INT

格式：INT(数值型参数)

功能：截取小于或等于数值型参数的最大整数。

例如，INT(3.6)=3　　　　小于 3.6 的最人整数是 3。

INT(-3.6)= -4　　　小于-3.6 的最大整数是-4。

2．重复文本函数 REPT

格式：REPT(S,n)

功能：返回字符串 S 的 n 个重复文本。

例如：=REPT("+-",3)　结果是"+-+-+-"。

3．四舍五入函数 ROUND

格式：ROUND(数值型参数，n)

功能：返回对“数值型参数”进行四舍五入到第 n 位的近似值。

当 n>0 时，对数据的小数部分从左到右的第 n 位四舍五入；

当 n=0 时，对数据的小数部分最高位四舍五入取数据的整数部分；

当 n<0 时，对数据的整数部分从右到左的第 n 位四舍五入。

例如：=ROUND(625.746,2)　结果是：625.75。

=ROUND(625.746,1)　结果是：625.7。

=ROUND(625.746,0)　结果是：626。

=ROUND(625.746,-1)　结果是：630。

=ROUND(625.746,-2)　结果是：600。

4．返回行编号 ROW

格式 ROW([参数]）

功能：省略参数时，返回当前函数所在的行编号，否则返回参数所代表的单元格地址所在的行编号。

例如：=ROW()　返回当前这个公式所在的行编号。

=ROW(B6)　返回 B6 地址中的行编号 6。

5．返回列编号 COLUMN

格式 COLUMN([参数])

功能：省略参数时，返回当前函数所在的列编号，否则返回参数所代表的单元格地址所在的列编号。

例如：= COLUMN ()　返回当前这个公式所在的列编号。

= COLUMN (B6)　返回 B6 地址中的列编号 2。

6．小写数字转换成中文大写数字的函数 NUMBERSTRING

格式：NUMBERSTRING(数值,类型)

功能：将小写数字转成中文大写，类型=1,2 或 3。

通过表 3.1 来了解一下函数 NUMBERSTRING 中第 2 个参数的不同含义。

表 3.1　函数 NUMBERSTRING 举例

公式	结果
= NUMBERSTRING (1234567890,1)	一十二亿三千四百五十六万七千八百九十
= NUMBERSTRING(1234567890,2)	壹拾贰亿叁仟肆佰伍拾陆万柒仟捌佰玖拾
= NUMBERSTRING(1234567890,3)	一二三四五六七八九
= NUMBERSTRING(123.45,3)	一二三

当类型为“2”时可以实现显示格式为中文大写，但是不能转换小数部分。

7．数值转换文本函数 TEXT

格式：TEXT(数值,格式)

功能：将数值转换为指定格式表示的文本。

通过表 3.2 来了解一下函数 TEXT 中第 2 个参数的不同含义。

表 3.2　函数 TEXT 举例

公式	结果
=TEXT(123.45,"$0.00")	$123.45
=TEXT(123,"[dbnum2]")	壹佰贰拾叁
=TEXT(123.45,"[dbnum2]")	壹佰贰拾叁点肆伍

同样，TEXT 不能处理小数部分。

3.1.2　设置金额数据显示格式应用案例

【例 3-1】以收款凭证单据为例（见图 3.1），完成以下任务。

（1）根据 J15 单元格的值，在 F15 单元格显示对应的中文大写金额。

（2）将 J6 单元格的数据，按“位”拆分到连续的多个单元格 X6:AH6（每个单元格存放 1 位数据）。

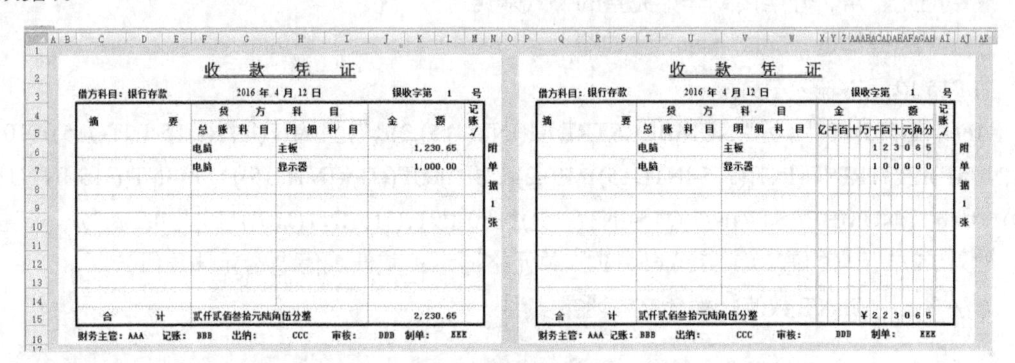

收　款　凭　证

借方科目：银行存款　2016 年 4 月 12 日　银收字第　1　号

摘要	贷方科目 总账科目	贷方科目 明细科目	金额	记账 ✓
	电脑	主板	1,230.65	
	电脑	显示器	1,000.00	
合计	贰仟贰佰叁拾元陆角伍分整		2,230.65	

附单据 1 张

财务主管：AAA　记账：BBB　出纳：　CCC　审核：　DDD　制单：　EEE

收　款　凭　证

借方科目：银行存款　2016 年 4 月 12 日　银收字第　1　号

摘要	贷方科目 总账科目	贷方科目 明细科目	亿	千	百	十	万	千	百	十	元	角	分	记账 ✓
	电脑	主板						1	2	3	0	6	5	
	电脑	显示器						1	0	0	0	0	0	
合计	贰仟贰佰叁拾元陆角伍分整						¥	2	2	3	0	6	5	

附单据 1 张

财务主管：AAA　记账：BBB　出纳：　CCC　审核：　DDD　制单：　EEE

图 3.1　收款凭证样张

1．将阿拉伯数字显示格式改变为中文大写显示格式

例如，在单元格输入：1230.65，如何显示：壹仟贰百叁拾元陆角伍分？

改变阿拉伯数字金额数据显示格式为中文大写的方法有以下 3 种。

方法 1：用选项卡实现改变数字显示格式为中文大写

操作步骤：

（1）选定单元格，输入数字。例如，输入：1230.65，显示也是 1230.65。

（2）单击“开始”选项卡，选择“数字”组启动器，打开“设置单元格格式”对话框，在“数字”选项卡中选“特殊”，“中文大写数字”。如果输入的是 1230.65，会显示：壹仟贰百叁拾点陆伍。

用上述方法，只有整数部分可以转换显示“壹仟贰百叁拾”，但小数部分没有实现显示“陆角伍分”。

为了达到正确显示中文大写的金额，“方法 1”不能满足要求。可以用下面的方法 2 或方法 3 实现。

方法 2：用 NUMBERSTRING 函数

思路：人民币的整数部分直接用 NUMBERSTRING 函数，小数部分转为整数部分再用 NUMBERSTRING 函数处理。

为了便于理解在收款凭证表中实现阿拉伯数字金额转为中文大写金额，下面将元、角、分拆分描述。

将 J15 单元格输入的阿拉伯数字金额，转为中文大写金额的思路是：

- 元。例如，INT(1230.65)=1230

=IF(INT(J15)=0,"零元",NUMBERSTRING(INT(J15),2)&"元")&

- 角。例如，INT((1230.65-INT(1230.65))*10)=6

IF(INT((J15-INT(J15))*10)=0,"",NUMBERSTRING(INT((J15-INT(J15))*10),2)&"角")&

- 分。例如，(1230.65-INT(1230.65))*100=65

  利用“角”得到的 6 乘以 10，INT((1230.65-INT(1230.65))*10)*10=60，再用 65-60=5。

IF((J15-INT(J15))*100-INT((J15-INT(J15))*10)*10=0,"",NUMBERSTRING((J15-INT(J15))*100-INT((J15-INT(J15))*10)*10,2)&"分")&"整"

只要把元、角、分连接到一个完整的公式即可。

方法 2 的操作是，完成下面的公式输入。

在 F15 单元格输入公式：

=IF(INT(J15)=0,"零元",NUMBERSTRING(INT(J15),2)&"元")&IF(INT((J15-INT(J15))*10)=0,"",NUMBERSTRING(INT((J15-INT(J15))*10),2)&"角")&IF((J15-INT(J15))*100-INT((J15-INT(J15))*10)*10=0,"",NUMBERSTRING((J15-INT(J15))*100-INT((J15-INT(J15))*10)*10,2)&"分")&"整"

如果 J5 单元格的值为：2230.65，F15 单元格显示：贰仟贰佰叁拾元陆角伍分。

方法 3：用 TEXT 数值转换为文本函数实现

- 元：

IF(ABS(A1)<0.005,"",IF(A1<0,"负",)&IF(INT(ABS(A1)),TEXT(INT(ABS(A1)),"[dbnum2]")&"元",)

- 角：

IF(INT(ABS(A1)*10)-INT(ABS(A1))*10,TEXT(INT(ABS(A1)*10)-INT(ABS(A1))*10,"[dbnum2]")&"角"

- 分：

IF(INT(ABS(A1))=ABS(A1),,IF(ABS(A1)<0.1,,"零")))&IF(ROUND(ABS(A1)*100-INT(ABS(A1)*10)*10,),TEXT(ROUND(ABS(A1)*100-INT(ABS(A1)*10)*10,),"[dbnum2]")&"分","整"))

2．将一个单元格的数字金额拆分成个位存放在多个连续的单元格

例如，K6 单元格的内容 1230.65，其中的每一位数字拆分存放到连续的不同单元格。考虑 K6 单元格中的数字最多可以达到 11 位数字。在处理上，把 11 位数字看作是 11 位长度的字符串。当数字达不到 11 位时，前面填写“空”字符，后面填写数字。然后把 11 位长度的字符串的每一位分别填写在连续的 11 个单元格，如图 3.2 所示。

	11	10	9	8	7	6	5	4	3	2	1
	亿	千	百	十	万	千	百	十	元	角	分
123065 →						1	2	3	0	6	5

图 3.2　一个单元格的数据存放到 11 个单元格（前面补充空格）

操作步骤：

（1）在 X6 单元格输入公式：

=IF($J6=0,"",MID(REPT(" ",11-LEN(FIXED($J6*100,0,TRUE)))&FIXED($J6*100,0,TRUE),COLUMN(A1),1))

（2）将 X6 单元格向右复制，得到的结果如下。

=IF($J6=0,"",MID(REPT(" ",11-LEN(FIXED($J6*100,0,TRUE)))&FIXED($J6*100,0,TRUE),COLUMN(B1),1))

=IF($J6=0,"",MID(REPT(" ",11-LEN(FIXED($J6*100,0,TRUE)))&FIXED($J6*100,0,TRUE),COLUMN(C1),1))

=IF($J6=0,"",MID(REPT(" ",11-LEN(FIXED($J6*100,0,TRUE)))&FIXED($J6*100,0,TRUE),COLUMN(D1),1))

=IF($J6=0,"",MID(REPT(" ",11-LEN(FIXED($J6*100,0,TRUE)))&FIXED($J6*100,0,TRUE),COLUMN(E1),1))

=IF($J6=0,"",MID(REPT(" ",11-LEN(FIXED($J6*100,0,TRUE)))&FIXED($J6*100,0,TRUE),COLUMN(F1),1))

=IF($J6=0,"",MID(REPT(" ",11-LEN(FIXED($J6*100,0,TRUE)))&FIXED($J6*100,0,TRUE),COLUMN(G1),1))

=IF($J6=0,"",MID(REPT(" ",11-LEN(FIXED($J6*100,0,TRUE)))&FIXED($J6*100,0,TRUE),COLUMN(H1),1))

=IF($J6=0,"",MID(REPT(" ",11-LEN(FIXED($J6*100,0,TRUE)))&FIXED($J6*100,0,TRUE),COLUMN(I1),1))

=IF($J6=0,"",MID(REPT(" ",11-LEN(FIXED($J6*100,0,TRUE)))&FIXED($J6*100,0,TRUE),COLUMN(J1),1))

=IF($J6=0,"",MID(REPT(" ",11-LEN(FIXED($J6*100,0,TRUE)))&FIXED($J6*100,0,TRUE),COLUMN(K1),1))

关注 COLUMN 函数引用地址的变化。REPT 和 FIXED 函数用于形成 11 位长度的字符串。其中 MID（11 位长度的字符串，起始位置，1）。COLUMN 决定字符串中“起始位置”。如果 COLUMN（A1），MID 对 11 位字符串从第 1 个位置取出 1 个字符；如果 COLUMN（E1），MID 对 11 位字符串从第 5 个位置取出 1 个字符。

（3）选定 X6:AH6，向下拖动“填充柄”，将公式复制到第 14 行。

第 15 行与上面不同，多了人民币符号“￥”，其他都相同。

（4）在 X15 单元格输入公式：

=IF($J15=0,"",MID(REPT(" ",11-LEN("￥"&FIXED($J15*100,0,TRUE)))&"￥"&FIXED($J15*100,0,TRUE),COLUMN(A1),1))

（5）向右复制 X15 单元格的公式到 AH15。

3.2 财务函数计算

3.2.1 财务函数

下面介绍 3 个财务函数。

- 偿还函数 PMT(RATE,NPER,PV,FV,TYPE)。
- 可贷款函数 PV(RATE, NPER, PMT,FV,TYPE)。
- 未来值函数 FV(RATE,NPER,PMT,PV,TYPE)。

从这三个函数的函数名和参数可看出它们有密切的关系。

1．偿还函数

格式：PMT(RATE,NPER,PV[,FV[,TYPE]])

功能：基于固定利率及等额分期付款方式，返回投资或贷款的每期付款额。其中方括号内的 FV（未来值）和 TYPE（类型）可省略。如果省略，默认值为 0。

说明：

PMT 有两个功能，一个功能是计算贷款后向银行还款；另一个功能是投资。

贷款：向银行贷款后，计算每期向银行的还款额。这种情况是基于固定利率并采用等额分期付款的方式向银行或金融机构贷款，求贷款的每期付款额，这时第 4 个参数“未来值”FV=0。

投资：希望未来有一笔比较大的资金，类似银行的零存整取，如希望有一笔资金用于创业或购房等。这种情况是基于固定利率并采用等额分期存款的方式向银行或金融机构存款，给出未来希望的投资资金后，计算存款的每期付款额，这时第 3 个参数“现值”PV=0。

其中参数说明如下。

- 期利率(RATE)：为各期利率。“一期”为“一个月”或“一年”。
- 期数(NPER)：为总投资（或贷款）的付款期的总数。注意：RATE 和 NPER 的单位应一致。例如，“一期”为“一个月”时，期利率为月利率，期数按月计算。
- 现值(PV)：为从投资（贷款）开始计算，未来付款的累积和，也称为本金。
- 未来值(FV)：为最后一次付款后希望得到的现金余额。
- 类型(TYPE)：为 1 或 0，指定各期的付款时间是在期初(1 表示)还是期末(0 表示)。

【例 3-2】银行向某个企业贷款 20 万元，2 年还清的年利率为 5.76%，计算企业月支付额。

分析：如果按月支付，期数按月计算，期利率按月利率计算。如果没有强调是期初还款还是期末还款，默认按期末计算，对应的参数可以省略。

计算公式：

=PMT(5.76%/12,24,200000)

结果为￥-8,842.51。

对于同一笔贷款，如果支付期限在每期的期初，支付额为：

=PMT(5.76%/12,24,200000,0,1)

结果为￥-8,800.27。

【例 3-3】银行以 5.22%的年利率贷出 8 万元，并希望对方在半年内还清，计算将返回的每月所得款数。

计算公式：

=PMT(5.22%/12,6,-80000)

结果为￥13,537.07 元。银行每月所得款数为 13,537.07 元。

【例 3-4】如果以按月定额存款方式在 10 年中存款 50,000 元，假设存款年利率为 3.8%，计算月存款额。

计算公式：

=PMT(3.8%/12,10*12,0,50000)

结果为￥-343.15。月存款额为 343.15 元。

2．可贷款函数

格式：PV(RATE,NPER,PMT,FV,TYPE)

功能：返回投资的现值。现值为一系列未来付款的当前值的累加和。例如，借入方的借入款，即是贷出方的贷款现值。

说明：期利率（RATE）、期数（NPER）、未来值（FV）和类型（TYPE）与 PMT 函数中的含义相同。每期得到金额（PMT）为各期所应付给（或得到）的金额，其数值在整个年金期间（或投资期内）保持不变。

【例 3-5】某个企业每月偿还能力在 200 万元，准备引进新设备向银行贷款。贷款利率为 6%，分 12 个月还清，计算银行可贷款给该企业的贷款额是多少。

计算公式：

= PV(6%/12,12,200)

结果为￥-2,323.79。银行可贷款给该企业的贷款额为 2,323.79 万元。

3．未来值函数

格式：FV(RATE,NPER,PMT,PV,TYPE)

功能：基于固定利率及等额分期付款方式，返回某项投资的未来值。

说明：期利率（RATE）、期数（NPER）、现值（PV）和类型（TYPE）与 PMT 函数中的含义相同。PMT 为每期所应付给（或得到）的金额。如果省略 PMT，则必须包括 PV。

【例 3-6】如果将 2000 元以年利 2.5%存入银行一年，并在以后十二个月的每个月初存入 300 元，则一年后银行账户的存款额为多少？

计算公式：

=FV(2.5%/12,12,-300,-2000,1)

结果为￥5699.7。一年后银行账户的存款额为 5699.7 元。

3.2.2 财务函数模拟运算

【例 3-7】如果贷款利率是 5%，贷款期限是 5 年，在贷款总额分别是 30 万元，40 万元，……

100 万元的情况下，求每个月银行贷款的还款额。

操作步骤：

（1）在 B1 单元格输入贷款利率：5%。

（2）在 B2 单元格输入贷款期限：5。

（3）在 A4:A11 单元格输入等差数列：300000、400000、……、1000000，如图 3.3 所示。

（4）在 B4 单元格输入公式：

=PMT($B$1/12,$B$2*12,A4)

（5）向下复制公式。

图 3.3 为计算的不同还款金额。

	A	B
1	贷款利率	5%
2	贷款期限（年）	5
3	贷款总额	每个月还款额
4	300000	¥-5,661.37
5	400000	¥-7,548.49
6	500000	¥-9,435.62
7	600000	¥-11,322.74
8	700000	¥-13,209.86
9	800000	¥-15,096.99
10	900000	¥-16,984.11
11	1000000	¥-18,871.23

图 3.3　单变量模拟运算

【例 3-8】在贷款总额分别是 50 万元，70 万元，……，150 万元，还贷款期限分别是 10 年、15 年、20 年、25 年和 30 年，贷款利率 5%不变的情况下，求每个月向银行还款额。

操作步骤：

（1）在 B1 单元格输入贷款利率：5%。

（2）在 B2 单元格输入贷款期限：5。

（3）在 A3:A7 输入等差序列 10、15、20、25、30。

（4）在 B2:G2 输入等差序列 500000、700000、……、1500000。

（5）在 B3 单元格输入公式：

=PMT($C$1/12,$A3*12,B$2)

（6）先向右复制公式，再向下复制公式。

模拟运算结果，如图 3.4 所示。通过模拟运算，可以看到在不同的贷款额，不同的期限还款额的情况下，计算的不同还款金额。

	A	B	C	D	E	F	G
1		贷款利率	5%				
2		500000	700000	900000	1100000	1300000	1500000
3	10	-5303.28	-7424.59	-9545.90	-11667.21	-13788.52	-15909.83
4	15	-3953.97	-5535.56	-7117.14	-8698.73	-10280.32	-11861.90
5	20	-3299.78	-4619.69	-5939.60	-7259.51	-8579.42	-9899.34
6	25	-2922.95	-4092.13	-5261.31	-6430.49	-7599.67	-8768.85
7	30	-2684.11	-3757.75	-4831.39	-5905.04	-6978.68	-8052.32

图 3.4　双变量模拟运算

3.3 用数组计算财务数据

3.3.1 数组

在 Excel 中，对一般的计算，既可以用一般的公式也可以用数组。什么情况用一般公式计算？什么情况用数组公式计算？这要从数组的特性来分析。数组公式是一个整体，不允许修改其中任何一个公式，必须整体修改或删除。因此，用数组计算安全性更高一些。用数组计算的好处是计算的结果是一个整体，不能任意更改其中一个结果数据，要修改结果只能完整地修改数组，数组在一定程度上保护了结果数据。

输入数组公式与输入一般公式的最大区别如下。

- 输入数组前，可能不是选定一个单元格，而是选定一组（存放结果）单元格。
- 数组公式输入完成后，不是按回车键，而是同时按【Ctrl】键+【Shift】键+回车键。

在一般情况下，如果计算的对象是一组数据，计算的结果是一个数据或一组数据时，就可以用数组公式来计算。用一般公式计算与用数组计算的结果是一样的。

3.3.2 数组计算应用案例

下面通过例子说明一般公式与数组的区别。

【例 3-9】对图 3.5 的数据表，增加一列，命名为“增加 10%”，用数组计算每个人基本工资的 10%，并且四舍五入取整。

操作步骤：

（1）选定 H3:H22。

（2）输入：=round（。

（3）选定 G3:G22。

（4）输入：*10%，0）。

（5）同时按住【Ctrl】键和【Shift】键，再按回车键。

在输入数组公式后，系统会自动在大括号“{”和“}”内插入数组公式，看到选定区域的数组公式完全一样，说明它们是一个整体“数组”。但是计算结果不是一样的。

【例 3-10】用数组公式完成计算应发工资=基本工资+增加 10%。

操作步骤：

（1）选定 I3:I22。

（2）输入：=。

（3）选定 G3:G22。

（4）输入：+。

（5）选定 H3:H22。

（6）同时按住【Ctrl】键和【Shift】键，再按回车键。

计算结果，如图 3.5 所示。

	A	B	C	D	E	F	G	H	I
1	职工情况简表								
2	编号	性别	年龄	学历	科室	职务等级	基本工资	增加10%	应发工资
3	10001	女	36	本科	科室2	副经理	4600.97	=ROUND(G3:G22*10%,0)	=G3:G22+H3:H22
4	10002	男	28	硕士	科室3	普通职员	3800.01	=ROUND(G3:G22*10%,0)	=G3:G22+H3:H22
5	10003	女	30	博士	科室3	普通职员	4700.85	=ROUND(G3:G22*10%,0)	=G3:G22+H3:H22
6	10004	女	45	本科	科室2	监理	5000.78	=ROUND(G3:G22*10%,0)	=G3:G22+H3:H22
7	10005	女	42	中专	科室1	普通职员	4200.53	=ROUND(G3:G22*10%,0)	=G3:G22+H3:H22
8	10006	男	40	博士	科室1	副经理	5800.01	=ROUND(G3:G22*10%,0)	=G3:G22+H3:H22
9	10007	女	29	博士	科室1	副经理	5300.25	=ROUND(G3:G22*10%,0)	=G3:G22+H3:H22
10	10008	男	55	本科	科室2	经理	5600.5	=ROUND(G3:G22*10%,0)	=G3:G22+H3:H22
11	10009	男	35	硕士	科室3	监理	4700.09	=ROUND(G3:G22*10%,0)	=G3:G22+H3:H22
12	10010	男	23	本科	科室2	普通职员	3000.48	=ROUND(G3:G22*10%,0)	=G3:G22+H3:H22
13	10011	男	36	大专	科室1	普通职员	3100.71	=ROUND(G3:G22*10%,0)	=G3:G22+H3:H22
14	10012	男	50	硕士	科室1	经理	5900.55	=ROUND(G3:G22*10%,0)	=G3:G22+H3:H22
15	10013	女	27	中专	科室3	普通职员	2900.36	=ROUND(G3:G22*10%,0)	=G3:G22+H3:H22
16	10014	男	22	大专	科室1	普通职员	2700.42	=ROUND(G3:G22*10%,0)	=G3:G22+H3:H22
17	10015	女	35	博士	科室3	监理	4600.46	=ROUND(G3:G22*10%,0)	=G3:G22+H3:H22
18	10016	女	58	本科	科室1	监理	5700.58	=ROUND(G3:G22*10%,0)	=G3:G22+H3:H22
19	10017	女	30	硕士	科室2	普通职员	4300.79	=ROUND(G3:G22*10%,0)	=G3:G22+H3:H22
20	10018	女	25	本科	科室3	普通职员	3500.39	=ROUND(G3:G22*10%,0)	=G3:G22+H3:H22
21	10019	男	40	大专	科室3	经理	4800.67	=ROUND(G3:G22*10%,0)	=G3:G22+H3:H22
22	10020	男	38	中专	科室2	普通职员	3301	=ROUND(G3:G22*10%,0)	=G3:G22+H3:H22

G	H	I
基本工资	增加10%	应发工资
4600.97	460	5060.97
3800.01	380	4180.01
4700.85	470	5170.85
5000.78	500	5500.78
4200.53	420	4620.53
5800.01	580	6380.01
5300.25	530	5830.25
5600.5	560	6160.5
4700.09	470	5170.09
3000.48	300	3300.48
3100.71	310	3410.71
5900.55	590	6490.55
2900.36	290	3190.36
2700.42	270	2970.42
4600.46	460	5060.46
5700.58	570	6270.58
4300.79	430	4730.79
3500.39	350	3850.39
4800.67	480	5280.67
3301	330	3631

图 3.5　数组计算

如果要修改数组公式，只能对整个数组进行修改。

操作步骤：

（1）单击包含数组公式的任何一个单元格或选定数组的全部单元格。

（2）单击“编辑栏”（大括号消失），在“编辑栏”编辑数组公式。

（3）同时按【Ctrl】+【Shift】+【Enter】组合键。

如果修改前只选定其中的一个单元格，修改后会看到数组公式中的每一个公式都被更新。

如果要删除数组公式，只能全部删除。操作方法是：

选定包含数组的全部单元格，按【Delete】键。

【例 3-11】用数组实现统计科室 2 性别为“男”的人数和工资总和。

1．用数组实现统计科室 2 性别为“男”的人数

操作步骤：

（1）输入公式：=SUM((B3:B22="男")*(E3:E22="科室 2"))（不要按回车键）。

（2）同时按住【Ctrl】+【Shift】组合键，再按回车键。

2．用数组实现统计科室 2 的工资总和

操作步骤：

（1）输入公式：=SUM((E3:E22="科室 2")*G3:G22) （不要按回车键）。

（2）同时按住【Ctrl】+【Shift】组合键，再按回车键。

【例 3-12】在商场经常看到商品打折或商品降价。下面用数组快速模拟计算商品打折和商品单价变化时影响商品实际价格的数据统计表。

操作步骤：

（1）在第 1 行输入单价，第 1 列输入折扣，如图 3.6 所示。

（2）选定 B2:G7 单元格区域。

（3）输入=A2:A7*B1:G1。操作是：等号“=”，选定 A2:A7，输入乘号“*”，选定 B1:G1。

（4）同时按住【Ctrl】+【Shift】组合键，再按回车键。

	A	B	C	D	E	F	G
1	商品单价 商品折扣	100	110	120	130	140	150
2	70%	70	77	84	91	98	105
3	75%	75	82.5	90	97.5	105	112.5
4	80%	80	88	96	104	112	120
5	85%	85	93.5	102	110.5	119	127.5
6	90%	90	99	108	117	126	135
7	95%	95	104.5	114	123.5	133	142.5
8							

图 3.6　数组模拟计算

3.4　VLOOKUP 函数的应用与工薪税的计算

3.4.1　用 VLOOKUP 函数合并数据表

计算工薪税的方法有多种。下面介绍 2 种计算工薪税的方法。一种是用 IF 函数，另一种是用 VLOOKUP 查找函数。

首先了解一下，按列查找函数 VLOOKUP 的格式与功能。

格式：VLOOKUP(查找值,数据区,列编号[,匹配类型])

功能：在“数据区”的“第一列”从上向下查找与“查找值”匹配的值，找到后返回“查找值”所在行中指定“列编号”处的值。如果没有找到查找值，根据“匹配类型”的不同做出不同的处理。

查找值：应该是可能出现在“数据区”第一列的值。该值可以是常数或地址引用。如果“查找值”是字母，不区分大小写。如果“查找值”出现在“数据区”的首列（第一列）的某一行，则查找成功。

数据区：该“数据区”的第一列可能含查找值。从数据区第二列及以后的列是要返回的值，是与查找值相关的信息。

列编号：如果在“数据区”的第一列找到给定的查找值，定位该行，返回“查找值”所在行中，右侧指定的“列编号”处的值。例如，如果“列编号”为 2 时，返回与查找值同行的数据区第二列的值；如果“列号”为 3 时，返回与查找值同行数据区第三列的值，依次类推。如果“列编号”小于 1 或大于数据区的列数，返回错误值#VALUE！或#REF!。

匹配类型：是可选项，用于确定是精确匹配查找，还是近似匹配查找，含义如下。

- 精确匹配值：0 或 FALSE。如果“数据区”的第一列中有两个或更多值与查找值匹配，只有从上到下的第一个匹配值为找到的值。如果没有找到“查找值”，则返回错误值 #N/A！。不要求“数据区”第一列数据排序。

- 近似匹配值：省略、1 或 TRUE。如果没找到“查找值”，返回小于“查找值”的最大值。要求“数据区”第一列数据必须按升序排列。否则可能无法返回正确的值。

“精确匹配”比“近似匹配”容易理解。下面先举例说明用 VLOOKUP 函数进行精确查找的例子。

【例 3-13】在图 3.7 中，有两个工作表。一个是“职工表”，另一个是“绩效工资表”。用

VLOOKUP 函数将“绩效工资表”中的“绩效工资”添加到“职工表”中。

思路：两个工作表都有唯一确定记录行的列，就是职工的“编号”。唯一的“编号”保证“绩效工资”的唯一性。可以根据“编号”的唯一值到绩效工资表找到职工的绩效工资，填写在工资表中。

在职工表的 I3 单元格输入公式：

=VLOOKUP(A3,绩效工资!$A$3:$C$22,3,0)

再向下复制该公式即可。

	A	B	C	D	E	F	G	H	I
1	职工情况简表								
2	编号	性别	年龄	学历	科室	职务等级	基本工资	增加10%	绩效工资
3	10001	女	36	本科	科室2	副经理	4600.97	460	
4	10002	男	28	硕士	科室3	普通职员	3800.01	380	
5	10003	女	30	博士	科室3	普通职员	4700.85	470	
6	10004	女	45	本科	科室2	监理	5000.78	500	
7	10005	女	42	中专	科室1	普通职员	4200.53	420	
8	10006	男	40	博士	科室1	副经理	5800.01	580	
9	10007	女	29	博士	科室1	副经理	5300.25	530	
10	10008	男	55	本科	科室2	经理	5600.5	560	
11	10009	男	35	硕士	科室3	监理	4700.09	470	
12	10010	男	23	本科	科室2	普通职员	3000.48	300	
13	10011	男	36	大专	科室1	普通职员	3100.71	310	
14	10012	男	50	硕士	科室1	经理	5900.55	590	
15	10013	女	27	中专	科室3	普通职员	2900.36	290	
16	10014	男	22	大专	科室1	普通职员	2700.42	270	
17	10015	女	35	博士	科室3	监理	4600.46	460	
18	10016	女	58	本科	科室1	监理	5700.58	570	
19	10017	女	30	硕士	科室2	普通职员	4300.79	430	
20	10018	女	25	本科	科室3	普通职员	3500.39	350	
21	10019	男	40	大专	科室3	经理	4800.67	480	
22	10020	男	38	中专	科室2	普通职员	3301	330	

（a）职工表

	A	B	C
1	各科室的绩效工资		
2	编号	科室	绩效工资
3	10005	科室1	1500
4	10006	科室1	3000
5	10007	科室1	1800
6	10011	科室1	1950
7	10012	科室1	3000
8	10014	科室1	1500
9	10016	科室1	2850
10	10001	科室2	1200
11	10004	科室2	1350
12	10008	科室2	1425
13	10010	科室2	1125
14	10017	科室2	1800
15	10020	科室2	1500
16	10002	科室3	4200
17	10003	科室3	5400
18	10009	科室3	4500
19	10013	科室3	4200
20	10015	科室3	4650
21	10018	科室3	4350
22	10019	科室3	4650

（b）绩效工资表

图 3.7　职工表与绩效工资表

解释：用 VLOOKUP 在“绩效工资”表的第一列找职工表的 A3（职工表的编号），如果找到，返回“绩效工资”第 3 列的值，也就是“绩效工资”。

因为涉及两个表的操作，下面给出详细的操作步骤。

操作步骤：

（1）在职工表的 I3 单元格输入：=VLOOKUP(A3,

（2）单击“绩效工资”表的标签，进入“绩效工资”表

（3）选定“绩效工资”表的 A3:C22 区域，按【F4】键，将 A3:C22 改为$A$3: $C$22。

（4）单击编辑栏中的公式=VLOOKUP（A3,绩效工资！$A$3: $C$22 的后面，输入逗号“,”。目的是将“绩效工资！$A$3: $C$22”固定住。

（5）单击“职工表”表的标签，回到“职工表”工作表，这时看到的公式为：

=VLOOKUP（A3,绩效工资！$A$3: $C$22,职工表！

（6）将 VLOOKUP 中的 “职工表！”删除。

（7）输入：3,0)。

（8）再向下复制该公式即可。

其中$A$3: $C$22 用的是绝对地址，是为了保证该公式向下复制后引用的数据区地址不变。

（9）计算应发工资。

在 J3 单元格输入公式：=SUM(G3:I3)

（10）再向下复制该公式即可。计算结果如图 3.8 所示。

职工情况简表

编号	性别	年龄	学历	科室	职务等级	基本工资	增加10%	绩效工资	应发工资
10001	女	36	本科	科室2	副经理	4600.97	460	1200	6260.97
10002	男	28	硕士	科室3	普通职员	3800.01	380	4200	8380.01
10003	女	30	博士	科室3	普通职员	4700.85	470	5400	10570.85
10004	女	45	本科	科室2	监理	5000.78	500	1350	6850.78
10005	女	42	中专	科室1	普通职员	4200.53	420	1500	6120.53
10006	男	40	博士	科室1	副经理	5800.01	580	3000	9380.01
10007	女	29	博士	科室1	副经理	5300.25	530	1800	7630.25
10008	男	55	本科	科室2	经理	5600.5	560	1425	7585.50
10009	男	35	硕士	科室3	监理	4700.09	470	4500	9670.09
10010	男	23	本科	科室2	普通职员	3000.48	300	1125	4425.48
10011	男	36	大专	科室1	普通职员	3100.71	310	1950	5360.71
10012	男	50	硕士	科室1	经理	5900.55	590	3000	9490.55
10013	女	27	中专	科室3	普通职员	2900.36	290	4200	7390.36
10014	男	22	大专	科室1	普通职员	2700.42	270	1500	4470.42
10015	女	35	博士	科室3	监理	4600.46	460	4650	9710.46
10016	女	58	本科	科室1	监理	5700.58	570	2850	9120.58
10017	女	30	硕士	科室2	普通职员	4300.79	430	1800	6530.79
10018	女	25	本科	科室3	普通职员	3500.39	350	4350	8200.39
10019	男	40	大专	科室3	经理	4800.67	480	4650	9930.67
10020	男	38	中专	科室2	普通职员	3301	330	1500	5131.00

图 3.8　用 VLOOKUP 添加绩效工资

3.4.2　分段计税与 IF 函数计算工薪税

1. 分段计税

2011 年 6 月 30 日，第十一届全国人大常委会第二十一次会议 6 月 30 日表决通过了个税法修正案，将个税免征额由 2000 元提高到 3500 元，适用超额累进税率为 3%至 45%，自 2011 年 9 月 1 日起实施。也就是工资大于 3500 的部分按级数分段扣税。

首先，根据应发工资计算扣税工资。个税免征额起点 3500 在 J3 单元格。如图 3.9 所示。

操作步骤：

（1）在 C3 单元格输入公式：=IF(B3>=$J$3,B3-$J$3,0)。

（2）向下复制公式，计算其他人员的扣税工资。

下面均是根据扣除 3500 之后的金额进行扣税。

从“个人所得税税率表”可以看出工薪税分为 7 个级别，如图 3.9 所示。

为了理解如何分段扣税，下面举例说明（见表 3.3）。

图 3.9　工资表与个人所得税税率表

表 3.3　扣工薪税应用举例

	应发工资	扣除 3500	级数	分段	每段工资	每段纳税额
职员 1	4200	700	1	0～1500	700	21
					扣税总计	21
职员 2	5600	2100	1	0～1500	1500	45
			2	1501～4500	600	60
					扣税总计	105
职员 3	8700	5200	1	0～1500	1500	45
			2	1501～4500	3000	300
			3	4501～9000	700	140
					扣税总计	485
职员 4	15400	11900	1	0～1500	1500	45
			2	1501～4500	3000	300
			3	4501～9000	4500	900
			4	9001～35000	2900	725
					扣税总计	1970

其中：

职员 1：700，1 级：700 元<1500，700×3%=21

扣税总计 21

职员 2：2100，1 级：1500 满档，1500×3%=45

2 级：600，600×10%=60

扣税总计=45+60=105

职员 3：5200，1 级：1500 满档，1500×3%=45

2 级：3000 满档，3000×10%=300

3 级：700，700×20%=140

扣税总计=45+300+140=485

职员 4：11900，1 级：1500 满档，1500×3%=45

2 级：3000 满档，3000×10%=300

3 级：4500 满档，4500×20%=900

4 级：2900，2900×25%=725

扣税总计=45+300+900+725=1970

从以上的计算可以看出，如果用 IF 函数计算，不同的应发工资计算的分支情况是不一样的。为了简便计算，需要用到速算扣除。

用速算扣除的方法思路是：如果某个职工的工资大于 1 级，1 级是满档，满档的扣款额是固定的。

扣除 3500 后，工资数额≤1500，按 3%扣除（否则，工资数额>1500）。工资数额≤4500，按 10%扣除，就会有 1500 多扣了 7%，这 7%就是 105。所以再减去 105 就可以了。依次类推。

2．用 IF 函数计算工薪税

【例 3-14】根据扣除 3500 的工资用 IF 函数计算工薪税。

操作步骤：

（1）在 E3 输入公式：

=IF(C3=0,0,IF(C3<=1500,0.03*C3,IF(C3<=4500,0.1*C3-105,IF(C3<=9000,0.2*C3-555,IF(C3<=35000,0.25*C3-1005,IF(C3<=55000,0.3*C3-2755,IF(C3<=80000,0.35*C3-5505,0.45*C3-13505)))))))

（2）将该公式向下复制计算其他人员的工薪税。

3.4.3 用 VLOOKUP 函数计算工薪税

用 VLOOKUP 函数计算工薪税，需要利用 VLOOKUP 近似查找功能，并且要用到辅助列来定位不同的级别。在图 3.9 中，K 列是辅助列，用于区分不同的分级。K 列的值符合 VLOOKUP 函数的要求是升序。将 K7:M13 作为 VLOOKUP 的查找数据区域。

例如，如果扣除 3500 后，

职员 1：700 元，用 VLOOKUP 在 K7:M13 区的 K 列查找小于 700 的最大的是 0，返回第 2 列的值 3。同样，再用第二个 VLOOKUP 在 K7:M13 区的 K 列查找小于 700 的最大的是 0，返回第 3 列的值 0。得到 700*3/100-0。

职员 2：2100，用 VLOOKUP 在 K7:M13 区的 K 列查找小于 2100 的最大的是 1500，返回第 2 列的值 10。同样，再用第二个 VLOOKUP 在 K7:M13 区的 K 列查找小于 700 的最大的是 0，返回第 3 列的值 105。得到 2100*10/100-105。

职员 3：5200，用 VLOOKUP 在 K7:M13 区的 K 列查找小于 5200 的最大的是 4500，返回第 2 列的值 20。同样，再用第二个 VLOOKUP 在 K7:M13 区的 K 列查找小于 2100 的最大的是 1500，返回第 3 列的值 555。得到 5200*20/100-555。

【例 3-15】根据扣除 3500 的工资用 VLOOKUP 函数计算工薪税。

操作步骤：

（1）在 D3 输入公式：

=VLOOKUP(C3,$K$7:$M$13,2,1)*C3/100-VLOOKUP(C3,$K$7:$M$13,3,1)

（2）将 D3 单元格的公式向下复制计算其他人员的工薪税。

3.5 个人财务数据的计算与预算

3.5.1 个人财务数据计算

【例 3-16】图 3.10（a）是人民币存款利率表。图 3.10（b）是某个人的定期存款记录表。希望计算取款日期、本金与利息。在存款到期后，能在“提示”列自动显示“存款到期”提示信息，以便及时取款。

说明：A 列输入的是存款期限；为了方便计算，B 列是用于辅助计算增加的辅助列；C 是存款额；D 列是存款日期。

操作步骤：

（1）根据存款日期计算取款日期。

在 E2 输入公式：　=DATE(YEAR(D2),MONTH(D2)+C2,DAY(D2))

（2）显示提示“存款到期”。

在 F2 输入公式：　=IF(NOW()>=E2,"存款到期","")

（3）计算存款到期后的本金与利息。

在 G2 输入公式：　=(1+VLOOKUP(A2,利率表!$A$3:$C$8,2,0)/12*B2/100)*C2

（4）选定 E2:G2，鼠标指针移动到选定区域右下角填充柄，双击鼠标（向下复制公式）。

	A	B
1	人民币存款利率表	
2	整存整取	年利率(%)
3	三个月	1.10
4	半年	1.30
5	一年	1.50
6	二年	2.10
7	三年	2.75
8	五年	3.00

(a) 人民币利率表

	A	B	C	D	E	F	G
1	期 限	辅助计算	存款额	存款日期	取款日期	提示	本金与利息
2	三个月	3	10000	2015-2-3	2015-5-3	存款到期	10027.5
3	半年	6	10000	2014-10-18	2015-4-18	存款到期	10065
4	五年	60	15000	2014-11-17	2019-11-17		17250
5	二年	24	30000	2012-7-21	2014-7-21	存款到期	31260
6	三年	36	20000	2015-9-2	2018-9-2		21650
7	一年	12	20000	2011-8-21	2012-8-21	存款到期	20300

(b) 计算存款利息、提示

图 3.10　人民币利率表与计算存款利息

【例 3-17】对图 3.11 中“存款年限”与“存款额”，完成以下任务。

	A	B	C	D	E	F
1	存款(年限)	存款额		(1) 统计存款年限为“3”年的有几笔记录。		
2	3	1000		4	=COUNTIF(A2:A10,"=3")	
3	1	2000		(2) 统计“存款年限”等于“3”的存款累加和。		
4	3	500		3200	=SUMIF(A2:A10,"=3",B2:B10)	
5	5	1000		(3) 统计“存款年限”为2 和3 的存款有几笔记录。		
6	2	2000		7	=COUNTIFS(A2:A10,"<=3",A2:A10,">=2")	
7	3	1000		(4) 统计满足“存款年限”为2 和3 的存款中，存款额大于等于2000 条件的笔		
8	2	3000		数、存款额的累加和，以及存款额的平均值。		
9	2	1000		笔数：	2	=COUNTIFS(A2:A10,"<=3",A2:A10,">=2",B2:B10,">=2000")
10	3	700		累加和：	5000	=SUMIFS(B2:B10,A2:A10,"<=3",A2:A10,">=2",B2:B10,">=2000")
11				平均值：	2500	=AVERAGEIFS(B2:B10,A2:A10,"<=3",A2:A10,">=2",B2:B10,">=2000")

图 3.11　条件计数

（1）统计存款年限为“3”年的有几笔记录。

如图 3.11 所示，在 D2 单元格输入以下公式即可。

=COUNTIF(A2:A10,"=3")　或　=COUNTIF(A2:A10,"3")　或　=COUNTIF(A2:A10,3)

（2）统计“存款年限”等于“3”的存款累加和。

=SUMIFS(A2:A10,"=3",B2:B10）

（3）统计“存款年限”为 2 和 3 的存款有几笔记录。

=COUNTIFS(A2:A10,"<=3",A2:A10,">=2")　结果为 7。

（4）统计满足“存款年限”为 2 和 3 的存款中，存款额大于等于 2000 元条件的笔数、存款额的累加和，以及存款额的平均值。

“存款年限”为 2 和 3 的存款中，存款额大于等于 2000 元条件的笔数：

输入公式：

=COUNTIFS(A2:A10,"<=3",A2:A10,">=2",B2:B10,">=2000")　结果为 2。

“存款年限”为 2 和 3 的存款中，存款额的累加和：

输入公式：

=SUMIFS(B2:B10,A2:A10,"<=3",A2:A10,">=2",B2:B10,">=2000")　结果为 5000。

“存款年限”为 2 和 3 的存款中，存款额的平均值：

输入公式：

=AVERAGEIFS(B2:B10,A2:A10,"<=3",A2:A10,">=2",B2:B10,">=2000")　结果为 2500。

【例 3-18】根据转账金额与转账的业务名称，计算当前账户的余额。要求在 D2 输入公式计算余额，并且该公式向下复制计算其他日期的余额，如图 3.12 所示。

	A	B	C	D
1	发生日期	转账金额	业务名称	余额
2	20140430	4800	银行转存	4800
3	20140505	1400	银行转存	6200
4	20140507	2400	银行转存	8600
5	20140528	1200	银行转取	7400
6	20140529	1200	银行转取	6200
7	20140605	6000	银行转存	12200
8	20140605	8000	银行转取	4200
9	20140919	1200	银行转存	5400
10	20141008	1500	银行转存	6900
11	20141022	8400	银行转存	15300
12	20141024	1200	银行转存	16500
13	20141029	3000	银行转存	19500

图 3.12　计算余额

思路：例如，2014 年 4 月 30 日向账户存款 4800 元，余额为 4800 元。无论之后是“银行转存”或“银行转取”，“余额”均为之前的“银行转存”的累加和减去之前的“银行转取”的累加和。

操作步骤：

（1）在 D2 输入公式：

=SUMIF($C$2:C2,"银行转存",$B$2:B2)-SUMIF($C$2:C2,"银行转取",$B$2:B2)

（2）向下复制 D2 单元格的公式，计算其他日期的余额。

3.5.2 个人财务数据预算

组装计算机时，需要购买计算机配件。下面考虑购买 CPU、主板和显示器的预算。数据表有三个，工作表标签分别是 CPU、主板和显示器，如图 3.13 所示。

	A	B	C
1	CPU处理器	报价	备注
2	AM3X3-450/3.1G/2M三核	130	AMD系列（938针）
3	AM3X4-630/2.8G/4M四核	275	AMD系列（938针）

	A	B	C
1	主板	报价	备注
2	维硕.A78LM2/940针2条D2内存槽	250	940针主板DDR2保修2年
3	七彩虹.A78GTiwnD2+D3COM接口	270	940针主板DDR2保修2年

	A	B	C
1	显示器	报价	备注
2	AOCE950SN(19寸)LED低亮	530	AOC显示器
3	AOCE952SN(19寸)LED色彩好	560	AOC显示器
4	AOCE2060SW(19.5)LED大视角	590	AOC显示器
5	AOCE2270SWN(21.5)LED一个按键	610	AOC显示器
6	AOCE2252WS(21.5)LED色彩好DVI	640	AOC显示器
7	AOCE2261FW(21.5)LED大视角	665	AOC显示器
8	AOCI2269V黑(21.5)IPS窄边框全视角	710	AOC显示器
9	AOCI2269VW白(21.5)IPS窄边框全视角	720	AOC显示器
10	AOCI2267FW(21.5)IPS窄边框后面平	725	AOC显示器

图 3.13　三个配件工作表

1．计算最低配置、最高配置、中间价位的配置需要的资金

操作步骤：

（1）计算配件的最低价格

在 B3 单元格输入公式：=MIN(CPU!B:B)

操作是：输入等号“=”，单击“CPU”工作表标签，单击“B”列标，按回车键。

用同样的方法，在 C3、D3 分别输入：

=MIN(主板!B:B)

=MIN(显示器!B:B)

（2）计算配件的最高价格。

在 B4:D4 分别输入公式：

=MAX(CPU!B:B)

=MAX(主板!B:B)

=MAX(显示器!B:B)

（3）计算配件的中间价格。

在 B5:D5 分别输入：

=MEDIAN(CPU!B:B)

=MEDIAN(主板!B:B)

=MEDIAN(显示器!B:B)

（4）计算配件总的金额。

在 E3 单元格输入：=SUM(B3:D3)，向下复制计算其他配置的总计。

2．选择指定品牌的配置，计算所需资金

指定三个品牌，CPU：英特尔；主板：华硕主板；显示器：三星。

选择这三个品牌的配置，计算平均价格。

在 B8:D9 分别输入公式：

=AVERAGEIF(CPU!A:A,"英特尔*",CPU!B:B)

=AVERAGEIF(主板!C:C,"华硕*",主板!B:B)

=AVERAGEIF(显示器!A:A,"三星*",显示器!B:B)

=SUM(B8:D8)

计算的预算结果，如图 3.14 所示。

fx =AVERAGEIF(CPU!A:A,"英特尔*",CPU!B:B)

	A	B	C	D	E
1	电脑配置				
2		CPU	主板	显示器	总计
3	最低价格配置	115	220	455	790
4	最高价格配置	2069	999	2150	5218
5	中间价配置	487.5	310	750	1547.5
6					
7	指定品牌	英特尔	华硕主板	三星	
8	平均价格	1093.8	393.1	874.4	2361.29

图 3.14　预算的结果

3.6　个人投资优化预测

3.6.1　用规划求解实现有限资源利润最大化预测

1．规划求解概念

当要寻找做某件事的最佳方法时，可以考虑用规划求解来解决。规划求解是在满足一组约束条件的情况下，求出一个多变量函数极值的模型。在 Excel 中，用规划求解可得到工作表上某个单元格（称为目标单元格）中公式（公式是指单元格中的一系列值、单元格引用、名称或运算符的组合，可生成新的值。公式总是以等号 (=) 开始。）的最优值。规划问题可以涉及众多的生产或经营领域的常见问题。

例如，生产的组织安排问题：

如果要生产若干种不同的产品，每种产品需要在不同的设备上加工，需要加工的时间不同，每种产品所获得的利润也不同。在各种设备生产能力的限制下，如何安排生产可获得最大利润？可以用规划求解来解决。

例如，运输的调度问题：

如果某种产品的产地和销地有若干个，从各产地到各销地的运费不同。在满足各销地的需要量的情况下，如何调度可使得运费最小？可以用规划求解来解决。

例如，作物的合理布局问题：

不同的作物在不同性质的土壤上单位面积的产量是不同的。在现有种植面积和完成种植计划的前提下，如何因地制宜使得总产值最高？可以用规划求解来解决。

例如，原料的恰当搭配问题：

食品、化工、冶金等企业，经常需要使用多种原料配置包含一定成分的产品。不同原料的价格不同，所含成分也不同。在满足产品成分要求的情况下，如何配方可使产品成本最小？可以用规划求解来解决。

2．规划求解的基本步骤

Excel 中规划求解的基本步骤如下。

（1）确定决策变量（待解决的变量）。

决策变量：X1，X2，……

在 Excel 中："决策变量"存放的单元格称为"可变单元格"，用来存放 X1，X2，……的值。

（2）确定目标函数 Y。

目标函数 Y 的值为：最大，最小，某个特定的整数。

在 Excel 中确定目标单元格是指指定一个单元格为目标单元格并且在目标单元格输入目标函数公式。

（3）确定约束条件。

完成规划任务的限制条件是指包括：人力、物力、财力等资源。

约束关系包括"=、>、<"等，在"规划求解"完成。

（4）用"规划求解"工具求解。

将目标单元格、可变单元格和约束条件等放在规划求解对话框的指定位置，便可以求解了。

3．加载"规划求解"

在默认安装的 Office 中，Excel 不包含"规划求解"，所以打开 Excel 看不到"规划求解"按钮，需要安装"规划求解"后才能使用它。安装 Office 后，"规划求解"通常在硬盘上。因此，不需要 Office 安装盘就可以很方便地加载硬盘上的"规划求解"。

操作步骤：

（1）单击"文件"选项卡，单击"选项"，单击"加载项"。

（2）单击"转到"。

（3）选择"规划求解加载项"。

（4）单击"确定"按钮。

加载"规划求解"后，可以在"数据"选项卡的"分析"组看到"规划求解"按钮。

规划求解的结果，可能会出现以下 3 种情况。

（1）规划求解找到唯一解。

找到唯一解是规划求解的目标，也是解决方案，会显示"规划求解找到一解，可满足所有的约束及最优状况。"，如图 3.15 所示。

（2）规划求解找不到有用的解。

如果没有可行解，显示"规划求解找不到有用的解"，意味着使用有限的资源无法满足所有的条件，如图 3.16 所示。这通常是因为给的条件太苛刻，无法实现目标。

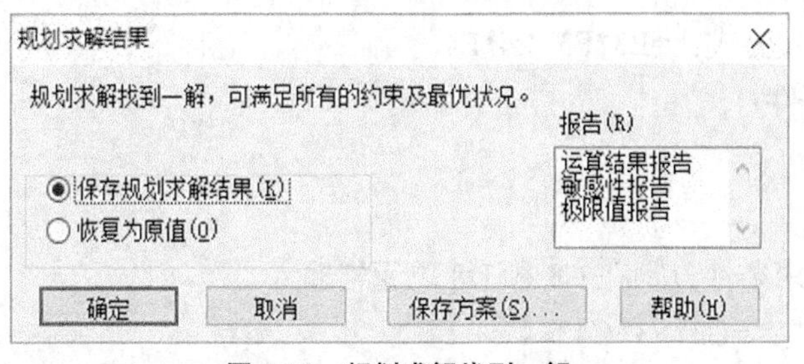

图 3.15　规划求解找到一解

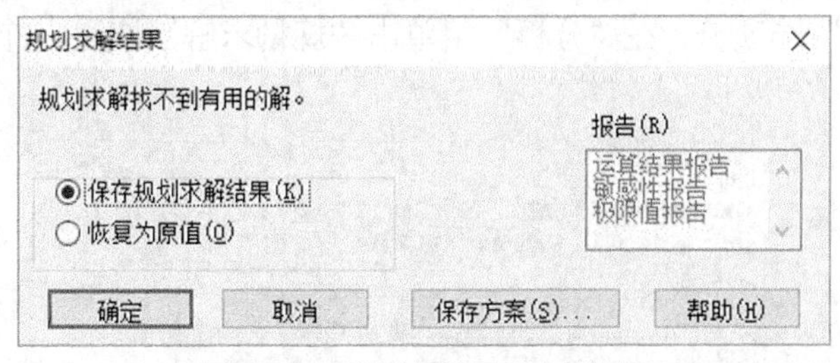

图 3.16　规划求解找不到有用的解

（3）规划求解——“设置的目标单元格”的值未收敛。

如果最优目标值是无界的，规划求解将会显示“‘设置目标单元格’的值未收敛”，如图 3.17 所示。这通常是因为条件给的太宽泛，有无穷多组解。

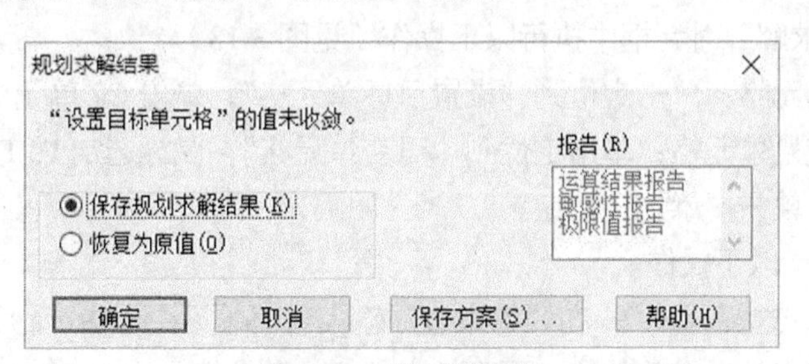

图 3.17　规划求解无解

【例 3-19】某电子设备企业生产设备甲和乙时遇到原材料的短缺问题。生产这两种设备均需要原材料 EC 和 ET。生产一件“甲”设备需要 2 个 ET，5 个 EC，利润是 3500，生产一件“乙”设备需要 1 个 ET，8 个 EC，利润是 4500。但是 EC 和 ET 材料有限仅分别剩 10 个和 60 个。问生产“甲”“乙”设备各多少个，利润最大？

操作步骤：

（1）根据给定的条件建立数据表 B2:D5，如图 3.20 所示。

（2）设决策变量 X1，X2 分别为生产甲、乙设备的数量。

在 Excel 中，决策变量的单元格为 F3，F4，将 F3，F4 单元格添加背景颜色，目的是标注可变单元格，如图 3.20 所示。

（3）确定目标函数：

MAX　利润公式 3500X1+4500X2

在 Excel 中，目标函数存放在 C7 单元格。

在 C7 单元格输入公式：=E3*F3+E4*F4

（4）确定约束条件：

2X1+1X2<=10

5X1+8X2<=60

在 Excel 中，约束条件分别在 C8 和 D8 单元格输入。

C8 单元格的公式：=C3*F3+C4*F4

D8 单元格的公式：=D3*F3+D4*F4

（5）单击“数据”选项卡，在“分析”组单击“规划求解”按钮。打开“规划求解”对话框，如图 3.18 所示。

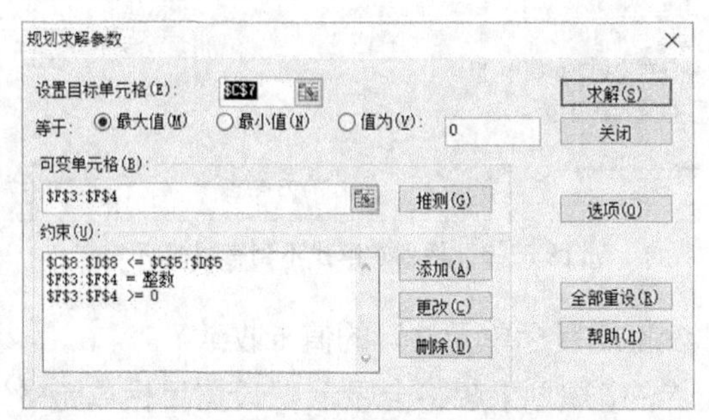

图 3.18　规划求解参数设置

（6）在“规划求解”对话框中执行以下操作（见图 3.18）。

- 确定目标单元格：单击定位到“设置目标单元格”，单击 C7 单元格。
- 确定决策变量单元格：单击定位到“可变单元格”，鼠标选定 F3:F4。
- 确定约束：单击“添加”按钮。

在图 3.19 中执行以下操作。

- 选定 F3:F4，选择“>=”，在“约束值”输入“0”（见图 3.19（a））。
- 为了保证输出结果为整数值，再次单击“添加”按钮，选定 F3:F4，选择“int”（见图 3.19（b））。
- 再次单击“添加”按钮，选定 C8:D8，选择“<=”，在“约束值”选定 C5:D5（见图 3.19（c））。

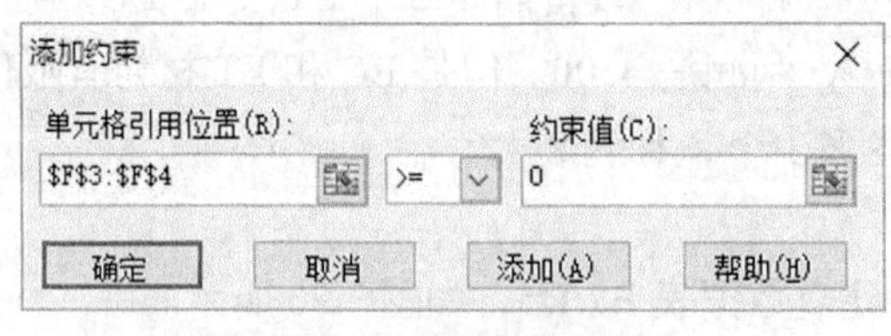

(a) 设置一组单元格为一个常量

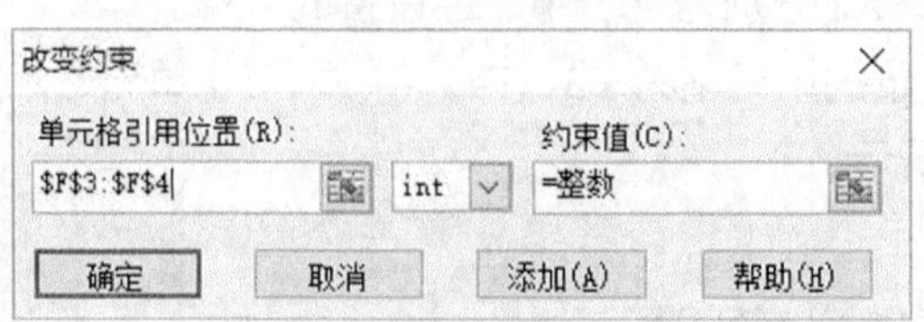

(b) 设置决策变量为整数值

图 3.19　规划求解添加约束

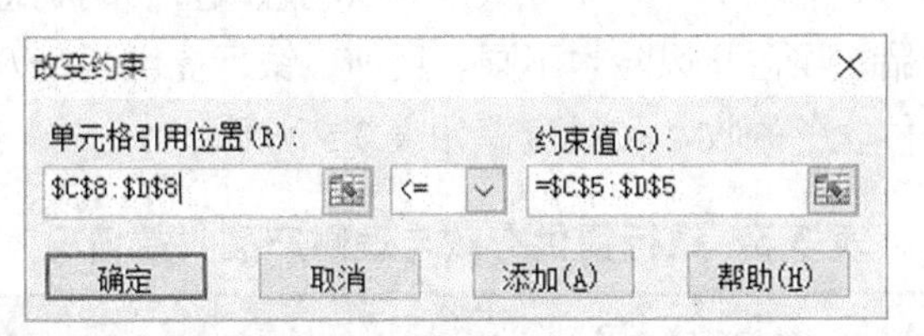

(c) 设置一组单元格小于等于另一组单元格

图 3.19 规划求解添加约束（续）

- 单击“确定”按钮。

（7）单击“求解”按钮，规划求解找到一解。

执行结果，如图 3.20（b）所示。在满足给定的条件下，甲和乙分别生产 2 个和 6 个，能达到利润最大为 34000 元。

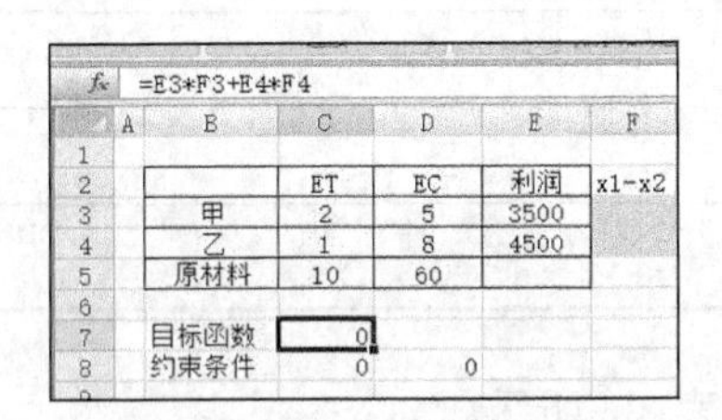

(a) 规划求解前

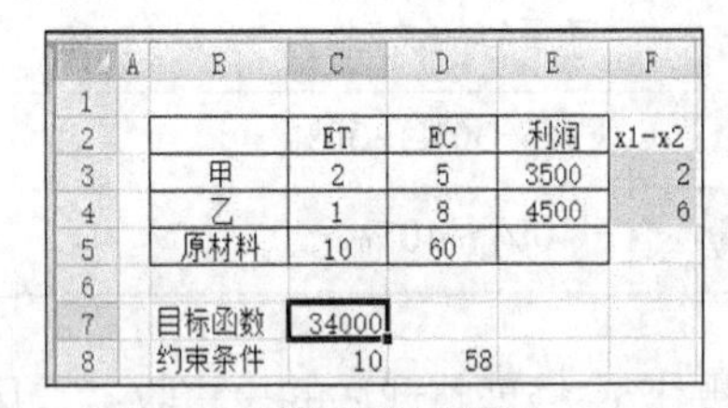

(b) 规划求解后

图 3.20 规划求解前和规划求解后

3.6.2 计算投资组合问题

函数 SUMPRODUCT

格式：SUMPRODUCT(数组 1,数组 2,数组 3, …)

功能：在给定的几组数组中，将数组间对应的元素相乘，并返回乘积之和。

要求：所有的数组参数必须具有相同的维数。

例如：在表 3.4 中，有数组 1(A2:B4)和数组 2(D2:E4)。

表 3.4 数组举例

	A	B	C	D	E
1	数组 1			数组 2	
2	1	2		1	2
3	3	4		3	4
4	5	6		5	6

输入公式：

=SUMPRODUCT(A2:B4,D2:E4) 计算结果等于 91

等价于：

=1*1+2*2+3*3+4*4+5*5+6*6

【例 3-20】表 3.5 是 2015 年 10 月 24 日银行存款利息调整后的利息，不同银行同档利息有所不同，不同的理财产品的收益和风险也不同。目前，银行提供了个人活期、定期、理财和购买各种基金的业务。各种业务的收益和风险，如表 3.5 所示。

表 3.5　银行提供存款与理财产品收益情况

项目名称	A	B	C	D	E
银行活期	0.3～0.35				
银行定期	三个月	半年	一年	二年	五年
	1.35～1.5	1.55～1.75	1.75～2	2.25～2.75	2.75～3.2
银行理财	三个月 4.05	半年 4.2	一年 2.1～4.1	二年 2.85～4.6	
货币基金	7 日年化率平均在 2.5%左右				
债券基金	近一年的波动在-20%～20%				
混合基金	收益-30%～30%				
股票基金	-40%～40%				

经过理财产品经理整理后的投资收益与风险如表 3.6 所示。

表 3.6　投资收益与风险

投资产品名称	银行定期	银行理财	货币基金	债券基金	混合基金	股票基金
回报率	2.75%	3.50%	2.50%	6.00%	7.00%	10.00%
风险	低	低	中	中	高	高

理财产品经理接待了一位理财客户。这个理财客户长期注重理财，自己有了一定的积蓄。他现在有 60 万元钱想做投资。他觉得活期利率太低，准备投资一些货币基金代替活期，以便急需钱用时可以随时取出。定期利率高于活期，为了本金的安全，一部分资金投入定期。他注意到他所在城市的不同银行定期利率有微小的差别，但是收益都不是特别理想。为了得到较高的收益，他准备投资银行的理财产品和基金。理财产品经理经过对这位理财客户的风险测试和评估，评测这位理财客户是一位稳健的投资达人。因此，为他安排了一份投资计划。

投资计划分配如下。

- 每个产品购买资金≤25%；
- 风险高的债券基金、混合基金、股票基金总和≤30%；
- 风险高的混合基金、股票基金总和≤15%；
- 风险中等的货币基金、债券基金在 20%～40%。

为了得到最高的收益，同时又符合这位客户个人对风险的承受力，请给出各个投资品种各投资多少，才能使收益最高。

根据需求建立模型，如图 3.21 所示。

	A	B	C	D	E	F	G	H	I	J	K	L	M	N
1		投资回报最大化预测												
2		投资项目名称	银行定期	银行理财	货币基金	债券基金	混合基金	股票基金		目标函数				
3		回报率	2.75%	3.50%	2.50%	6.00%	7.00%	10.00%		¥0.00				
4		风险	低	低	中	中	高	高		投资资金数量总计	提示约束关系	资金总数		
5	X1-X6	投资资金数量								¥0.00	=	¥600000.00		
6		约束<=25%	¥0.00	¥0.00	¥0.00	¥0.00	¥0.00	¥0.00		C5:H5分别小于等于C6:H6				
7		约束<=30%	0	0	0	1	1	1		¥0.00	<=	¥180000.00		
8		约束<15%	0	0	0	0	1	1		¥0.00	<=	¥90000.00		
9		约束 >20%,<=40%	0	0	1	1	0	0		¥0.00	<=	¥240000.00	>=	¥120000.00
10										C5:H5分别大于等于0				

图 3.21　规划求解数据模型

操作步骤：

1．确定决策变量

首先假设不同的产品投资的数量（决策变量），分别是 X1-X6。在 Excel 中，决策变量就是 Excel 中的可变单元格。决策变量（可变单元格）设定在单元格区域：C5:H5。

2．建立目标函数

MAX　2.75%X1+3.50%X2+2.50%X3+6.00%X4+7.00%X5+10.00%X6

在 Excel 中，第 3 行是回报率，第 5 行是假设的投资数量。第 3 行与第 5 行对应位置相乘的累加和是投资回报率的最大化目标。目标函数如下：

J3 单元格输入目标函数：=SUMPRODUCT(C3:H3,C5:H5)

之后在规划求解对话框设置“最大值”。将该目标函数公式存放的单元格称为目标单元格。

3．建立约束条件

（1）购买的产品累加和等于投资总和 600000。

X1+X2+X3+X4+X5+X6=600000。

在 Excel 中，在 J5 单元格输入约束条件公式：

=SUM(C5:H5)

说明：在后面的操作中，设置约束为 J5= 600000。

（2）购买的每个产品必须大于等于 0。

X1、X2、X3、X4、X5、X6 分别大于等于 0。在 Excel 中，约束条件：C5:H5，之后在对话框设置约束为≥0。

（3）每个产品购买资金≤总购买金额的 25%。

X1、X2、X3、X4、X5、X6 分别小于等于总购买资金≤25%

在 Excel 中，首先在第 6 行 C6:H6 输入公式，该公式是总购买金额的 25%。该公式计算的结果是常量。

C6:H6 输入公式：=$J$5*25%（操作是：在 C6 输入公式=$J$5*25%，复制到 D6:H6）

说明：在后面的操作中，设置约束为：C5:H5≤C6:H6。

（4）风险高的债券基金、混合基金、股票基金总和≤总购买金额的 30%。

在该约束条件中，只考虑购买债券基金、混合基金和股票基金。

约束条件为：6.00%X4+7.00%X5+10.00%X6≤600000*30%。

在 Excel 中，仅考虑后 3 个产品 X4、X5、X6，所以将前 3 个产品的标志设为 0，后 3 个产品的标志设为 1。

$$Xi=\begin{cases}0, 放弃购买\\1, 选择购买\end{cases}$$

在 J7 单元格输入公式：

=SUMPRODUCT($C$5:$H$5,C7:H7)

说明：在后面的操作中，设置约束为 J7≤L5*30%。

（5）风险高的混合基金、股票基金总和≤总购买金额的 15%。

约束条件为：7.00%X5+10.00%X6≤600000*15%

在 Excel 中，本约束条件仅考虑后面两个产品 X5 和 X6，所以将前 4 个产品的标志设为 0，后两个产品的标志设为 1。

在 J8 单元格输入约束条件公式：

=SUMPRODUCT($C$5:$H$5,C8:H8)

说明：在后面的操作中，设置约束为 J8≤L5*15%。

（6）风险中等的货币基金、债券基金在 20%～40%。

约束条件为：2.50%X3+6.00%X4≤600000*40%

2.50%X3+6.00%X4≥600000*20%

在 Excel 中，本约束条件仅考虑货币基金 X3 和债券基金 X4，这两个产品的标志设为 1，其余产品的标志设为 0。在 J9 单元格输入约束条件公式：

=SUMPRODUCT($C$5:$H$5,C9:H9)

说明：在后面的操作中，设置约束为 J9≤L5*40%，J9≥L5*20%。

4．执行“规划求解”

在“规划求解”对话框设置的内容，如图 3.22 所示。（在“规划求解”对话框中的操作与【例 3-19】类似，不再重复）。

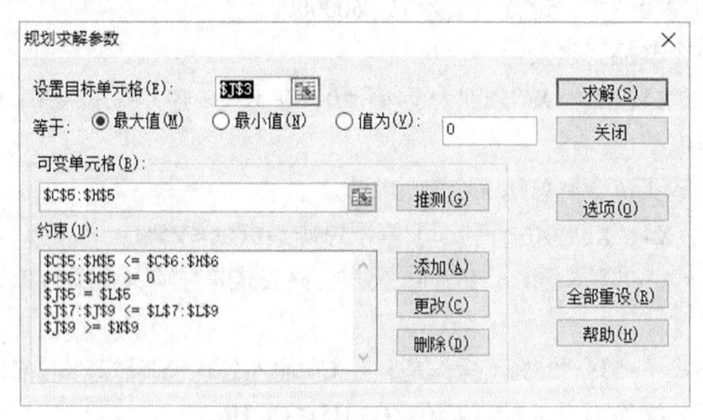

图 3.22 “规划求解”对话框

规划求解的结果，如图 3.23 所示。在满足这位投资人条件的情况下，投资理财计划如下。

银行定期：150000；银行理财：150000；货币基金：120000；

债券基金：90000；混合基金：0；股票基金：90000。

如果按以上投资计划执行并实现的话，目标单元格 J3 显示年回报最大为 26775。

	A	B	C	D	E	F	G	H
1		投资回报最大化预测						
2		投资项目名称	银行定期	银行理财	货币基金	债券基金	混合基金	股票基金
3		回报率	2.75%	3.50%	2.50%	6.00%	7.00%	10.00%
4		风险	低	低	中	中	高	高
5	X1-X6	投资资金数量	¥150000.00	¥150000.00	¥120000.00	¥90000.00	¥0.00	¥90000.00
6		约束<=25%	¥150000.00	¥150000.00	¥150000.00	¥150000.00	¥150000.00	¥150000.00
7		约束<=30%	0	0	0	1	1	1
8		约束<15%	0	0	0	0	1	1
9		约束 >20%, <=40%	0	0	1	1	0	0

图 3.23 规划求解的结果

3.6.3 测算收支平衡点

【例 3-21】测算营销收支平衡点，就是预测收入与支出持平。已知有计算机销售配件价目表，如图 3.24 所示。在成本是 330000 时，商品打几折为营销收支平衡点？

操作步骤：

（1）计算打折后的利润。

B12 单元格输入公式：=F8-B10

（2）执行“规划求解”。“规划求解”对话框中的设置，如图 3.25 所示。

	A	B	C	D	E	F
1	折扣	0.8				
2	电脑配件价目表					
3	商品名	单价(元)	数量	总计	折扣后单价	折扣后总计
4	电脑音箱	119	100	11900	95.2	9520
5	电脑显示器	490	50	24500	392	19600
6	U盘	129	2000	258000	103.2	206400
7	笔记本电脑	4999	30	149970	3999.2	119976
8	总计			444370		355496
9						
10	成本	330000				
11	打折前利润	114370				
12	打折后利润	25496				

图 3.24 测算前价目表

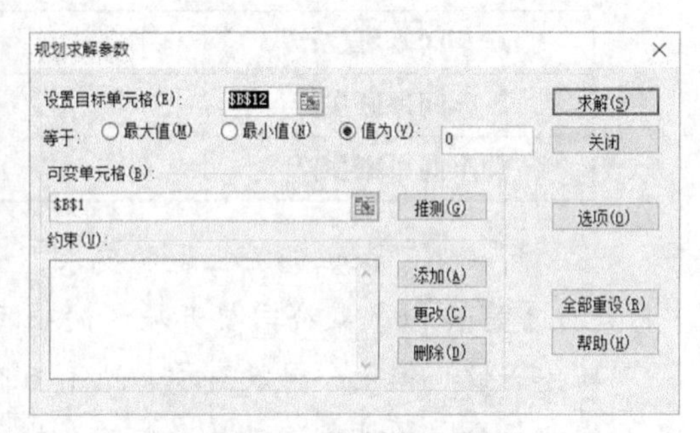

图 3.25 规划求解设置

- 目标单元格：B12，值设置为“0”。
- 可变单元格：B1。

（3）单击“求解”按钮。

测算结果，如图 3.26 所示。折扣大约在 0.74 为收支平衡点。如果低于 0.74，则要亏损，高于 0.74 则会盈利。

	A	B	C	D	E	F
1	折扣	0.7426244				
2	电脑配件价目表					
3	商品名	单价(元)	数量	总计	折扣后单价	折扣后总计
4	电脑音箱	119	100	11900	88.37230236	8837.230236
5	电脑显示器	490	50	24500	363.8860509	18194.29754
6	U盘	129	2000	258000	95.79854626	191597.0925
7	笔记本电脑	4999	30	149970	3712.379324	111371.3797
8	总计			444370		330000
9						
10	成本	330000				
11	打折前利润	114370				
12	打折后利润	0				

图 3.26 测算后价目表

习题

【第 1 题】如果贷款利率分别是 4%，4.5%，……，8%，贷款期限分别是 5 年，10 年，……，30 年，贷款总额 100 万元，求每个月向银行还款额。

【第 2 题】如果每个月偿还贷款的能力是 1.5 万元，贷款利率为 6%，还清贷款的期限可能是 5 年、10 年、15 年或 20 年，计算银行可贷款额是多少。

【第 3 题】某企业有 A、B 和 C 三个车间生产三种不同的设备，三个设备名称分别为 M1、M2 和 M3。利润、生产能力与限制，如表 3.7 所示。

表 3.7 生产设备表

	M1	M2	M3	每个月不能超过
利润	32 元	20 元	18 元	
A 车间每班生产	1 件	1 件	2 件	300 件
B 车间每班生产	1 件	2 件	1 件	360 件
C 车间每班生产	2 件	1 件	1 件	240 件

问：为了保证满足上述的要求，如何安排生产计划？

【第 4 题】某公司要开展新的项目，收到十几个提案。其中有 6 项与公司的任务一致。但是公司没有承担所有 6 个项目的可用资金，需要取舍。各项目所需资金与公司预计各项目将产生的净现值（未来现金流入的现值-未来现金流出的现值）汇总如图 3.27 所示。

公司现有 150 万元可投入新项目。第 2 年有 450 万元继续投入，第 3、第 4、第 5 年每年预算投入 30 万元，任何年份剩余资金将投入其他项目，不再延用到各年。希望能给出决策，在满足项目每年资金需求的情况下，投入哪些项目使净现值最大？

	A	B	C	D	E	F	G
1				各年所需资金(万单位)			
2	项目编号	预计净现值(万单位)	第1年	第2年	第3年	第4年	第5年
3	1	85	45	15	12	9	6
4	2	115	54	21	0	0	18
5	3	72	36	9	9	9	9
6	4	50	18	12	6	3	3
7	5	160	60	15	12	12	12
8	6	65	30	12	6	18	24

图 3.27 【第 4 题】数据表

CHAPTER4

第4章 商务数据表格式设置、显示与打印

4.1 改变数据的显示格式

4.1.1 快速改变／清除数据显示格式

Excel 为每一种数据类型都提供了多种显示格式。无论用下面的哪种方法改变数据的显示格式，都仅是实现在单元格中改变数据的显示格式，不会改变数值的大小。改变数据显示格式后，在编辑栏仍然能看到真实的单元格的内容。也就是说，不会因为改变数据的显示格式，改变数据原本数值的大小。

例如：输入数据 2000，改变显示格式后，可以是：

2,000、2、0.002、￥2,000、$2,000、2.00e03、2000 元、2000 台或 002000 等。

默认数值型数据的显示格式为“常规”格式，即 2000。

如果在单元格输入数值型数据的后面输入“元”或“台”等内容，如输入“200 元”，该数据成为文本型数据，不能参加算术运算。但是可以通过改变单元格的显示格式（不改变单元格的内容），使单元格输入“200”数值型数据，而单元格显示的是“200 元”，且这样的数据可以参加数值计算，这特别适用于带数据单位的数据参加数值计算的情况。下面介绍改变数据显示格式的常用方法。

方法1：用格式按钮快速改变数据显示格式

操作步骤：

（1）选定要改变显示格式的单元格区域。

（2）在“开始”选项卡“数字”组，单击相应的按钮（见图4.1），可改变选定区域中数据的显示格式为所选按钮的格式。

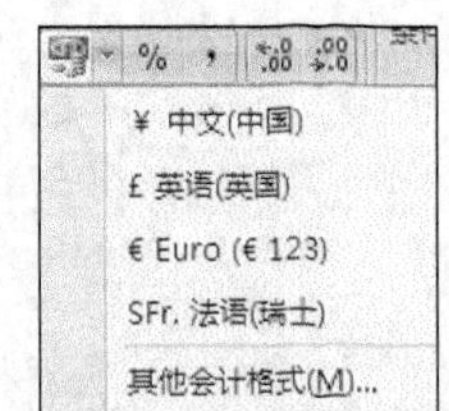

图4.1 快速改变数据显示格式按钮

例如，单元格计算的结果为“3214.6581735”，希望显示2位小数，则在选定该单元格后，反复单击“减少小数位数”按钮。改变单元格显示为“3214.66”后，该单元格仍然是原来的计算结果，只是改变了显示格式。

表4.1给出了常用的按钮。表4.1的第一列是“常规”格式下输入的数据，应用表4.1中的第二列的按钮后，显示结果如表4.1的第三列所示。

表4.1 “开始”选项卡“数字”组的格式按钮

“常规”格式	按钮	改变后的格式	说明
1230.687	“货币样式”	¥1,230.69	可选择各种货币符号
5.6	“百分比样式” %	560%	不改变数据的大小
1257. 626	“千位分隔样式” ,	1,257.63	四舍五入，显示2位小数
1210.6	“增加小数位数”	1210.60	反复单击，增加小数位数
1210.6	“减少小数位数”	1211	反复单击，减少小数位数

方法2：用“格式”对话框快速改变数据显示格式

操作步骤：

（1）选定要改变显示格式的单元格区域。

（2）在“开始”选项卡“字体”组，单击“启动器”，打开“设置单元格格式”对话框，选择“数字”选项卡，如图4.2所示。

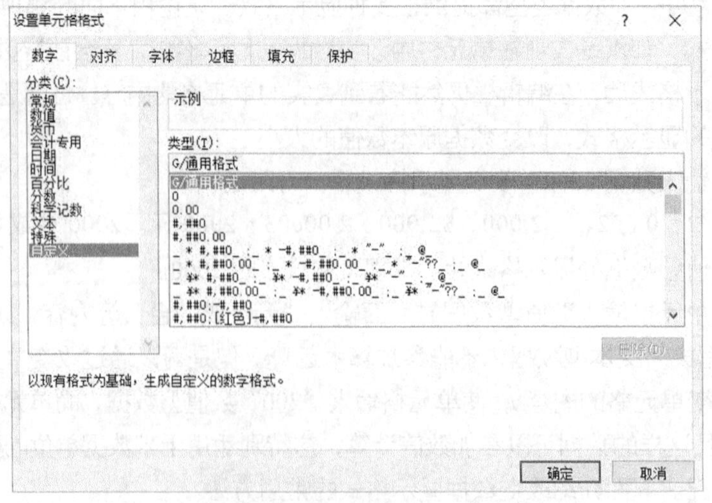

图4.2 “设置单元格格式”对话框“数字”选项卡

（3）在“分类”列表选择以下数据格式的类别。

- 常规格式：不包含特定的数字格式（默认格式）。当需要删除数据格式，恢复数据原始的默认格式时，选择该选项。
- 数值格式：用于设置一般数字的数值显示。例如，是否使用千位分隔符“,”；负数的显示格式，如“-123.45”或“(123.45)”；设置小数点后的位数等。
- 货币格式：用于设置一般货币的数值显示，可选择的货币符号有“￥”“$”“￥”“€”或“US$”等；设置小数点后的位数等。
- 会计专用格式：同上，可实现小数点对齐等。
- 日期格式：用于改变日期、时间的显示格式。例如，输入日期“2012-10-5”改变为“2012年10月5日”，或者美国日期格式“10-05-2012”，或者英国日期格式“05-10-2012”等。
- 时间格式：对日期和时间数据只显示时间值。
- 百分比格式：将单元格数值×100，并以百分数形式显示。例如，输入5，改变为百分比格式，显示为500%。
- 分数格式：对数值中的小数部分用分数形式显示。例如，数据0.8654可以显示为6/7、45/52、3/4、9/10和87/100等格式。
- 科学记数格式：用科学记数形式显示数值型数据。例如，“123.9”显示为“1.24E+02”；0.005可以显示为“0.5E-2”。
- 文本格式：将单元格中的数据转为文本（数字串），自动左对齐。数值型数据的有效位数只有15位，若在单元格输入身份证号“110108193010101232”会认为是数值型数据，系统只能接受前15位数字，即“110108193010101000”，后3位自动为“0”，如果改变单元格的格式为文本格式后，再输入身份证号就没有问题了。因此，对于不参加数值计算的一些编码，最好采用文本格式。
- 自定义格式：用户定义显示格式，见后面“自定义数据的显示格式”的介绍。

（4）在右侧“类型”列表中选中一种格式，单击“确定”按钮。

清除数据的显示格式，实际上是把数据的显示格式改为“常规”格式。

操作步骤：

（1）选定要恢复格式的单元格区域。

（2）在“开始”选项卡“样式”组，单击“单元格样式”按钮，选择“常规”。或者在“编辑”组，单击“清除”按钮右侧的“▼”按钮，选择“清除格式”。

4.1.2 自定义数据的显示格式

1. 自定义格式符的约定

如果系统提供的数据格式不能满足需要，可以自己定义格式来显示单元格内的数字、日期/时间或文本等。“自定义数据的显示格式”的操作步骤与“改变数据的显示格式”的操作基本一样，只是在“分类”列表中选中“自定义”，如图4.2所示。

在设置自定义格式时，最多可以指定四个部分的格式代码，代码格式如下：

正数格式[;负数格式[;零格式[;文本格式]]]

其中方括号表示可以省略的部分。如果自定义的格式只有“正数格式”，则负数、零等数据也使用“正数格式”。如果自定义的格式中有“正数格式”和“负数格式”，则正数和零用正数格式，负数用“负数格式”。如果要跳过某一部分，则使用分号代替该部分即可。

例如：在自定义格式的类型框输入：#,###.00;[红色]-#,###.00;0.00 表示负数用红色文字。

表 4.2 给出了自定义格式时可能用到的格式符以及格式符的含义。注意“#”和“0”格式符的区别。小心在格式末尾使用“,”和“,,”格式符，不要认为单元格显示的数值就是单元格实际存储的数值。

表 4.2　常用格式符

格式符	含义
#	显示所在位置的非零数字，不显示前导零以及小数点后面无意义的零
0	同上，如果数字的位数少于格式符“0”的个数，则显示无效的零，即显示前导零或小数点后面无意义的零
?	小数或分数对齐（在小数点两边添加无效的零）
0"."0	数据以“十”为单位显示，小数保留 1 位
0"."00	数据以“百”为单位显示，小数保留 2 位
0.00,	数据以“千”为单位显示，小数保留 2 位
0"."0,	数据以“万”为单位显示，小数保留 1 位
0"."00,	数据以“十万”为单位显示，小数保留 2 位
0.00,,	数据以“百万”为单位显示，小数保留 2 位
“字符串”	显示字符串原样。例如，数字 1234 用：#,###.00"元"格式，显示 1,234.00 元
\单字符 或!单字符	在单元格中显示单个字符，在单字符前加“\”而 $（或-、+、/、()、:、!、^、&、'、~、{}、=、<、> 和空格符）不用双引号也不用“\”
0*字符	数字格式符后用星号，可使星号之后的字符重复填充整个列宽

如果数据 1234 用：#,###.00\H 格式，则显示为：1,234.00H。

如果数据 1234 用：#,###.00"人民币"格式，则显示为：1,234.00 人民币。

如果数据 1234 用：0*-格式，则显示为“1234-----”，用字符“-”填满整个单元格。

2．自定义格式举例

表 4.3 为自定义格式的例子。

表 4.3　常用格式符的应用例子

输入数据	自定义格式	显示	解释
123.476	#.#	123.5	四舍五入显示一位小数
20	##0“台”	20 台	“20 台”是数值型，可参加算术运算
0	##0“台”	0 台	

续表

输入数据	自定义格式	显示	解释
0	###“台”	台	不显示无效 0
20	000“台”	020 台	显示无效 0
123456789	0.00	123456789.00	正常显示
123456789	0"."0	12345678.9	显示缩小“十”
123456789	0"."00	1234567.89	显示缩小“百”
123456789	0.00,	123456.79	显示缩小“千”
123456789	0"."0,	12345.7	显示缩小“万”
123456789	0"."00,	1234.57	显示缩小“十万”
123456789	0.00,,	123.46	显示缩小“百万”
64495034	“Tel”########	Tel64495034	
−12.5	#,##0.0;(#,##0.0)	(12.5)	

另外，可以指定符合某个条件的数据用特定的格式显示。例如，小于 60 的数据显示为红色文字，大于等于 60 的数据显示为蓝色文字，自定义的格式为：

[红色][<60];[蓝色][>=60]

4.1.3 应用举例：改变数据显示格式

在商品交易中，交易单位、交易费用和交易量等的单位是不同的。如果在单元格中直接输入商品的单位则无法参加计算。为了保证带单位名称的数据参加计算可以采用改变数据的格式来实现。

下面以商品交易表为例说明数据显示格式在实际中的运用。下面将图 4.3 的表改变显示格式为图 4.4 所示的表。

	A	B	C	D	E	F
1	商品交易表					
2	交易品种	交易单位	交易手续费	交易量(手)	交易量	交易手续费
3	大枣	1	0.4	10000	=B3*D3	=C3*D3
4	苹果	10	0.4	50000	=B4*D4	=C4*D4
5	黑木耳	5	1	5000	=B5*D5	=C5*D5
6	香菇	5	1	0	=B6*D6	=C6*D6
7	枸杞	5	4	2000	=B7*D7	=C7*D7

图 4.3 格式化前的商品交易表

	A	B	C	D	E	F
1	商品交易表					
2	交易品种	交易单位	交易手续费（手）	交易量(手)	交易量（公斤）	交易手续费
3	大枣	1公斤/手	0.40元/手	10000手	10千公斤	4000.00元
4	苹果	10公斤/手	0.40元/手	50000手	500千公斤	20000.00元
5	黑木耳	5公斤/手	1.00元/手	5000手	25千公斤	5000.00元
6	香菇	5公斤/手	1.00元/手	0手	0千公斤	0.00元
7	枸杞	5公斤/手	4.00元/手	2000手	10千公斤	8000.00元

图 4.4 格式化后的商品交易表

操作步骤：

（1）输入图 4.3 的商品交易表。

（2）选定 B3:B7。

（3）单击鼠标右键，选择“设置单元格格式”。

（4）在“数字”选项卡的分类列表选择“自定义”。

（5）在“类型:”中选择“G/通用格式”，在其后输入"公斤/手"，使“类型”中的内容为：G/通用格式"公斤/手"。也就是 B3:B7 的显示格式为：G/通用格式"公斤/手"。

（6）单击“确定”按钮。

用同样的方法对 C～E 列设置格式，如下。

（7）选定 C3:C7，显示格式为：0.00"元/手"。

（8）选定 D3:D7，显示格式为：0"手"。

（9）选定 E3:E7，显示格式为：0,"千公斤"。

（10）选定 F3:F7，显示格式为：0.00"元"。

4.2 表格的格式修饰

4.2.1 调整行高／列宽

1．自动调整最合适的行高、列宽

自动调整最合适的行高或列宽是指根据单元格内容占用的宽度和高度自动调整。

操作步骤：

（1）选定若干行／列。

（2）在“开始”选项卡“单元格”组，单击“格式”按钮，选择“自动调整行高”/“自动调整列宽”。

2．手动调整行高、列宽

（1）调整行高：鼠标指针指向“行标号”之间的分隔处，当鼠标指针变成双箭头“÷”时，向上或下拖动分隔线改变行高。如果同时选定了多行，拖动其中一个分隔线，选定的所有行的行高均被调整为同样的行高。

（2）调整列宽：鼠标指针指向“列标号”之间的分隔处，当鼠标指针变成双箭头“+|+”时，向左或右拖动分隔线改变列宽。如果同时选定了多列，拖动其中一个分隔线，选定的所有列的列宽均被调整为同样的宽度。

3．精确调整行高、列宽

（1）选定若干行或列。

（2）在“开始”选项卡“单元格”组，单击“格式”按钮，选择“行高……”或“列宽……”。

（3）在打开的设置“行高”或“列宽”对话框中，输入行高数值或列宽数值。

4.2.2 单元格内容的对齐方式与合并单元格

1．单元格内容的水平、垂直对齐

操作步骤：

（1）选定要改变对齐方式的单元格区域。

（2）在“开始”选项卡“对齐方式”组，单击相应的对齐按钮即可（见图 4.5）。

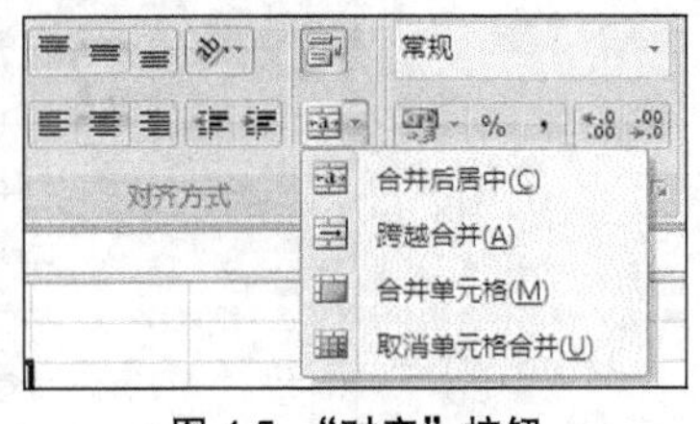

图 4.5 “对齐”按钮

2．“合并及居中”对齐方式

“合并及居中”对齐方式，实际上是实现将选定的多个横向和纵向的相邻单元格合并为一个单元格，同时单元格内的数据居中显示。

操作步骤：

（1）选定单元格区域（两个或两个以上的单元格）。

（2）单击“合并及居中”按钮（见图 4.5）。

4.2.3　添加/删除单元格的边框、颜色

1．添加／删除单元格的边框线

在打印输出时，希望单元格带边框，一种方法是直接在单元格上添加边框，另一种方法是输出时，在打印设置中选中输出边框。

操作步骤：

（1）选中要添加边框线的单元格或单元格区域。

（2）在“开始”选项卡“字体”组，单击“边框”按钮右侧的“▼”，弹出边框列表，如图 4.6 所示。选择其中需要的边框。

- （下框线）：在选定区域的下边界添加边框线。
- （无框线）：去除选定区域的内外所有框线。
- 田（所有框线）：选定区域添加内外框线。
- （外框线）：在选定区域的边界添加边框线。

另外，也可以用“边框”对话框添加边框。

操作步骤：

（1）选中要添加边框线的单元格或单元格区域。

（2）单击“字体”组右下角的启动器按钮，打开“设置单元格格式”对话框，选择“边框”选项卡。

（3）在“样式”中选择一种样式（包括单线、双线等），在“颜色”中选择一种线条颜色，然后在“边框”中单击要添加的位置。反复执行（3）即可。

删除边框的操作与添加边框操作基本相同，只是选择“无框线”即可。

2．手动添加边框

（1）在“开始”选项卡“字体”组，单击“边框”按钮右侧的“▼”，弹出的“边框”列下面是“绘制边框”列表，如图 4.7 所示。

（2）在列表中选择一种“线条颜色”及“线型”。

（3）单击“绘制边框”按钮，进入“手动”绘制边框的状态。鼠标指针是一支笔，按住鼠标左键拖动鼠标，“笔”在工作表上绘制表格的边框线。如果选中“绘图边框网格”，可同时绘制内外边框线。若再次单击“绘制边框”按钮，则退出“手动”绘制边框的状态。

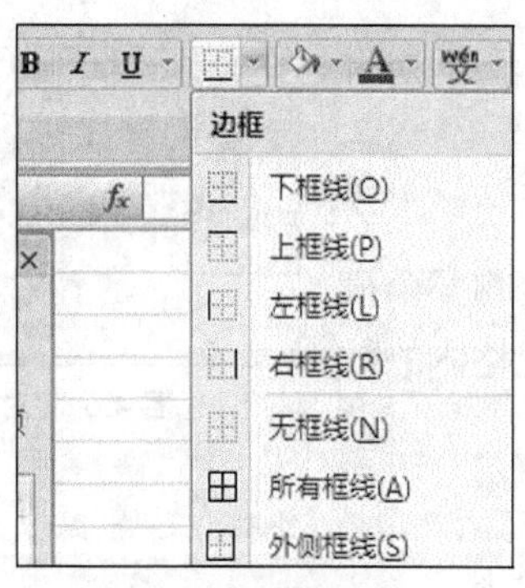

图 4.6 “边框”列表

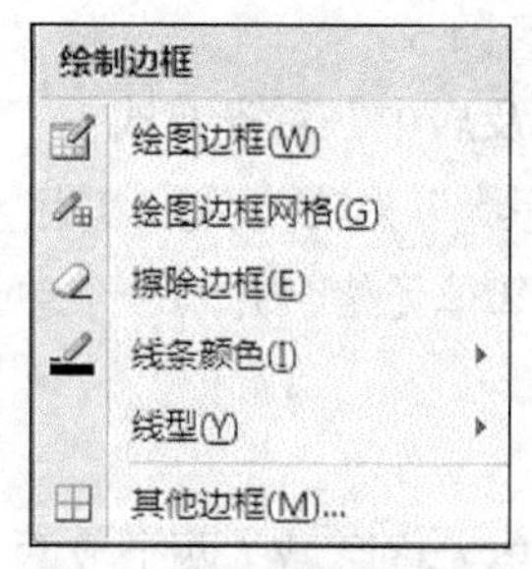

图 4.7 绘制“边框”列表

若在“手动”绘制边框的状态下，按住【Shift】键不放，鼠标指针为“橡皮”，拖动鼠标可以擦除框线，松开【Shift】键又可以绘制边框线。

3．手动删除边框

单击“绘制边框”列表中的“擦除边框”按钮（橡皮），进入“手动”擦除边框状态，鼠标指针就像一块“橡皮”，按住鼠标左键拖动鼠标，鼠标指针所到之处可擦除框线。若再次单击按钮，则退出“手动”擦除边框状态。

4．填充/删除单元格的颜色

单元格的颜色就是单元格的背景，背景包括背景的颜色和背景色上的图案（条纹、点等）。

操作步骤：

（1）选定要添加颜色的单元格区域。

（2）在“开始”选项卡“字体”组，单击“填充颜色”按钮右侧的“▼”，弹出颜色列表，如图 4.8 所示，选择一种颜色即可。

另外，也可以单击“字体”组右下角的启动器，打开“设置单元格格式”对话框，选择“填充”选项卡，如图 4.9 所示，可以选择背景色，选择图案颜色及图案样式。

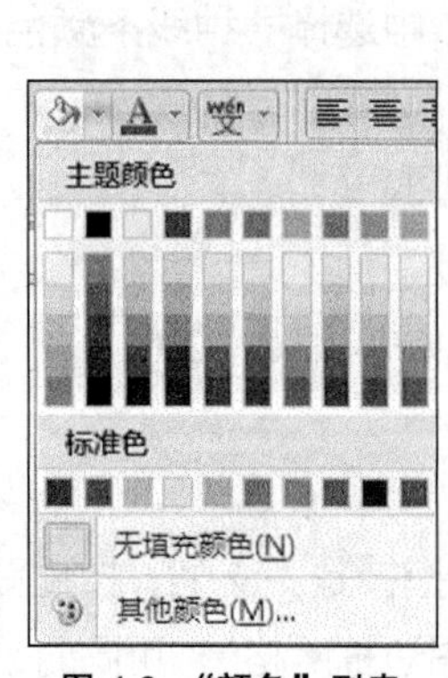

图 4.8 “颜色”列表

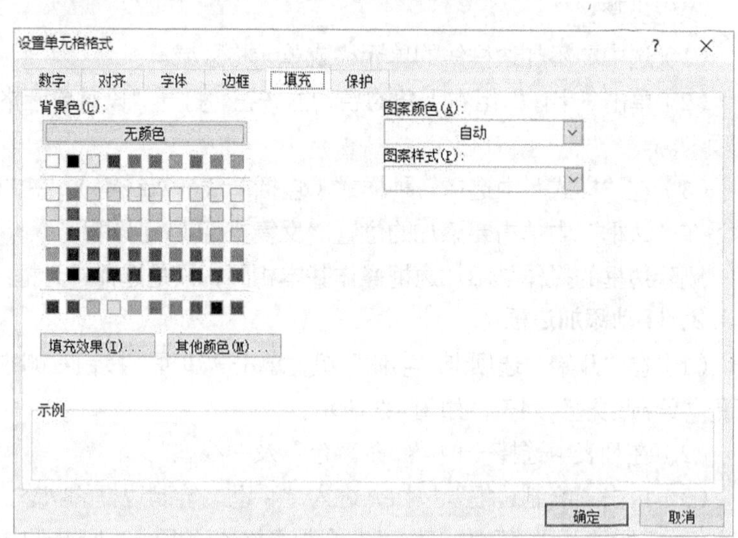

图 4.9 “填充”选项卡

4.2.4 快速套用表格的格式

Excel 提供的“套用表格格式”是一些常用的表格样式，可以根据需要从中选择一种表格样式“套”在选定的区域上。套用表格格式后，选定的区域已经转为“列表”，也就是独立的表格。

1．套用表格格式（普通区域转为列表）

操作步骤：

（1）选定要套用格式的单元格区域。

（2）在“开始”选项卡“样式”组，单击“套用表格格式”按钮，弹出表格样式列表，如图 4.10 所示，在列表中选择一种样式。

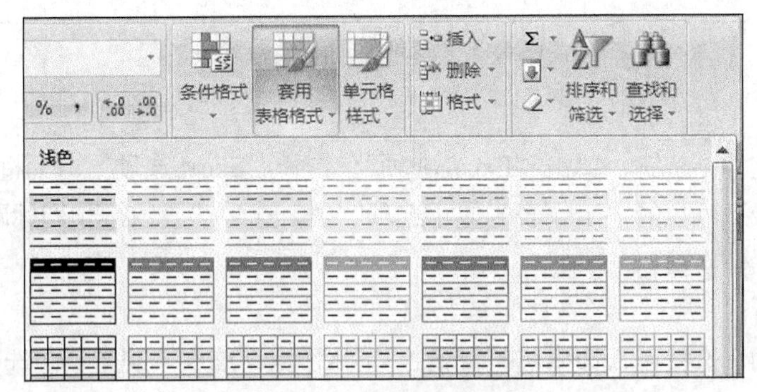

图 4.10 “表格”样式列表

套用表格格式后，该区域已经转为列表，并且标题行有“筛选”按钮。

去除“筛选”按钮的操作步骤：

（1）单击该列表种任意一个单元格。

（2）在“数据”选项卡“排序和筛选”组，单击“筛选”按钮。

2．去除套用的表格（列表转为普通区域）

将套用表格格式后的区域（列表）转为区域时，能同时去除“筛选”按钮，但是保留套用的单元格格式。

操作步骤：

（1）单击套用表格格式的区域，会自动出现“设计”选项卡。

（2）在“设计”选项卡“工具”组，单击“转换为区域”，弹出对话框“是否将表转换为普通区域”，单击“是”按钮。

4.2.5 应用举例：创建差旅费报销表

用 Excel 创建报表的好处是可以方便做报表数据的计算。下面通过对“差旅费报销单”样张的分析，介绍如何创建类似的报表。“差旅费报销单”样张，如图 4.11 所示。

从图 4.11 可看出，该报销单隐藏了行、列标号。为了了解该报销单是如何制作的，需要显示行、列标号。

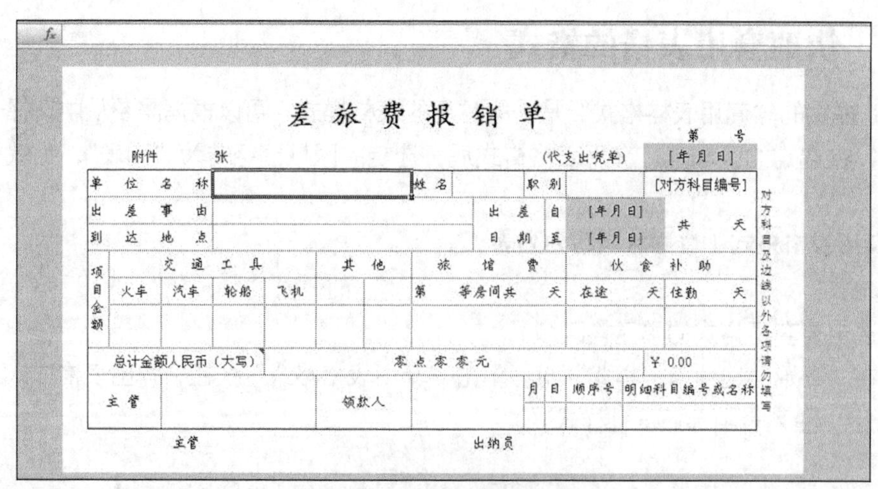

图 4.11 “差旅费报销单”样张

操作步骤：

（1）单击“文件”按钮，单击“Excel 选项”，打开“Excel 选项”对话框。

（2）在“高级”列表的“工作表的显示选项”中，选中“显示行和列标题”。

格式修饰，操作步骤：

（1）背景设置。

单击左上角的全选按钮，选择灰色背景（“字体”组，填充“灰色”）。选中 B2:W16，填充“白色”背景。

（2）输入标题：差旅费用报销单。

选中 F3:P4，在“开始”选项卡“对齐方式”组，单击“合并及居中”按钮。输入“差旅费用报销单”，楷体，字号 20。

（3）S4 单元格输入“第”，U4 单元格输入“号”。

（4）D5 单元格输入“附件”；F5 输入“张”；选中 N6:Q5 单元格区域，单击“合并及居中”按钮，且输入“(代支出凭单)”；同样合并 R5:U5，并且输入“年 月 日”。

（5）画内框线、外框线。

外框线画实线，内框线画虚线。选中 C6:U14，在“开始”选项卡“字体”组，单击“边框”按钮，弹出列表，选择“其他边框”，弹出“设置单元格格式”对话框，如图 4.12 所示。

在“边框”选项卡的“样式”中选择一种实线，依次单击“边框”中的外框位置（四个边）。再在“样式”中选择一种虚线，单击“边框”的内框线的位置。

（6）合并单元格、输入表格中文字、合并空白单元格。

例如，选中 C6:E6 单元格区域，单击“合并及居中”按钮；输入“单位名称”；合并 F6:I6 单元格区域。表格中其他位置的文字操作类似，不再重复。

（7）计算总计费用。

希望在填写表格费用后，能自动在合并后的 S12:T12 单元格显示费用总计，做以下操作。

- 在 R12 单元格输入“￥”。
- 在合并后的 S12:T12 单元格输入公式 =SUM(D11:U11)。

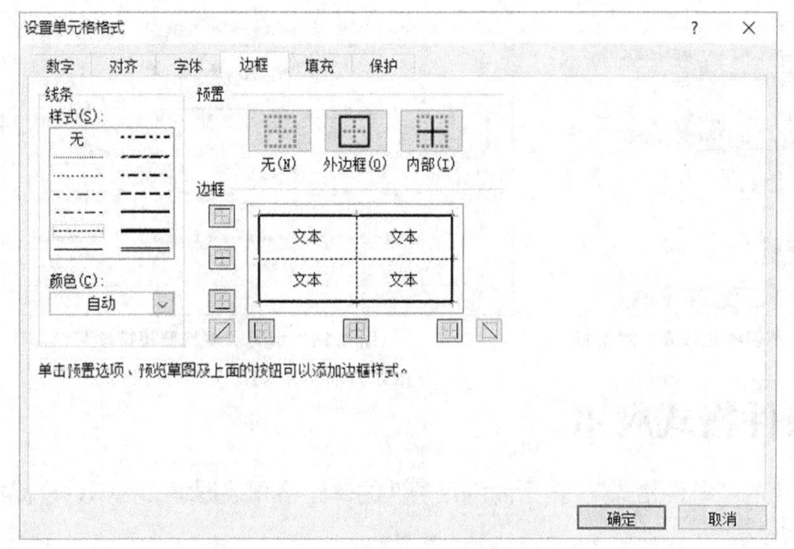

图 4.12　选择内、外框线

（8）显示“中文大写数字”。

希望在 S12 单元格计算费用总计后，能自动在 G12:M12 单元格区域显示中文大写的费用，要完成两步操作。一个是改变显示格式为“中文大写数字”，另一个是如何将 S12 的结果复制到指定的位置。可以按以下步骤操作。

选中 G12:M12 单元格区域，单击鼠标右键，选择“设置单元格格式”对话框中的“数字”选项卡，选择“特殊”，“中文大写数字”。

（9）设置显示“中文大写数字”的内容。

在合并后的 G12:I12 单元格输入公式 =TRUNC(S12,0)。

在 J12 单元格输入公式 =IF(TRUNC(S12)=S12,"整","元")。

在 K12 单元格输入公式=TRUNC(S12,1)*10-TRUNC(S12,0)*10。

在 L12 单元格输入“角”。

在 M12 单元格输入公式=TRUNC(S12,2)*100-TRUNC(S12,1)*100。

在 N12 单元格输入“分”。

在 R12 单元格输入“￥”。

（10）保护表格中的文字部分不被修改。

在填写表格时，希望表格中的文字部分不允许修改，只允许填写内容的部分可以改动。需要做以下操作。

选定那些允许填写内容的单元格，也就是表格中的空白单元格（如 F6:I6,F7:L7 等），单击鼠标右键，选择“设置单元格格式”，在“保护”选项卡中取消“锁定”的选择。在“审阅”选项卡，单击“保护工作表”，弹出“保护工作表”对话框，如图 4.13 所示。在“允许此工作表的所有用户进行”列表中，仅选中“选定未锁定的单元格”。

经过以上操作，用户仅允许在表格空白的区域输入和修改内容，如图 4.14 所示。 当输入各项费用金额后，能自动显示中文大写的金额总计以及数字的金额总计。

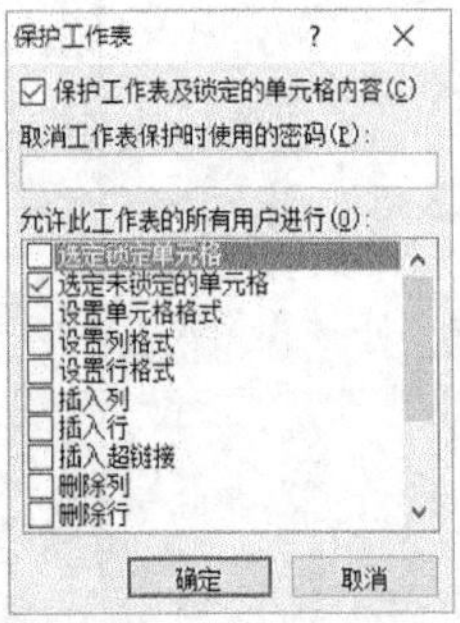

图 4.13 “保护工作表”对话框

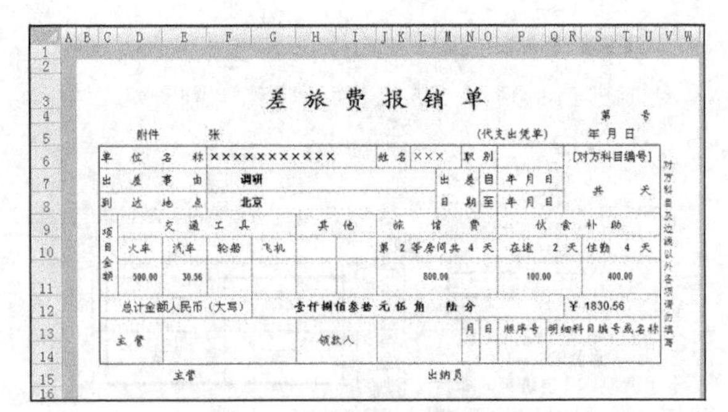

图 4.14 填写“差旅费报销单”

4.3 条件格式应用

Excel 提供的“条件格式”，用于为满足条件的单元格和数据添加标识，设置特定的文字格式、边框和底纹等。

4.3.1 应用举例 1：快速用图标标识经济数据变化

在 Excel 中可以方便地为数据添加数据条、色阶和图标集。

例如，为图 4.17 的北京市 2005～2014 年居民消费水平指数（上年=100）、农村居民消费水平指数（上年=100）和城镇居民消费水平指数（上年=100）数据表添加图标。

1．添加图标

操作步骤：

（1）选定 B5:D14。

（2）在“开始”选项卡“样式”组，单击“条件格式”，选择“图标集”，显示图标列表，如图 4.15 所示。

（3）单击“其他规则”，弹出“新建格式规则”对话框，选择一种图标样式。例如，选择“五向箭头（灰色）”，选中“基于各自值设置所有单元格的格式”，在“编辑规则说明”中设置不同的图标规则，如图 4.16 所示。

设置图标后的数据表，如图 4.17 所示。

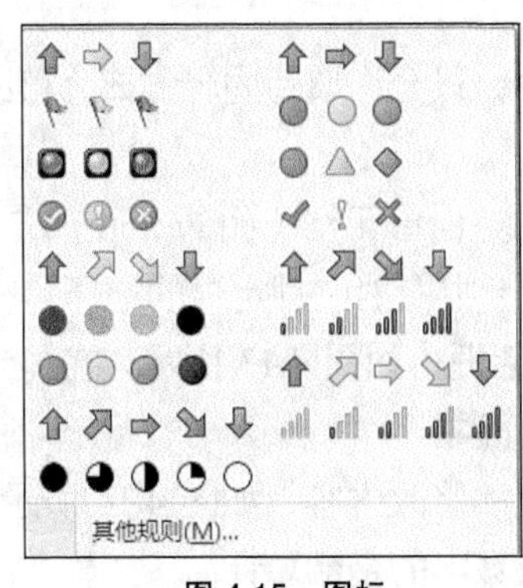

图 4.15 图标

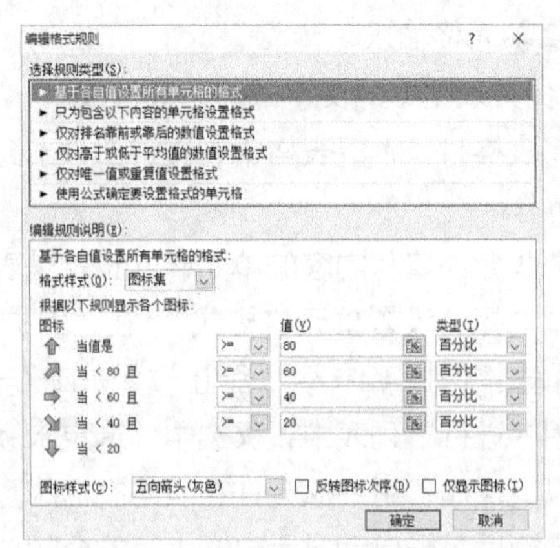

图 4.16 设置显示不同图标的规则

	A	B	C	D
1	数据库：分省年度数据			
2	地区：北京市			
3	时间：最近10年			
4	指标	居民消费水平指数(上年=100)	农村居民消费水平指数(上年=100)	城镇居民消费水平指数(上年=100)
5	2014年	↘ 104.7	⇨ 108.9	↘ 104.3
6	2013年	⇨ 106.6	⇧ 118.5	⇨ 105.7
7	2012年	⇨ 106.6	⇨ 106.7	⇨ 106.5
8	2011年	⇨ 106.0	⇩ 96.8	⇨ 106.4
9	2010年	⇨ 109.7	⇨ 108.8	⇨ 109.4
10	2009年	⇨ 108.5	↗ 112.6	⇨ 108.0
11	2008年	↘ 105.1	↗ 111.4	↘ 104.4
12	2007年	⇨ 107.1	↗ 112.4	⇨ 106.4
13	2006年	⇨ 109.5	↗ 111.8	⇨ 107.5
14	2005年	↘ 105.2	↗ 110.5	↘ 102.8
15	数据来源：国家统计局			

图 4.17　数据添加图标

2．取消图标

操作步骤：

（1）单击数据表中任何一个单元格。

（2）在“开始”选项卡“样式”组，单击“条件格式”，选择“管理规则”，弹出“条件格式规则管理器”对话框，如图 4.18 所示。

（3）选中要删除的规则，单击“删除规则”按钮，单击“确定”按钮。

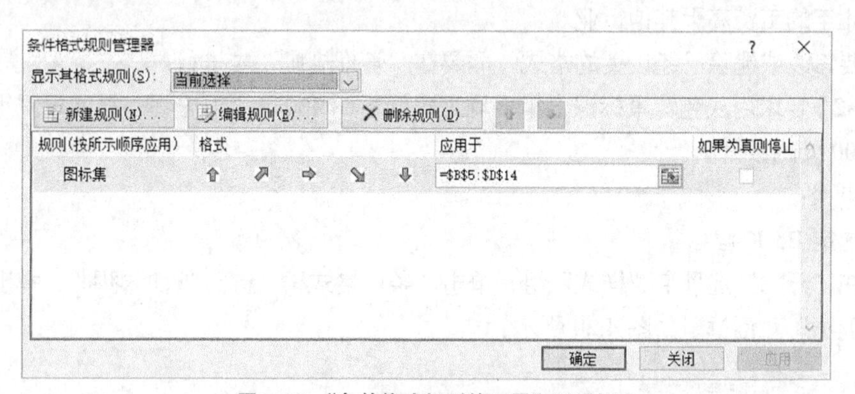

图 4.18　“条件格式规则管理器”对话框

4.3.2　应用举例 2：对特定范围内的数据用不同的颜色标识

从国家统计局网站得到的北京市 2006～2014 年各行业的平均工资，如图 4.19 所示。

【例 4-1】要求用浅红色背景标识出年平均工资前 8%的数据。

操作步骤：

（1）选定 B5:J24。

（2）在“开始”选项卡“样式”组，单击“条件格式”，选择“项目选取规则”。

（3）选择“值最大的 10%项”。

（4）在“%”框内输入“8”，在“设置为”框内确定要设置的颜色，结果如图 4.19 所示。

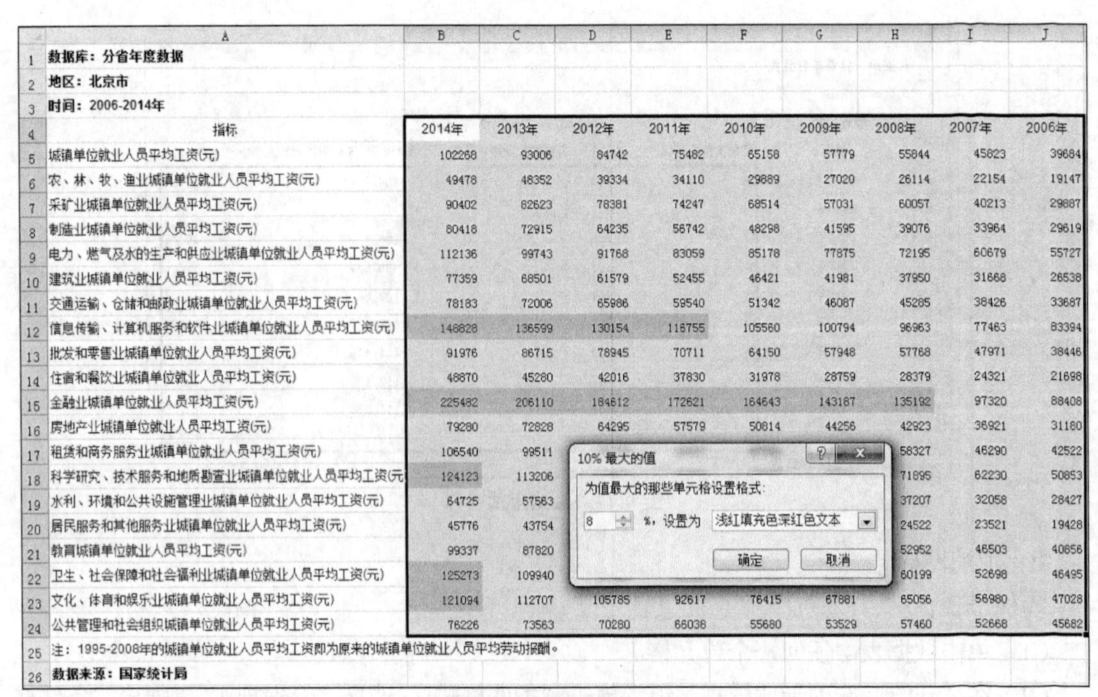

	A	B	C	D	E	F	G	H	I	J
1	**数据库：分省年度数据**									
2	**地区：北京市**									
3	**时间：2006-2014年**									
4	指标	2014年	2013年	2012年	2011年	2010年	2009年	2008年	2007年	2006年
5	城镇单位就业人员平均工资(元)	102268	93006	84742	75482	65158	57779	55844	45823	39684
6	农、林、牧、渔业城镇单位就业人员平均工资(元)	49478	48352	39334	34110	29889	27020	26114	22154	19147
7	采矿业城镇单位就业人员平均工资(元)	90402	82623	78381	74247	68514	57031	60057	40213	29887
8	制造业城镇单位就业人员平均工资(元)	80418	72915	64235	56742	48298	41595	39076	33964	29619
9	电力、燃气及水的生产和供应业城镇单位就业人员平均工资(元)	112136	99743	91768	83059	85178	77875	72195	60679	55727
10	建筑业城镇单位就业人员平均工资(元)	77359	68501	61579	52455	46421	41981	37950	31668	26538
11	交通运输、仓储和邮政业城镇单位就业人员平均工资(元)	78183	72006	65986	59540	51342	46087	45285	38426	33687
12	信息传输、计算机服务和软件业城镇单位就业人员平均工资(元)	148828	136599	130154	116755	105560	100794	96963	77463	83394
13	批发和零售业城镇单位就业人员平均工资(元)	91976	86715	78945	70711	64150	57948	57768	47971	38446
14	住宿和餐饮业城镇单位就业人员平均工资(元)	48870	45280	42016	37830	31978	28759	28379	24321	21698
15	金融业城镇单位就业人员平均工资(元)	225482	206110	184612	172621	164643	143187	135192	97320	88408
16	房地产业城镇单位就业人员平均工资(元)	79280	72828	64295	57579	50814	44256	42923	36921	31180
17	租赁和商务服务业城镇单位就业人员平均工资(元)	106540	99511					58327	46290	42522
18	科学研究、技术服务和地质勘查业城镇单位就业人员平均工资(元)	124123	113206					71895	62230	50853
19	水利、环境和公共设施管理业城镇单位就业人员平均工资(元)	64725	57563					37207	32058	28427
20	居民服务和其他服务业城镇单位就业人员平均工资(元)	45776	43754					24522	23521	19428
21	教育城镇单位就业人员平均工资(元)	99337	87820					52952	46503	40856
22	卫生、社会保障和社会福利业城镇单位就业人员平均工资(元)	125273	109940					60199	52698	46495
23	文化、体育和娱乐业城镇单位就业人员平均工资(元)	121094	112707	105785	92617	76415	67881	65056	56980	47028
24	公共管理和社会组织城镇单位就业人员平均工资(元)	76226	73563	70280	66038	55680	53529	57460	52668	45682
25	注：1995-2008年的城镇单位就业人员平均工资即为原来的城镇单位就业人员平均劳动报酬。									
26	**数据来源：国家统计局**									

图 4.19　指定范围数据设置特定的显示格式

通过用特定格式标识出年工资数据在前 8%的数据，可以清楚看到金融业、信息与计算机等行业近几年的工资高于其他行业。

如果要修改或删除已经设置的格式，需要在“管理规则”中进行。

【例 4-2】要求用灰色背景标识出年平均工资低于 50000 元，用边框和斜体标识年平均工资高于 100000 元的数据。

操作步骤：

（1）选定 B5:J24。

（2）在“开始”选项卡“样式”组，单击“条件格式”，选择“管理规则”，弹出“条件格式规则管理器”对话框，如图 4.20 所示。

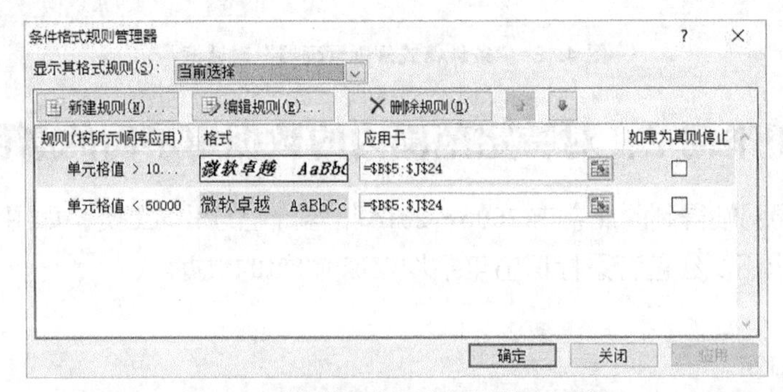

图 4.20　“条件格式规则管理器”对话框

（3）单击“新建规则”按钮，弹出“新建格式规则”对话框。

（4）选中“只为包含以下内容的单元格设置格式”。选中“单元格的值”“小于”，输入“50000”。

（5）单击“格式”按钮的“填充”选项卡，在“背景色”选择：浅灰色，单击“确定”按钮。

（6）再次执行（3）、（4）。

（7）单击“格式”按钮的“字体”选项卡，“字形”选择“加粗倾斜”，在“边框”选项卡选择“外边框”，单击“确定”按钮。

执行后的效果，如图4.21所示，可以清楚看到哪些行业年平均工资比较低，哪些行业年平均工资比较高。

	A	B	C	D	E	F	G	H	I	J
1	数据库：分省年度数据									
2	地区：北京市									
3	时间：2006-2014年									
4	指标	2014年	2013年	2012年	2011年	2010年	2009年	2008年	2007年	2006年
5	城镇单位就业人员平均工资(元)	***102268***	93006	84742	75482	65158	57779	55844	45823	39684
6	农、林、牧、渔业城镇单位就业人员平均工资(元)	49478	48352	39334	34110	29889	27020	26114	22154	19147
7	采矿业城镇单位就业人员平均工资(元)	90402	82623	78381	74247	68514	57031	60057	40213	29887
8	制造业城镇单位就业人员平均工资(元)	80418	72915	64235	56742	48298	41595	39076	33964	29619
9	电力、燃气及水的生产和供应业城镇单位就业人员平均工资(元)	***112136***	99743	91768	83059	85178	77875	72195	60679	55727
10	建筑业城镇单位就业人员平均工资(元)	77359	68501	61579	52455	46421	41981	37950	31668	26538
11	交通运输、仓储和邮政业城镇单位就业人员平均工资(元)	78183	72006	65986	59540	51342	46087	45285	38426	33687
12	信息传输、计算机服务和软件业城镇单位就业人员平均工资(元)	***148828***	***136599***	***130154***	***116755***	***105560***	***100794***	96963	77463	83394
13	批发和零售业城镇单位就业人员平均工资(元)	91976	86715	78945	70711	64150	57948	57768	47971	38446
14	住宿和餐饮业城镇单位就业人员平均工资(元)	48870	45280	42016	37830	31978	28759	28379	24321	21698
15	金融业城镇单位就业人员平均工资(元)	***225482***	***206110***	***184612***	***172621***	***164643***	***143187***	***135192***	97320	88408
16	房地产业城镇单位就业人员平均工资(元)	79280	72828	64295	57579	50814	44256	42923	36921	31180
17	租赁和商务服务业城镇单位就业人员平均工资(元)	***106540***	99511	92736	83007	63794	56647	58327	46290	42522
18	科学研究、技术服务和地质勘查业城镇单位就业人员平均工资(元)	***124123***	***113206***	***106604***	97658	88018	77632	71895	62230	50853
19	水利、环境和公共设施管理业城镇单位就业人员平均工资(元)	64725	57563	52647	47630	41376	37183	37207	32058	28427
20	居民服务和其他服务业城镇单位就业人员平均工资(元)	45776	43754	38838	34498	27625	25006	24522	23521	19428
21	教育城镇单位就业人员平均工资(元)	99337	87820	83566	74161	65150	55420	52952	46503	40856
22	卫生、社会保障和社会福利业城镇单位就业人员平均工资(元)	***125273***	***109940***	97480	82308	70182	63081	60199	52698	46495
23	文化、体育和娱乐业城镇单位就业人员平均工资(元)	***121094***	***112707***	***105785***	92617	76415	67881	65056	56980	47028
24	公共管理和社会组织城镇单位就业人员平均工资(元)	76226	73563	70280	66038	55680	53529	57460	52668	45682
25	注：1995-2008年的城镇单位就业人员平均工资即为原来的城镇单位就业人员平均劳动报酬。									
26	数据来源：国家统计局									

图4.21　标识年平均工资较高与较低的数据

4.3.3　应用举例3：用不同的颜色标识隔行/列数据

为了实现隔行或隔列用不同的颜色标识数据，下面介绍两个函数。

1．返回行号函数ROW

格式：ROW（[参数]）

功能：返回参数给定的行编号。如果省略“参数”，则返回当前函数所在行的行编号。

例如：

=ROW(D3)　结果是3

=ROW()　　结果是当前公式所在行的行编号

2．返回列号函数COLUMN

格式：COLUMN（[参数]）

功能：返回参数给定的列号。如果省略“参数”，则返回当前函数所在列的序号。

【例 4-3】对图 4.22 数据表中的数据隔行用不同的颜色标识。

操作步骤：

（1）选定单元格区域 A2:G22。

（2）在“开始”选项卡“样式”组，单击“条件格式”，选择“新建规则”，弹出“新建规则”对话框，如图 4.22 所示。

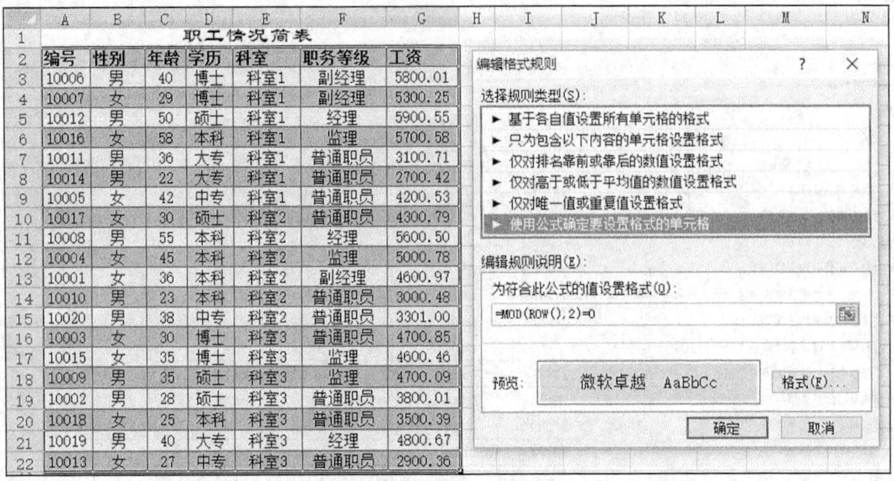

	A	B	C	D	E	F	G
1	职工情况简表						
2	编号	性别	年龄	学历	科室	职务等级	工资
3	10006	男	40	博士	科室1	副经理	5800.01
4	10007	女	29	博士	科室1	副经理	5300.25
5	10012	男	50	硕士	科室1	经理	5900.55
6	10016	女	58	本科	科室1	监理	5700.58
7	10011	男	36	大专	科室1	普通职员	3100.71
8	10014	男	22	大专	科室1	普通职员	2700.42
9	10005	女	42	中专	科室1	普通职员	4200.53
10	10017	女	30	硕士	科室2	普通职员	4300.79
11	10008	男	55	本科	科室2	经理	5600.50
12	10004	女	45	本科	科室2	监理	5000.78
13	10001	女	36	本科	科室2	副经理	4600.97
14	10010	男	23	本科	科室2	普通职员	3000.48
15	10020	男	38	中专	科室2	普通职员	3301.00
16	10003	女	30	博士	科室3	普通职员	4700.85
17	10015	女	35	博士	科室3	监理	4600.46
18	10009	男	35	硕士	科室3	监理	4700.09
19	10002	男	28	硕士	科室3	普通职员	3800.01
20	10018	女	25	本科	科室3	普通职员	3500.39
21	10019	男	40	大专	科室3	经理	4800.67
22	10013	女	27	中专	科室3	普通职员	2900.36

图 4.22　隔行标识职工表与“新建格式规则”对话框

（3）选中“使用公式确定要设置格式的单元格”，在“为符合此公式的值设置格式”的框内输入以下公式：

=MOD(ROW(),2)=0　用该公式可以为行编号为偶数的行添加背景色

或者=MOD(ROW(),2)=1　用该公式可以为行编号为奇数的行添加背景色

（4）单击“格式”按钮，在“填充”选项卡，“背景色”选择：灰色。

本例输入的公式是=MOD(ROW(),2)=0。当选定的区域中的行编号为偶数时，该公式的值为“TRUE”，所以只为选定区域的偶数行添加灰色背景。

同样，如果希望隔列设置格式，用 COLUMN 函数。

4.3.4　应用举例 4：标识出报名参加会议但没登记报到的人员

【例4-4】在实际工作中，有时需要标识出两组数据中不同的数据。例如，某会议组织者录入了报名参加会议的人员名单，在会议即将开始时，录入了会议报到的人员名单，如图 4.23（a）所示。要求：能自动随着报名人的报到登记，标识没有报到的人员。

方法 1：用 COUNTIF 实现

操作步骤：

（1）在 A 列输入报名参加会议的人员名单（例如，在 A2:A16 输入名单）。

（2）选定 A2:A16。

（3）在“开始”选项卡“样式”组，单击“条件格式”，选择“新建规则”，弹出“新建规

则”对话框。

（4）选中“使用公式确定要设置格式的单元格”，在“为符合此公式的值设置格式”的框内输入以下公式：

=COUNTIF($C$2:$C$16,A2)=0 或者 =NOT（COUNTIF($C$2:$C$16,A2)）

（5）单击“格式”按钮的“字体”选项卡，选择“加粗”，选中“删除线”。

（6）单击“确定”按钮。

解释公式的含义：

由于格式设置是对选定区域进行的，所以该公式会依次对选定区域的第 1 行，第 2 行，……，执行公式。=COUNTIF($C$2:$C$16,A2)=0 的含义是在选定区域的第 1 行，也就是：

数据表的第 2 行执行：=COUNTIF($C$2:$C$16,A2)=0

数据表的第 3 行执行：=COUNTIF($C$2:$C$16,A3)=0

数据表的第 4 行执行：=COUNTIF($C$2:$C$16,A4)=0

……

当对第 2 行执行公式的时候，如果=COUNTIF($C$2:$C$16,A2)条件统计结果为 0，0=0 为真，说明报到名单（C2:C16）中没有 A2，要做删除标记。

同样，当对第 3 行执行公式的时候，如果=COUNTIF($C$2:$C$16,A3)条件统计结果为 0，0=0 为真，说明在报到名单（C2:C16）中没有 A3，要做删除标记。

执行以上操作后，在 C 列填写会议报到人员姓名时，A 列的删除标记自动去除。这样就可以随时跟踪察看 A 列的标识，得知哪些人员还没有报到，结果如图 4.23（b）所示。

	A	B	C
1	报名参加会议名单		会议登记报到名单
2	~~**name1**~~		
3	~~**name2**~~		
4	~~**name3**~~		
5	~~**name4**~~		
6	~~**name5**~~		
7	~~**name6**~~		
8	~~**name7**~~		
9	~~**name8**~~		
10	~~**name9**~~		
11	~~**name10**~~		
12	~~**name11**~~		
13	~~**name12**~~		
14	~~**name13**~~		
15	~~**name14**~~		
16	~~**name15**~~		

(a) 初始登记表格

	A	B	C
1	报名参加会议名单		会议登记报到名单
2	~~**name1**~~		name5
3	name2		name7
4	name3		name2
5	~~**name4**~~		name12
6	name5		name13
7	~~**name6**~~		name9
8	name7		name3
9	~~**name8**~~		name15
10	name9		name10
11	name10		
12	~~**name11**~~		
13	name12		
14	name13		
15	~~**name14**~~		
16	name15		

(b) 已经登记一些报到人员

图 4.23　登记报到人员表

方法 2：用唯一值实现。

操作步骤：

（1）选定 A2:C16 单元格区域。

（2）在“开始”选项卡“样式”组，单击“条件格式”，选择“新建规则”，弹出“新建规则”对话框。

（3）选中“仅对唯一值或重复值设置格式”，如图 4.24 所示。

（4）“全部设置格式”选定“唯一”。

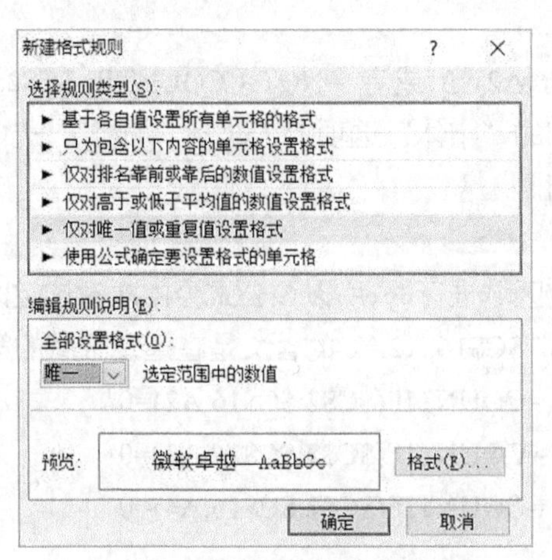

图 4.24 “新建格式规则”对话框

（5）单击“格式”按钮，在“格式”对话框“字体”选项卡选中“删除线”。

（6）单击“确定”按钮。

4.3.5 应用举例 5：自动标识指定范围的数据

【例 4-5】图 4.25 是不同城市 2016 年前 4 个月的居住类居民消费价格指数（上年同月=100）。要求标识出指定范围的数据。例如，在 D2 单元格输入 100，在下面的数据区能自动标识出小于 100 的数据。

	A	B	C	D	E
1	数据库：分省月度数据		指数的值低于	100	用绿色背景标
2	指标：居住类居民消费价格指数(上年同月=100)				
3	地区	2016年4月	2016年3月	2016年2月	2016年1月
4	北京市	104.1	103.9	104.5	103.3
5	天津市	104.1	104.6	104.1	103.8
6	河北省	100.6	100.1	99.6	100.6
7	山西省	99.4	99.3	99.4	99.5
8	内蒙古自治区	99.7	99.6	99.7	99.4
9	辽宁省	100.6	100.4	100	99.8

图 4.25 居住类居民消费价格指数表

操作步骤：

（1）选定 B4:E34 单元格区域。

（2）在“开始”选项卡“样式”组，单击“条件格式”，选择“突出显示单元格规则”，选择“小于”，弹出“小于”对话框，如图 4.26（a）所示。

（3）单击“小于”对话框左侧文本框，单击“D1”单元格，在“设置为”中选择“自定义格式”，选择背景颜色。单击“确定”。

（4）执行以上操作后，在 D1 单元格输入的数据起到界定的作用，会自动用自定义格式显示低于该数据的单元格。例如，D1 单元格输入 100，会自动用自定义格式显示低于 100 的数据；在 D1 单元格输入 103，会自定用自定义格式显示低于 100 的数据。也可以用这种方法建立对指定范围的数据用自定义格式显示。

如果要修改规则，可以在单击“条件格式”后，选择“管理规则”，打开“条件规则管理器”对话框。在该对话框可以新建规则、删除规则或修改规则。单击“编辑规则”，打开“编辑格式规则”对话框，如图 4.26（b）所示，这时可以修改规则。

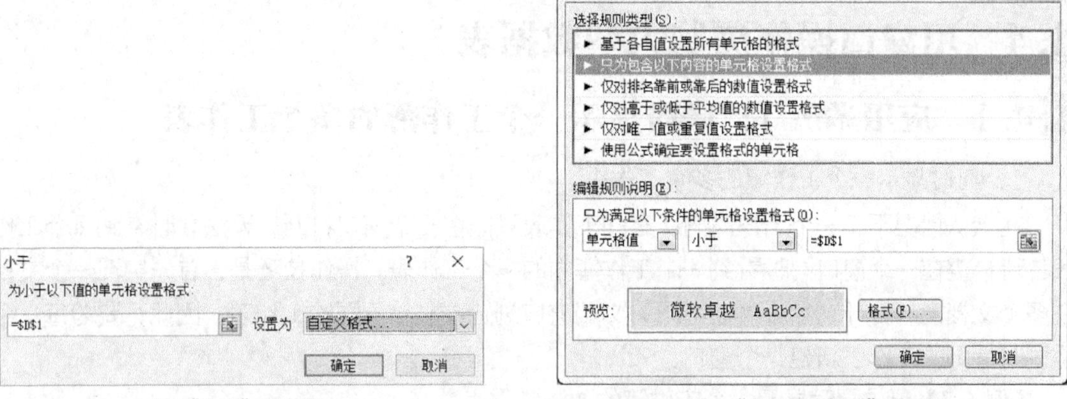

(a)“小于”对话框　　(b)“编辑格式规则”对话框

图 4.26 “小于”对话框与“编辑格式规则”对话框

“编辑格式规则”对话框类似于“新建规则”对话框，所以，除了用上述方法以外，还可以用新建规则。

【例 4-6】要求用绿色背景标识基金公司的收益性、安全性和流动性 3 项指标中，有 2 项或 2 项以上指标均大于 0.7 的记录，如图 4.27 所示。

	A	B	C	D
1	公司名称	收益性	安全性	流动性
2	基金公司1	0.6	0.9	0.9
3	基金公司2	0.9	0.4	0.4
4	基金公司3	0.8	0.5	0.8
5	基金公司4	0.8	0.8	0.8
6	基金公司5	0.6	0.5	0.9
7	基金公司6	0.5	0.6	0.9
8	基金公司7	0.7	0.7	0.9
9	基金公司8	0.6	0.8	0.5
10	基金公司9	0.6	0.8	0.6
11	基金公司10	0.8	0.5	0.5
12	基金公司11	0.9	0.7	0.7
13	基金公司12	0.5	0.5	0.8
14	基金公司13	0.5	0.6	0.7
15	基金公司14	0.6	0.9	0.7
16	基金公司15	0.7	0.7	0.6

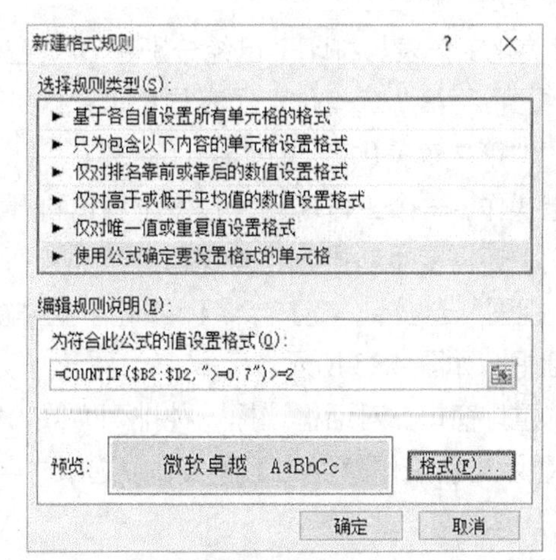

图 4.27 基金公司数据表与“新建格式规则”对话框

思路：锁定 B～D 列，逐行核实是否有 3 项指标中至少有 2 项大于 0.7 的记录。

操作步骤：

（1）选定 B2:D26。

（2）在“开始”选项卡“样式”组，单击“条件格式”，选择“新建规则”。

（3）在“新建规则”对话框，选中“使用公式确定要设置格式的单元格”。

（4）在“为符合此公式的值设置格式”的框内输入以下公式：

=COUNTIF($B2:$D2,">=0.7")>=2

（5）单击“格式”按钮，在“填充”选项卡选择“绿色”。

（6）单击“确定”按钮。

4.4 用窗口操作浏览大型数据表

4.4.1 应用举例 1：同时显示一个工作簿的多个工作表

1. 同时显示一个工作簿的多个工作表

在默认情况下，一个工作簿内所有的工作表只能在一个窗口打开，无法同时看到多个工作表。若希望在一个窗口同时看到一个工作簿内的多个工作表，操作技巧是：首先实现一个文档在多个文档窗口打开，然后再在不同的文档窗口浏览该文档不同的工作表。因此，要为每一个需同时看到的工作表新建一个窗口。

【例 4-7】要求同时显示一个工作簿的 3 张工作表。

操作步骤：

（1）在“视图”选项卡“窗口”组，单击“新建窗口”。

例如，如果当前工作簿名称为“第 7 章美化工作表与打印”，执行“新建窗口”后，“第 7 章美化工作表与打印”文档同时在两个窗口显示。窗口名称分别为“第 7 章美化工作表与打印：1”和“第 7 章美化工作表与打印：2”。

（2）再次单击“新建窗口”。

“第 7 章美化工作表与打印”已经分别在 3 个窗口打开，可通过单击“视图”选项卡中的“切换窗口”看到：“第 7 章美化工作表与打印：1”“第 7 章美化工作表与打印：2”“第 7 章美化工作表与打印：3”。

通过以上操作，一个工作簿已经在多个窗口打开。但是，要真正同时看到它们，还需要重新排列这些窗口。

（3）在“视图”选项卡，“窗口”组，单击“重排窗口”，打开“重排窗口”对话框，如图 4.28 所示。

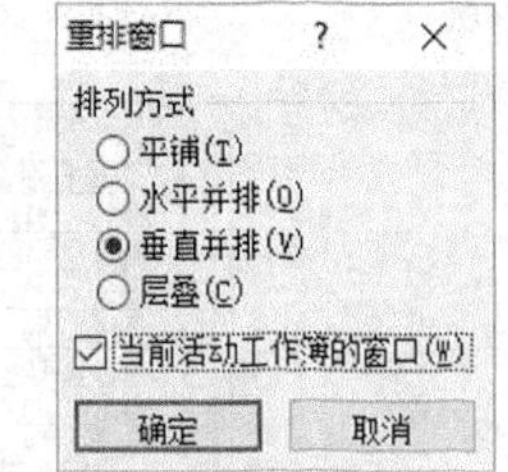

图 4.28 “重排窗口”对话框

（4）在“重排窗口”对话框选择一种排列方式，如选择“垂直并排”。如果只显示当前工作簿中的工作表，应选中“当前活动工作簿的窗口”复选框。单击“确定”按钮。

（5）在不同的文档窗口单击不同的工作表标签，则可以同时看到一个工作簿不同的工作表。显示结果，如图 4.29 所示。

如果同时显示不同工作簿中的工作表，与上述操作基本一样，只是放弃选择“当前活动工作簿的窗口”复选框。

2. 多个窗口恢复为一个窗口

将多个窗口恢复为一个窗口只需关闭其他窗口即可。

当同时显示多个文档窗口时，仅有一个窗口为活动窗口（有窗口控制按钮和滚动条）。单击某个窗口，可使该窗口成为活动窗口。某一时刻仅能对活动窗口进行操作。单击某个窗口的关闭按钮“×”，该窗口被关闭。单击某个窗口的最大化按钮，使该窗口成为活动窗口。

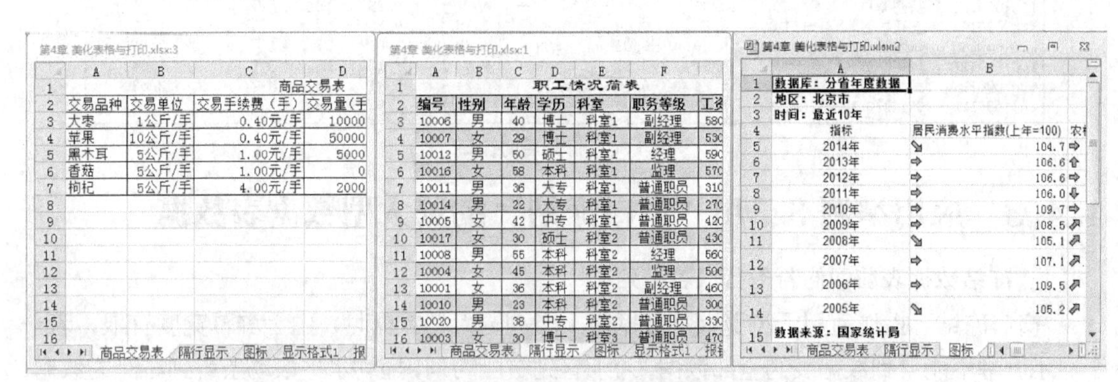

图 4.29 “垂直并排”三个工作表

4.4.2 应用举例 2：用“窗口拆分”浏览大数据表

1. 拆分文档窗口

拆分文档窗口，适用于浏览较大的数据表。如果希望同时看到较大数据表前面若干行和后面若干行，或者同时看到数据表最左面的列和最右侧的列，可以用拆分窗口操作将一个文档窗口拆分为“两个窗格”或“四个窗格”（见图 4.30）。窗口拆分后，能方便地同时浏览一个工作表的不同的部分，因此，“拆分窗格”常用于浏览较大的工作表。

【例 4-8】将一个窗口拆分为 4 个窗格。

操作步骤：

（1）窗口拆分为上、下两个窗格：鼠标指针指向“垂直滚动条”顶部的“拆分条”，当鼠标指针变成“双箭头”“⇳”时，向下拖动鼠标到适当的位置松开鼠标。

（2）窗口拆分为左、右两个窗格：鼠标指针指向水平滚动条右侧的“拆分条”，当鼠标指针变成“双箭头”“⇹”时，向左拖动鼠标到适当的位置松开鼠标。拖动窗格之间的分隔条，可以调整各窗格的大小。

另外，也可以在“视图”选项卡“窗口”组，单击“拆分”按钮。执行后，窗口被拆分为四个窗格，如图 4.30 所示。

2. 取消窗口的拆分

操作步骤：将拆分条拖回到原来的位置，或者在“视图”选项卡“窗口”组，单击“拆分”按钮（放弃选中“拆分”按钮）。

	A	B	C	D	E	F	G	Q	R	S	T	U
1	代码	名称	涨幅%%	现价	涨跌	买价	卖价	市净率	市盈(动)	地区	振幅%%	均价
2	600000	浦发银行	0	17.55	0	17.54	17.55	1	6.19	上海	0.97	1
3	600004	白云机场	-0.66	12.08	-0.08	12.08	12.09	1.35	10.04	广东	1.32	1
4	600005	武钢股份	-1.04	2.86	-0.03	2.85	2.86	1.02	238.52	湖北	2.42	
5	600006	东风汽车	-0.62	6.38	-0.04	6.38	6.39	1.96	26.3	湖北	7.32	
6	600007	中国国贸	-3.29	17.95	-0.61	17.92	17.97	3.1	25.63	北京	3.39	1
7	600008	首创股份	-3.93	3.91	-0.16	3.91	3.92	2.21	49.11	北京	2.95	
8	600009	上海机场	-2.12	26.81	-0.58	26.82	26.83	2.46	20.15	上海	2.88	2
9	600010	包钢股份	-1.39	2.83	-0.04	2.82	2.83	1.98	--	内蒙	2.09	
10	600011	华能国际	0.41	7.31	0.03	7.31	7.32	1.33	7.04	北京	1.51	
11	600012	皖通高速	-2.04	12.47	-0.26	12.5	12.54	2.47	20.34	安徽	3.38	1
12	600015	华夏银行	-0.6	9.89	-0.06	9.88	9.89	0.74	5.96	北京	0.8	
13	600016	民生银行	-2.14	8.68	-0.19	8.67	8.68	1.02	5.78	北京	2.48	
14	600017	日照港	-0.96	4.14	-0.04	4.13	4.14	1.25	39.99	山东	1.44	
102	600122	宏图高科	0	19.38	0	--	--	2.98	106.5	江苏	0	1
103	600123	兰花科创	-1.14	6.93	-0.08	6.93	6.95	0.83	--	山西	1.71	
104	600125	铁龙物流	-1.3	6.09	-0.08	6.08	6.09	1.62	37.21	辽宁	2.11	
105	600126	杭钢股份	-1.48	6.01	-0.09	6	6.01	1.13	28.72	浙江	1.64	
106	600127	金健米业	-1.42	6.24	-0.09	6.23	6.24	5.41	149.42	湖南	3.63	
107	600128	弘业股份	-0.5	11.97	-0.06	11.96	11.97	1.95	153.12	江苏	1.91	1

图 4.30 拆分后的窗口

4.4.3 应用举例 3：用“窗口冻结”浏览大型数据表数据

1．冻结数据表前面的若干行或若干列

“窗口冻结”操作适用于浏览大型数据表。当浏览大型数据时，由于屏幕宽度有限，若一个显示屏幕不能看到数据表的全部数据，为了看到右侧的列，拖动水平滚动条看到右侧的数据，但是左侧的第一列标识信息看不到了。同样，向下浏览时，上面第一行字段名看不到。这时可以采用“冻结”行（数据表上面若干行）或列（数据表左侧若干列）的方法，显示首行开始的若干行或首列开始的若干列。

【例 4-9】 图 4.31 的数据表有较多的行和列。为了在向右滚动显示其他的列时，能看到 A 列和 B 列，需要冻结 A 列和 B 列；在向下滚动显示时，能看到第 1 行，需要冻结第 1 行。

操作步骤：

（1）单击 C2 单元格（为了冻结 C 列左侧的列以及第 2 行之前的行）。

（2）在“视图”选项卡“窗口”组，单击“冻结窗格”，选择“冻结拆分窗格”。

	A	B	F	G	H	I	J	K	L	M	N	O	P
1	代码	名称	买价	卖价	总量	现量	涨速%%	换手%%	今开	最高	最低	昨收	市现率
11	600012	皖通高速	12.5	12.54	41277	2	-0.63	0.35	12.73	12.79	12.36	12.73	45.46
12	600015	华夏银行	9.88	9.89	92685	4	0	0.09	9.95	9.95	9.87	9.95	-1.04
13	600016	民生银行	8.67	8.68	2174772	1145	0	0.74	8.88	8.88	8.66	8.87	1.79
14	600017	日照港	4.13	4.14	99716	18	0	0.32	4.17	4.17	4.11	4.18	168.83
15	600018	上港集团	5.12	5.13	107210	207	0	0.05	5.16	5.16	5.08	5.15	-116.23
16	600019	宝钢股份	5.15	5.16	155888	50	0.19	0.09	5.2	5.2	5.14	5.22	11.48
17	600020	中原高速	4.38	4.39	70205	1	0	0.31	4.42	4.42	4.37	4.42	14.93
18	600021	上海电力	10.35	10.36	56599	2	0.09	0.26	10.51	10.51	10.3	10.51	13.78
19	600022	山东钢铁	2.38	2.39	157544	4	0	0.24	2.42	2.42	2.37	2.42	57.43
20	600023	浙能电力	5.18	5.19	137498	112	0	0.46	5.21	5.22	5.16	5.22	16.95
21	600026	中海发展	6.09	6.1	113012	32	0	0.41	6.16	6.19	6.08	6.21	23.87
22	600027	华电国际	5.13	5.14	67179	8	0.19	0.11	5.16	5.16	5.1	5.15	7.62
23	600028	中国石化	4.67	4.68	489864	6088	1.07	0.05	4.68	4.69	4.61	4.7	16.5
24	600029	南方航空	7.14	7.15	508490	55	0	0.72	7.16	7.19	7.01	7.2	14.43
25	600030	中信证券	15.52	15.53	369453	21	-0.06	0.38	15.69	15.7	15.51	15.73	-12.97
26	600031	三一重工	4.91	4.92	157352	178	0	0.21	4.97	4.98	4.89	4.98	-130.32
27	600033	福建高速	3.17	3.18	44239	29	0	0.16	3.2	3.21	3.16	3.2	44.99
28	600035	楚天高速	--	--	0	0	0	0	--	--	--	5.15	30.87
29	600036	招商银行	17.33	17.34	88256	4	-0.11	0.04	17.51	17.51	17.32	17.52	-1.52
30	600037	歌华有线	14.28	14.3	74169	62	0.06	0.63	14.5	14.55	14.17	14.55	76.34
31	600038	中直股份	37.8	37.83	29722	7	-0.15	0.76	38.61	38.61	37.69	38.51	82.37
32	600039	四川路桥	3.73	3.74	97809	50	0.53	0.32	3.77	3.78	3.7	3.77	28.79
33	600048	保利地产	--	--	0	0	0	0	--	--	--	8.41	36.44
34	600050	中国联通	3.87	3.88	278360	15	0	0.13	3.9	3.9	3.86	3.9	4.86

图 4.31 “冻结窗口”举例

2．撤消冻结

操作步骤：在“视图”选项卡“窗口”组，单击“冻结窗格”，选择“取消冻结窗口”。

4.5 视图、页面设置与打印预览

在 Excel 中常用的视图显示方式有：普通视图、页面布局、分页预览和全屏显示等。

切换不同视图显示方式的操作步骤：在“视图”选项卡“工作簿视图”组，选择相应的按钮；或者在状态栏单击“普通”“页面布局”或者“分页预览”按钮。

4.5.1 视图显示方式

1．在“普通视图”添加或放弃显示某些元素

打开 Excel 后，默认在“普通视图”显示方式。普通视图适于显示、编辑工作表等操作。

普通视图由许多部分组成，可以根据需要显示或隐藏其中的一部分。例如，可以设置显示或隐藏编辑栏、状态栏、网格线、网格线颜色、分页的虚线滚动条、行号和列标等。

操作步骤：

（1）单击“文件”选项卡。

（2）选择“选项”，打开“选项”对话框。

（3）单击“高级”，在“此工作表的显示”列表中，选择或放弃选择显示的元素。

2．页面布局

页面布局适用于在打印输出之前微调数据表。在该视图方式下，可以方便地做以下操作。

- 用“标尺”测量数据的宽度和高度（更改度量单位：单击“文件”按钮，在“Excel 选项”→“高级”→“显示”中选择要使用的标尺单位）。
- 更改页面方向（用“页面布局”选项卡，“页面设置”组的“纸张方向”）。
- 添加、删除或更改页眉和页脚。
- 设置打印边距：直接在“标尺”拖动鼠标改变“上边距”“下边距”“左边距”和“右边距”。
- 隐藏或显示网格线、行标号和列标号等。
- 指定打印的缩放比例（用“页面布局”选项卡的“调整为合适大小”组），可直接看到效果。

3．分页预览

在“分页预览”视图下，可以通过调整“分页符”的位置来设置每一页打印的范围和内容。如果数据表的宽度大于页面的宽度（默认 A4 纸），则右侧大于页面宽度的数据部分会打印在新的一页；如果数据表的长度大于页面的长度（默认 A4 纸），超出的数据部分也会打印在新的一页。

在“分页预览”视图下，可以查看、移动、插入和删除“分页符”。下面介绍通过对“分页符”的操作，确定每一个页面的打印内容。

（1）查看“分页”情况

如果数据表的宽度超出当前纸张的宽度，会自动出现垂直“虚线”（“分页符”）。如果数据

表的高度超出默认纸张的高度，会自动出现水平“虚线”（“分页符”）。这是系统根据当前设置的纸张大小自动插入的分页符。用户手动插入的分页符用“实线”表示。用户插入的“分页符”可以删除，而系统自动出现的分页符不能删除。

（2）移动“分页符”

只有当数据表的高度或宽度大于当前纸张的大小时，才会出现“分页符”。用鼠标指针拖动“分页符”虚线，可以移动分页符的位置。

如果将更多的内容放在一个打印页面上，系统会自动调整“缩放”比例，以缩小打印数据的比例来打印。

（3）插入“分页符”

操作步骤：在水平方向插入“分页符”，单击行标号（如果在垂直方向插入“分页符”，单击列标号），再单击鼠标右键，弹出快捷菜单，选择“插入分页符”。

（4）删除“分页符”

操作步骤：鼠标单击紧邻要删除的水平（或垂直）“分页符”下方（或右侧）的任意一个单元格，单击鼠标右键，弹出快捷菜单，选择“删除分页符”。另外，拖动“分页符”到打印区域以外，也可以删除“分页符”。

（5）删除所有的手动分页符

操作步骤：鼠标右键单击任意单元格，弹出快捷菜单，选择“重置所有分页符”。

4．全屏显示

在“全屏显示”显示方式下，隐藏工具栏、选项卡等，此时用最大的显示区域显示工作表中的数据表。

在“视图”选项卡“工作簿视图”组，单击“全屏显示”按钮，进入“全屏显示”方式。按【Esc】键，退出“全屏显示”。

4.5.2 页面设置与打印预览

在“页面布局”选项卡，单击“页面设置”右下角的“启动器”按钮，弹出“页面设置”对话框，如图 4.32 所示。

1．“页面”选项卡

（1）确定打印的输出方向

在“页面”选项卡可以设置页面的打印方向为“纵向”或“横向”。

- 纵向：当输出表格的高度大于宽度时，选择“纵向”打印（默认选项）。
- 横向：当输出表格的宽度大于高度时，选择“横向”打印。

另外，也可以在“页面布局”选项卡“页面设置”组，单击“纸张方向”按钮，选择“纵向”或“横向”。

（2）缩小或放大工作表使其更适合打印页面

打印输出时，为了控制打印输出的表格的大小、行数和列数，除了调整表格的高度和宽度来改变打印的工作表的大小外，还可以调整输出内容的缩放比例。

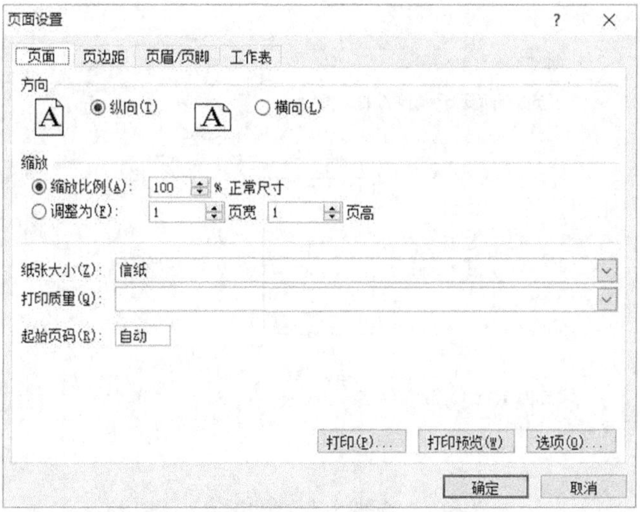

页面设置 ? ×

页面 页边距 页眉/页脚 工作表

方向

◉ 纵向(T) ○ 横向(L)

缩放

◉ 缩放比例(A): 100 % 正常尺寸

○ 调整为(F): 1 页宽 1 页高

纸张大小(Z): 信纸

打印质量(Q):

起始页码(R): 自动

打印(P)... 打印预览(W) 选项(O)...

确定 取消

图 4.32 “页面设置”对话框“页面”选项卡

在“页面”选项卡，通过更改“缩放比例”，可以改变打印输出表格和表格内容的整体大小。正常的缩放比例是 100%。如果一张纸打印的内容较少，可以适当地放大打印内容的比例（不需要改变数据表中的字号）。如果希望一张纸打印较多的内容，可以缩小打印比例。

（3）使工作表适合打印页面的纸张宽度

在“页面”选项卡可以调整输出的内容“水平”或“垂直”方向占用几个页面。如果只是要求输出的内容适合一个页面的宽度，而不限制页面数量，可在“页宽”框内键入数字“1”，“页高”框为空白。

另外，也可以在“页面布局”选项卡“调整为合适大小”组，调整“宽度”和“高度”。

当使用“调整为”选项时，Excel 将忽略手动分页符。

（4）纸张大小

打印输出之前要确定打印纸的大小。放在打印机上的纸要与“页面设置”中选定的纸张规格一致。Excel 提供的标准型号打印纸有：A4、A5、B5、16 开、信封或明信片等。默认的纸型是 A4 纸。

另外，也可以在“页面布局”选项卡“页面设置”组，单击“纸张大小”按钮确定打印纸的大小。

（5）打印质量

打印质量用分辨率表示。分辨率是指打印页面上每英寸长度上的点数。较高的分辨率可在支持高分辨率打印的打印机上输出较高的打印质量。

（6）起始页码

“起始页码”框内“自动”等价输入“1”。如果输入“5”，从“5”开始对输出的每一页编页码。设置页码后，若希望打印页码，要在“页眉/页脚”选项卡确认输出页码。

2.“页边距”选项卡

“页边距”是指输出的表格与纸张边缘（上、下、左、右）的距离。在“页面设置”对话框中，单击“页边距”选项卡，如图 4.33 所示。

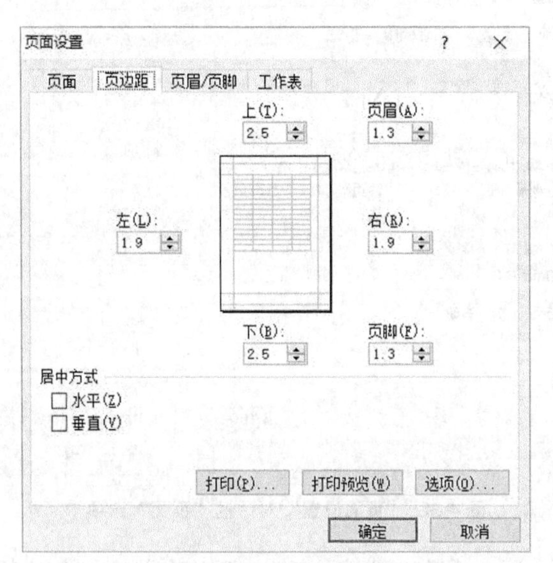

图 4.33 “页面设置”对话框“页边距”选项卡

在“页边距”选项卡可以进行以下操作。

（1）“页边距”设置

在“页边距”选项卡中，其中“上”指的是纸张上边缘与第一行文字上边缘的距离。因此，调整“上”“下”“左”“右”框中的数字，可指定表格与打印页面边缘的距离，并且在“打印预览”中能看到调整后的结果。

（2）“页眉 / 页脚”边距的设置

如果在“页眉”或“页脚”框中输入数字，可调整页眉与页面顶端或页脚与页面底端的距离。该距离应小于页边距的设置，以避免表格中的内容与页眉或页脚中的内容重叠打印。

（3）居中方式

选中“水平”为横向居中打印，“垂直”是纵向居中打印。若同时选中这两个复选框可在页面内“居中”打印页面的内容。

另外，可以在“页面布局”视图中用拖曳鼠标的方法改变页边距、页眉 / 页脚区的大小。

3．“页眉/页脚”选项卡

页眉和页脚（分别在页面的顶端和底端）是两个特殊区域。默认情况下不打印页眉和页脚。如果希望在打印输出时，每一页的页头或页尾出现同样的内容，如页码、总页数、日期、时间、图片、公司徽标、文档标题、文件名或作者名等，可以设置页眉或页脚。用“打印预览”可看到页眉 / 页脚的内容。

在“页眉/页脚”选项卡（见图 4.34）可以添加或修改“页眉 / 页脚”。添加“页眉”和“页脚”的操作基本是一样的，既可以从列表中选择要添加的“页眉”或“页脚”，也可以自定义“页眉”和“页脚”。

4．“工作表”选项卡

在打印工作表时，经常用到重复打印标题行（见图 4.35 中的“顶端标题行”和“左端标题列”)。如果打印的表格长度或宽度超出了一页，默认只有第一页打印表头标题（第 1 行或第 1 列），其他页面只会打印表格其余的部分，不会重复打印表头标题行（列)。若希望打印时在每一页都能重复打印第一页的表头（前几行或前几列），参见后面的应用举例。

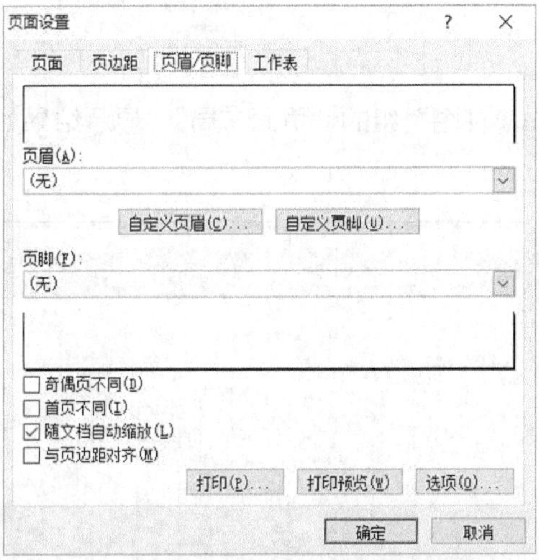

图 4.34 “页面设置”对话框“页眉/页脚”选项卡

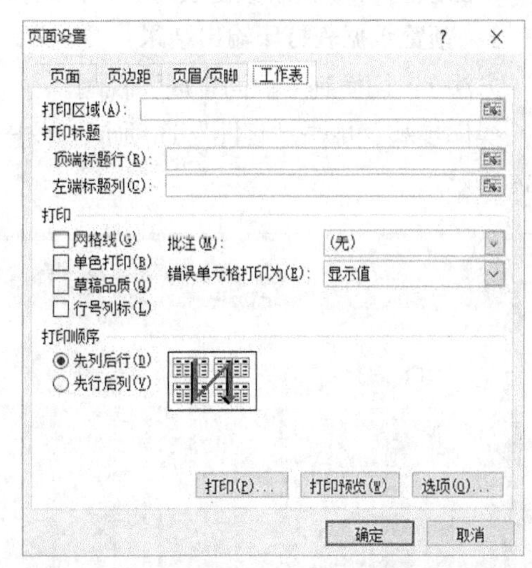

图 4.35 “页面设置”对话框“工作表”选项卡

在“工作表”选项卡还可以设置以下内容。

（1）网格线：如果在数据表中没有添加边框，可以选中该选项，在打印输出中添加表格的边框线。默认情况下，无网格线。

（2）单色打印：该选项用于单色打印机打印带有彩色的数据和图表。如果数据表和图表有彩色的部分，用单色打印输出时有时用不同的灰度表示很难分辨出不同颜色导标的内容。因此，最好在打印之前，选中该选项后，在“打印预览”观察打印效果。

（3）草稿品质：选择草稿品质的目的是，以较低的分辨率打印，降低耗材费用、提高打印速度。

（4）行号和列标：默认情况下不输出行号和列标。选中该选项，输出数据表的同时输出行号和列标。

（5）打印顺序：如果数据表的宽度和高度大于一个打印页面，需要将打印内容输出在多个页面，这时可以指定打印顺序为“先列后行”或“先行后列”，以便根据打印的先后顺序编排页码。

5．打印预览

用“打印预览”视图查看数据打印后的外观和效果。特别是打印的内容有图表时，若用单色打印机打印，图表中不同的颜色是用不同的灰度表示，颜色的区分度会差一些。因此，可能需要重新调整图表数据系列的颜色。

进入“打印预览”视图的操作步骤：

（1）单击“文件”选项卡，选择“打印”。

（2）单击“显示打印预览”。

4.5.3 应用举例：打印大型数据表的打印设置

下面以图 4.36 股票数据表为例，介绍打印输出时常用到的一些输出设置。

1．预览数据表打印输出结果

方法 1：切换到“页面布局”视图

操作步骤：单击“视图”选项卡，单击“工作簿视图”组的“页面布局”，显示结果如图 4.36 所示。

AA34

单击可添加页眉

代码	名称	涨幅%	现价	涨跌	买价	卖价	总量	现量
600000	浦发银行	0	17.55	0	17.54	17.55	107259	23
600004	白云机场	-0.66	12.08	-0.08	12.08	12.09	27256	1
600005	武钢股份	-1.04	2.86	-0.03	2.85	2.86	356030	3
600006	东风汽车	-0.62	6.38	-0.04	6.38	6.39	533068	14
600007	中国国贸	-3.29	17.95	-0.61	17.92	17.97	27435	38
600008	首创股份	-3.93	3.91	-0.16	3.91	3.92	292638	5
600009	上海机场	-2.12	26.81	-0.58	26.82	26.83	39954	11
600010	包钢股份	-1.39	2.83	-0.04	2.82	2.83	518511	20
600011	华能国际	0.41	7.31	0.03	7.31	7.32	48671	128
600012	皖通高速	-2.04	12.47	-0.26	12.5	12.54	41277	2
600015	华夏银行	-0.6	9.89	-0.06	9.88	9.89	92685	4
600016	民生银行	-2.14	8.68	-0.19	8.67	8.68	2174772	1145
600017	日照港	-0.96	4.14	-0.04	4.13	4.14	99716	18
600018	上港集团	-0.58	5.12	-0.03	5.12	5.13	107210	207
600019	宝钢股份	-1.15	5.16	-0.06	5.15	5.16	155888	50
600020	中原高速	-0.9	4.38	-0.04	4.38	4.39	70205	1
600021	上海电力	-1.43	10.36	-0.15	10.35	10.36	56599	2
600022	山东钢铁	-1.24	2.39	-0.03	2.38	2.39	157544	4
600023	浙能电力	-0.57	5.19	-0.03	5.18	5.19	137498	112
600026	中海发展	-1.77	6.1	-0.11	6.09	6.1	113012	32
600027	华电国际	-0.39	5.13	-0.02	5.13	5.14	67179	5
600028	中国石化	-0.43	4.68	-0.02	4.67	4.68	469864	6088
600029	南方航空	-0.69	7.15	-0.05	7.14	7.15	508490	55
600030	中信证券	-1.34	15.52	-0.21	15.52	15.53	369453	21
600031	三一重工	-1.41	4.91	-0.07	4.91	4.92	157352	178
600033	福建高速	-0.94	3.17	-0.03	3.17	3.18	44239	29
600035	楚天高速	0	5.15	0	--	--	0	0
600036	招商银行	-1.08	17.33	-0.19	17.33	17.34	88256	4
600037	歌华有线	-1.65	14.31	-0.24	14.28	14.3	74169	62
600038	中直股份	-1.74	37.84	-0.67	37.8	37.83	29722	7

单击可添加页眉

涨速%	换手%	今开	最高	最低	昨收	市现率	市净率	市盈(动)
-0.17	0.06	17.48	17.6	17.43	17.55	-3.4	1	6.19
-0.24	0.24	12.15	12.16	12	12.16	154.24	1.35	10.04
0	0.35	2.89	2.9	2.83	2.89	52.33	1.02	238.52
-0.46	2.67	6.38	6.7	6.23	6.42	-14.84	1.96	26.3
-0.22	0.27	18.44	18.44	17.81	18.56	62.39	3.1	25.63
-0.25	0.61	3.99	4.03	3.91	4.07	837.8	2.21	49.11
-0.11	0.37	27.31	27.39	26.6	27.39	-819.76	2.46	20.15
0	0.33	2.84	2.86	2.8	2.87	393.15	1.98	--
0.27	0.05	7.29	7.33	7.22	7.28	8.28	1.33	7.04
-0.63	0.35	12.73	12.79	12.36	12.73	45.46	2.47	20.34
0	0.09	9.95	9.95	9.87	9.95	-1.04	0.74	5.96
0	0.74	8.88	8.88	8.66	8.87	1.79	1.02	5.78
0	0.32	4.17	4.17	4.11	4.18	168.83	1.25	39.99
0	0.05	5.16	5.16	5.06	5.15	-116.23	1.96	24.32
0.19	0.09	5.2	5.2	5.14	5.22	11.48	0.74	13.9
0	0.31	4.42	4.42	4.37	4.42	14.93	0.8	15.17
0.09	0.26	10.51	10.51	10.3	10.51	13.78	2.1	16.62
0	0.24	2.42	2.42	2.37	2.42	57.43	1.24	--
0	0.46	5.21	5.22	5.16	5.22	16.95	1.25	11.98
0	0.41	6.16	6.19	6.08	6.21	23.87	0.96	39.75
0.19	0.11	5.16	5.16	5.1	5.15	7.62	1.15	6.95
1.07	0.05	4.68	4.69	4.61	4.7	16.5	0.83	22.9
0	0.72	7.16	7.19	7.01	7.2	14.43	1.69	6.54
-0.06	0.38	15.69	15.7	15.51	15.73	-12.97	1.35	28.64
0	0.21	4.97	4.98	4.89	4.98	-130.32	1.58	103.69
0	0.16	3.2	3.21	3.16	3.2	44.99	1.06	12.69
0	0	--	--	--	5.15	30.87	1.78	13.71
-0.11	0.04	17.51	17.51	17.32	17.52	-1.52	1.15	5.95
0.06	0.63	14.5	14.55	14.17	14.55	76.34	1.7	26.97
-0.15	0.76	38.61	38.61	37.69	38.51	62.37	3.37	100.2

图 4.36 “页面布局”视图

方法 2：切换到“打印预览”

操作步骤：

（1）打开“自定义快速访问工具栏”列表，选中“打印预览”，则“打印预览”显示在“快速启动工具栏”，如图 4.37 所示。

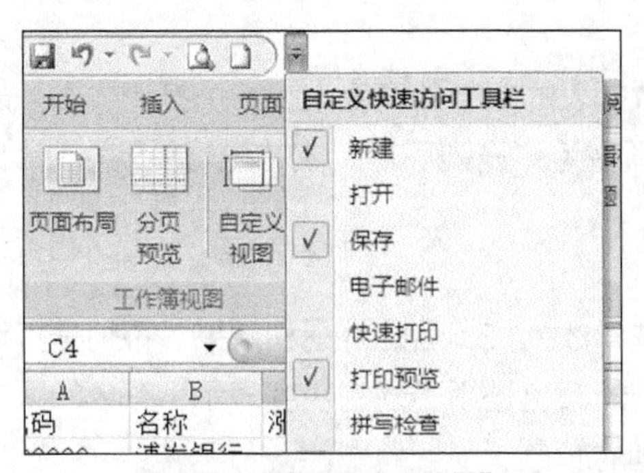

图 4.37 “快速启动工具栏”

（2）单击“自定义快速访问工具栏”上“打印预览”按钮，进入打印预览显示，同样可以看到打印的效果。

2．数据表居中打印

操作步骤：

（1）在“页面布局”选项卡“页面设置”组，单击“页边距”按钮，选择“自定义边距”。

（2）在“页边距”选项卡，选中“水平居中”。

3．设置重复打印的内容和边框线

下面的操作是设置重复打印第 1 行和前两列，以及添加框线。

操作步骤：

（1）在“页面布局”选项卡“页面设置”组，单击“打印标题”，弹出“页面设置”对话框，如图 4.38 所示。

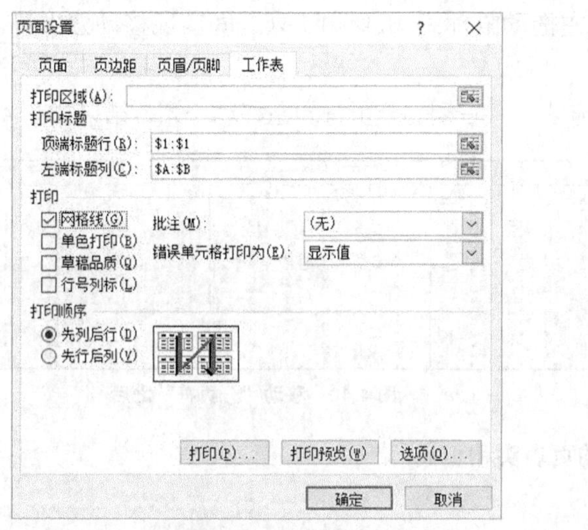

图 4.38 “页面设置”的“工作表”选项卡

（2）在“工作表”选项卡，单击“顶端标题行”的文本框，单击股票数据表的第一行的标号（选中第 1 行），在“顶端标题行”文本框出现：$1:$1。

（3）单击“左端标题列”文本框，单击股票数据表的 A 列标，同时向右拖动到 B 列标（选中 A 列和 B 列），在“左端标题行”文本框出现：$A:$B。

（4）选中下面的“网格线”。

说明：默认打印顺序是先列后行，可以在本选项卡重新设置。

4．通过调整“分页符”设置每页打印的列数

通过上面的操作，每一页增加重复打印 A 列和 B 列，每页打印的列，已经与之前预览的不同了。通过下面的操作可看到分页情况。

单击“视图”选项卡，单击“工作簿视图”组的“分页预览”，进入“分页预览”视图。

在“分页预览”视图可以看到，系统根据 A4 纸（默认纸张）对数据表分页，并用虚线分隔，如图 4.39 所示。本例中，每页打印的列不均衡。例如，最左侧打印 9 列，最右侧打印 5 列（含 A、B 列）

为了使每页打印的列数相差不要太多，将前面的页面列数减少 1 列。下面介绍通过调整“分页符”来设置每页的列数。

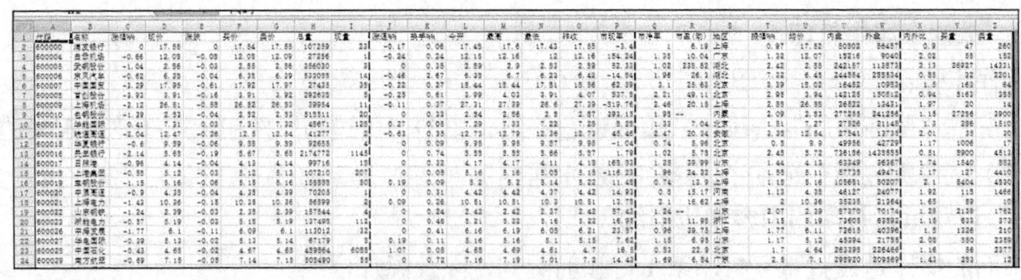

图 4.39　移动“分页符”之前

操作步骤：

（1）鼠标指针指向“分页符”虚线。例如，I 列和 J 列之间的“分页符”，当鼠标指针变成双向箭头时，向左拖动鼠标到 H 列和 I 列之间实现移动分页符。分页符由“虚线”变为“实线”。

（2）用同样的方法，将右侧的分页符向左移动一列，结果如图 4.40 所示。

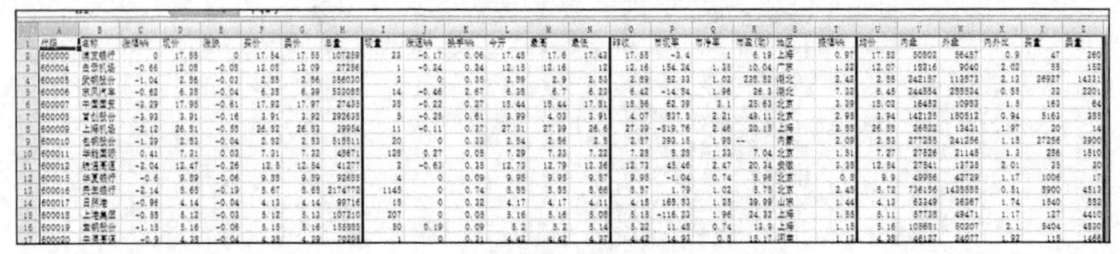

图 4.40　移动“分页符”之后

5．添加每页的页表头和页码

操作步骤：

（1）在“页面布局”选项卡，单击“页面设置”右下角的“启动器”按钮，弹出“页面设置”对话框，选择“页眉／页脚”选项卡。

（2）单击“自定义页眉”按钮，弹出“页眉”对话框，如图 4.41 所示。在“中”区域输入标题文字“上证股票数据”以及“2016-5-24”。

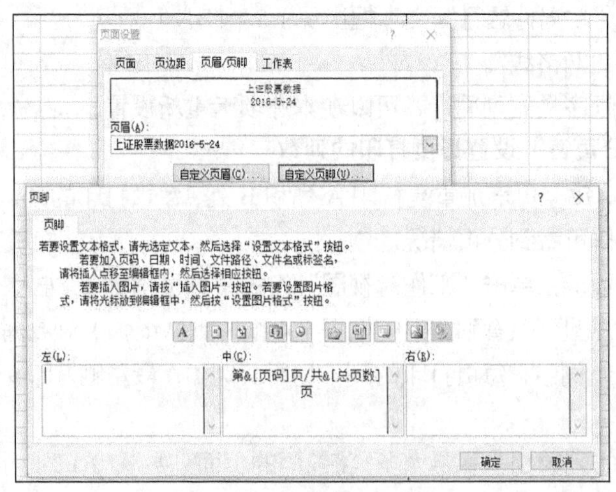

图 4.41　“页眉/页脚”设置

（3）单击“自定义页脚”按钮，输入“第”，单击“插入页码”按钮，输入“页/共”，单击“插入页数”按钮，输入“页”，如图 4.41 所示。

（4）单击“确定”按钮。

最后的设置结果，如图 4.42 所示。

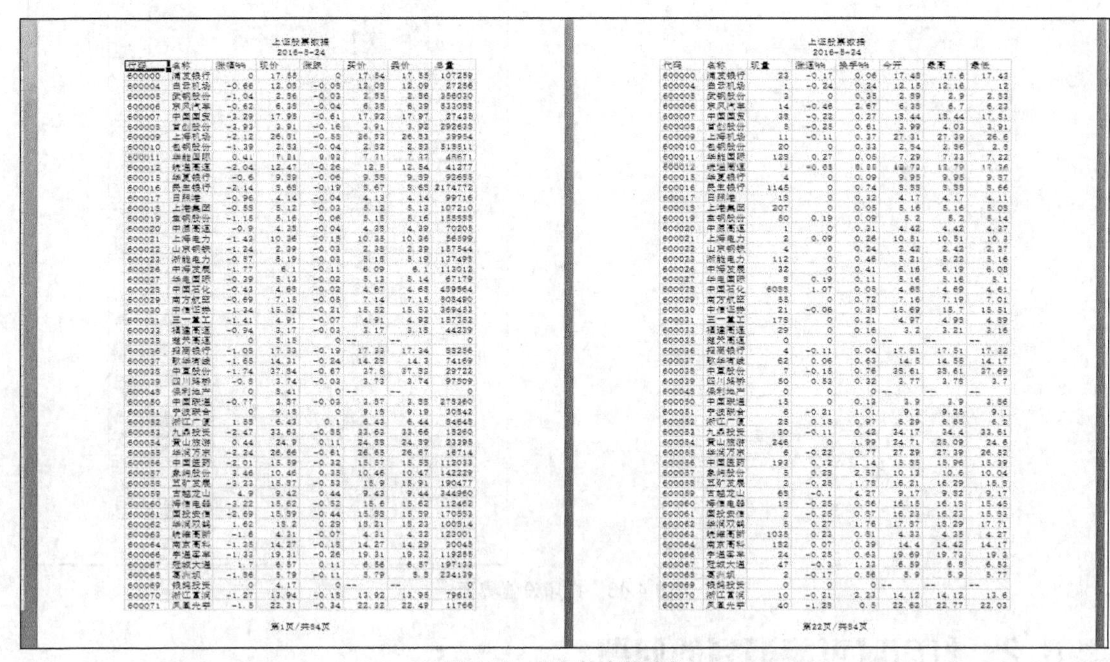

上证股票数据

2016-5-24

代码	名称	涨幅%	现价	涨跌	买价	卖价	总量
600000	浦发银行	0	17.55	0	17.54	17.55	107259
600004	白云机场	-0.66	12.05	-0.08	12.08	12.09	27256
600005	武钢股份	-1.04	2.86	-0.03	2.85	2.86	356030
600006	东风汽车	-0.62	6.38	-0.04	6.38	6.39	532058
600007	中国国贸	-3.29	17.95	-0.61	17.92	17.97	27435
600008	首创股份	-3.93	3.91	-0.16	3.91	3.92	292635
600009	上海机场	-2.12	26.51	-0.55	26.52	26.53	39954
600010	包钢股份	-1.39	2.53	-0.04	2.52	2.53	515511
600011	华能国际	0.41	7.21	0.02	7.21	7.22	48671
600012	皖通高速	-2.04	12.47	-0.26	12.5	12.54	41277
600015	华夏银行	-0.6	9.59	-0.06	9.55	9.59	92655
600016	民生银行	-2.14	8.65	-0.19	8.67	8.65	2174772
600017	日照港	-0.96	4.14	-0.04	4.13	4.14	99716
600018	上港集团	-0.58	5.12	-0.03	5.12	5.13	107210
600019	宝钢股份	-1.15	5.16	-0.06	5.15	5.16	155555
600020	中原高速	-0.9	4.38	-0.04	4.38	4.39	70205
600021	上海电力	-1.42	10.36	-0.15	10.35	10.36	56599
600022	山东钢铁	-1.24	2.39	-0.03	2.38	2.39	157544
600023	浙能电力	-0.57	5.19	-0.03	5.18	5.19	137495
600026	中海发展	-1.77	6.1	-0.11	6.09	6.1	113012
600027	华电国际	-0.39	5.13	-0.02	5.13	5.14	67179
600028	中国石化	-0.43	4.68	-0.02	4.67	4.68	459564
600029	南方航空	-0.69	7.15	-0.05	7.14	7.15	505490
600030	中信证券	-1.34	15.52	-0.21	15.52	15.53	369453
600031	三一重工	-1.41	4.91	-0.07	4.91	4.92	187352
600033	福建高速	-0.94	3.17	-0.03	3.17	3.18	44239
600035	楚天高速	0	5.15	0	--	--	0
600036	招商银行	-1.08	17.33	-0.19	17.33	17.34	55256
600037	歌华有线	-1.65	14.31	-0.24	14.28	14.3	74169
600038	中直股份	-1.74	37.54	-0.67	37.5	37.53	29722
600039	四川路桥	-0.8	2.74	-0.02	2.73	2.74	97509
600048	保利地产	0	8.41	0	--	--	0
600050	中国联通	-0.77	3.87	-0.03	3.87	3.88	275360
600051	宁波联合	0	9.18	0	9.18	9.19	30542
600052	浙江广厦	1.55	6.43	0.1	6.43	6.44	84645
600053	九鼎投资	-2.47	33.62	-0.85	33.63	33.66	15260
600054	黄山旅游	0.44	24.9	0.11	24.88	24.89	23395
600055	华润万东	-2.24	26.66	-0.61	26.65	26.67	16714
600056	中国医药	-2.01	15.59	-0.32	15.57	15.58	112033
600057	象屿股份	3.46	10.46	0.35	10.46	10.47	142229
600058	五矿发展	-3.23	15.87	-0.53	15.9	15.91	190477
600059	古越龙山	4.9	9.42	0.44	9.43	9.44	344960
600060	海信电器	-3.22	15.62	-0.52	15.6	15.62	112462
600061	国投安信	-2.69	15.59	-0.44	15.58	15.59	170553
600062	华润双鹤	1.62	15.2	0.29	15.21	15.23	100514
600063	皖维高新	-1.6	4.31	-0.07	4.31	4.32	123001
600064	南京高科	-1.28	14.27	-0.18	14.27	14.29	30045
600066	宇通客车	-1.33	19.31	-0.26	19.31	19.32	119285
600067	冠城大通	1.7	6.57	0.11	6.56	6.57	197133
600068	葛洲坝	-1.86	5.79	-0.11	5.79	5.8	234139
600069	银鸽投资	0	4.17	0	--	--	0
600070	浙江富润	-1.27	13.94	-0.18	13.92	13.95	79613
600071	凤凰光学	-1.5	22.31	-0.34	22.32	22.49	11766

第1页/共84页

上证股票数据

2016-5-24

代码	名称	现量	涨速%	换手%	今开	最高	最低

第22页/共84页

图 4.42　打印输出的效果

4.6 打印输出

4.6.1 打印设置

单击左上角“文件”选项卡，在列表中选择“打印”，显示的界面，如图 4.43 所示。单击“打印”按钮，实现打印。

在打印的界面，有以下选项。

- 设置打印份数。
- 添加/更改打印机。
- 打印范围：活动工作表/当前工作簿/单元格区域。
- 打印的页数。
- 调整打印顺序。
- 设置打印方向为“横向”或“纵向”。
- 自定义边距。
- 缩放工作表。

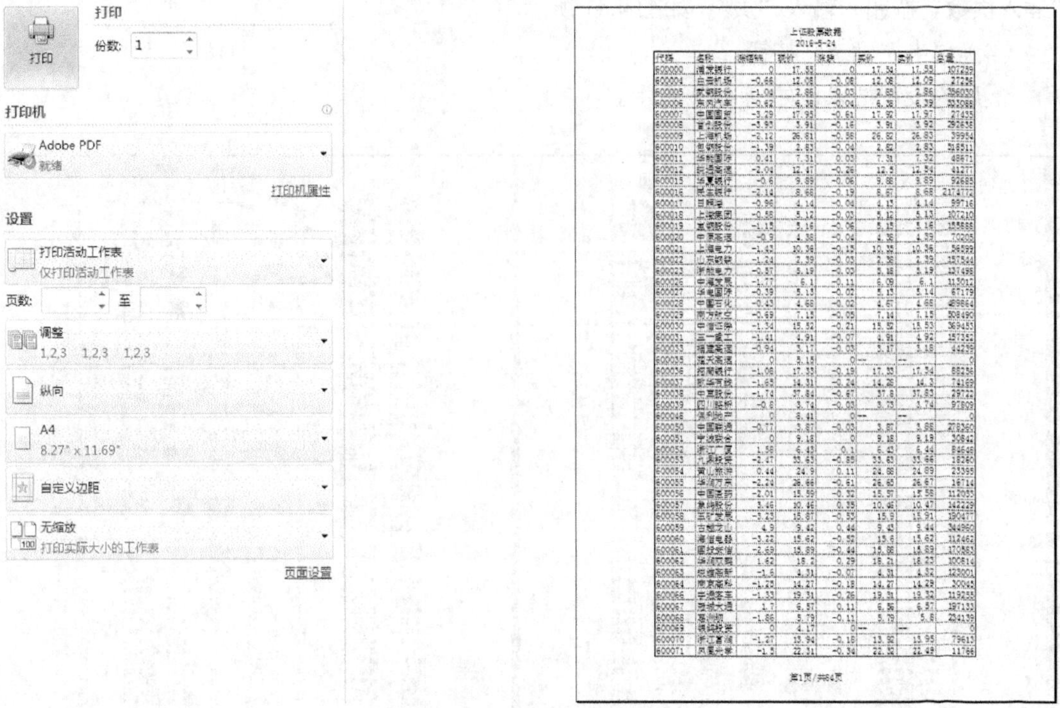

打印
打印
份数: 1
打印机
Adobe PDF
就绪
打印机属性
设置
打印活动工作表
仅打印活动工作表
页数: 至
调整
1,2,3 1,2,3 1,2,3
纵向
A4
8.27" x 11.69"
自定义边距
无缩放
打印实际大小的工作表
页面设置

上证股票数据
2016-5-24

代码	名称	涨幅%	现价	涨跌	买价	卖价	总量
600000	浦发银行	0	17.55	0	17.54	17.55	107289
600004	白云机场	-0.66	12.08	-0.08	12.08	12.09	27256
600005	武钢股份	-1.04	2.86	-0.03	2.85	2.86	356030
600006	东风汽车	-0.62	6.38	-0.04	6.38	6.39	533088
600007	中国国贸	-3.29	17.95	-0.61	17.92	17.97	27435
600008	首创股份	-3.93	3.91	-0.16	3.91	3.92	292638
600009	上海机场	-2.12	26.81	-0.58	26.82	26.83	39954
600010	包钢股份	-1.39	2.83	-0.04	2.82	2.83	518511
600011	华能国际	0.41	7.31	0.03	7.31	7.32	48671
600012	皖通高速	-2.04	12.47	-0.26	12.5	12.54	41277
600015	华夏银行	-0.6	9.89	-0.06	9.88	9.89	92685
600016	民生银行	-2.14	8.68	-0.19	8.67	8.68	2174772
600017	日照港	-0.96	4.14	-0.04	4.13	4.14	99716
600018	上港集团	-0.58	5.12	-0.03	5.12	5.13	107210
600019	宝钢股份	-1.15	5.16	-0.06	5.15	5.16	155888
600020	中原高速	-0.9	4.38	-0.04	4.38	4.39	70205
600021	上海电力	-1.43	10.36	-0.15	10.35	10.36	56599
600022	山东钢铁	-1.24	2.39	-0.03	2.38	2.39	157544
600023	浙能电力	-0.57	5.19	-0.03	5.18	5.19	137498
600026	中海发展	-1.77	6.1	-0.11	6.09	6.1	113012
600027	华电国际	-0.39	5.13	-0.02	5.13	5.14	67179
600028	中国石化	-0.43	4.68	-0.02	4.67	4.68	489864
600029	南方航空	-0.69	7.15	-0.05	7.14	7.15	308490
600030	中信证券	-1.34	15.52	-0.21	15.52	15.53	369453
600031	三一重工	-1.41	4.91	-0.07	4.91	4.92	157352
600033	福建高速	-0.94	3.17	-0.03	3.17	3.18	44239
600035	楚天高速	0	5.15	0	--	--	0
600036	招商银行	-1.08	17.33	-0.19	17.33	17.34	88256
600037	歌华有线	-1.65	14.31	-0.24	14.28	14.3	74169
600038	中直股份	-1.74	37.84	-0.67	37.8	37.83	29722
600039	四川路桥	-0.8	3.74	-0.03	3.73	3.74	97809
600048	保利地产	0	8.41	0	--	--	0
600050	中国联通	-0.77	3.87	-0.03	3.87	3.88	278360
600051	宁波联合	0	9.18	0	9.18	9.19	30842
600052	浙江广厦	1.58	6.43	0.1	6.43	6.44	84648
600053	九鼎投资	-2.47	33.63	-0.85	33.63	33.66	18260
600054	黄山旅游	0.44	24.9	0.11	24.88	24.89	23395
600055	华润万东	-2.24	26.66	-0.61	26.65	26.67	16714
600056	中国医药	-2.01	15.59	-0.32	15.57	15.58	112033
600057	象屿股份	3.46	10.46	0.35	10.46	10.47	142229
600058	五矿发展	-3.23	15.87	-0.53	15.9	15.91	190477
600059	古越龙山	4.9	9.42	0.44	9.43	9.44	344960
600060	海信电器	-3.22	15.62	-0.52	15.6	15.62	112462
600061	国投安信	-2.69	15.89	-0.44	15.88	15.89	170563
600062	华润双鹤	1.62	18.2	0.29	18.21	18.23	100814
600063	皖维高新	-1.6	4.31	-0.07	4.31	4.32	123001
600064	南京高科	-1.25	14.27	-0.18	14.27	14.29	30045
600066	宇通客车	-1.33	19.31	-0.26	19.31	19.32	119255
600067	冠城大通	1.7	6.57	0.11	6.56	6.57	197133
600068	葛洲坝	-1.86	5.79	-0.11	5.79	5.8	234139
600069	银鸽投资	0	4.17	0	--	--	0
600070	浙江富润	-1.27	13.94	-0.18	13.92	13.95	79613
600071	凤凰光学	-1.5	22.31	-0.34	22.32	22.49	11766

第1页/共84页

图 4.43　打印设置界面

4.6.2　打印时可能遇到的问题

1．暂停／终止打印

在打印机打印的过程中，“任务栏”右侧会显示“打印机”按钮。若要中断打印，双击“打印”按钮，在弹出的对话框选择“打印机”，选择“暂停打印”或“取消所有文档”。

2．打印边框/图表/图形

如果文档中的边框、图表和图形等没有打印出来，可能是设置了“草稿品质”。可以在“页面布局”选项卡，单击“工作表选项”组右下角的对话框“启动器”按钮，弹出“页面设置”对话框，在“工作表”选项卡，放弃选择“草稿品质”选项。

4.7　工作簿与工作表的保护

4.7.1　加密保存文件

Excel 提供两种为文件加密的保存的方式。一种是设置打开文件密码。为文件设置打开权限密码后，执行保存文件，只有知道打开文件的密码，才能再次打开文件。另一种是为文件设置修改权限密码。为文件设置修改权限密码后，执行保存文件，只有知道修改文件的密码，才能在修改文件后，将保存的文档覆盖原来的文档。如果不知道修改权限密码，允许以只读的方式打开文档，修改文件后，用“另存为”将文件另起名字保存。

操作步骤：

（1）单击“文件”按钮，选择“另存为”，打开“另存为”对话框。

（2）单击“工具”按钮，选择“常规选项”，打开“常规选项”对话框，如图 4.44 所示。

（3）输入密码，再次输入密码。

（4）执行保存文档操作。

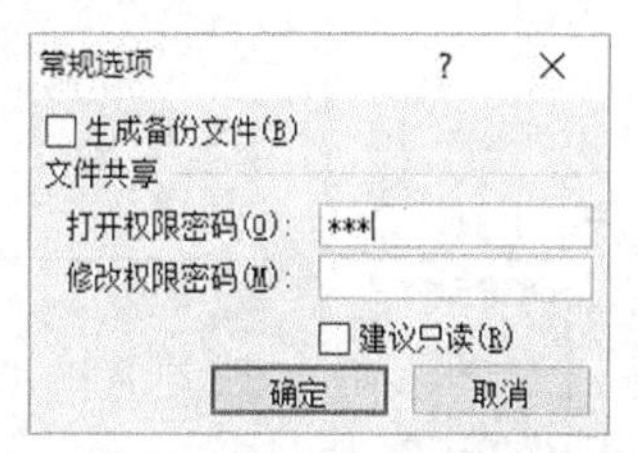

图 4.44 “常规选项”对话框

4.7.2 保护/隐藏操作

1. 保护工作表（可设密码）

通常情况下，保护工作表的目的是不允许对工作表中某些或全部单元格的数据做修改操作。另外，在执行保护工作表时，也可以根据需要，选择是否允许插入行／列、删除行／列等操作。保护工作表时，既可以对整个工作表进行保护，也可以只保护指定的单元格区域。

如果在保护工作表时设置了密码，只有知道密码的人才能取消保护，从而可以防止未授权者对工作表的修改。

为了防止别人修改工作表的某些单元格区域，实现保护，必须满足以下两个条件。

条件 1：被保护的单元格区域必须处在“锁定”状态。

条件 2：执行了“保护工作表”操作。

在默认情况下，工作表中所有的单元格都是“锁定”状态。因此，如果要保护整个工作表，直接执行保护工作表操作。如果只保护其中的一部分单元格，而另外一些单元格允许用户修改，则在执行保护工作表操作之前，先对这些单元格执行“放弃锁定”的操作。

保护工作表的操作步骤：

（1）选定单元格区域。

（2）在“开始”选项卡，单击“字体”组的“启动器”按钮，弹出“设置单元格格式”对话框，选择“保护”选项卡，如图 4.45 所示。

（3）如果要“锁定”单元格区域，使“锁定”复选框处在选中状态；否则，清除 “锁定”复选框。

（4）在“审阅”选项卡“更改”组，单击“保护工作表”按钮，弹出“保护工作表”对话框（见图 4.46）。

（5）在“保护工作表”对话框做以下操作。

- 选中“保护工作表及锁定的单元格内容”。
- 输入密码。如果没有输入密码，不需要输入密码便可以撤销工作表的保护。
- 在“允许此工作表的所有用户进行”列表中，选中保护工作表后允许用户操作的选项或清除不允许用户进行的操作的复选框。

设置单元格格式
数字 对齐 字体 边框 填充 保护
☑锁定(L)
☐隐藏(I)
只有保护工作表(在“审阅”选项卡上的“更改”组中，单击“保护工作表”按钮)后，锁定单元格或隐藏公式才有效。

图 4.45 “设置单元格格式”对话框

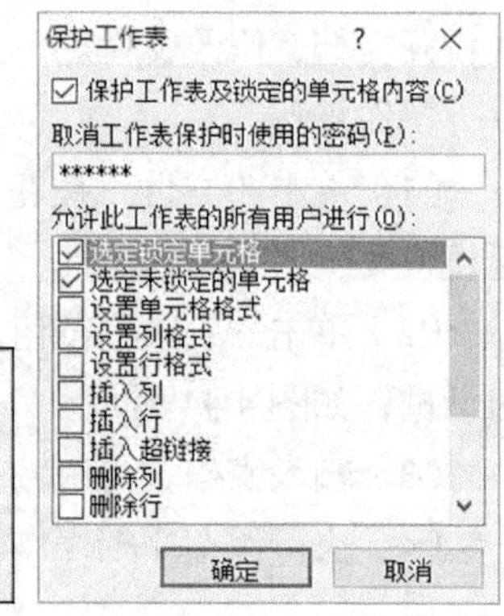

图 4.46 “保护工作表”对话框

2．撤销工作表的保护

操作步骤：

（1）使要撤销保护的工作表成为当前工作表。

（2）在“审阅”选项卡“更改”组，单击“撤销工作表保护”。

（3）如果保护工作表时设置了密码，必须输入密码后才可以撤销对工作表的保护。

3．隐藏/取消隐藏工作表

隐藏工作表的目的是：在工作簿中不显示工作表。

隐藏工作表的操作步骤：

（1）选定要隐藏的工作表。

（2）在“开始”选项卡“单元格”组，单击“格式”，在“可见性”下，选择“隐藏和取消隐藏”，在其下级菜单选择“隐藏工作表”。

取消隐藏工作表的操作步骤：

（1）在“开始”选项卡“单元格”组，单击“格式”，在“可见性”下，选择“隐藏和取消隐藏”，在其下级菜单选择“取消隐藏工作表”。

（2）在弹出的“取消隐藏”对话框，选中要取消隐藏的工作表名称，单击“确定”按钮。

4．隐藏行（列）/取消隐藏

隐藏行/列的目的是：在工作表不显示隐藏的行或列。在打印输出时，被隐藏的行／列不会出现在打印纸上。因此，有时为了不打印某些行或列，将它们隐藏起来。某个公式引用的单元格被隐藏，并不会影响公式的计算结果。即参加计算的行或列被隐藏以后，仍然参加计算。

隐藏行（列）的操作步骤：

（1）选定要隐藏的一行（列）或多行（列）。

（2）鼠标右键单击隐藏的行/列，弹出快捷菜单，选择“隐藏”。

恢复显示隐藏的行（列）的操作步骤：

（1）选择多行/列，选定的行/列包含被隐藏的行/列。

（2）鼠标右键单击隐藏的行/列，弹出快捷菜单，选择“取消隐藏”。

若要显示所有被隐藏的行/列，单击“全选”按钮，再执行上述的操作（2）。

实际上，被隐藏的行高度／列宽度为零。因此，为了恢复显示被隐藏的行／列，可以将鼠标指针移动到被隐藏的行/列标号的分隔线上，当鼠标指针变为“≑”/“⫲”时，拖动鼠标指针，也可以显示被隐藏的行／列。

5．隐藏（显示）行号（列标）、工作表标签

为了美化显示屏幕，可以隐藏行号、列标、工作表标签、滚动条等。

隐藏（显示）行号（列标）、工作表标签的操作步骤：

（1）单击左上角“文件”按钮，单击“Excel 选项”，打开“Excel 选项”对话框。

（2）在左侧列表选择“高级”，在“此工作簿的选项”，选中或放弃“工作表标签”；在“此工作表的选项”，选中或放弃“显示行和列标”。

6．隐藏公式/恢复显示公式

隐藏公式的目的是：单元格和编辑栏均不显示公式，但在单元格显示公式的计算结果。因此，对重要的计算公式或模型用隐藏公式操作，可以保护公式或模型。

隐藏公式的操作步骤：

（1）选定要隐藏的单元格区域。

（2）在“开始”选项卡，单击“字体”组的启动器。

（3）在“保护”选项卡，选中“隐藏”（执行后，还能看见公式）。

（4）在“审阅”选项卡“更改”组，单击“保护工作表”（只是看不见公式，但能看见公式的值和其他数据）。

恢复显示公式的操作步骤：

（1）在“审阅”选项卡“更改”组，单击“撤销工作表保护”。

（2）选定要取消隐藏其公式的单元格区域。

（3）在“开始”选项卡，单击“字体”组的启动器。

（4）在“保护”选项卡，放弃选择“隐藏”。

7．保护（撤销保护）工作簿

保护工作簿的目的是为了禁止删除、移动、重命名或插入工作表，也可以禁止执行移动、缩放、隐藏和关闭工作簿窗口等操作。如果在保护工作簿时设置了密码，只有知道密码的人才能取消保护，从而可以防止未授权者对工作簿和窗口的操作。

保护工作簿的操作步骤：

（1）在“审阅”选项卡“更改”组，单击“保护工作簿”。

（2）选择“保护结构和窗口”，打开“保护结构和窗口”对话框，如图 4.47 所示。

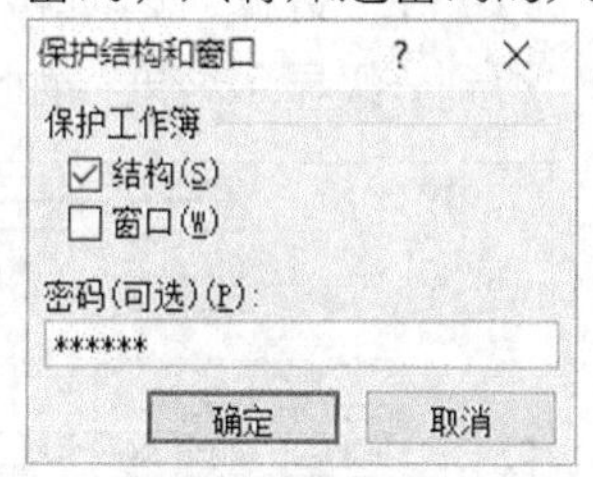

图 4.47 “保护结构和窗口”对话框

（3）选中结构：不允许删除、移动、重命名和插入工作表等。选中窗口：不允许移动、缩放、隐藏和关闭工作簿窗口等。

（4）如果输入密码，在撤销保护时也需要输入密码。

撤销工作簿保护的操作步骤：

（1）使要撤销保护的工作簿成为当前工作簿。

（2）在“审阅”选项卡“更改”组，单击“保护工作簿”。

（3）选择“保护结构和窗口”，打开“保护结构和窗口”对话框，取消勾选“结构”或“窗

口”即可取消工作簿相应的保护。(如果保护时设置了密码，则输入密码后才可以撤销工作簿的保护)

4.8 分级显示与独立表格

4.8.1 分级显示案例

分级显示是隐藏数据表中的若干行/列，只显示指定的行/列数据。分级显示通常用于隐藏数据表的明细数据行/列，只显示汇总行/列。一般情况下，汇总行在明细行的下面，汇总列在明细列的右侧。

【例 4-10】图 4.48 是“分理处存款汇总表”，要求建立分级显示。

表中第 6 行和第 10 行，为汇总行。存放汇总公式 SUM；在 E 列、I～J 列、N 列，R～S 列，存放汇总公式 SUM。

执行以下分级操作，可以显示和隐藏明细。

分理处存款汇总表

部门 \ 时间	一月	二月	三月	一季度	四月	五月	六月	二季度	上半年	七月	八月	九月	三季度	十月	十一月	十二月	四季度	下半年
一储蓄所	2000	2300	2400	6700	1700	1900	2400	6000	12700	1800	1600	1700	5100	2500	1600	2200	6300	11400
二储蓄所	2400	2000	2200	6600	1800	1700	2200	5700	12300	1900	2200	1800	5900	1800	2200	2000	6000	11900
三储蓄所	2100	2400	2400	6900	2000	2400	2100	6500	13400	2400	1600	1600	5600	1900	2000	2000	5900	11500
第一分理处	6500	6700	7000	20200	5500	6000	6700	18200	38400	6100	5400	5100	16600	6200	5800	6200	18200	34800
A储蓄所	2200	1600	1700	5500	1900	2100	2400	6400	11900	1900	2100	2000	6000	1900	2000	2400	6300	12300
B储蓄所	2200	2000	2500	6700	2400	1600	2300	6300	13000	2200	2200	1700	6100	2100	2400	2100	6600	12700
C储蓄所	1600	2200	2400	6200	1700	2100	1600	5400	11600	2100	1700	1600	5400	2300	1800	1900	6000	11400
第二分理处	6000	5800	6600	18400	6000	5800	6300	18100	36500	6200	6000	5300	17500	6300	6200	6400	18900	36400

图 4.48 分级显示

1．自动建立分级显示

操作步骤：

(1) 单击数据表中的单元格或选中该数据表。

(2) 在“数据”选项卡“分级显示”组，单击“创建组”，选择“自动建立分级显示”。得到分级显示结果，如图 4.49 所示。

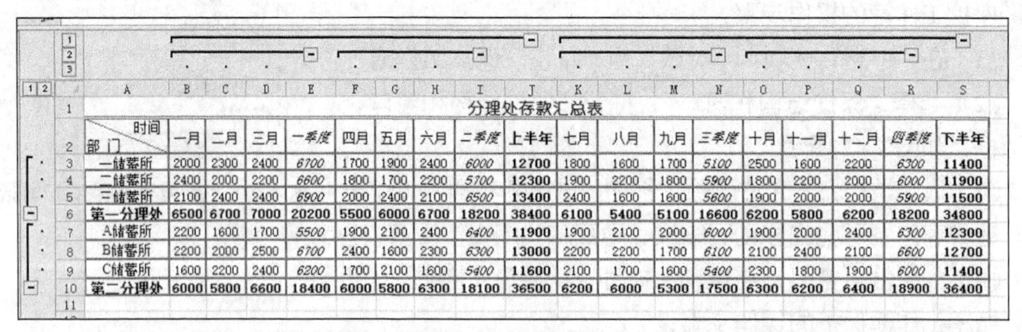

分理处存款汇总表

部门 \ 时间	一月	二月	三月	一季度	四月	五月	六月	二季度	上半年	七月	八月	九月	三季度	十月	十一月	十二月	四季度	下半年
一储蓄所	2000	2300	2400	6700	1700	1900	2400	6000	12700	1800	1600	1700	5100	2500	1600	2200	6300	11400
二储蓄所	2400	2000	2200	6600	1800	1700	2200	5700	12300	1900	2200	1800	5900	1800	2200	2000	6000	11900
三储蓄所	2100	2400	2400	6900	2000	2400	2100	6500	13400	2400	1600	1600	5600	1900	2000	2000	5900	11500
第一分理处	6500	6700	7000	20200	5500	6000	6700	18200	38400	6100	5400	5100	16600	6200	5800	6200	18200	34800
A储蓄所	2200	1600	1700	5500	1900	2100	2400	6400	11900	1900	2100	2000	6000	1900	2000	2400	6300	12300
B储蓄所	2200	2000	2500	6700	2400	1600	2300	6300	13000	2200	2200	1700	6100	2100	2400	2100	6600	12700
C储蓄所	1600	2200	2400	6200	1700	2100	1600	5400	11600	2100	1700	1600	5400	2300	1800	1900	6000	11400
第二分理处	6000	5800	6600	18400	6000	5800	6300	18100	36500	6200	6000	5300	17500	6300	6200	6400	18900	36400

图 4.49 分级显示

2．展开或折叠显示数据表

操作步骤：单击行标号左侧的，或单击列标号上面的展开折叠按钮，结果如图 4.50 所示。

时间 / 部门	一季度	二季度	上半年	三季度	四季度	下半年
分理处存款汇总表						
第一分理处	20200	18200	38400	16600	18200	34800
第二分理处	18400	18100	36500	17500	18900	36400

时间 / 部门	一季度	二季度	上半年	三季度	四季度	下半年
某分理处存款汇总表						
第一分理处	20200	18200	38400	16600	18200	34800
一储蓄所	6700	6000	12700	5100	6300	11400
二储蓄所	6600	5700	12300	5900	6000	11900
三储蓄所	6900	6500	13400	5600	5900	11500
第二分理处	18400	18100	36500	17500	18900	36400
A储蓄所	5500	6400	11900	6000	6300	12300
B储蓄所	6700	6300	13000	6100	6600	12700
C储蓄所	6200	5400	11600	5400	6000	11400

图 4.50　展开/折叠显示数据表

3．取消分级显示

操作步骤：

（1）单击分级区域。

（2）单击“数据”选项卡“分级显示”组，单击“取消组合”，选择“清除分级显示”。

4．手动创建分级显示

例如，手动创建“上半年”和“下半年”的分级显示。

操作步骤：

（1）选定 B2:I10。（如果建立下半年分级显示，选定 K2:R10）

（2）在“数据”选项卡“分级显示”组，单击“创建组”，选择“创建组”。

（3）在“创建组”对话框，选择“列”。

（4）单击“确定”按钮。分级显示结果，如图 4.51 所示

分理处存款汇总表

时间 / 部门	一月	二月	三月	一季度	四月	五月	六月	二季度	上半年	七月	八月	九月	三季度	十月	十一月	十二月	四季度	下半年
一储蓄所	2000	2300	2400	6700	1700	1900	2400	6000	12700	1800	1600	1700	5100	2500	1600	2200	6300	11400
二储蓄所	2400	2000	2200	6600	1800	1700	2200	5700	12300	1900	2200	1800	5900	1800	2200	2000	6000	11900
三储蓄所	2100	2400	2400	6900	2000	2400	2100	6500	13400	2400	1600	1600	5600	1900	2000	2000	5900	11500
第一分理处	6500	6700	7000	20200	5500	6000	6700	18200	38400	6100	5400	5100	16600	6200	5800	6200	18200	34800
A储蓄所	2200	1600	1700	5500	1900	2100	2400	6400	11900	1900	2100	2000	6000	1900	2000	2400	6300	12300
B储蓄所	2200	2000	2500	6700	2400	1600	2300	6300	13000	2200	2200	1700	6100	2100	2400	2100	6600	12700
C储蓄所	1600	2200	2400	6200	1700	2100	1600	5400	11600	2100	1700	1600	5400	2300	1800	1900	6000	11400
第二分理处	6000	5800	6600	18400	6000	5800	6300	18100	36500	6200	6000	5300	17500	6300	6200	6400	18900	36400

图 4.51　手动分级显示

4.8.2　独立表格

在“插入”选项卡的“表格”组，有一个“表格”按钮。这个按钮用于在 Excel 表格中建立独立表格。

为了对一个工作表中的每一个数据区进行独立管理，可以将每一个数据区创建为一个独立表格。一个工作表中可以创建多个独立表格，每个独立表格相当于一个独立的数据集，可以对独立表格进行筛选、添加/删除行，以及创建数据透视表等操作。

1．创建独立表格

操作步骤：

（1）选定要创建表格的数据区或数据清单区域。例如，选定“职工表”A2:G22。

（2）在“插入”选项卡“表格”组，单击“表格”，打开“创建表格”对话框。

（3）如果所选择的区域有标题，选中“表包含标题”。单击“确定”按钮。

（4）单击独立表格中任意一个单元格，在“表格工具”的“设计”选项卡，单击“表格样式选项组”的“汇总行”按钮，添加汇总行。

（5）单击“汇总行”的单元格，弹出下拉菜单列表，选择汇总方式。

建立的独立表格，如图 4.52 所示。

职工情况简表

编号	性别	年龄	学历	科室	职务等级	基本工资
10001	女	36	本科	科室2	副经理	4600.97
10002	男	28	硕士	科室3	普通职员	3800.01
10003	女	30	博士	科室3	普通职员	4700.85
10004	女	45	本科	科室2	监理	5000.78
10005	女	42	中专	科室1	普通职员	4200.53
10006	男	40	博士	科室1	副经理	5800.01
10007	女	29	博士	科室1	副经理	5300.25
10008	男	55	本科	科室2	经理	5600.5
10009	男	35	硕士	科室3	监理	4700.09
10010	男	23	本科	科室2	普通职员	3000.48
10011	男	36	大专	科室1	普通职员	3100.71
10012	男	50	硕士	科室1	经理	5900.55
10013	女	27	中专	科室3	普通职员	2900.36
10014	男	22	大专	科室1	普通职员	2700.42
10015	女	35	博士	科室3	监理	4600.46
10016	女	58	本科	科室1	监理	5700.58
10017	女	30	硕士	科室2	普通职员	4300.79
10018	女	25	本科	科室3	普通职员	3500.39
10019	男	40	大专	科室3	经理	4800.67
10020	男	38	中专	科室2	普通职员	3301
汇总	20	36.2				87510.4

无
平均值
计数
数值计数
最大值
最小值
求和
标准偏差
方差
其他函数...

图 4.52　独立表格

独立表格有以下特点。

- 在默认情况下，“独立表格”所有列启用自动筛选功能。自动筛选允许快速筛选或排序数据。
- 独立表格默认命名为“表 1”。
- 独立表格周围的深蓝色边框将“独立表格”与其他单元格分隔开。
- 拖动表格边框右下角的调整手柄，可增加独立表格的行或列。
- 自动显示“表格工具”选项卡。
- 单击“表格工具”选项卡，单击“表格样式选项组”的“汇总行”按钮，表格添加/删除汇总行。单击汇总行中的单元格时，弹出下拉菜单列表，可以在菜单中选择汇总方式。

2．将独立表格恢复为区域

操作步骤：

（1）单击独立表格中任意一个单元格。

（2）在“表格工具”的“设计”选项卡，单击“工具”的“转换为区域”。

习题

【第 1 题】美化表格，如图 4.53 所示。

（1）双线：外框线，第一行与第二行之间、第一列与第二列之间。

（2）内线：单线。

（3）左上角加斜线。

（4）表格填充相应的底纹。

时间 部门	一季度	二季度	三季度	四季度
第一储蓄所	70000	65000	80000	78000
第二储蓄所	85000	76000	90000	82000
第三储蓄所	58000	60000	72000	75000
第四储蓄所	60000	70000	80000	90000
第五储蓄所	43000	42100	51000	65000
第六储蓄所	12000	32000	33000	34000

图 4.53 【第 1 题】数据表

【第 2 题】对图 4.54 中的表格，每隔 2 行加一行灰色背景（在“条件格式”用公式完成）。

	A	B	C	D	E	F	G
1	职工情况简表						
2	编号	性别	年龄	学历	科室	职务等级	工资
3	10006	男	40	博士	科室1	副经理	5800.01
4	10007	女	29	博士	科室1	副经理	5300.25
5	10012	男	50	硕士	科室1	经理	5900.55
6	10016	女	58	本科	科室1	监理	5700.58
7	10011	男	36	大专	科室1	普通职员	3100.71
8	10014	男	22	大专	科室1	普通职员	2700.42
9	10005	女	42	中专	科室1	普通职员	4200.53
10	10017	女	30	硕士	科室2	普通职员	4300.79
11	10008	男	55	本科	科室2	经理	5600.50
12	10004	女	45	本科	科室2	监理	5000.78
13	10001	女	36	本科	科室2	副经理	4600.97
14	10010	男	23	本科	科室2	普通职员	3000.48
15	10020	男	38	中专	科室2	普通职员	3301.00
16	10003	女	30	博士	科室3	普通职员	4700.85
17	10015	女	35	博士	科室3	监理	4600.46
18	10009	男	35	硕士	科室3	监理	4700.09
19	10002	男	28	硕士	科室3	普通职员	3800.01
20	10018	女	25	本科	科室3	普通职员	3500.39
21	10019	男	40	大专	科室3	经理	4800.67
22	10013	女	27	中专	科室3	普通职员	2900.36

图 4.54 【第 2 题】数据表

【第 3 题】对图 4.55 中的数据用围棋格式标识（在“条件格式”用公式完成）。

	A	B	C	D	E	F	G	H	I	J
1	数据库：分省年度数据									
2	地区：北京市									
3	时间：2006-2014年									
4	指标	2014年	2013年	2012年	2011年	2010年	2009年	2008年	2007年	2006年
5	城镇单位就业人员平均工资(元)	102268	93006	84742	75482	65158	57779	55844	45823	39684
6	农、林、牧、渔业城镇单位就业人员平均工资(元)	49478	48352	39334	34110	29889	27020	26114	22154	19147
7	采矿业城镇单位就业人员平均工资(元)	90402	82623	78381	74247	68514	57031	60057	40213	29887
8	制造业城镇单位就业人员平均工资(元)	80418	72915	64235	56742	48298	41595	39076	33964	29619
9	电力、燃气及水的生产和供应业城镇单位就业人员平均工资(元)	112136	99743	91768	83059	85178	77875	72195	60679	55727
10	建筑业城镇单位就业人员平均工资(元)	77359	68501	61579	52455	46421	41981	37950	31668	26538
11	交通运输、仓储和邮政业城镇单位就业人员平均工资(元)	78183	72006	65986	59540	51342	46087	45285	38426	33687
12	信息传输、计算机服务和软件业城镇单位就业人员平均工资(元)	148828	136599	130154	116755	105560	100794	96963	77463	83394
13	批发和零售业城镇单位就业人员平均工资(元)	91976	86715	78945	70711	64150	57948	57768	47971	38446
14	住宿和餐饮业城镇单位就业人员平均工资(元)	48870	45280	42016	37830	31978	28759	28379	24321	21698
15	金融业城镇单位就业人员平均工资(元)	225482	206110	184612	172621	164643	143187	135192	97320	88408
16	房地产业城镇单位就业人员平均工资(元)	79280	72828	64295	57579	50814	44256	42923	36921	31180
17	租赁和商务服务业城镇单位就业人员平均工资(元)	106540	99511	92736	83007	63794	56647	58327	46290	42522
18	科学研究、技术服务和地质勘查业城镇单位就业人员平均工资(元)	124123	113206	106604	97658	88018	77632	71895	62230	50853
19	水利、环境和公共设施管理业城镇单位就业人员平均工资(元)	64725	57563	52647	47630	41376	37183	37207	32058	28427
20	居民服务和其他服务业城镇单位就业人员平均工资(元)	45776	43754	38838	34498	27625	25006	24522	23521	19428
21	教育城镇单位就业人员平均工资(元)	99337	87820	83566	74161	65150	55420	52952	46503	40856
22	卫生、社会保障和社会福利业城镇单位就业人员平均工资(元)	125273	109940	97480	82308	70182	63081	60199	52698	46495
23	文化、体育和娱乐业城镇单位就业人员平均工资(元)	121094	112707	105785	92617	76415	67881	65056	56980	47028
24	公共管理和社会组织城镇单位就业人员平均工资(元)	76226	73563	70280	66038	55680	53529	57460	52668	45682
25	注：1995-2008年的城镇单位就业人员平均工资即为原来的城镇单位就业人员平均劳动报酬。									
26	数据来源：国家统计局									

图 4.55 【第 3 题】数据表

【第 4 题】对企业员工数据表（见图 4.56）完成以下打印设置。

（1）改变数据文件中数据表显示格式：数据表每隔 3 列有一列灰色底纹。

（2）每页包含数据表的编号和性别；每页包含字段名行。

（3）每页页眉为“员工表”，页脚有页码（第*页，共 页），均居中。

（4）输出表格框线。

	A	B	C	D	E	F	G
1	编号	性别	出生日期	当前工资	开始工资	受教育程度（年）	职位
2	1	女	21-Nov-86	4690.00	2975.00	12	普通职员
3	2	女	25-Aug-88	5140.00	3050.00	12	普通职员
4	3	女	27-Feb-86	4915.00	3155.00	15	普通职员
5	4	女	25-Apr-88	4795.00	3125.00	12	普通职员
6	5	女	24-Sep-88	5095.00	3095.00	12	普通职员
7	6	女	13-Dec-83	6355.00	3650.00	16	普通职员
8	7	女	9-Dec-88	5125.00	3095.00	12	普通职员
9	8	女	1-May-88	4690.00	3275.00	15	普通职员
10	9	女	25-Dec-89	4765.00	3125.00	12	普通职员
11	10	女	25-Aug-89	4810.00	3095.00	12	普通职员
12	11	女	30-Jul-88	4990.00	3125.00	12	普通职员
13	12	女	15-Apr-90	4840.00	3125.00	12	普通职员
14	13	女	13-Mar-90	4315.00	3095.00	12	普通职员
15	14	女	16-May-90	4630.00	3125.00	12	普通职员
16	15	女	28-Nov-90	4660.00	3200.00	12	普通职员

图 4.56 【第 4 题】数据表

【第 5 题】对图 4.57 中的数据表，要求在 H2 单元格输入成绩的下界，在 J2 单元格输入上界，会自动在图 4.57 的数据表中用红色文字标识出介于这两个单元数值之间的成绩数据。更改 H2 和 J2 单元格的数值（上界和下界）后，下面会自动根据新的值，用红色文字标识出介于这两个单元数值之间的成绩数据。

	A	B	C	D	E	F	G	H	I	J	K	L
1												
2				用颜色标识出考核成绩介于			大于等于		小于等于		的成绩	
3		姓名	项目1	项目2	项目3	项目4	项目5	项目6	项目7	项目8	项目9	项目10
4		name1	87	72	92	66	69	67	92	64	52	92
5		name2	47	53	75	61	46	60	69	54	55	63
6		name3	89	77	55	49	82	87	59	57	48	89
7		name4	92	54	70	74	85	56	71	91	54	78
8		name5	52	72	71	85	71	69	59	68	52	78
9		name6	75	63	78	55	66	78	72	46	94	94
10		name7	70	76	60	92	63	81	67	85	77	72
11		name8	72	53	82	48	95	83	80	71	69	70
12		name9	73	82	45	94	51	50	73	63	58	93
13		name10	86	62	78	89	87	63	64	89	60	57

图 4.57 【第 5 题】数据表

【第 6 题】条件格式实现：要求标注考核成绩中有三项或超出三项成绩大于 85 分的记录行（用绿色底纹标出），如图 4.58 所示。

	A	B	C	D	E	F	G	H	I	J	K	L
1		姓名	项目1	项目2	项目3	项目4	项目5	项目6	项目7	项目8	项目9	项目10
2		name1	87	72	92	66	69	67	92	64	52	92
3		name2	47	53	75	61	46	60	69	54	55	63
4		name3	89	77	55	49	82	87	59	57	48	89
5		name4	92	54	70	74	85	56	71	91	54	78
6		name5	52	72	71	85	71	69	59	68	52	78
7		name6	75	63	78	55	66	78	72	46	94	94
8		name7	70	76	60	92	63	81	67	85	77	72
9		name8	72	53	82	48	95	83	80	71	69	70
10		name9	73	82	45	94	51	50	73	63	58	93
11		name10	86	62	78	89	87	63	64	89	60	57
12		name11	73	89	75	85	68	58	62	93	60	71

图 4.58 【第 6 题】数据表

CHAPTER5

第5章 商务数据图表制作、设计与应用

5.1 图表的类型与组成

5.1.1 图表类型

在Excel中，图表是以图形的方式描述工作表中的数据。图表能更直观清楚地反映工作表中数据的变化和趋势，帮助我们快速理解和分析数据。Excel提供了十几种标准的图表类型。每一种图表类型又细分为多个子类型，可以根据分析数据的目的不同，选择不同的图表类型描述数据。

在“插入”选项卡，单击“图表”组的“对话框启动器”按钮，打开“插入图表”对话框（见图5.1）。在“插入图表”对话框可以看到11种常用的图，包括柱形图、折线图、饼图、条形图、面积图、XY（散点图）、股价图、曲面图、圆环图、气泡图和雷达图。另外，还可以用上述提供的图表类型模拟甘特图、组合图、组织结构图、直方图和排列图。

5.1.2 图表的组成

一个图表主要由以下部分组成。

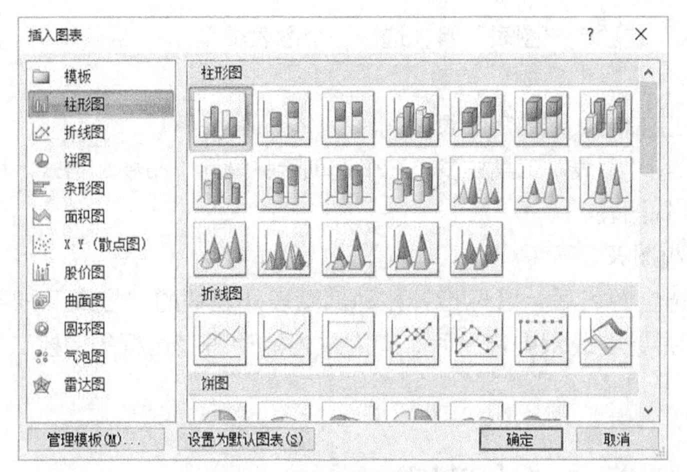

图 5.1 “插入图表”对话框

（1）图表标题：描述图表的名称，一般在图表的顶端，可有可无。

（2）坐标轴与坐标轴标题：坐标轴分为横（水平）坐标轴和列（垂直）坐标轴。水平轴通常称为 X 轴，包含分类名称，垂直坐标轴通常称为 Y 轴，包含数值型数据。X 轴和 Y 轴的标题名称可有可无。

（3）图例：标识图表中相应的数据系列的名称和数据系列在图中的颜色。

（4）绘图区：以坐标轴为界的区域。包括数据系列、分类名称、刻度、网格线和坐标轴标题等。

（5）数据系列：图表中的一个数据系列对应工作表中选定区域的一行或一列数据。在默认情况下，每个数据系列具有唯一的颜色或图案，并与图表的图例一致。

（6）网格线：从坐标轴刻度线延伸出来并贯穿整个“绘图区”的线条系列，可有可无。

（7）数据标签：标识数据系列中数据的详细信息，源于数据表中的值。

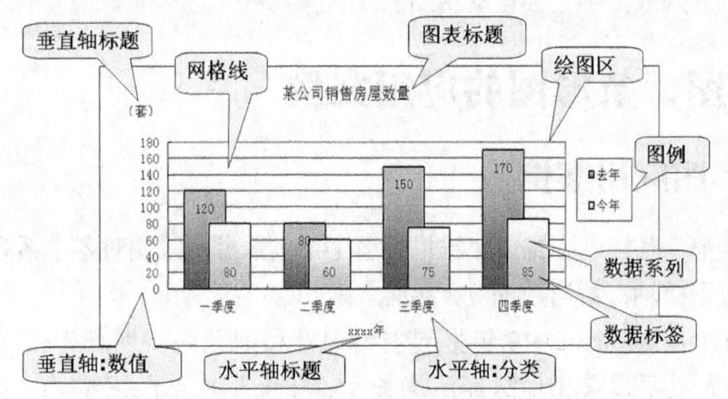

图 5.2 “插入图表”对话框

5.1.3 图表的一般操作

1．创建图表

操作步骤：

（1）选定要创建图表的数据。

（2）在“插入”选项卡“图表”组，选择一个图表类型。

2．选定图表

单击图表中的空白区，则选定图表。

选定图表后，在“图表”工具栏多了三个选项卡：设计、布局和格式。用这三个选项卡可以方便地编辑和修饰图表。

3．放大、缩小图表

操作步骤：选定图表后，鼠标指针移动到图表外边框的“控点”（四个角、四条边的中间点），当鼠标指针变成双向箭头时，向内或外拖动图表边框的“控点”，可放大或缩小图表。

4．删除图表

操作步骤：选定图表后，按【Del】键。

5．移动/复制图表

（1）移动图表：选定图表后，鼠标指针移到图表的边框上，当鼠标指针出现十字箭头时，拖动图表的边框，可以移动图表。

（2）复制图表：按【Ctrl】键的同时拖动图表的边框，当图表拖动到目标位置时，先松开鼠标，后松开【Ctrl】键。

6．编辑图表的方法

有关编辑图表的详细操作步骤，将在后面的创建图表中介绍。下面介绍一般的操作方法。

图表由许多图表对象组成，编辑图表对象的常用方法如下。

方法1：鼠标右键单击要编辑的对象，然后在弹出的快捷菜单中选择相应的命令即可。

方法2：单击要编辑的对象，在“设计”“布局”或“格式”选项卡中选择编辑或修饰的按钮。

建立图表后，需要注意的是：当改变了创建图表时选定的区域中的数据或文字后，与之对应的图表中的数据系列或文字也会自动更新。

5.2 柱形图、条形图的应用案例

5.2.1 柱形图应用案例

柱形图是用矩形、圆柱、圆锥或棱锥描述各个系列数据，以便对各个系列数据进行直观的比较。分类数据位于横轴，数值数据位于纵轴。

【例 5-1】表 5.1 是 2006～2010 年世界主要国家和地区经济增长率。为了能直观地比较 2006～2010 年世界主要国家和地区经济增长率，下面用柱形图来描述，如图 5.3 所示。

表 5.1　2006～2010 年世界主要国家和地区经济增长率（单位：%）

	A	B	C	D	E	F
1	国家和地区	2006 年	2007 年	2008 年	2009 年	2010 年
2	世界总计	5.2	5.3	2.8	−0.6	5
3	美国	2.7	2	0	−2.6	2.8

续表

	A	B	C	D	E	F
4	欧元区	3	2.9	0.5	−4.1	1.8
5	日本	2	2.4	−1.2	−5.2	4.3
6	中国	12.7	14.2	9.6	9.2	10.3
7	中国香港地区	7	6.4	2.2	−2.8	6
8	韩国	5.2	5.1	2.3	0.2	6.1
9	新加坡	8.6	8.5	1.8	−1.3	15
10	南非	5.6	5.5	3.7	−1.8	2.8
11	印度	9.7	9.9	6.4	5.7	9.7
12	俄罗斯联邦	8.2	8.5	5.2	−7.9	3.7
13	巴西	4	6.1	5.1	−0.2	7.5

创建如图 5.3 所示的图表，操作步骤：

（1）选定要创建图表的数据区域。例如，选定表 5.1 中 A2:F14。

（2）单击“插入”选项卡，在“图表”组选择“柱形图”。

（3）在“二维图”中选择“簇状柱形图”，创建的图表如图 5.3（a）所示。

（4）互换图列和水平分类：单击图表，在“图表工具”中单击“设计”选项卡，在“数据”组单击“切换行/列”按钮，结果如图 5.3（b）所示。

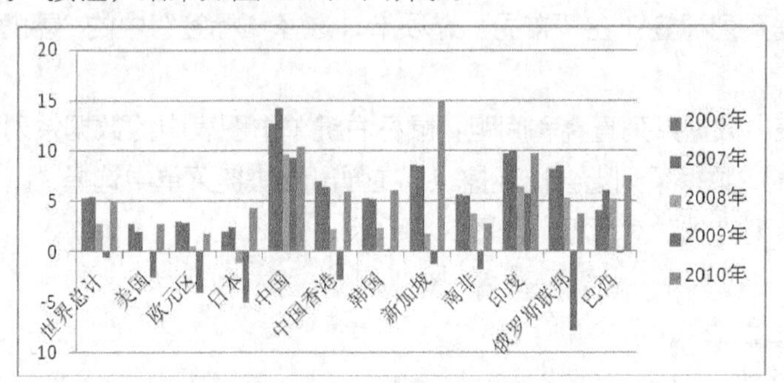

（a）簇状柱形图（行/列切换前）

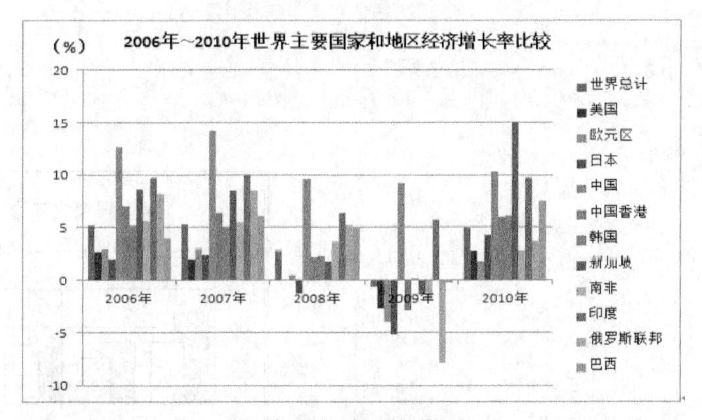

（b）柱形图（行/列切换后）

图 5.3 簇状柱形图

（5）添加图表标题：在“布局”选项卡，单击“标签”组的“图表标题”，选择“图表上方”，输入标题内容或“复制”A1 单元格的内容，“粘贴”到图表标题框内。

（6）添加垂直坐标轴标题：在“布局”选项卡，选择“标签”组的“坐标轴标题”“主要纵坐标轴标题”“横排标题”，输入内容即可。例如，输入“(%)”，再移动到合适的位置。

注意：图表在描述数据表中的负值时，数据系列在水平数轴以下。

【例 5-2】表 5.2 是某公司去年和今年房屋销售情况统计表，用该表创建重叠柱形图，如图 5.5 所示。

表 5.2 房屋销售统计表

	A	B	C	D	E
1		一季度	二季度	三季度	四季度
2	去年	120	80	150	170
3	今年	80	60	75	85

创建如图 5.5 所示的图表，操作步骤：

（1）选定要创建图表的数据区域。例如，选定表 5.2 中 A1:E3。

（2）选择图表类型、图表子图，添加图表标题、垂直坐标轴标题，与例 5-1 操作相同，不再重复。

（3）添加数据系列标签：在“布局”选项卡，选择“标签”中的“数据标签”，然后选择“数据标签内”。

（4）调整图表中数据系列重叠和间距：鼠标右键单击图表中的数据系列（如右键单击“四季度”中一个柱子），数据系列上会出现控点，在弹出的快捷菜单中选择“设置数据系列格式”，打开“设置数据系列格式”对话框，如图 5.4 所示。

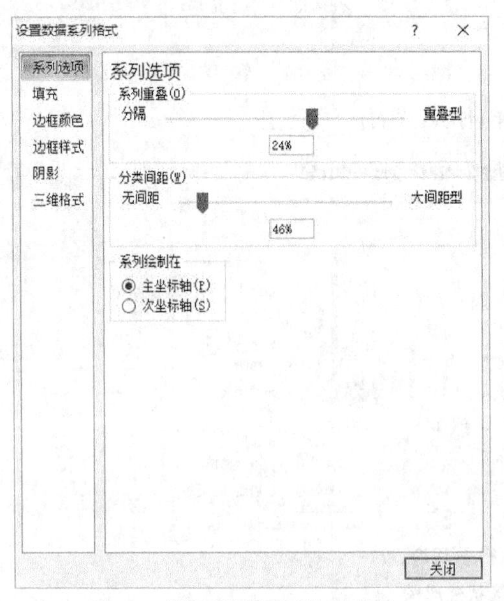

图 5.4 “设置数据系列”对话框

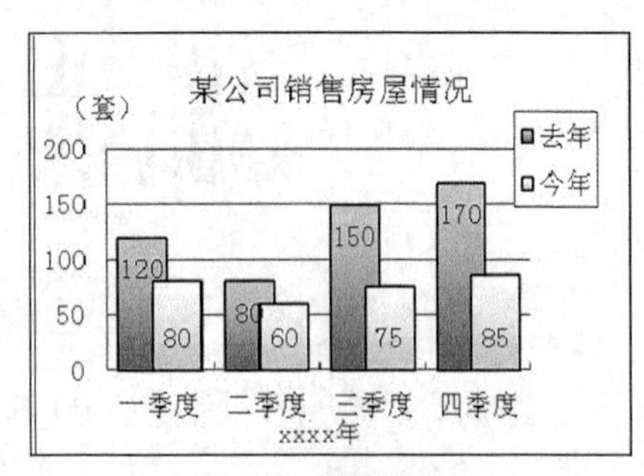

图 5.5 重叠柱形图

- 系列重叠：通过拖动“系列重叠”滑竿，可调整柱子之间的分隔间距（加大或重叠）。
- 分类间距：通过拖动“分类间距”滑竿，可调整柱子的粗细。

【例 5-3】用表 5.2 的数据表创建堆积图，如图 5.6 所示。

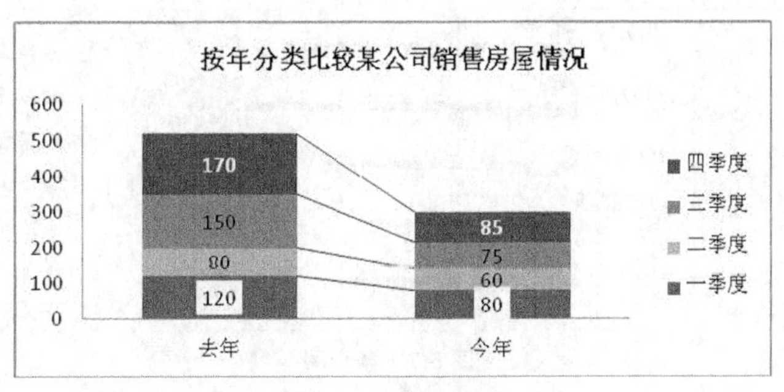

图 5.6　堆积柱形图

堆积柱形图的每个柱体由一个数据系列（一行或一列数据）堆积而成，是一个数据系列的总计。堆积柱形图即可对不同的数据系列进行直观比较，也可以对一个数据系列内的数据进行直观比较。

操作步骤：

（1）选定要创建图表的数据区域。例如，选定表 5.2 中 A1:E3。

（2）在“插入”选项卡“图表”组选择“柱形图”，在“二维图”中选择“堆积柱形图”。默认情况下，水平分类轴是数据表的行——季度。

（3）行列互换：选择“设计”选项卡的“切换行列”。

（4）添加数据系列标签：在“布局”选项卡，选择“标签”中的“数据标签”，然后选择“居中”。

（5）添加趋势线：在“布局”选项卡“分析”组中选择“折线”，选择“系列线”。

（6）改变数据标签格式与颜色：单击数据标签，选择“开始”选项卡“字体”组中相应的按钮改变数据标签格式与颜色。

（7）改变数据系列底色：单击柱形区域（非数据标签），选择“开始”选项卡“字体”组中“填充颜色”按钮中的颜色即可。

5.2.2　创建与修饰条形图的应用案例

条形图是柱形图的图形顺时针旋转 90°，分类数据位于纵轴，数值数据位于横轴。“条形图”与柱形图的操作步骤基本一样，在此不再重复。

操作步骤：

（1）按照创建柱形图的步骤，创建条形图。

（2）改变垂直轴的类别名称顺序，鼠标右键单击垂直轴的名称，弹出快捷菜单，选择 “设置坐标轴格式”。

（3）在“设置坐标轴格式”对话框的“坐标轴选项”中选择“逆序类别”。

创建的图表，如图 5.7 所示。

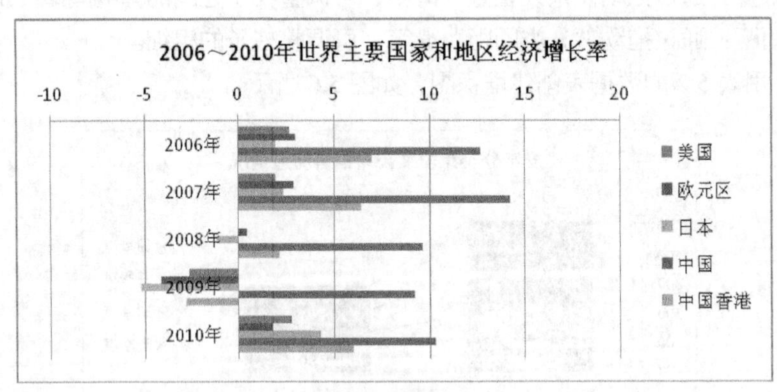

图 5.7　条形图

5.3　折线图和面积图应用案例

5.3.1　创建与修饰折线图应用案例

【例 5-4】表 5.3 是 2000～2010 年 5 个国家的公共教育支出占 GDP 比重。下面用折线图来直观描述从 2000～2010 年 5 个国家的公共教育支出占 GDP 比重的趋势图，结果如图 5.8 所示。

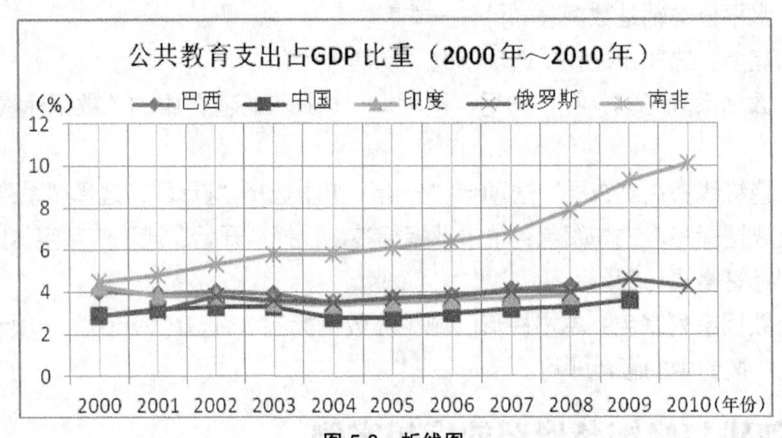

图 5.8　折线图

折线图是将同一个系列的数据表示的点（等间隔）用直线连接，能直观地描述每一个数据系列的变化趋势，用于比较不同的数据系列以及变化的趋势。

操作步骤：

（1）选定要创建图表的数据区域。例如，选定表 5.3 中 A1:L6。

（2）选择图表类型。单击“插入”选项卡，在“图表”组选择“折线图”。

（3）选择图表子图：选择“二维折线图”中的“带数据标记的折线图”。

（4）添加图标标题：在“布局”选项卡，单击“标签”组“图表标题”，选择“图表上方”。在插入的图表标题文本框中输入标题即可。

表 5.3　2000～2010 年 5 个国家的公共教育支出占 GDP 比重

	A	B	C	D	E	F	G	H	I	J	K	L
1	国家	2000 年	2001 年	2002 年	2003 年	2004 年	2005 年	2006 年	2007 年	2008 年	2009 年	2010 年
2	巴西	4	3.9	4	3.9	3.5	3.7	3.8	4.1	4.3		
3	中国	2.9	3.2	3.3	3.3	2.8	2.8	3	3.2	3.3	3.6	
4	印度	4.3	3.8	3.8	3.5	3.4	3.5	3.6	3.7	3.8		
5	俄罗斯	2.9	3.1	3.8	3.6	3.5	3.7	3.8	4	4	4.6	4.3
6	南非	4.5	4.8	5.3	5.8	5.8	6.1	6.4	6.8	7.9	9.3	10.1

【例 5-5】用折线图描述正弦与余弦的曲线。

一个完整的正弦或余弦曲线的周期是 360°，图 5.9 所示的折线图是每隔 10°计算一个正弦和余弦值创建的。

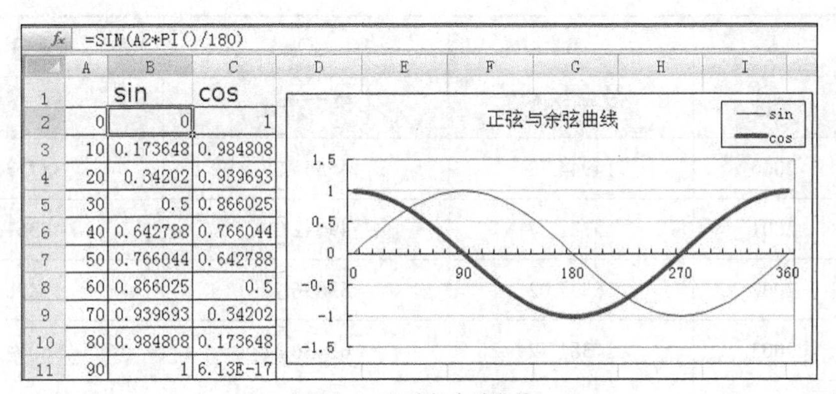

图 5.9　正弦与余弦曲线

操作步骤：

1．输入数据和公式

（1）在 A2 和 A3 单元格分别输入 0 和 10，然后选定这两个单元格，拖动填充柄向下复制，得到数据系列 20，30，……，360，作为正弦和余弦函数的自变量。

（2）在 B1 和 C1 分别输入“sin”和“cos”作为表头。

（3）在 B2 输入公式=SIN(A2*PI()/180)，并复制到 B3:B38 单元格。

（4）在 C2 输入公式=COS(A2*PI()/180)，并复制到 C3:C38 单元格。

2．建立图表

（1）选定 A1:C38 区域。

（2）在“插入”选项卡，“图表组”选中“折线图”中的“二维折线图”。

（3）添加图表标题：在“布局”选项卡，单击“标签”组的“图表标题”，选择“图表上方”。单击插入的图表标题文本框，输入标题即可。

（4）改变水平轴的刻度：鼠标指针指向带刻度的水平轴，单击鼠标右键，选择“设置坐标轴格式”，在“设置坐标轴格式”对话框的“标签间隔”中选中“指定间隔单位”，输入“9”。

（5）改变折线的粗细（如改变 cos 曲线）：单击 cos 曲线（选中该曲线），在“格式”选项卡“形状样式”组，单击“形状轮廓”，“粗细”选择“4.5 磅”。

5.3.2 创建与修饰面积图应用案例

面积图类似折线图，能直观地描述每一个数据系列的变化幅度，强调数值的量度或幅度。面积图更适合表现随时间变化的数据发展趋势，也适合显示部分与整体的关系。

【例 5-6】表 5.4 是我国 2000～2009 年生产总值表。第一产业：农业（包括农业、林业、畜牧业、渔业）。第二产业：工业（包括采矿业、制造业、电力、燃气及水的生产及供应业）和建筑业。第三产业：除第一、第二产业以外的其他各业。第三产业根据社会生产活动历史发展的顺序对产业结构的划分，产品直接取自自然界的部门称为第一产业，对初级产品进行再加工的部门称为第二产业，为生产和消费提供各种服务的部门称为第三产业。

表 5.4　2000～2009 年国内三产业总值

	A	B	C	D
1	年份	第一产业	第二产业	第三产业
2	2000	14944.72	45555.88	38713.95
3	2001	15781.27	49512.29	44361.61
4	2002	16537.02	53896.77	49898.90
5	2003	17381.72	62436.31	56004.73
6	2004	21412.73	73904.31	64561.29
7	2005	22420.00	87598.09	74919.28
8	2006	24040.00	103719.54	88554.88
9	2007	28627.00	125831.36	111351.95
10	2008	33702.00	149003.44	131339.99
11	2009	35226.00	157638.78	147642.09

为了能直观地比较 2000～2009 年我国国内三个产业发展情况，下面用面积图来描述。

操作步骤：

（1）选定要创建图表的数据区域。例如，选定表 5.4 中 A1:D11。

（2）选择图表类型：单击“插入”选项卡，在“图表”组中选择“面积图”。

（3）选择图表子图：在“二维面积图”中选择“面积图”，制作的图表如图 5.10 所示。注意图 5.10 存在以下问题。

- 从图例中看到不应该出现的“年份”。

- 应该出现“年份的 X 轴，显示的是数字 1，2，3，……
- 仅能看到两个数据系列的面积，另一个数据系列的面积比较小，被其他数据系列面积掩盖。

为了解决这些问题，继续执行下面的操作步骤。

（4）单击图表，在“设计”选项卡“数据”组，选择“选择数据源”，打开的对话框如图 5.11 所示。

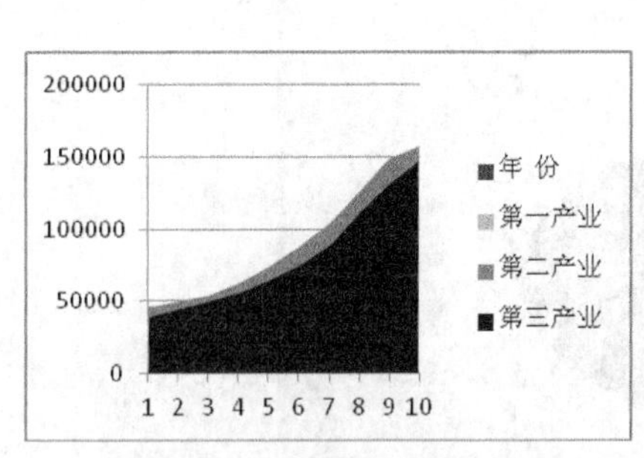

图 5.10　调整前的面积图

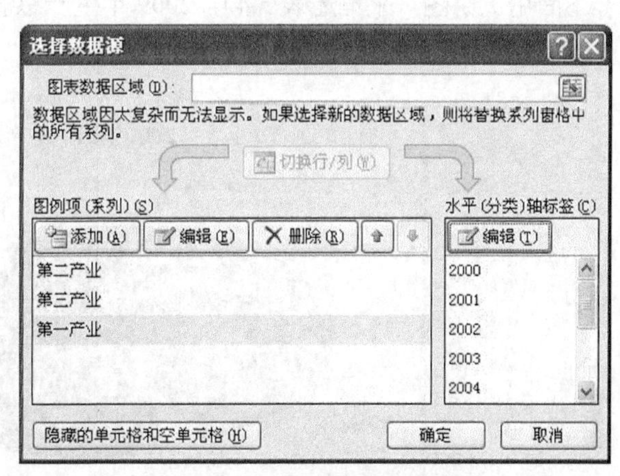

图 5.11　“选择数据源”对话框

（5）从“图例项”列表中删除“年份”：选中“年份”，单击“删除”按钮。

（6）将 A2:A11“年份”数据选入水平分类轴：单击“水平分类轴标签”下面的“编辑”按钮，在“轴标签区域”选择数据表中的单元格区域 A2:A11，单击“确定”按钮。

（7）在“图例项”列表中，选定数据系列名称，单击“⬆”或“⬇”按钮调整数据系列显示的次序，直到在图表中能看到所有的数据系列为止，如图 5.12 所示。

（8）添加图表标题：在“布局”选项卡“标签”组选择“图表标题”，然后输入标题文字。

（9）添加数据系列标签：在“布局”选项卡“标签”组选择“数据标签”，选择“其他数据标签选项”，打开“设置数据标签格式”对话框，在“标签选项”中选择“系列名称”，得到图 5.12 所示的图表。

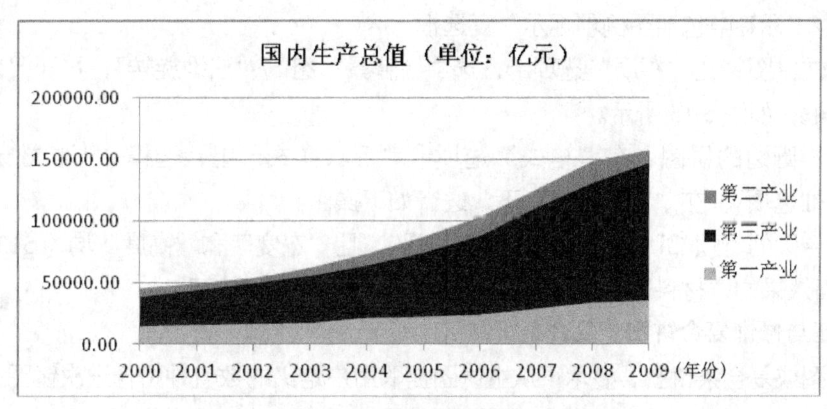

图 5.12　调整后的面积图

5.4 饼图和圆环图的应用案例

5.4.1 创建与修饰饼图的应用案例

1．创建与修饰饼图

饼图用于描述一个数据系列中的每一个数据占该系列数值总和的比例。

下面用“饼图”来描述表 5.4 中 2009 年生产总值中的三个产业占总产值的比例。

【例 5-7】创建如图 5.13 所示的饼图。

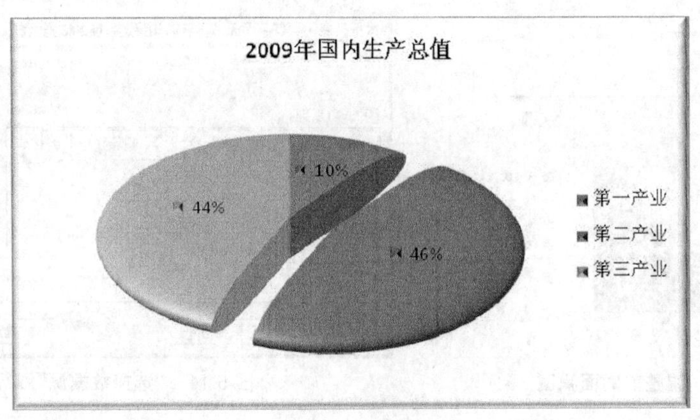

图 5.13 饼图

操作步骤：

（1）选择数据区：选定表 5.4 中的 A1：D1 和 A11：D11。

（2）选择图标类型：在“插入”选项卡“图表”组中选择“三维饼图”。

（3）更改图表标题：单击图表中的标题，在“2009 年”后面输入“国内生产总值”。

（4）添加图表标签：在“布局”选项卡，选择“标签”组的“其他数据标签选项”，打开“设置数据标签格式”对话框，如图 5.14 所示，进行如下选项。

- “标签包括”选中“百分比”。
- “标签位置”选中“居中”。
- 选中“标签中包括图例项标示”复选框。

（5）旋转饼图：在“布局”选项卡，选中“背景”组的“三维旋转”，打开“设置图表区格式”对话框，如图 5.15 所示。

（6）修饰圆边的饼图：在“格式”选项卡“形状样式”组，选择“形状效果”→“棱台”→“三维选项”，在“三维格式”下，进行如下操作。

- “棱台”的“顶部”和“底部”选择“圆”，且“宽度”和“高度”均为 512 磅。
- 表面效果的“材料”选择“塑料效果”，单击“关闭”按钮。

2．创建与修饰复合饼图（复合条饼图）

复合饼图或复合条饼图，显示了从主饼图提取用户定义的数值并组合进次饼图或堆积条形图的饼图。如果要描述饼图中的一个分类项的子类项，适合使用复合饼图。

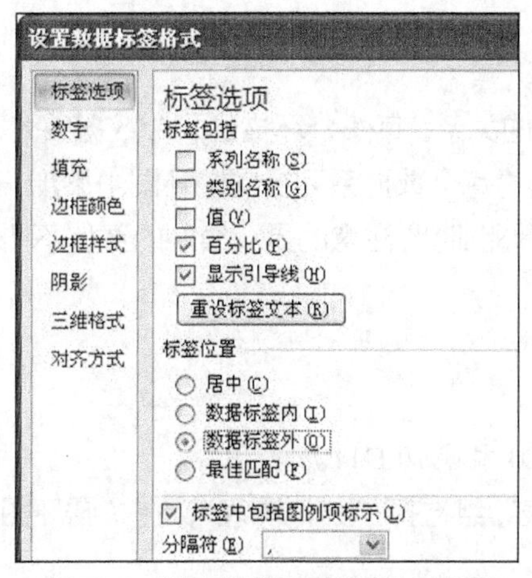

图 5.14 “设置数据标签格式”对话框

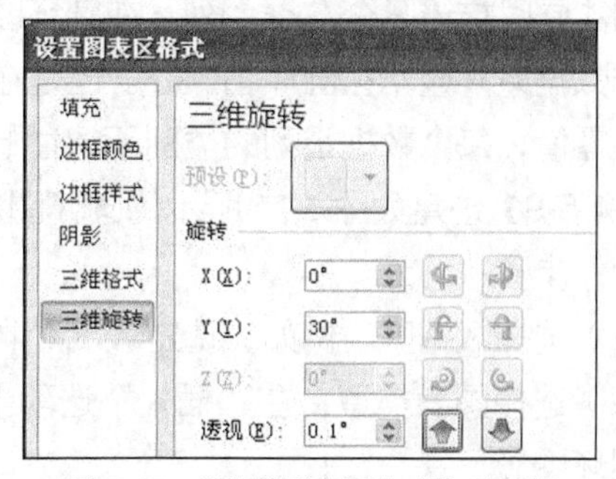

图 5.15 “设置图表区格式”对话框

【例 5-8】用表 5.5 创建复合饼图。

表 5.5 2009 年国内生产总值[1]

	A	B	C	D	E
1		第一产业	第三产业	第二产业	
2				工业	建筑业
3		35226.00	147642.09	135239.9	22398.8

操作步骤：

（1）选择数据区。例如，选定表 5.5 中的 B2：E3。

（2）选择图标类型：在“插入”选项卡“图表”组的“二维饼图”中选择“复合饼图”。

（3）添加图表标签：在“布局”选项卡“标签”组的“数据标签”中选择“其他数据标签选项”，选中“类别名称”“百分比”和“显示引导线”选项。

（4）更改标签名称：单击“其他”标签，再次单击该标签，输入“第二产业”。

（5）更改图表标题：单击图表中的标题，在“2009 年”后面输入“国内生产总值”。如图 5.16 所示。

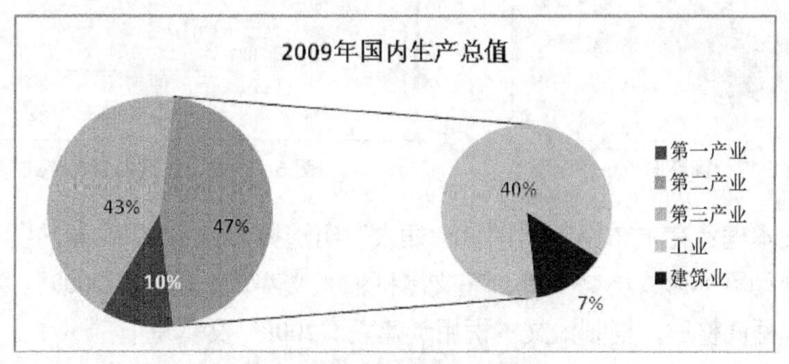

图 5.16 复合饼图

1 数据来源：中华人民共和国国家统计局网站 http://www.stats.gov.cn/.

5.4.2 圆环图应用案例

圆环图与饼图很相似，描述各部分与整体之间的关系。每一个环描述一个数据系列，因此，圆环图能同时描述多个数据系列。在圆环图中绘制的每个数据系列会向圆环图中添加一个环。第一个数据系列显示在圆环图中心。但是在使用圆环图时要注意的是：绘制的数值不能是负值且不为零值，每个数据系列的类别不超过七个。

【例 5-9】 创建如图 5.17 所示的圆环图。

操作步骤：

（1）选择数据区。例如，选定表 5.4 中的 A1:D1 和 A10:D11。

（2）选择图表类型：在“插入”选项卡“图表”组选择“其他图表”，在“圆环图”中选择“圆环图”。

（3）选择图表布局：单击图表，在“设计”选项卡“图表布局”组选择要使用的布局。例如，选择“布局 6”（带百分比标签）

（4）改变图表样式：单击图表，在“设计”选项卡“图表样式”组选择要使用的图表样式。例如，选择“样式 5”

（5）改变图表的大小：单击图表，鼠标指针移动到图表边框的控点，向内或向外拖动鼠标。或者在“格式”选项卡“大小”组中，调整“形状高度”和“形状宽度”框内的数值。

（6）改变圆环图内径大小、旋转、分离：单击图表中的圆环，在“格式”选项卡“当前所选内容”组，单击“设置所选内容格式”，打开“设置数据系列格式”对话框，如图 5.18 所示。拖动滑竿调整图内径大小、旋转以及分离程度。

（7）添加圆环的边框线：单击图表中的圆环，在“格式”选项卡“形状样式”组，单击“形状轮廓”按钮，选择轮廓的颜色与线条等。

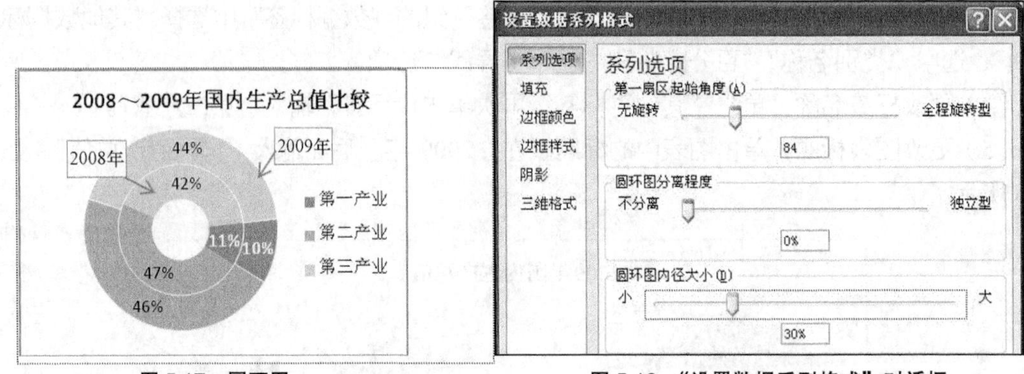

图 5.17　圆环图　　　图 5.18　“设置数据系列格式”对话框

（8）插入文本框：在“布局”选项卡“插入”组选择“文本框”，单击要放置文本框的位置，向右下角拖动鼠标形成小文本框，在文本框输入文字，如输入“2009”。在后面的操作中对“2009”文本框调整后，复制该文本框用于建立“2008”文本框。

（9）调整文本框到合适的大小：鼠标右键单击文本框，弹出快捷菜单，选择“设置形状格式”，在“设置形状格式”对话框选中左侧列表中的文本框，选中右侧“根据文字调整形状大小”复选框。

（10）插入箭头：在“布局”选项卡“插入”组选择“形状”，弹出列表，在“线条”中单击“箭头”，然后在图表中的文本框角部拖动鼠标，绘制箭头。

5.5　数据透视图（统计计算结果制作图表）

如果图表描述的数据不能直接从数据表中获取，就需要用统计计算的结果制作图表。例如，要制作图表描述不同的科室成员的学历分布情况，需要先统计不同科室的不同学历人员的分布数据，然后再制作图表。

【例 5-10】用图表描述图 5.19 中科室 3 的职工的学历分布情况。

	A	B	C	D	E	F	G	H	I	J	K	L
1	职工情况简表								科室	科室3		
2	编号	性别	年龄	学历	科室	职务等级	工资					
3	10001	女	36	本科	科室2	副经理	4600.97		行标签	计数项:性别		
4	10002	男	28	硕士	科室3	普通职员	3800.01		博士	2		
5	10003	女	30	博士	科室3	普通职员	4700.85		硕士	2		
6	10004	女	45	本科	科室2	监理	5000.78		本科	1		
7	10005	女	42	中专	科室1	普通职员	4200.53		中专	1		
8	10006	男	40	博士	科室1	副经理	5800.01		大专	1		
9	10007	女	29	博士	科室1	副经理	5300.25		总计	7		
10	10008	男	55	本科	科室2	经理	5600.50					
11	10009	男	35	硕士	科室3	监理	4700.09		计数项:性别	列标签		
12	10010	男	23	本科	科室2	普通职员	3000.48		行标签	男	女	总计
13	10011	男	36	大专	科室1	普通职员	3100.71		科室1	4	3	7
14	10012	男	50	硕士	科室1	经理	5900.55		科室2	3	3	6
15	10013	女	27	中专	科室3	普通职员	2900.36		科室3	3	4	7
16	10014	男	22	大专	科室1	普通职员	2700.42		总计	10	10	20

图 5.19　数据表与数据透视表

操作步骤：

（1）单击职工数据表中任意一个单元格。

（2）单击“插入”选项卡，单击“数据透视表”中选择“数据透视图”。

（3）在“创建数据透视表与数据透视图”对话框中选中“现有工作表”。

（4）单击 I3 单元格（存放数据透视表的位置）。

（5）将“科室”拖到“报表筛选”，“学历”拖动到“行标签”，“性别”拖动到“∑数值”。

（6）单击“数据透视表”中的“科室”后面的按钮（J1 单元格），选中“选择多项”复选框，只选中“科室 3”。

（7）默认图表是柱形图。单击“更改图标类型”按钮，选择“饼图”即可。

结果如图 5.20 所示。

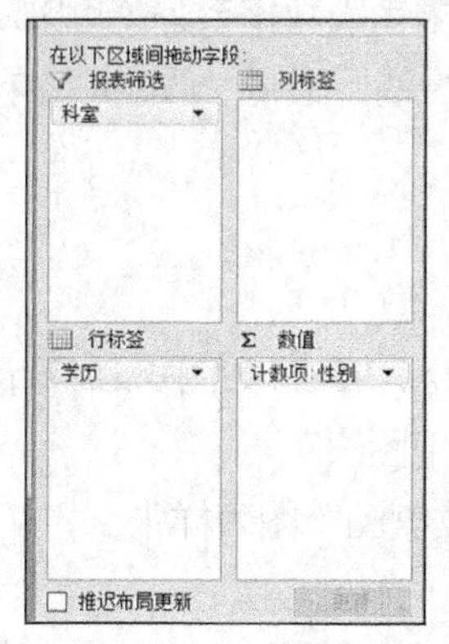

图 5.20　例 5-10 图表结果

【例 5-11】用图表描述图 5.18 中每个科室不同性别人员的分布情况。

操作步骤：

（1）单击职工数据表中任意一个单元格。

（2）单击“插入”选项卡，单击“数据透视表”，选择“数据透视图”。

（3）在“创建数据透视表与数据透视图”对话框中选中“现有工作表”。

（4）单击 I12 单元格（存放数据透视表的位置）。

（5）将“科室”拖到“行标签”，“性别”拖动到“列标签”，“性别”拖动到“∑数值”。结果如图 5.21 所示。

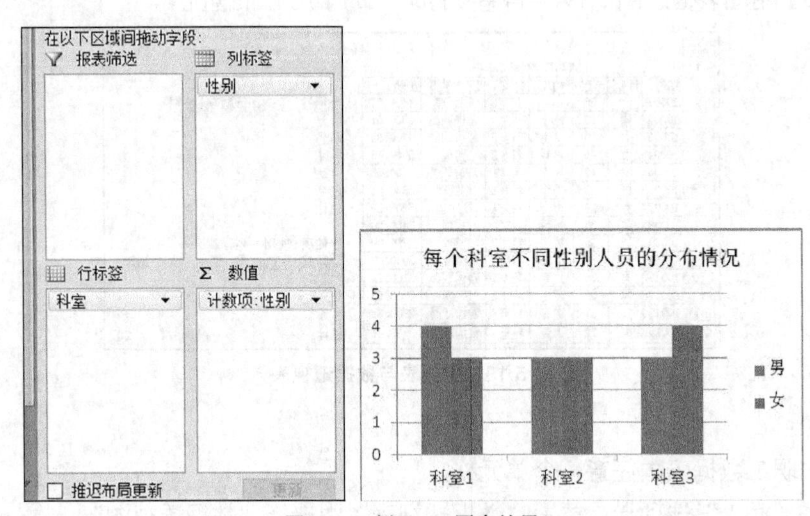

图 5.21　例 5-11 图表结果

5.6　股价图应用案例

股价图用于描述股票价格的走势或波动，也可以描述其他类别数据的波动。只有数据以特定顺序排列在工作表中，才能创建股价图。例如，若要创建一个简单的盘高-盘低-收盘股价图，应按盘高、盘低和收盘次序存放数据。

【例 5-12】创建如图 5.22 和图 5.23 所示的股价图。

创建股价图的操作很简单，首先按股价图的要求输入数据系列（可以从股票行情的软件中下载），如图 5.22 所示，数据系列按时间、开盘、最高、最低、收盘顺序存放，然后执行下面操作可快速创建股价图。

1. 创建图 5.22 的股价图

操作步骤：

（1）选定要制作股价图的数据区。例如，选定 A1:E27，如图 5.22 所示。

（2）在“插入”选项卡“图表”组中选择“其他图表”。

（3）在“股价图”中选择“开盘-盘高-盘低-收盘图”图表样张。

2. 创建图 5.23 的股价图

数据系列需要按时间、成交量、开盘、最高、最低的顺序存放。

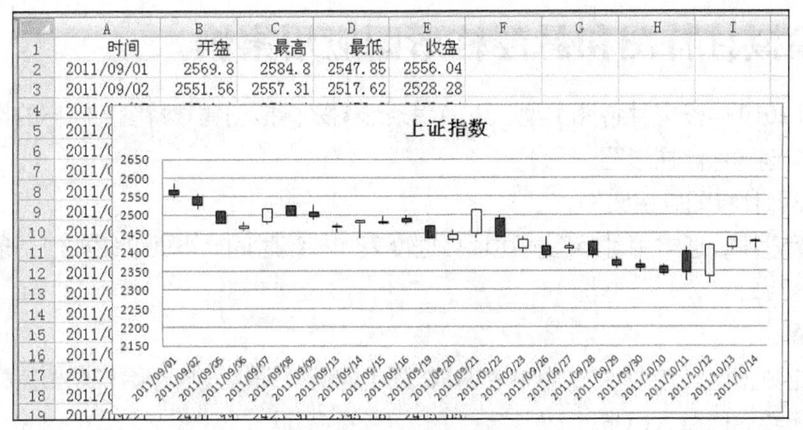

图 5.22　数据表与股价图

操作步骤：

（1）选定 A:F 列（见图 5.23）。

（2）在“插入”选项卡“图表”组中选择“其他图表”。

（3）在“股价图”中选择“成交量-开盘-盘高-盘低-收盘图”图表样张。

执行以上操作后，默认垂直轴的最大值是 100000000，成交量与股价图有重叠。改变垂直轴的最大值为 200000000，可避免重叠。

（4）鼠标右键单击垂直轴，选择“设置坐标轴格式”，在“坐标轴选项”中，最大值改为“固定”，值为“2.0E8”，如图 5.24 所示。

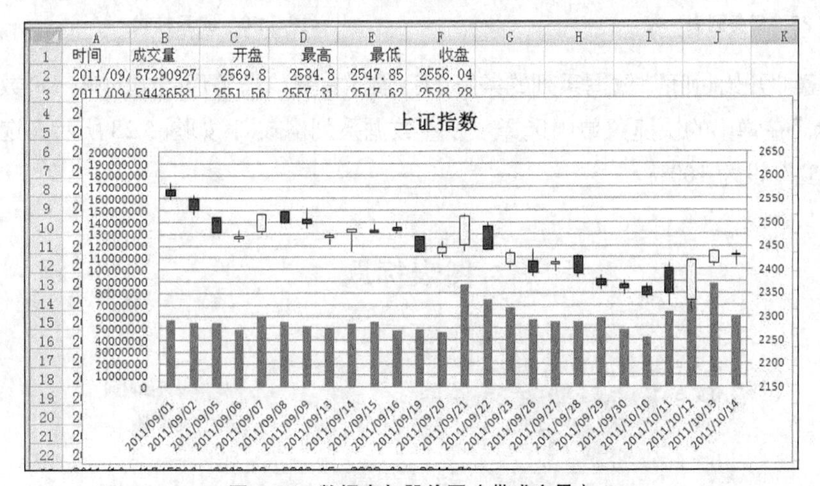

图 5.23　数据表与股价图（带成交量）

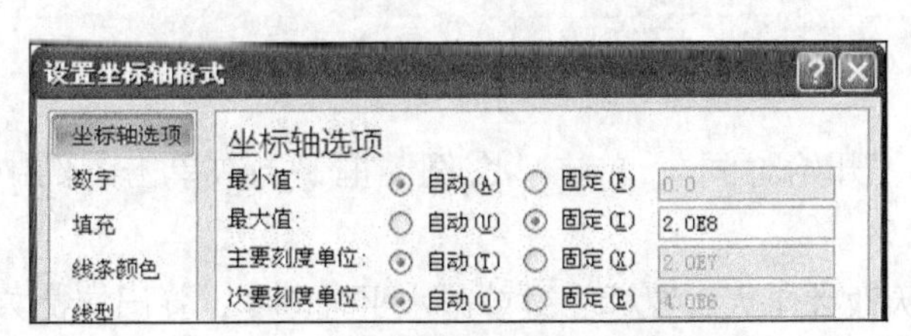

图 5.24　“设置坐标轴格式”对话框

5.7　模拟甘特图和悬浮柱形图应用案例

在 Excel 2010 中没有甘特图类型。下面用条形图来模拟创建甘特图。同样的操作方法，用柱形图来模拟创建悬浮柱形图。

【例 5-13】甘特图应用案例。

在项目管理中，通常用甘特图描述项目进度表和持续时间。下面介绍如何用条形图制作甘特图。

操作步骤：

（1）选定数据区。在图 5.25 中 B 列和 C 列中的值分别代表与开始日期相差的天数和完成任务所需的天数。选择 A1:C6。

（2）选择图表类型：在“插入”选项卡“图表组”选择“条形图”，在“二维条形图”中选择“堆积条形图”。

（3）选择图表样式：单击图表的图表区（图表区：整个图表及其全部元素），在“设计”选项卡“图表样式”组选择要使用的图表样式，如图 5.26 所示。

	A	B	C
1	任务	开始时间	工期
2	任务 1	0	3
3	任务 2	2	5
4	任务 3	5	6
5	任务 4	3	15
6	任务 5	8	9
7			

图 5.25　任务列表

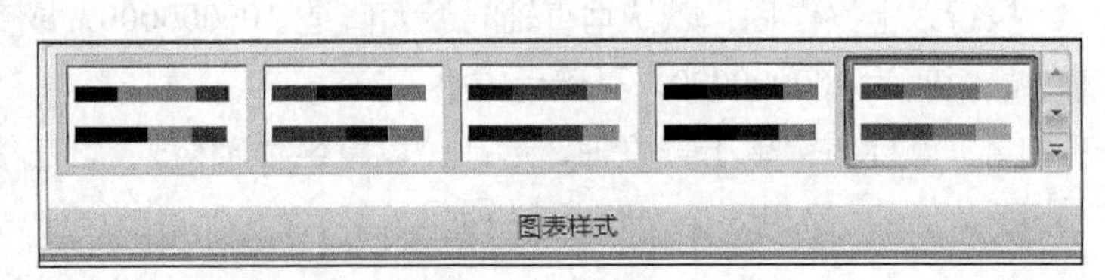

图 5.26　图表样式

（4）隐藏“开始时间”数据系列的条形图：鼠标右键单击条形图中的第一个数据系列，如图 5.27 所示。在弹出的快捷菜单中选择“设置数据系列格式”，如图 5.28 所示，选择“填充”，其中“透明度”设为 100%。

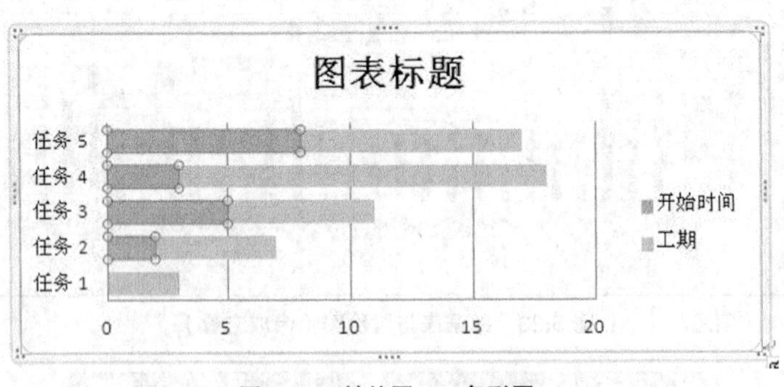

图 5.27　甘特图——条形图

（5）删除图例中“开始时间”：单击“图例”框，再次单击图例中的“开始时间”，按【Del】键。

（6）网格线从 5 天改为 1 天：鼠标右键单击水平轴刻度，弹出快捷菜单，选择“设置坐标轴格式”，弹出对话框，如图 5.29 所示，选中“坐标轴选项”，“刻度线间隔”设为“1”。

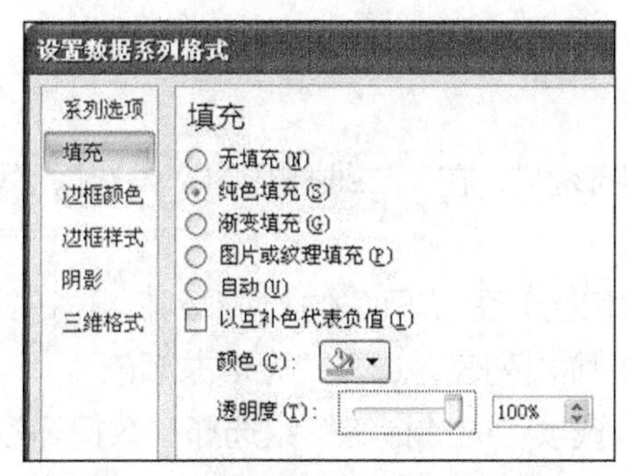

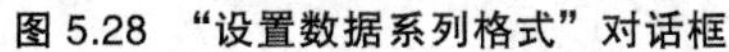

图 5.28 “设置数据系列格式”对话框

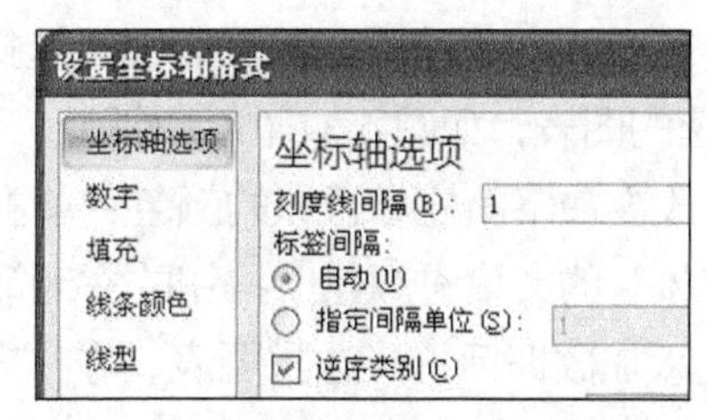

图 5.29 “设置坐标轴格式”对话框

（7）水平轴放在图的上方：鼠标右键单击垂直轴刻度，弹出快捷菜单，选择“设置坐标轴格式”，选中“坐标轴选项”，选中“逆序类别”。

（8）在条形图上添加数据标签：鼠标右键单击条形图，弹出快捷菜单，选择“添加数据标签”，结果如图 5.30 所示。

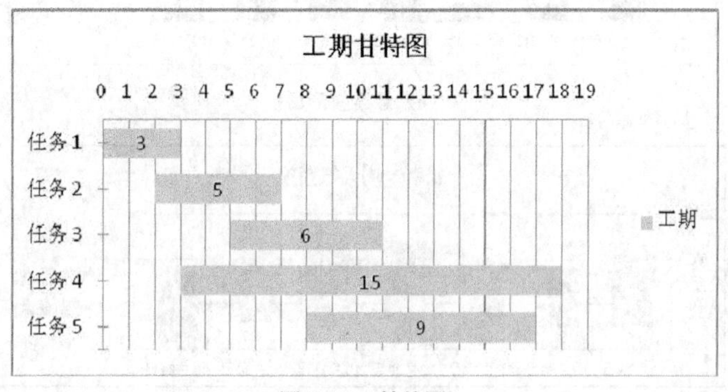

图 5.30 甘特图

【例 5-14】悬浮柱形图案例。

Excel 没有提供浮动柱形图类型。如果希望柱形图中的各柱形表示数据的最小值和最大值，可以借鉴甘特图的制作方法创建浮动的柱形图。其思想是使第一个数据系列不可见，使第二个数据系列有浮动柱形图的效果。下面用浮动柱形图描述一周天气的最高温度和最低温度。表 5.6 是北京地区 10 月份一个星期的天气预报表，下面给出创建其对应的浮动柱形图的操作。

表 5.6 北京地区 10 月 25 日至 10 月 31 日天气预报

	A	B	C
1	日期	气温（低温）	气温（高温）
2	10 月 25 日	5℃	16℃
3	10 月 26 日	5℃	13℃
4	10 月 27 日	4℃	17℃
5	10 月 28 日	6℃	18℃
6	10 月 29 日	8℃	18℃
7	10 月 30 日	6℃	16℃
8	10 月 31 日	2℃	15℃

操作步骤：

（1）选定数据区：选定表 5.6 中的 A1:C8。

（2）在“插入”选项卡“图表”组选择“柱形图”，在“二维柱形图”中选择“堆积柱形图”。创建的图表，如图 5.31（a）所示。

（3）改变最下面柱形区域的颜色：单击“堆积柱形图”下面的数据系列，单击“开始”选项卡“字体”的“填充颜色”按钮的右侧箭头，弹出列表，选择“无填充颜色”。

（4）添加数据标签：选中图表，在“布局”选项卡的“标签”组选择“数据标签”，再选择 “数据标签内”。创建的悬浮柱形图，如图 5.31（b）所示。

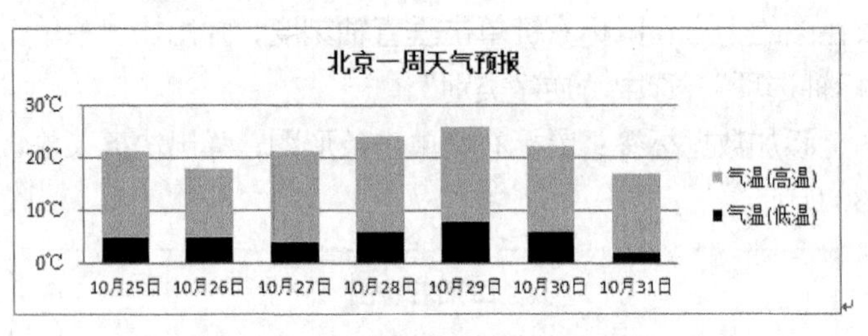

(a) 悬浮柱形图

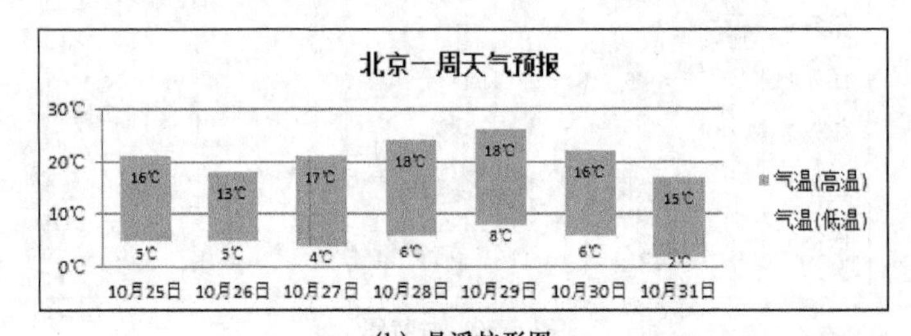

(b) 悬浮柱形图

图 5.31 悬浮柱形图

5.8 创建组合图表、次坐标轴

组合图是指在一个图表中用了两种或多种图表类型，即不同的数据系列采用不同的图表类型描述。

我国国内生产总值（GDP）居世界的位次，2005 年为第 5 位，到 2010 年已经到第 2 位，首次超过日本，成为世界第二大经济体。中国 GDP 占世界的比重逐年上升，从 2005 年的 5% 提高到 2010 年的 9.5%。同时，中国与美国的差距逐步缩小，相当于美国 GDP 的比例从 2005 年的 17.9%上升至 2010 年的 40.2%。

表 5.7 2005～2010 年中国国内生产总值（GDP）居世界位次变化

	A	B	C	D	E
1	年份	位次	国内生产总值（亿美元）	占世界比重（%）	相当美国的比例（%）
2	2005 年	5	22569	5.0	17.9
3	2006 年	4	27129	5.5	20.3

续表

	A	B	C	D	E
4	2007 年	3	34942	6.3	24.9
5	2008 年	3	45200	7.4	31.5
6	2009 年	3	49847	8.6	35.3
7	2010 年	2	58791	9.5	40.2

下面用两种不同的图表描述国民生产总值和国民生产总值占世界比重。其中国民生产总值的数据用柱形图描述，占世界比重和相当美国的比例用折线图描述。在 Excel 2010 中没有提供组合图类型，可以先将这三个数据系列都用柱形图或折线图。另外，由于国民生产总值的数据值与占世界比重和相当美国的比例的数值差距非常大，无法在一个坐标系中描述，因此在下面的操作中要添加次坐标轴。

【例 5-15】以表 5.7 为例介绍创建组合图表。

操作步骤：

（1）选定数据区。例如，选定表 5.7 的 A1:A7 和 C1:E7。

（2）选择图表类型：在“插入”选项卡的“图表组”选择“柱形图”，如图 5.32 所示。

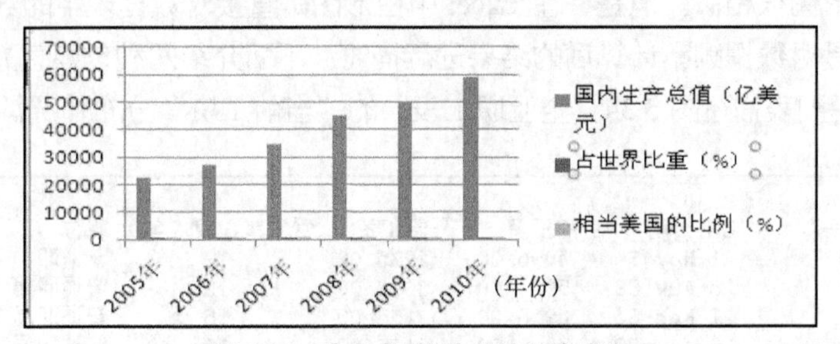

图 5.32　选中“图例”改变图表类型

注意两点：第一，可以选择柱形图或折线图。如果选择柱形图，不能选择三维柱形图，只能选择二维的柱形图。第二，由于主坐标轴的刻度值较大，在图中看不到“占世界比重”和“相当美国的比例”的柱形图，需要增加次坐标轴用较小的刻度描述。

（3）添加次坐标轴：首先需要选中要改变图表类型的数据系列。由于“占世界比重”和“相当美国的比例”数据系列的柱形图非常小，在图表中很难看到，因此采用选择数据系列的“图例”来选中相应的数据系列。

操作是：单击图表中的图例，再次单击“占世界比重（%）”，鼠标右键单击“占世界比重（%）”，弹出快捷菜单选择“设置数据系列格式”，在“系列选项”中选择“次坐标轴”。再次执行步骤（3），将“相当美国的比例”数据系列用次坐标轴描述。

（4）改变图表类型：单击图表中的图例，再次单击“占世界比重（%）”，如图 5.32 所示。然后鼠标右键单击“占世界比重（%）”，弹出快捷菜单选择“更改系列图表类型”，选择“折线图”。再次执行步骤（4），将“相当美国的比例”数据系列的图表类型改为“折线图”。

（5）添加数据系列的标签：单击图表中“占世界比重（%）”数据系列折线，在“布局”选项卡的“标签”组选中“数据标签”，在下拉列表中选择“上方”。同样，单击图表中“相当美国的比例”数据系列折线，在“布局”选项卡的“标签”组选中“数据标签”，在下拉列表中选择“居中”，结果如图 5.33 所示。

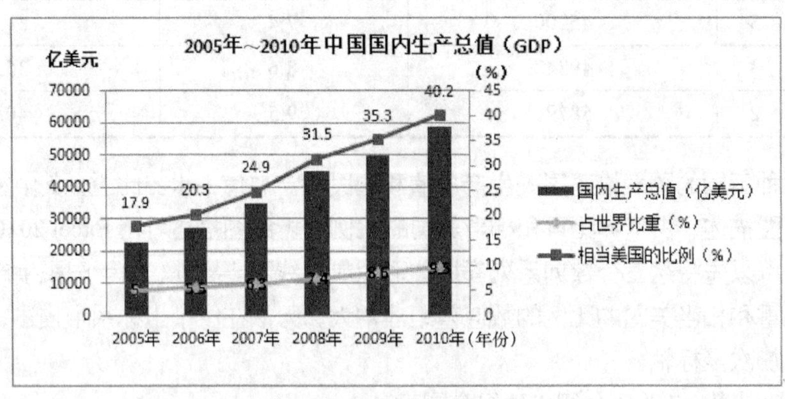

图 5.33 组合图

5.9 直方图和排列图

直方图与柱形图很相似。但是，在 Excel 中柱形图是直接对数据表中的数据值的大小进行描述，而直方图是对数据频率计算后的结果进行描述。下面介绍两种创建直方图的方法。

【例 5-16】用图表描述图 5.34“企业职工表”的“当前工资”分布情况。

	A	B	C	D	E	F	G	H	I
1	编号	性别	出生日期	当前工资	开始工资	受教育程度（年）	职位		
2	1	女	21-Nov-86	4690.00	2975.00	12	普通职员		区间
3	2	女	25-Aug-88	5140.00	3050.00	12	普通职员		5000
4	3	女	27-Feb-86	4915.00	3155.00	15	普通职员		6000
5	4	女	25-Apr-88	4795.00	3125.00	12	普通职员		7000
6	5	女	24-Sep-88	5095.00	3095.00	12	普通职员		8000
7	6	女	13-Dec-83	6355.00	3650.00	16	普通职员		9000
8	7	女	9-Dec-88	5125.00	3095.00	12	普通职员		10000
9	8	女	1-May-88	4690.00	3275.00	15	普通职员		11000
10	9	女	25-Dec-89	4765.00	3125.00	12	普通职员		
11	10	女	25-Aug-89	4810.00	3095.00	12	普通职员		

图 5.34 企业职工表

工资段划分如下。

第一段：小于 5000；

第一段：大于等于 5000，小于 6000；

第三段：大于等于 6000，小于 7000；

第四段：大于等于 7000，小于 8000；

第五段：大于等于 8000，小于 9000；

第六段：大于等于 9000，小于 10000；

第七段：大于等于 10000，小于 11000；

第八段：大于等于 11000。

方法 1：用“直方图”描述当前工资各段的人数

在 Excel 中创建直方图或排列图（经过排序的直方图），可以用加载分析工具库中的“数据分析”工具中的直方图实现。如果在“数据”选项卡中没有“分析”组或“分析”组中没有“数据分析”，首先加载“数据分析”工具。

第 1 步：加载“数据分析”工具（如果在“数据”选项卡“分析”组已经有“数据分析”按钮，跳过下面的操作，直接执行“第 2 步”）

（1）单击“文件”选项卡，选择下面的“选项”，单击“加载项”。

（2）在左侧列表单击“Excel 加载项”，再单击右侧下面的“转到”按钮。

（3）在“加载宏”对话框中选中“分析工具库”复选框，单击“确定”按钮。

执行以上的加载操作后，在“数据”选项卡的“分析”组中就能看到“数据分析”按钮了。

第 2 步：创建直方图

（4）设置分段点区：在 I3：I9 分别输入分段点 5000,6000,7000,8000,9000,10000,11000。（见图 5.34 的 I 列）

（5）在“数据”选项卡“分析”组，选择“数据分析”，在“分析工具”框中单击“直方图”，再单击“确定”按钮，打开“直方图”对话框，如图 5.35 所示，依次完成以下操作。

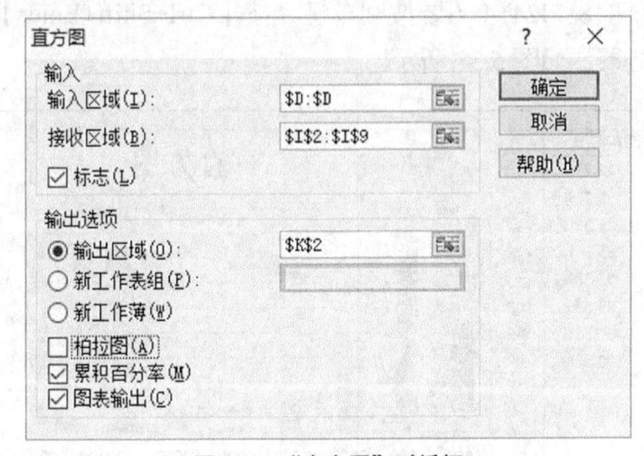

图 5.35 “直方图”对话框

- 单击“输入区域”后面的文本框，选定数据表中的 D 列。
- 单击“接收区域”，选定数据表中的 I2:I9。
- 选中“标志”复选框（“输入区域”和“接收区域”均包含“标志”）。
- 单击“输出区域”，选择一个空白单元格作为结果数据表的输出。例如，单击数据表中的 K2 单元格。
- 选中“累积百分率”和“图表输出”复选框。
- 单击“确定”按钮。

说明：选择“累积百分率”和“图表输出”后，输出频率表和频数的累计百分比，同时输出直方图。如果要求按频率的降序输出频数表，选中“柏拉图”复选框（柏拉图为经过排序的直方图）。如图 5.36 所示。

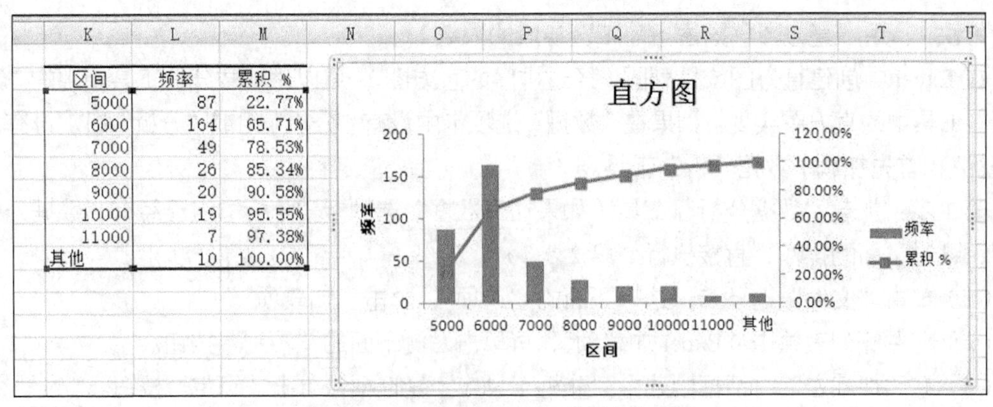

区间	频率	累积 %
5000	87	22.77%
6000	164	65.71%
7000	49	78.53%
8000	26	85.34%
9000	20	90.58%
10000	19	95.55%
11000	7	97.38%
其他	10	100.00%

图 5.36 用“数据分析”工具制作直方图

方法 2：用柱形图制作直方图（频数分布图）

操作思路：首先用 frequency 函数计算出每个工资段的人数，然后用柱形图制作直方图。

第 1 步：计算每个工资段的人数

（1）设置分段点区：在 I18:I24 分别输入：5000,6000,7000,8000,9000,10000,11000。

（2）选定结果区：选定一个空白的区域，如 J18:J25，输入公式：

=frequency(D：D，I18：I24)（不要按回车键，按【Ctrl+Shift+Enter】组合键）

得到的频数统计结果，如图 5.37 所示。

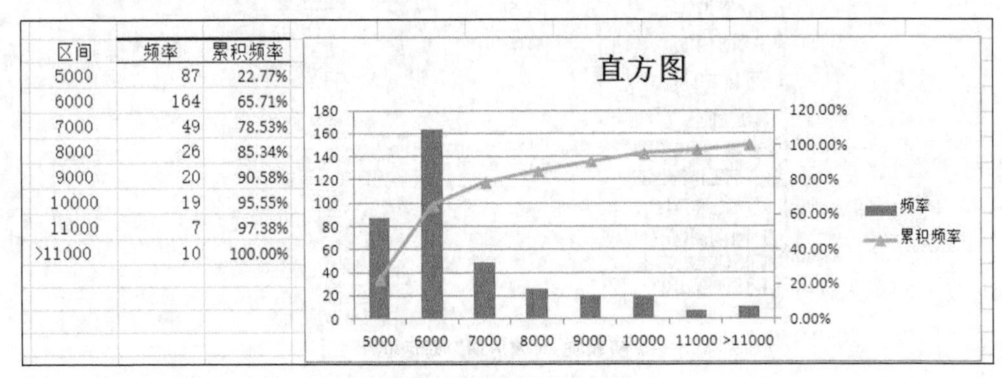

区间	频率	累积频率
5000	87	22.77%
6000	164	65.71%
7000	49	78.53%
8000	26	85.34%
9000	20	90.58%
10000	19	95.55%
11000	7	97.38%
>11000	10	100.00%

图 5.37 频数制作直方图

第 2 步：计算累计百分比

（3）在 K18 输入公式：

=SUM($J$18:J18)/SUM($J$18:$J$25)

（4）向下复制 K18 单元格的公式到 K25 为止。

（5）改变显示格式为百分比：选定 K18:K25,单击“开始”选项卡的“数字”组的“%”按钮。

第 3 步：制作图

（6）选定 I17:K25。

（7）在“插入”选项卡，选择“折线图”。

（8）看到“区间”在“图例”，单击“图表工具”的设计，在“选择数据”中的“系列”

删除“区间”，在“水平分类轴”添加“区间”列表中的“5000”到“>11000”所在的单元格区域，即添加I18:I25。

（9）其余操作类似“组合图”，见“组合图”的操作，不再重复。

创建的图表，如图5.38所示。

5.10 雷达图

雷达图用于比较几个数据系列的聚合值，可以在图表中绘制一个或多个数据系列。

【例5-17】有3个公司分别为A公司、B公司和C公司。每个公司的收益性、安全性、流动性、成长性和生产性的数据统计如图5.38所示。从数据表可以看到收益性最好的是B公司，但是安全性最差的也是B公司。下面用图表直观描述不同公司的各项指标情况。

操作步骤：

（1）选定A1:F4单元格区域，如图5.38所示。

（2）在“插入”选项卡“图表”组，单击“其他图表”选中“雷达图”，结果如图5.39所示。

	A	B	C	D	E	F
1		收益性	安全性	流动性	成长性	生产性
2	A公司	0.6	0.9	0.9	0.8	0.8
3	B公司	0.9	0.4	0.4	0.5	0.6
4	C公司	0.8	0.5	0.8	0.4	0.7

图5.38 例5-17数据表

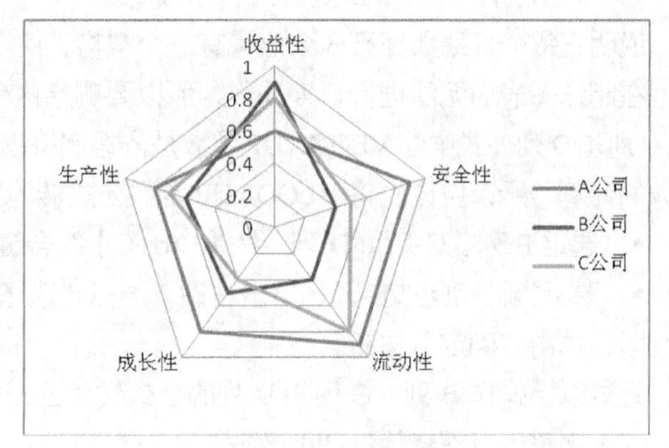

图5.39 雷达图

5.11 比较股票增长率

目前比较常用的股票交易软件是“通信达”，从网上可以免费下载该软件。安装该软件后，可以导出股票数据，通过制作图表更清楚地描述股票价格的变化。

【例5-18】选择1个指数和2个股票进行比较：上证指数、中国工商银行和贵州茅台。比较它们的增长率。

首先，在“通信达”软件（可以在网上免费下载）导出上证指数、贵州茅台和中国工商银行股票数据文件，其名称分别是：

上证指数999999.xls，中国工商银行601398.xls，贵州茅台600519.xls。

为了清晰了解近期这两只股票与大盘指数走势情况，下面分析比较从2014年1月1日～2016年5月30日上证指数、中国工商银行和贵州茅台的收盘价增长率。

操作步骤：

（1）将上证指数999999.xls日期数据复制到新的工作表（工作表标签为“股票比较”）。

说明：考虑节假日股市休市，日期数据来源于上证指数 999999.xls。将 999999.xls 文件的 2014 年 1 月 1 日～2016 年 5 月 30 日的日期复制到“股票比较”工作表的 A 列。

（2）将指定日期的 999999.xls、600519.xls 和 601398.xls 的收盘价放在“股票比较”工作表。

- 在“股票比较”工作表的 B2 单元格输入公式：

=VLOOKUP(A2,'999999.xls'!$A:$E,5,0)

输入公式简便的操作：输入“=VLOOKUP(”，单击 A2 单元格，输入逗号“,”，切换到 999999.xls 文件，选中 A 列到 E 列，输入：“，5，0)”。

- 用同样的操作将 600519.xls 和 601398.xls 的收盘价放在“股票比较”工作表的 C 列和 D 列。即：

在 B2 输入公式：=VLOOKUP(A2,'999999.xls'!$A:$E,5,0)

在 C2 输入公式：=VLOOKUP(A2,'601398.xls'!$A:$F,5,0)

在 D2 输入公式：=VLOOKUP(A2,'600519.xls'!$A:$E,5,0)选定 B2:D2，双击右下角的填充柄，实现 B2:D2 的公式复制到其余的行。

（3）将 B 列、C 列和 D 列公式转为数值。

说明：每个日期数据第一个位置有一个空格，使得日期数据是字符串类型。日期是字符串类型在制作图表后无法进行日期操作，所以要删除这个空格。但是删除空格后，由于后面的 B 列、C 列和 D 列公式中的 VLOOKUP 函数是依据字符串日期得到的股票数据，会影响 VLOOKUP 函数的计算。所以应该先将 VLOOKUP 函数公式转为数值之后再删除日期中的空格。

- 选定 B 列、C 列和 D 列，按【Ctrl+C】组合键（复制）。
- 鼠标指针指向选定区，单击右键，选择“选择性粘贴”，在“选择性粘贴”对话框选择“数值”，单击“确定”按钮。

经过以上操作 B 列、C 列和 D 列的公式转为公式计算的结果。

（4）字符串日期转为日期型数据。

思路：删除日期中的第 1 个空格，便可以将字符串日期转为日期型数据。

- 选定 A 列。
- 单击“开始”选项卡，选择“编辑”，单击“查找与替换”。
- 在“查找与替换”对话框的“查找”框输入空格“ ”，“替换为”框内不输入任何内容，单击“全部替换”，这时，A 列转为数值型的日期。

（5）增加计算股票的增长率。

说明：上证指数收盘价是 4 位数字、中国工商银行收盘价是 1 位数字，贵州茅台收盘价是 2～3 位数字。它们的数据范围差距很大。为了更好地描述它们的变化，用增长率来描述。

操作步骤：

- 在 E2:G2 单元格输入数据“0”；
- 在 E3 输入公式：=(B3-$B$2)/$B$2；
- 在 F3 输入公式：=(C3-$C$2)/$C$2；
- 在 G3 输入公式：=(D3-$D$2)/$D$2；
- 将以上的公式向下复制。得到的数据表，如图 5.40 所示。

	A	B	C	D	E	F	G
1	日期	上证指数	工商银行	贵州茅台	上证指数增长率	工商银行增长率	贵州茅台增长率
2	2014-1-2	2109.39	3.06	96.52	0	0	0
3	2014-1-3	2083.14	3.04	94.87	-0.012444356	-0.006535948	-0.017094903
4	2014-1-6	2045.71	3.03	92.19	-0.030188822	-0.009803922	-0.044861169
5	2014-1-7	2047.32	3.03	92.05	-0.029425569	-0.009803922	-0.046311645
6	2014-1-8	2044.34	3.05	91.09	-0.030838299	-0.003267974	-0.05625777
7	2014-1-9	2027.62	3.01	91.04	-0.038764761	-0.016339869	-0.056775798
8	2014-1-10	2013.3	3.01	90.98	-0.045553454	-0.016339869	-0.057397431
9	2014-1-13	2009.56	3.02	91.49	-0.047326478	-0.013071895	-0.052113552
10	2014-1-14	2026.84	3	92.67	-0.039134537	-0.019607843	-0.039888106
11	2014-1-15	2023.35	2.94	90.56	-0.040789043	-0.039215686	-0.06174886
12	2014-1-16	2023.7	2.91	93.23	-0.040623119	-0.049019608	-0.0340862
13	2014-1-17	2004.95	2.89	91.83	-0.049511944	-0.055555556	-0.048590966

图 5.40 股票数据与增长率

（6）制作图表。

说明：描述股票数据的趋势，选择折线图。

- 选定 A 列、E 列、F 列、G 列。
- 在“插入”选项卡的“图表”组单击“折线图”，在“二维列表”选择“折线图”。制作的图表，如图 5.41 所示。

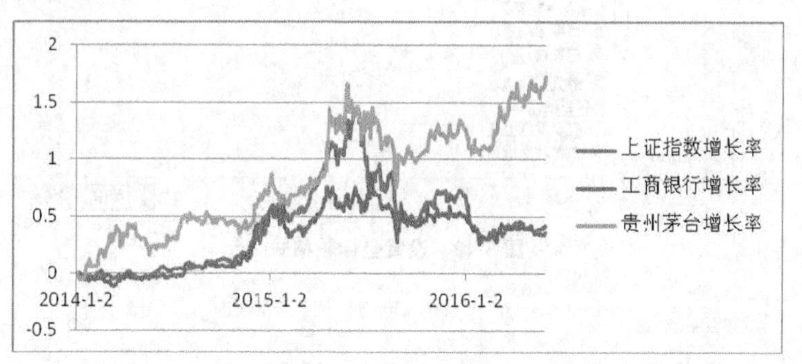

图 5.41 股票增长率对比

（7）修饰图表。

- 将显示的日期下移：鼠标右键单击水平分类轴的日期，选择“设置坐标轴格式”，在“设置坐标轴格式”对话框中“坐标轴标签”选择“低”。
- 每隔 2 个月显示月份标签：“主要刻度单位”选“固定”，后面框中输入“2”，选择“月”，如图 5.42 所示。
- 改变分类轴的日期格式：单击左侧“数字”，“数字”类别列表选择“自定义”，在“格式代码”输入“yy-mm”，如图 5.43 所示。
- 改变垂直轴的刻度单位：鼠标右键单击垂直轴的数据，选择“设置坐标轴格式”，在“设置坐标轴格式”对话框中“主要刻度单位”选“固定”值为“0.2”。
- 添加图表标题：单击制作的图表，出现“图表工具”选项卡，选择“布局”→“图表标题”，选择“在上方”，输入标题即可。
- 移动图例到图表标题下方：单击图例出现边框，鼠标指针移动到边框上，当鼠标指针变为十字箭头时，按住鼠标左键拖动边框到图表标题下方，再拖动边框上的控点调整边框的大小与形状。

修饰后的图表，如图 5.44 所示。

通过增长率的比较可以明显看出，工商银行的股票价格变化基本与上证指数一致，而贵州茅台的股票价格变化高于上证指数和工商银行。

图 5.42　设置坐标轴格式

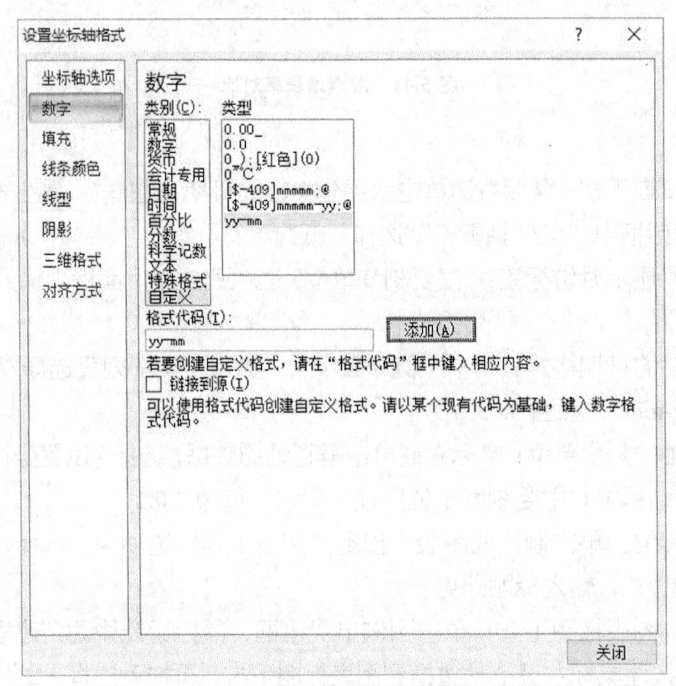

图 5.43　设置日期显示格式

图 5.44　修饰后的图表

习题

【第 1 题】用表 5.8 数据制作图表，如图 5.45 所示。

表 5.8 【第 1 题】数据表

计算机外设订购数量							
年份	2010	2011	2012	2013	2014	2015	产品销售合计
CD-光驱	613	662	665	604	1925	791	5260
DVD-光驱	1187	1285	1894	921	2619	1458	9364
机箱	634	545	709	443	1981	657	4969

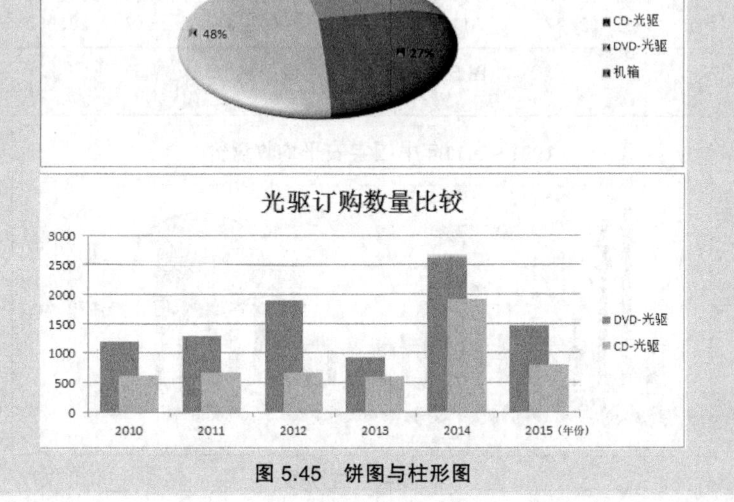

图 5.45　饼图与柱形图

【第 2 题】用图 5.46 中的数据，制作图表，如图 5.47 所示。

	A	B	C	D	E	F
1	数据库：主要城市年度数据					
2	指标：商品房销售面积(万平方米)					
3	时间：最近5年					
4	地区	2014年	2013年	2012年	2011年	2010年
5	北京	1454.19	1903.11	1943.74	1439.2	1639.53
6	天津	1612.98	1847.11	1661.69	1594.57	1514.52
7	石家庄	888.26	951.21	768.73	922.24	469.31
8	太原	419.21	423.31	324.81	216.18	258.82
9	呼和浩特	363.91	420.45	478.18	449.71	471.88
10	沈阳	1498.4	2262.33	2469.65	2165.17	1746.52
11	大连	746.4	1222.13	1076.36	909.91	1215.33

图 5.46 【第 2 题】数据表

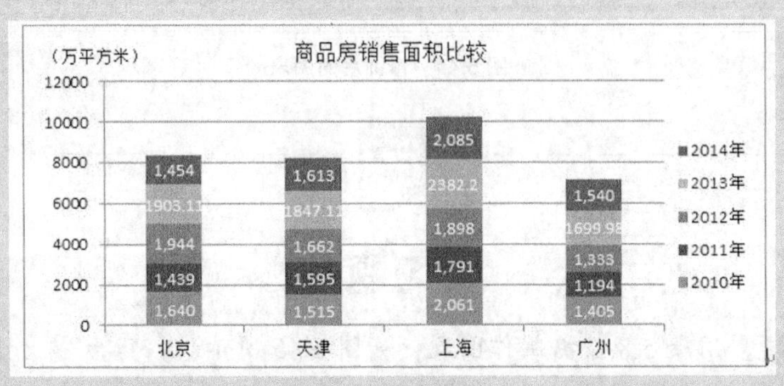

图 5.47 堆积柱形图

【第 3 题】根据图 5.48 中的数据制作图 5.49 所示的图表。

	A	B	C	D	E	F
1		中国宝安（000009）				
2						
3						
4	时间	开盘	最高	最低	收盘	成交量
5						
6	1991/12/23	10.5	10.75	10.5	10.7	522500
7	1991/12/24	10.6	12.1	10.6	12	129200
8	1991/12/25	11.9	12.35	11.7	11.9	1465400
9	1991/12/26	11.75	11.8	11.3	11.45	1001000
10	1991/12/27	11.4	11.7	11.4	11.7	203000

图 5.48 【第 3 题】数据表

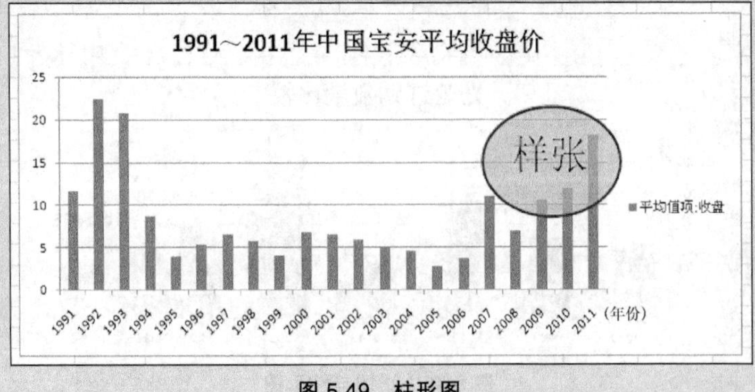

图 5.49 柱形图

【第 4 题】用图 5.50 中的数据，制作图表，如图 5.51 所示

	A	B	C	D	E	F	G
1	职工情况简表						
2	编号	性别	年龄	学历	科室	职务等级	工资
3	10001	女	36	本科	科室2	副经理	4600.97
4	10002	男	28	硕士	科室3	普通职员	3800.01
5	10003	女	30	博士	科室3	普通职员	4700.85
6	10004	女	45	本科	科室2	监理	5000.78
7	10005	女	42	中专	科室1	普通职员	4200.53
8	10006	男	40	博士	科室1	副经理	5800.01

图 5.50 【第 4 题】数据表

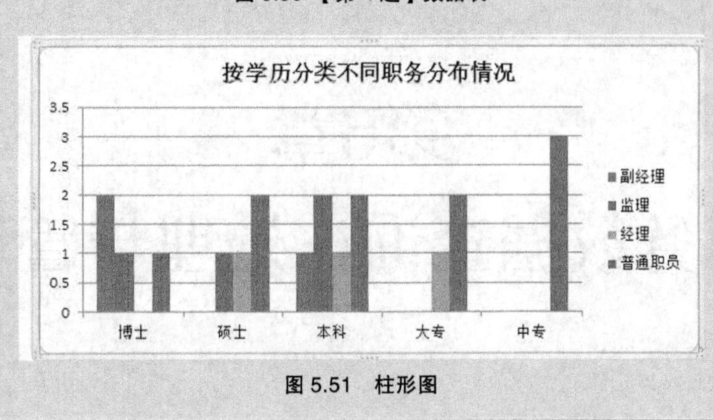

图 5.51 柱形图

CHAPTER6

第6章
商务数据查询、处理与管理

6.1 用筛选查找指定的数据

筛选的目的是在数据清单中显示那些满足指定条件的记录行，隐藏那些不满足条件的记录行。Excel 提供了“自动”筛选和“高级”筛选功能。其中“自动”筛选能实现在一个或多个字段设置筛选条件后，筛选满足一个或同时满足多个条件的记录。“高级”筛选可以实现任意条件的筛选。用“高级”筛选要求设置条件区，没有自动筛选操作方便。因此，只有在“自动”筛选不能实现时，才会选用“高级”筛选。

6.1.1 自动筛选与应用举例

自动筛选工具允许在一个或多个字段设置筛选条件。如果在一个字段设置筛选条件，显示符合这个筛选条件的记录。如果在多个字段设置了条件，则显示同时满足多个字段条件的记录。

筛选要求在数据清单上操作。数据清单经过筛选后，不满足条件的记录只是被暂时隐藏，并没有被删除。因此，筛选后，还可以根据需要重新显示被隐藏的记录。

操作步骤：

（1）鼠标单击数据清单区域中任意一个单元格。

（2）在“数据”选项卡“排序和筛选”组，单击“筛选”按钮，进入筛选状态。

执行以上操作后，会看到在数据清单第一行每个字段名右侧多了一个▾按钮。该按钮用于设置筛选条件。再次单击“筛选”按钮，放弃“筛选”，恢复数据表。

自动筛选的三种筛选方式，如下。

（1）按文本筛选。可以选择：等于、不等、开头是、结尾是、包含、不包含、自定义。

（2）按数字筛选。可以选择：等于，不等，大于，小于，……，介于两数据之间，最大，最小，高于或低于平均值，自定义。

（3）按颜色筛选。筛选指定颜色的内容。

在筛选中，可以根据需要进行排序。

【例 6-1】查询并显示符合要求的记录。对图 6.1 中的数据表完成以下任务。

1．显示职工表中符合“学历”为：本科、硕士、博士，并且“年龄”在 30～50 岁的记录

操作步骤：

（1）单击数据清单中任意一个单元格（单击图 6.1 数据清单）。

	A	B	C	D	E	F	G	H
1	职工情况简表							
2	编号	性别	年龄	参加工作日期	学历	科室	职务等级	基本工资
3	10001	女	36	2004-8-1	本科	科室2	副经理	4600.97
4	10002	男	28	2014-9-1	硕士	科室3	普通职员	3800.01
5	10003	女	30	2015-6-5	博士	科室3	普通职员	4700.85
6	10004	女	45	1996-11-12	本科	科室2	监理	5000.78
7	10005	女	42	1991-9-12	中专	科室1	普通职员	4200.53
8	10006	男	40	2006-7-7	博士	科室1	副经理	5800.01
9	10007	女	29	2015-7-18	博士	科室1	副经理	5300.25
10	10008	男	55	1985-1-16	本科	科室2	经理	5600.5
11	10009	男	35	2006-6-16	硕士	科室3	监理	4700.09
12	10010	男	23	2015-7-15	本科	科室2	普通职员	3000.48
13	10011	男	36	2001-8-20	大专	科室1	普通职员	3100.71
14	10012	男	50	1992-5-18	硕士	科室1	经理	5900.55
15	10013	女	27	2010-12-21	中专	科室3	普通职员	2900.36
16	10014	男	22	2014-7-15	大专	科室1	普通职员	2700.42
17	10015	女	35	2009-5-20	博士	科室3	监理	4600.46
18	10016	女	58	1982-1-17	本科	科室1	监理	5700.58
19	10017	女	30	2012-6-1	硕士	科室2	普通职员	4300.79
20	10018	女	25	2013-6-25	本科	科室3	普通职员	3500.39
21	10019	男	40	1999-2-23	大专	科室3	经理	4800.67
22	10020	男	38	1998-1-11	中专	科室2	普通职员	3301

图 6.1　职工情况表

（2）在“数据”选项卡“排序和筛选”组，单击“筛选”按钮。

（3）单击“学历”旁边的▾按钮，放弃“大专”“中专”（见图 6.2（a）），单击“确定”按钮。

（4）单击“年龄”旁边的▾按钮，选择“数字筛选”→“自定义筛选”，弹出“自定义自动筛选方式”对话框，如图 6.2（b）所示，做如下操作。

- 选择“大于或等于”，右侧输入：30；
- 选择“与”；
- 选择“小于或等于”，右侧输入：50。

（5）单击“确定”按钮。筛选结果，如图 6.3 所示。

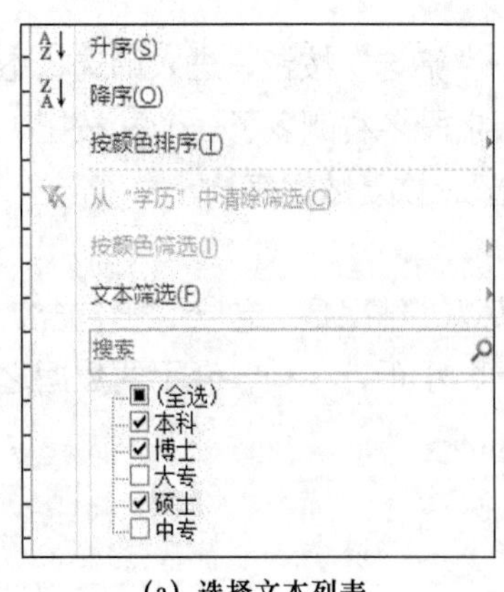

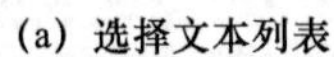
(a) 选择文本列表

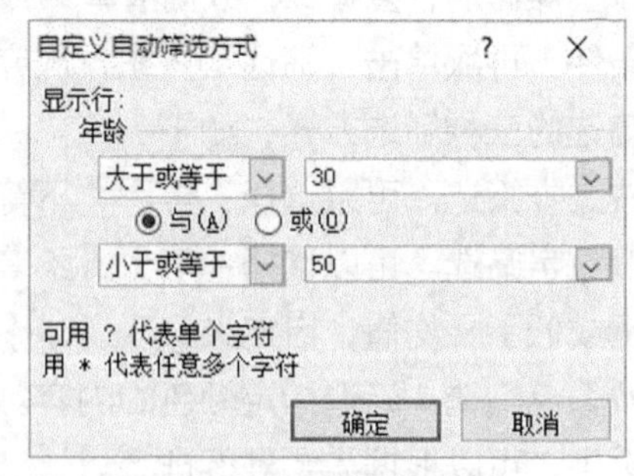

(b) 自定义"年龄"区间

图 6.2 设置筛选条件

	A	B	C	D	E	F	G	H
1	职工情况简表							
2	编号	性别	年龄	参加工作日	学历	科室	职务等级	基本工资
3	10001	女	36	2004-8-1	本科	科室2	副经理	4600.97
5	10003	女	30	2015-6-5	博士	科室3	普通职员	4700.85
6	10004	女	45	1996-11-12	本科	科室2	监理	5000.78
8	10006	男	40	2006-7-7	博士	科室1	副经理	5800.01
11	10009	男	35	2006-6-16	硕士	科室3	监理	4700.09
14	10012	男	50	1992-5-18	硕士	科室1	经理	5900.55
17	10015	女	35	2009-5-20	博士	科室3	监理	4600.46
19	10017	女	30	2012-6-1	硕士	科室2	普通职员	4300.79

图 6.3 筛选学历和年龄

注意：如果在筛选之前，用函数对整个数据清单进行计算，筛选后，被隐藏的单元格通常仍然参加计算。

2．查询并显示参加工作日期在2000年1月1日～2015年1月1日的记录

操作步骤：

（1）单击"参加工作日期"右侧按钮，选择"日期筛选"→"自定义筛选"。

（2）在"自定义筛选"对话框，选择和输入以下内容，如图6.4所示。

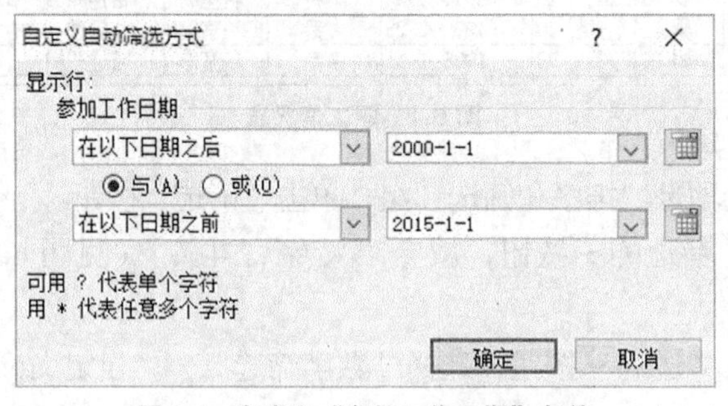

图 6.4 自定义"参加工作日期"条件

- "在以下日期之后"，输入日期2000-1-1；
- "在以下日期之前"，输入日期2015-1-1。

（3）单击"确定"按钮。

查询结果，如图6.5所示。

	A	B	C	D	E	F	G	H
1	职工情况简表							
2	编号	性别	年龄	参加工作日期	学历	科室	职务等级	基本工资
3	10001	女	36	2004-8-1	本科	科室2	副经理	4600.97
4	10002	男	28	2014-9-1	硕士	科室3	普通职员	3800.01
8	10006	男	40	2006-7-7	博士	科室1	副经理	5800.01
11	10009	男	35	2006-6-16	硕士	科室3	监理	4700.09
13	10011	男	36	2001-8-20	大专	科室1	普通职员	3100.71
15	10013	女	27	2010-12-21	中专	科室3	普通职员	2900.36
16	10014	男	22	2014-7-15	大专	科室1	普通职员	2700.42
17	10015	女	35	2009-5-20	博士	科室3	监理	4600.46
19	10017	女	30	2012-6-1	硕士	科室2	普通职员	4300.79
20	10018	女	25	2013-6-25	本科	科室3	普通职员	3500.39

图6.5 筛选指定日期的记录

6.1.2 任意条件的筛选与应用案例

前面介绍的“自动筛选”不能实现找出满足一个字段的条件或者又满足另一个字段条件的记录。例如，自动筛选无法筛选2000年之前参加工作或者职务等级为“经理”的记录。

高级筛选可以筛选任意条件的记录，但是要求设置条件区。这个条件区与数据库函数的条件区的规定完全相同，在此不再重复。

设置筛选条件区需要注意的是：当筛选结果选择“在原有区域显示筛选结果”时，如果条件区在数据清单的右侧，可能会在隐藏不满足条件的记录时，隐藏条件区。所以最好将筛选结果放在其他区域，或者条件区在数据清单的下面或上面。

【例6-2】对图6.6的职工情况表（数据表从第5行开始存放），完成以下任务。

1．查找出“性别”为“男”且学历是“博士”和“硕士”的记录

操作步骤：

（1）建立条件区。

条件区的内容，如表6.1所示。

表6.1 条件区1

	D	E
1	=B5	=D5
2	男	博士
3	男	硕士

（2）单击“职工情况表”中的任意一个单元格。

（3）单击“数据”选项卡，在“排序和筛选”组，单击“高级”，打开“高级筛选”对话框，如图6.6所示。

（4）“高级筛选”对话框的“列表区域”已经选择数据清单区。单击“高级筛选”对话框的“条件区域”文本框，选定数据表中的D1:E3。

（5）单击“确定”按钮。

查询结果，如图6.6所示。

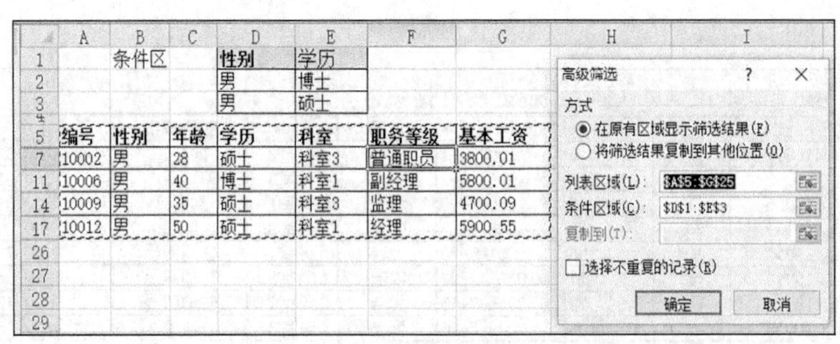

图 6.6　高级筛选 1

2．查找出“科室1”或“科室2”的年龄为30～40的记录

操作步骤：

（1）建立条件区。条件区的内容，如表6.2所示。

表 6.2　条件区 2

	D	E	F
1	=E5	=C5	=C5
2	科室 1	>=30	<=40
3	科室 2	>=30	<=40

（2）其他操作步骤与前面类似，不再重复。

查询结果，如图6.7所示。

	A	B	C	D	E	F	G
1				科室	年龄	年龄	
2		条件区		科室1	>=30	<=40	
3				科室2	>=30	<=40	
4							
5	编号	性别	年龄	学历	科室	职务等级	基本工资
6	10001	女	36	本科	科室2	副经理	4600.97
11	10006	男	40	博士	科室1	副经理	5800.01
16	10011	男	36	大专	科室1	普通职员	3100.71
22	10017	女	30	硕士	科室2	普通职员	4300.79
25	10020	男	38	中专	科室2	普通职员	3301

高级筛选
方式
在原有区域显示筛选结果(F)
将筛选结果复制到其他位置(O)
列表区域(L): $A$5:$G$25
条件区域(C): $D$1:$F$3
复制到(T):
选择不重复的记录(R)
确定　取消

图 6.7　高级筛选 2

3．查找出学历为“硕士”且低于基本工资平均工资的记录

操作步骤：

（1）首先建立条件区。条件区的内容，如表6.3所示。

表 6.3　条件区 3

	C	D
1	=D4	
2	硕士	=G5<AVERAGE($G$5:$G$24)

（2）其他操作步骤与前面类似，不再重复。

查询结果，如图6.8所示。

	A	B	C	D	E	F	G
1	条件区		学历				
2			硕士	FALSE			
3							
4	编号	性别	年龄	学历	科室	职务等级	基本工资
6	10002	男	28	硕士	科室3	普通职员	3800.01
21	10017	女	30	硕士	科室2	普通职员	4300.79
25							
26							
27							
28							
29							
30							

高级筛选 ? ×
方式
◉ 在原有区域显示筛选结果(F)
○ 将筛选结果复制到其他位置(O)
列表区域(L): $A$4:$G$24
条件区域(C): $C$1:$D$2
复制到(T):
☐ 选择不重复的记录(R)
确定 取消

图 6.8 高级筛选 3

【例 6-3】对图 6.9 的数据表完成以下任务。

	A	B	C	D	E	F	G	H
1	职工情况简表							
2	编号	性别	年龄	参加工作日期	学历	科室	职务等级	基本工资
3	10001	女	36	2004-8-1	本科	科室2	副经理	4600.97
4	10002	男	28	2014-9-1	硕士	科室3	普通职员	3800.01
5	10003	女	30	2015-6-5	博士	科室3	普通职员	4700.85
6	10004	女	45	1996-11-12	本科	科室2	监理	5000.78
7	10005	女	42	1991-9-12	中专	科室1	普通职员	4200.53
8	10006	男	40	2006-7-7	博士	科室1	副经理	5800.01
9	10007	女	29	2015-7-18	博士	科室1	副经理	5300.25
10	10008	男	55	1985-1-16	本科	科室2	经理	5600.5
11	10009	男	35	2006-6-16	硕士	科室3	监理	4700.09
12	10010	男	23	2015-7-15	本科	科室2	普通职员	3000.48
13	10011	男	36	2001-8-20	大专	科室1	普通职员	3100.71
14	10012	男	50	1992-5-18	硕士	科室1	经理	5900.55
15	10013	女	27	2010-12-21	中专	科室3	普通职员	2900.36
16	10014	男	22	2014-7-15	大专	科室1	普通职员	2700.42
17	10015	女	35	2009-5-20	博士	科室3	监理	4600.46
18	10016	女	58	1982-1-17	本科	科室1	监理	5700.58
19	10017	女	30	2012-6-1	硕士	科室2	普通职员	4300.79
20	10018	女	25	2013-6-25	本科	科室3	普通职员	3500.39
21	10019	男	40	1999-2-23	大专	科室3	经理	4800.67
22	10020	男	38	1998-1-11	中专	科室2	普通职员	3301

（1）查询并显示2005年以前参加工作的男职工和2000年以前参加工作的女职工的记录 。

性别		
男	TRUE	=YEAR(D3)<2005
女	FALSE	=YEAR(D3)<2000

（2）查询并显示到目前（2016年）为止，工龄大于20年的记录。

FALSE	=2016-YEAR(D3)>20

图 6.9 数据表与条件区域

1．查询并显示 2005 年以前参加工作的男职工和 2000 年以前参加工作的女职工的记录

操作步骤：

（1）建立条件区，如图 6.10（a）所示。

	J	K
4	=B2	
5	男	=YEAR(G3)<2005
6	女	=YEAR(G3)<2000

（a）条件区

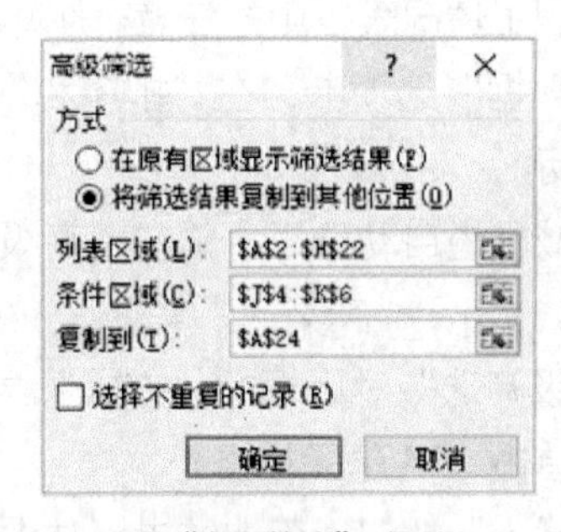

（b）“高级筛选”对话框

图 6.10 “查询 1”条件区与“高级筛选”对话框

（2）单击“职工情况表”中的任意一个单元格。

（3）单击“数据”选项卡，在“排序和筛选”组，单击“高级”，打开“高级筛选”对话框，如图 6.10 所示。

（4）“列表区域”已经自动选择。单击“高级筛选”对话框的条件区域文本框，选定数据表中的 J4:K6。

（5）在“高级筛选”对话框的“方式”中选中“将筛选结果复制到其他位置”。单击“复制到”文本框，单击 A24 单元格。

（6）单击“确定”按钮。筛选结果，如图 6.11 所示。

24	编号	性别	年龄	参加工作日期	学历	科室	职务等级	基本工资
25	10004	女	45	1996-11-12	本科	科室2	监理	5000.78
26	10005	女	42	1991-9-12	中专	科室1	普通职员	4200.53
27	10008	男	55	1985-1-16	本科	科室2	经理	5600.5
28	10011	男	36	2001-8-20	大专	科室1	普通职员	3100.71
29	10012	男	50	1992-5-18	硕士	科室1	经理	5900.55
30	10016	女	58	1982-1-17	本科	科室1	监理	5700.58
31	10019	男	40	1999-2-23	大专	科室3	经理	4800.67
32	10020	男	38	1998-1-11	中专	科室2	普通职员	3301

图 6.11 “查询 1”结果

2．查询并显示到目前（2016 年）为止，工龄大于 20 年的记录

操作步骤：

（1）建立条件区，如图 6.12（a）所示。

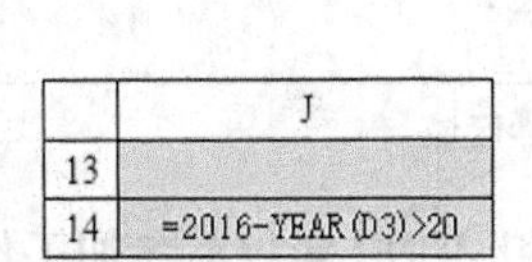

(a) 条件区

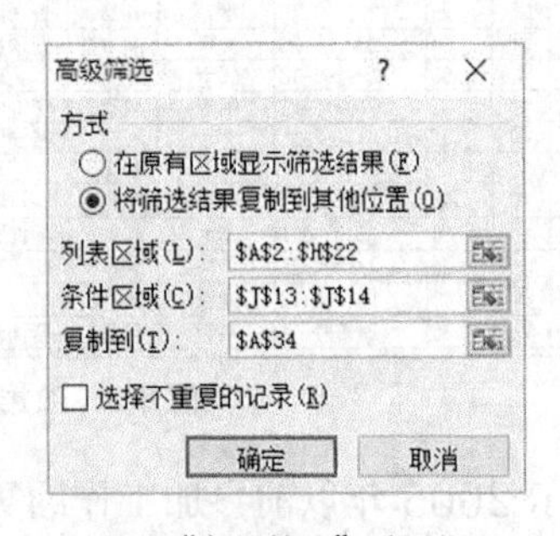

(b)“高级筛选”对话框

图 6.12 “查询 2”条件区与“高级筛选”对话框

（2）单击“职工情况表”中的任意一个单元格。

（3）单击“数据”选项卡，在“排序和筛选”组，单击“高级”，打开“高级筛选”对话框，如图 6.12 所示。

（4）列表区域已经自动选择。单击“高级筛选”对话框的“条件区域”文本框，选定数据表中的 J13:J14。

（5）在“高级筛选”对话框的“方式”中选中“将筛选结果复制到其他位置”。单击“复制到”文本框，单击 A34 单元格。

（6）单击“确定”按钮。筛选结果，如图 6.13 所示。

34	编号	性别	年龄	参加工作日期	学历	科室	职务等级	基本工资
35	10005	女	42	1991-9-12	中专	科室1	普通职员	4200.53
36	10008	男	55	1985-1-16	本科	科室2	经理	5600.5
37	10012	男	50	1992-5-18	硕士	科室1	经理	5900.55
38	10016	女	58	1982-1-17	本科	科室1	监理	5700.58

图 6.13 “查询 2”结果

6.1.3 在另一个工作表得到指定字段的查询结果

【例 6-4】对图 6.9 的数据表，完成以下任务。

查询条件是：2014 年之后参加工作或者年龄大于等于 20 且小于 25。

1．将查询结果放在另一个指定的工作表

操作步骤：

（1）在准备放查询结果的工作表输入查询条件（条件区 A1:C3），如图 6.14（a）所示。

（2）单击存放结果的工作表的任意一个单元格。

（3）单击“数据”选项卡，在“排序和筛选”组，单击“高级”，打开“高级筛选”对话框。

（4）单击“列表区域”文本框，单击“职工情况表”所在的工作表标签，选定要查询的“职工情况表”单元格区域：A2:H22。

（5）单击“条件区域”文本框，选定条件区 A1:C3，高级筛选对话框的设置。如图 6.14（b）所示。

（6）选中“将筛选结果复制到其他位置”。单击“复制到”文本框，单击 A5 单元格。

（7）单击“确定”按钮。

2．查询结果只包含满足条件记录中的一部分字段信息

如果查询结果只包含指定的字段，与上述操作的不同之处如下。

（1）将要包含在查询结果的字段名先放在结果区。

例如，查询结果只包含编号、年龄和学历字段。在 A12:C12 输入编号、年龄和学历名称，如图 6.14 所示。

（2）～（5）与上面操作相同。

（6）选中“将筛选结果复制到其他位置”。单击“复制到”文本框，选中 A12:C12（含名称的单元格区域）。

（7）单击“确定”按钮。

查询结果，如图 6.14（a）所示。

	A	B	C	D	E	F	G	H
1	参加工作日期	年龄	年龄					
2	>2014-1-1							
3		>=20	<25					
4								
5	编号	性别	年龄	参加工作日	学历	科室	职务等级	基本工资
6	10002	男	28	2014-9-1	硕士	科室3	普通职员	3800.01
7	10003	女	30	2015-6-5	博士	科室3	普通职员	4700.85
8	10007	女	29	2015-7-18	博士	科室1	副经理	5300.25
9	10010	男	23	2015-7-15	本科	科室2	普通职员	3000.48
10	10014	男	22	2014-7-15	大专	科室1	普通职员	2700.42
11								
12	编号	年龄	学历					
13	10002	28	硕士					
14	10003	30	博士					
15	10007	29	博士					
16	10010	23	本科					
17	10014	22	大专					

查询 查询结果表1 查询结果表2

（a）条件区与查询结果

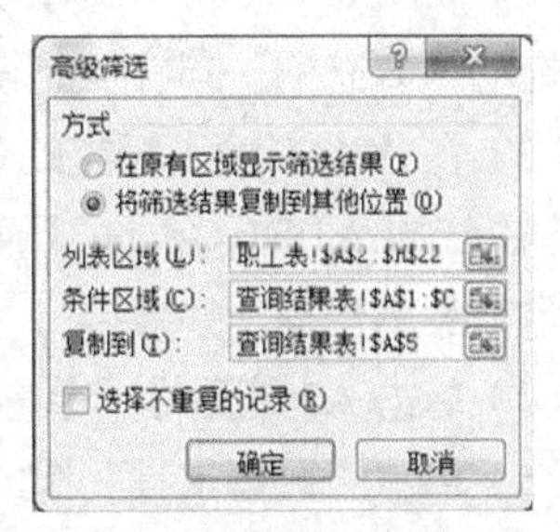

（b）“高级筛选”对话框

图 6.14 指定查询结果位置与包含的字段

6.2 用数据有效性查询和显示指定数据

6.2.1 用数据有效性和VLOOKUP查询和显示指定数据

在本章的数据表中（见图6.15）可以看到有主要城市的5张数据统计表。分别是：

- 住宅商品房销售面积
- 住宅商品房平均销售价格
- 商品房销售面积
- 商品房平均销售价格
- 房地产开发住宅投资额

如果要查看某个城市的以上5个数据，要分别查看5张表。下面通过VLOOKUP函数和数据有效性实现在一个表中可以任意选择指定某个城市并看到这个城市的5张表的数据信息。5张数据表如图6.15所示。

指标：住宅商品房销售面积(万平方米)

地区	2014年	2013年	2012年	2011年	2010年
北京	1136.53	1363.67	1483.37	1034.96	1201.39

指标：住宅商品房平均销售价格(元/平方米)

地区	2014年	2013年	2012年	2011年	2010年
北京	18499	17854	16553.5	15517.9	17151

指标：商品房销售面积(万平方米)

地区	2014年	2013年	2012年	2011年	2010年
北京	1454.19	1903.11	1943.74	1439.2	1639.53

指标：商品房平均销售价格(元/平方米)

地区	2014年	2013年	2012年	2011年	2010年
北京	18833	18553	17021.6	16852	17782

指标：房地产开发住宅投资额(亿元)

地区	2014年	2013年	2012年	2011年	2010年
北京	1846.08	1724.56	1627.99	1778.31	1508.95
天津	1122.26	986.28	843.05	689.28	565.39
石家庄	685.33	615.7	592.27	548.67	412.25

图6.15 各城市住房销售情况数据表

【例6-5】建立自动查询系统。选择城市名称后，能在一张表中自动显示该城市在多张表的数据。

操作步骤：

（1）如图6.17（a）所示，分别在B2和C2输入“2014年”和“2013年”选定这两个单元格，拖动“填充柄”向右复制得到序列：2014年、2013年、2012年、2011年、2010年。

（2）在A3:A7输入相应的名称，如图6.17（a）所示。

（3）选中A1:F1，单击“开始”选项卡“合并后居中”按钮，在A1单元格输入公式：=A2&"市住宅商品房数据"

（4）单击A2单元格，单击“数据”选项卡。

（5）单击“数据工具”组的“数据有效性”，选择“数据有效性”。

（6）在“数据有效性”对话框的“设置”选项卡，选择“序列”，“来源”框中输入城市名称“北京、天津……”，单击“确定”按钮，如图6.16所示。

说明：也可以在数据表指定位置输入城市的序列名称，然后再在“来源”中引用输入城市的序列名称的地址。

（7）在 B3:B7 单元格依次输入下面 5 个公式。

=VLOOKUP($A$2,住宅商品房销售面积!$A$5:$F$40,COLUMN(),0)

=VLOOKUP($A$2,住宅商品房平均销售价格!$A$5:$F$40,COLUMN(),0)

=VLOOKUP($A$2,商品房销售面积!$A$5:$F$40,COLUMN(),0)

=VLOOKUP($A$2,商品房平均销售价格!$A$5:$F$40,COLUMN(),0)

=VLOOKUP($A$2,房地产开发住宅投资额!$A$5:$F$40,COLUMN(),0)

（8）选定 B3:B7 单元格区域，向右复制到 F 列。

经过以上操作后，单击 A2 单元格，会在单元格的右侧显示按钮，单击按钮，显示城市名称的下拉列表。例如，单击该按钮，选择“北京”，显示“北京”相关数据。如图 6.17（a）所示。选择“天津”，显示“天津”相关数据。如图 6.17（b）所示。

单击 A2 单元格，会在单元格的右侧显示按钮，单击按钮，显示城市名称的下拉列表。例如，单击该按钮，选择“北京”，如图 6.17 所示。

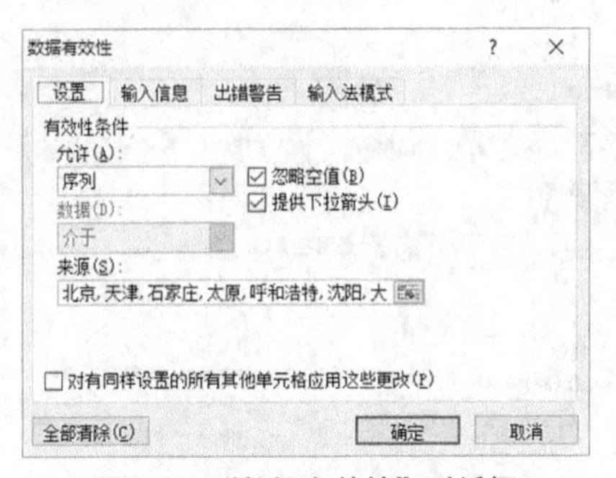

图 6.16 “数据有效性”对话框

	A	B	C	D	E	F
1	北京市住宅商品房数据					
2	北京	2014年	2013年	2012年	2011年	2010年
3	住宅商品房销售面积	1136.53	1363.67	1483.37	1034.96	1201.39
4	住宅商品房平均销售价格	18499	17854	16553.48	15517.9	17151
5	商品房销售面积	1454.19	1903.11	1943.74	1439.2	1639.53
6	商品房平均销售价格	18833	18553	17021.63	16851.95	17782
7	房地产开发住宅投资额	1846.08	1724.56	1627.99	1778.31	1508.95

(a)“A2 单元格”查询值为“北京”

	A	B	C	D	E	F
1	天津市住宅商品房数据					
2	天津	2014年	2013年	2012年	2011年	2010年
3	住宅商品房销售面积	1483.64	1720.34	1511.4	1365.71	1302.61
4	住宅商品房平均销售价格	8828	8390	8009.58	8547.64	7940
5	商品房销售面积	1612.98	1847.11	1661.69	1594.57	1514.52
6	商品房平均销售价格	9219	8746	8217.67	8744.77	8230
7	房地产开发住宅投资额	1122.26	986.28	843.05	689.28	565.39

(b)“A2 单元格”查询值为“天津”

图 6.17 “A2 单元格”选择查询值

6.2.2　用数据有效性查询和显示错误的数据

在已经输入的数据中，如何找出不允许输入的数据？例如，数据超出允许输入的范围。下面通过例子，介绍如何标识已经输入的不合法的数据。

【例 6-6】已经输入邮政编码数据，要求检验邮政编码是否为 6 位。如果少于 6 位或多于 6 位，用圈标识出来。

操作步骤：

（1）选定“邮政编码”所在的数据区 A 列，如图 6.18（a）所示。

（2）单击“数据”选项卡，单击“数据工具”组的“数据有效性”，选择“数据有效性”，打开“数据有效性”对话框，如图 6.18（b）所示。

（3）在“设置”选项卡的“有效性条件”的“允许（A）”下拉列表选择“自定义”。

（4）在“公式”框，输入公式“=LEN(A2)=6”,单击“确定”按钮。

（5）单击“数据”选项卡，选择“数据工具”组，单击“数据有效性”，选择“圈释无效数据”。

显示结果，如图 6.18（c）所示。

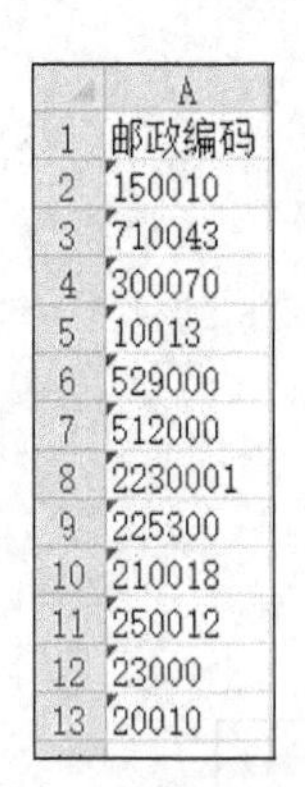

	A
1	邮政编码
2	150010
3	710043
4	300070
5	10013
6	529000
7	512000
8	2230001
9	225300
10	210018
11	250012
12	23000
13	20010

（a）数据

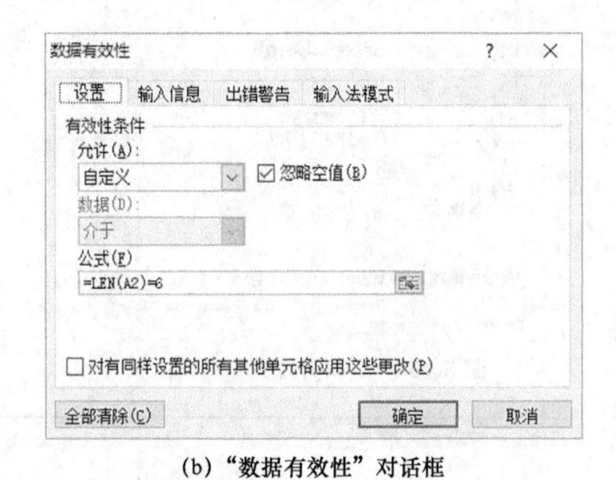

（b）“数据有效性”对话框

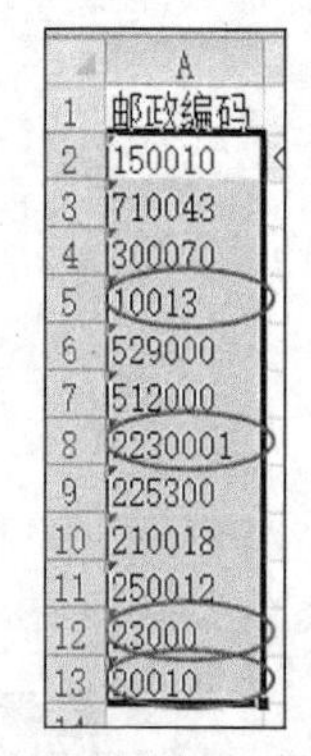

	A
1	邮政编码
2	150010
3	710043
4	300070
5	10013
6	529000
7	512000
8	2230001
9	225300
10	210018
11	250012
12	23000
13	20010

（c）带圈的数据超范围

图 6.18　数据有效性-显示错误数据

6.3　建立查询表案例

6.3.1　身份证号查询所在省份、性别、出生日期和年龄案例

在下面的案例中用到的函数有：

VLOOKUP、LEFT、MID、DATE、IF、DATEDIF、MOD 和 ISERROR。

前 7 个函数在前面的章节已经介绍。下面介绍 ISERROR。

格式：ISERROR（参数）

功能：如果参数的值为错误值：#N/A!、#VALUE!、#REF!、#DIV/0!、#NUM!、#NAME? 或 #NULL!，函数的值为“真”，否则返回值为“假”。

我国居民身份证的号码是按照国家的标准编制的，由 18 位组成，其中：

第 1～6 位（6 位数字）为地址码，表示身份证所有人的常住户口所在县（市、旗、区）的行政区划代码。

第 7～14 位（8 位数字）为出生日期码，表示身份证所有人的出生年（4 位）、月（2 位）、日（2 位）。

第 15～17 位（3 位数字）为数字顺序码，表示在同一地址码所标识的区域范围内，对同年、同月、同日出生的人编定的顺序号，顺序码的奇数为男性，偶数为女性。

第 18 位为校验码，由号码编制单位按统一的公式计算出来，如果某人的尾号是 0～9，不会出现 X，尾号是 10 用 X 来代替。

下面根据身份证号信息的特点进行查询提取信息。

【例 6-7】根据图 6.19 的身份证号，查询并填写省份、出生日期、年龄和性别。

	A	B	C	D	E
1	查询身份信息				
2	身份证号	省份	出生日期	年龄	性别
3	450106196810011232	广西壮族自治区	1968年10月1日	47	男
4	110106200012013426	北京市	2000年12月1日	15	女
5		--	--	--	--
6		--	--	--	--
7		--	--	--	--
8		--	--	--	--
9		--	--	--	--

（a）查询表

	A	B
1	编号	名称
2	11	北京市
3	12	天津市
4	13	河北省
5	14	山西省
6	15	内蒙古自治区
7	21	辽宁省
8	22	吉林省
9	23	黑龙江省
10	31	上海市

（b）省份编码表

图 6.19　查询省份、出生日期、年龄和性别

操作步骤：

（1）根据身份证号，查询并填写所在省份。

已知省份编码存放在“省份编码”工作表中，用以下函数得到身份证号所在省份。

在 B3 单元格输入公式：

=VLOOKUP(－－LEFT(A3,2),省份编码!$A$2:$B$35,2,0)

当输入的身份证号为“空”或没有找到相关的信息时，VLOOKUP 函数会返回“#VALUE!”。为了避免显示错误信息“#VALUE!”，用 ISERROR 函数判断，出现错误信息时，用其他字符代替。例如，本案例用“－ －”表示没有找到相关信息。

将上述公式改为：

=IF(ISERROR(VLOOKUP(－ －LEFT(A3,2), 省份编码!$A$2:$B$35,2,0)),"－ －",VLOOKUP(－－LEFT(A3,2),省份编码!$A$2:$B$35,2,0))

说明：

其中 LEFT 前面的两个负号“－ －”用于将文本转为数值。

VLOOKUP 函数的含义是：取身份证前两位，在“省份编码”第 1 列查找相同的编码，找到后，返回第 2 列省份名称。

（2）根据身份证号，查询并填写“出生日期”。

在 C3 单元格输入公式：

=DATE(MID(A3,7,4),MID(A3,11,2),MID(A3,13,2))

为了避免显示“#VALUE!”，将上述公式改为：

=IF(ISERROR(DATE(MID(A3,7,4),MID(A3,11,2),MID(A3,13,2))),"- -",DATE(MID(A3,7,4),MID(A3,11,2),MID(A3,13,2)))

说明：

MID(A3,7,4)：截取 A3 身份证号中的出生日期的年。

MID(A3,11,2)：截取 A3 身份证号中的出生日期的月。

MID(A3,13,2)：截取 A3 身份证号中的出生日期的日。

DATE 函数将以上三个组成为日期型数据。

（3）根据身份证号，查询并填写“年龄”。

在 D3 单元格输入公式：

=DATEDIF(C3,TODAY(),"y")

为了避免显示“#VALUE!”，将上述公式改为：

=IF(ISERROR(DATEDIF(C3,TODAY(),"y")),"- -",DATEDIF(C3,TODAY(),"y"))

说明：

DATEDIF 返回今天的日期的年与 C3 单元格日期的年之差，得到的年龄是实际年龄。

（4）根据身份证号，查询并填写性别。

=IF(MOD(MID(A3,17,1),2)=0,"女","男")

为了避免显示“#VALUE!”，将上述公式改为：

=IF(ISERROR(IF(MOD(MID(A3,17,1),2)=0,"女","男")),"- -",IF(MOD(MID(A3,17,1),2) =0,"女","男"))

说明：

MOD(MID(A2,17,1),2)，其中 MOD 是取余数函数。功能是：得到的第 17 位除以 2 取余数。

IF 函数判断，当余数等于 0，第 17 位为偶数，性别为“女”；否则第 17 位为奇数，性别为“男”。

6.3.2 用 VLOOKUP 查询得到数据表的子表

【例 6-8】图 6.20 是沪深某日的股票数据，大约有 1000 多只股票数据。如果只希望观察其中感兴趣的股票数据，可以建立股票数据的子表。下面介绍通过函数快速提取其中最关心的股票数据。

操作步骤：

（1）建立子表的标题行。将主表的股票数据的标题行复制粘贴到 I1:O1（证券代码、证券简称、前收、今收、升跌（%）、成交金额（元）市盈率），如图 6.21 所示。

（2）在 J2 输入公式：

=IF(ISERROR(VLOOKUP($I2,$A:$G,COLUMN(B1),0)),"-",VLOOKUP($I2,$A:$G,COLUMN(B1),0))

（3）向右复制该公式，复制到 O2。

（4）再将 J2:O2 公式向下复制。

	A	B	C	D	E	F	G
1	证券代码	证券简称	前收	今收	升跌(%)	成交金额(元)	市盈率
2	000001	平安银行	9.89	9.96	0.71	443,709,923.21	6.43
3	000002	万 科A	8.12	8.15	0.37	234,449,787.18	5.95
4	000004	国农科技	13.95	14.11	1.15	26,214,785.19	
5	000005	世纪星源	2.28	2.38	4.39	73,057,747.13	
6	000006	深振业A	4.59	4.8	4.58	123,014,734.31	9.31
7	000007	零七股份	11.51	11.51	0	0	114.3
8	000008	宝利来	8.4	8.4	0	0	120
9	000009	中国宝安	10.21	10.21	0	0	44.39
10	000010	深华新	6.73	6.98	3.71	99,928,281.91	1,316.98
11	000011	深物业A	6.74	6.81	1.04	22,501,520.18	13.49
12	000012	南 玻A	6.87	6.9	0.44	73,687,331.63	9.32
13	000014	沙河股份	10.43	10.35	-0.77	52,170,269.35	72.58
14	000016	深康佳A	4.32	4.3	-0.46	41,870,354.84	114.67

图 6.20 股票数据

I	J	K	L	M	N	O
证券代码	证券简称	前收	今收	升跌(%)	成交金额(元)	市盈率
000002	万 科A	8.12	8.15	0.37	234449787.2	5.95
000039	中集集团	13.72	13.83	0.8	193630560.4	17.07
002594	比亚迪	47.9	48.85	1.98	427928027	212.39
300059	东方财富	11.8	11.39	-3.47	563779327.7	2033.93
000001	平安银行	9.89	9.96	0.71	443709923.2	6.43
	-	-	-	-	-	-
	-	-	-	-	-	-

图 6.21 股票数据子表

只要在 I 列输入股票代码，便可以在 J 列～O 列，显示该股票的相关信息。

说明：

公式的核心是：

VLOOKUP($I2,$A:$G,COLUMN(B1),0)

为了向右复制时，能自动得到相应列的值，用了 COLUMN(B1)。向右复制后的结果如下。

K2 单元格的公式自动为：

=IF(ISERROR(VLOOKUP($I2,$A:$G,COLUMN(C1),0)),"-",VLOOKUP($I2,$A:$G,COLUMN(C1),0))

L2 单元格的公式自动为：=IF(ISERROR(VLOOKUP($I2,$A:$G,COLUMN(D1),0)),"-",VLOOKUP($I2,$A:$G,COLUMN(D1),0))

M2 单元格的公式自动为：

=IF(ISERROR(VLOOKUP($I2,$A:$G,COLUMN(E1),0)),"-",VLOOKUP($I2,$A:$G,COLUMN(E1),0))

N2 单元格的公式自动为：

=IF(ISERROR(VLOOKUP($I2,$A:$G,COLUMN(F1),0)),"-",VLOOKUP($I2,$A:$G,COLUMN(F1),0))

O2 单元格的公式自动为：

=IF(ISERROR(VLOOKUP($I2,$A:$G,COLUMN(G1),0)),"-",VLOOKUP($I2,$A:$G,COLUMN(G1),0))

6.4 用超级链接查询和显示指定数据

6.4.1 用超级链接查询和显示本工作簿的数据

如果经常查询多个工作表的综合信息，可以在一个工作表中建立与要查询表的超级链接，每个超级链都接都能快速转到指定工作表。在查询完成后，单击“返回”按钮，即可回到原来的工作表。

【例 6-9】建立超级链接，用超级链接查询指定的信息。

本例要求实现：在本工作簿的超级链接。例如，建立一个查询列表，列表中包含了要查询的内容名称，如图 6.22 所示。

单击“房地产开发住宅投资额数据表”，能快速切换到“房地产开发住宅投资额”的工作表；单击“住宅商品房平均销售价格数据表”能快速切换到“住宅商品房平均销售价格”工作表等。然后再在相应的工作表建立“返回”的超级链接。

	A	B	C	D
1				
2				查询项目
3			1	房地产开发住宅投资额数据表
4			2	住宅商品房平均销售价格数据表
5			3	住宅商品房销售面积数据表
6			4	商品房平均销售价格数据表
7			5	商品房销售面积数据表
8				

图 6.22 建立超级链接

操作步骤：

（1）创建一个新的工作表，且工作表标签命名为“链接查询”。

（2）在该工作表的 D2 单元格输入“查询项目”。在 D 列其他行输入要查询的内容标题，如图 6.22 所示。

（3）单击 D3 单元格（“房地产开发住宅投资额数据表”所在的单元格）。

（4）单击“插入”选项卡，在“链接”组，单击“超链接”，打开“插入超链接”对话框，如图 6.23 所示。

（5）在左侧“链接到”选中“本文档中的位置”。在右侧选中“房地产开发住宅投资额”工作表标签。

（6）单击“确定”按钮。

执行以上操作，已经建立了当前工作表与“房地产开发住宅投资额”工作表的超级链接。

建立其他项目的超级链接，与上面的操作相同，不再重复。

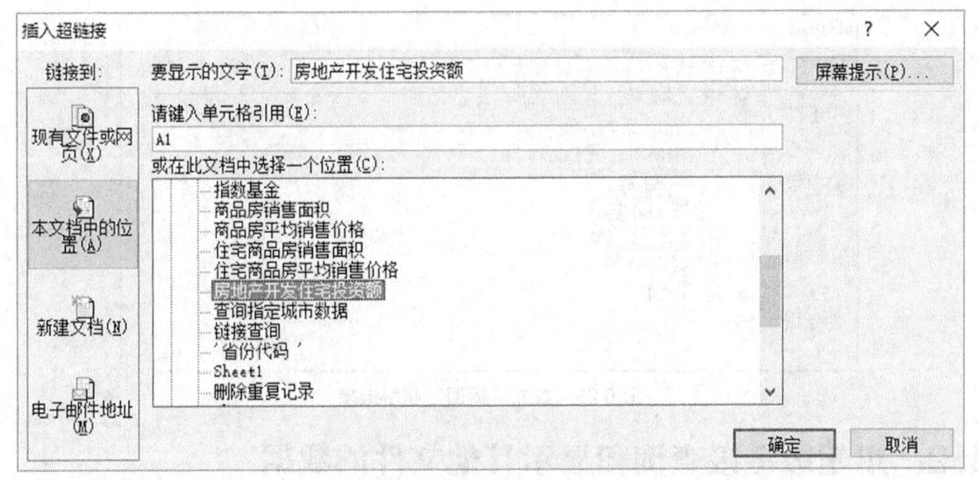

图 6.23 “插入超链接”对话框

链接建立好后，单击“房地产开发住宅投资额数据表”，快速切换到“房地产开发住宅投资额”工作表，使“房地产开发住宅投资额”表成为当前工作表。为了能返回到原来的列表工作表，下面建立超级链接“返回”按钮，单击该按钮，能快速返回查询列表的工作表。

继续上面的操作步骤：

（7）单击“房地产开发住宅投资额”工作表标签，使其成为当前工作表。

（8）单击“插入”选项卡，在“插图”组，单击“形状”，选择一个按钮形状。例如，选择“矩形”，用鼠标拖动到适合的大小。

（9）鼠标右键单击“矩形”，在弹出的菜单选择“编辑文字”。

（10）输入文字“返回”，并改变文字到合适的大小，如图 6.24 所示。

	A	B	C	D	E	F
1	数据库：主要城市年度数据					返回
2	指标：房地产开发住宅投资额(亿元)					
3	时间：最近5年					
4	地区	2014年	2013年	2012年	2011年	2010年
5	北京	1846.08	1724.56	1627.99	1778.31	1508.95
6	天津	1122.26	986.28	843.05	689.28	565.39
7	石家庄	685.33	615.7	592.27	548.67	412.25
8	太原	341.08	300.29	257.02	245.8	185.16
9	呼和浩特	410.07	392.13	302.19	244.17	192.63
10	沈阳	1416.34	1574.58	1331.43	1260.96	1004.34
11	大连	1064.7	1257.97	1055.41	869.69	575.65

图 6.24 插入“返回”超级链接

（11）单击“返回”矩形，单击“插入”选项卡，在“链接”组，单击“超链接”，打开“插入超链接”对话框，如图 6.25 所示。

（12）在左侧选中“本文档中的位置”。在右侧选中“链接查询”工作表标签。

（13）单击“确定”按钮。

取消超级链接，操作步骤：鼠标右键单击带超级链接的文字或对象，在弹出的快捷菜单选择“取消超级链接”。

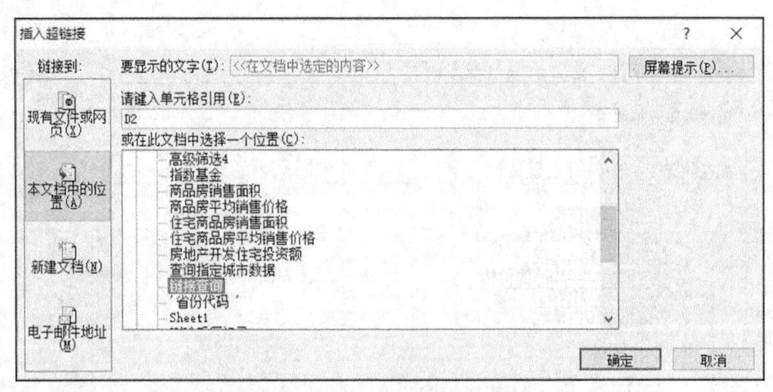

图 6.25　建立“返回”超级链接

6.4.2　用超级链接查询和显示其他文件的数据

用超级链接查询和显示其他文件的数据，与在一个工作簿中建立超级链接的操作类似。不同点是，在“插入超级链接”对话框中，选择“现有文件或网页”按钮，然后在列表中选择要链接的文件。如果链接后，需要从其他文件链接返回，不同的文件类型建立链接返回的操作可能是不同的。

【例 6-10】图 6.26 中的数据表是个人的数据表信息。对于每个人的详细信息在另外的 Word 文件中。为每个人的“个人简历”建立超级链接，用于查询相应个人简历信息，查询后返回。

	A	B	C	D	E	F	G	H	I
1	职工情况简表								
2	编号	性别	年龄	参加工作日期	学历	科室	职务	基本工资	简历
3	10001	女	36	2004-8-1	本科	科室2	副经	4600.97	个人简历
4	10002	男	28	2014-9-1	硕士	科室3	普通	3800.01	个人简历
5	10003	女	30	2015-6-5	博士	科室3	普通	4700.85	个人简历
6	10004	女	45	1996-11-12	本科	科室2	监理	5000.78	个人简历

图 6.26　超级链接“个人简历”

操作步骤：

（1）单击 I3 单元格（“个人简历”）。

（2）单击“插入”选项卡，在“链接”组，单击“超链接”，打开“插入超链接”对话框。

（3）在左侧“链接到”选中“现有文件或网页”。

（4）在右侧的文件夹列表找到要链接的 Word 文档。

（5）单击“确定”按钮。

（6）在 Word 文档中建立返回的链接，与在 Excel 的操作类似，不再重复。

从 Word 文档返回，单击超链接时，需要同时按【Ctrl】键。

6.5　其他查询

6.5.1　查询和删除重复输入的数据

【例 6-11】标记重复输入的数据。

在职工表中，职工号是唯一标识和区别不同的员工的标志。下面用“条件格式”来标记职工号中是否有重复出现的编号。

操作步骤：

（1）选定 A3:A24 单元格区域。

（2）单击“开始”选项卡，在“样式”组，单击“条件格式”，在列表中选择“新建规则”。

（3）打开“新建规则”对话框，如图 6.27 所示。

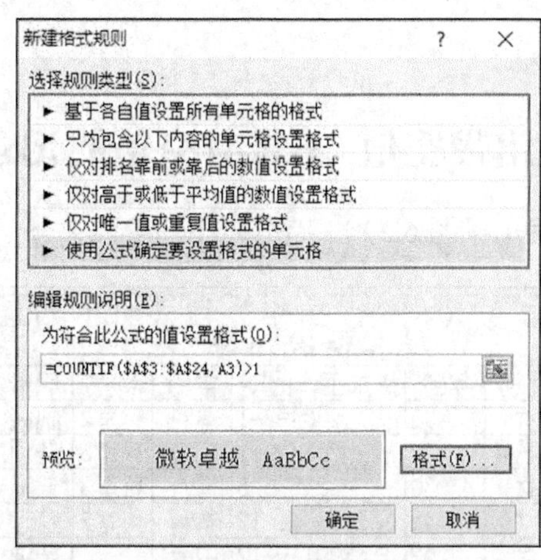

图 6.27　条件格式设置

（4）选择“使用公式确定要设置格式的单元格”。

（5）在“为符合此公式的值设置格式”中输入公式。

- 如果标记所有重复出现的数据，输入公式=COUNTIF($A$3:$A$24,A3)>1
- 如果只标记重复出现的数据，输入公式=COUNTIF($A3:$A24,A3)>1

（6）单击“确定”按钮。标记结果如图 6.28 所示。

	A	B	C	D
1				职工情况
2	编号	性别	年龄	参加工作日期
3	10001	女	36	2004-8-1
4	10002	男	28	2014-9-1
5	10003	女	30	2015-6-5
6	10004	女	45	1996-11-12
7	10005	女	42	1991-9-12
8	10006	男	40	2006-7-7
9	10007	女	29	2015-7-18
10	10008	男	55	1985-1-16
11	10009	男	35	2006-6-16
12	10010	男	23	2015-7-15
13	10011	男	36	2001-8-20
14	10003	女	30	2015-6-5
15	10012	男	50	1992-5-18
16	10013	女	27	2010-12-21
17	10014	男	22	2014-7-15
18	10015	女	35	2009-5-20
19	10016	女	58	1982-1-17
20	10008	男	55	1985-1-16
21	10017	女	30	2012-6-1
22	10018	女	25	2013-6-25
23	10019	男	40	1999-2-23
24	10020	男	38	1998-1-11

（a）标记所有重复出现的数据

	A	B	C	D
1				职工情
2	编号	性别	年龄	参加工作日期
3	10001	女	36	2004-8-
4	10002	男	28	2014-9-
5	10003	女	30	2015-6-
6	10004	女	45	1996-11-
7	10005	女	42	1991-9-
8	10006	男	40	2006-7-
9	10007	女	29	2015-7-
10	10008	男	55	1985-1-
11	10009	男	35	2006-6-
12	10010	男	23	2015-7-
13	10011	男	36	2001-8-
14	10003	女	30	2015-6
15	10012	男	50	1992-5-
16	10013	女	27	2010-12-
17	10014	男	22	2014-7-
18	10015	女	35	2009-5-
19	10016	女	58	1982-1-
20	10008	男	55	1985-1-
21	10017	女	30	2012-6
22	10018	女	25	2013-6-
23	10019	男	40	1999-2-
24	10020	男	38	1998-1-

（b）只标记重复出现的数据

图 6.28　对比标识重复出现的数据

【例 6-12】删除重复出现的数据或记录行。

删除重复出现的记录行操作很简单，与上述的标记无关，可以独立操作。

操作步骤：

（1）选定“职工情况表”。例如，选定 A3:G22 单元格区域。

（2）单击“数据”选项卡，单击“数据工具”组的“删除重复项”，打开“删除重复项”对话框。

（3）单击“确定”按钮。

6.5.2 查询并分离出带空值/不带有空值的记录

【例 6-13】对职工情况表（见图 6.29），完成以下任务。

	A	B	C	D	E	F	G	H
1	职工情况简表							
2	编号	性别	年龄	参加工作日期	学历	科室	职务	基本工资
3	10001	女	36	2004-8-1	本科	科室2	副经	4600.97
4	10002	男	28	2014-9-1	硕士	科室3	普通	3800.01
5	10003	女	30	2015-6-5	博士	科室3	普通	4700.85
6	10004	女	45	1996-11-12	本科	科室2	监理	5000.78
7	10005	女	42	1991-9-12	中专		普通	4200.53
8	10006	男	40	2006-7-7	博士	科室1	副经	5800.01
9	10007	女		2015-7-18	博士	科室1	副经	
10	10008	男	55	1985-1-16	本科	科室2	经理	5600.5
11	10009	男	35	2006-6-16		科室3	监理	4700.09
12	10010	男	23	2015-7-15	本科	科室2	普通	3000.48
13	10011	男	36	2001-8-20	大专	科室1	普通	3100.71
14	10012	男	50	1992-5-18	硕士	科室1	经理	5900.55
15	10013	女	27	2010-12-21	中专	科室3	普通	2900.36
16	10014	男	22	2014-7-15		科室1		2700.42
17	10015	女	35	2009-5-20	博士	科室3	监理	4600.46
18	10016	女	58	1982-1-17	本科	科室1	监理	5700.58
19	10017	女	30	2012-6-1	硕士	科室2	普通	4300.79
20	10018	女	25	2013-6-25	本科	科室3	普通	3500.39
21	10019	男	40	1999-2-23	大专	科室3	经理	4800.67
22	10020	男	38	1998-1-11	中专	科室2	普通	3301

图 6.29　带空值的数据表

1．查询并分离出带有空值的记录

操作步骤：

（1）建立条件区。在 J2:Q2 输入字段名行，如图 6.30 所示。

（2）输入空值条件。因为有空值的记录均为要查找的对象，所以建立条件区的条件之间是“或”关系。分别在 J3、K4、L5、M6、N7、O8、P9 和 Q10 单元格输入等号“=”。

（3）单击数据表中的任意一个单元格。

（4）单击“数据”选项卡，在“排序和筛选”组，单击“高级”，打开“高级筛选”对话框。

（5）列表区域已经自动选择。单击“高级筛选”对话框的“条件区域”文本框，选定数据表中的条件区 J2:Q10。

（6）在“高级筛选”对话框的“方式”中选中“将筛选结果复制到其他位置”。单击“复制到”文本框，单击 J12 单元格。

（7）单击“确定”按钮。筛选结果，如图 6.30 所示。

J	K	L	M	N	O	P	Q
条件区							
编号	性别	年龄	参加工作	学历	科室	职务等级	基本工资
=							
	=						
		=					
			=				
				=			
					=		
						=	
							=
查询结果							
编号	性别	年龄	参加工作	学历	科室	职务等级	基本工资
10005	女	42	1991-9-12	中专		普通职员	4200.53
10007	女		2015-7-18	博士	科室1	副经理	
10009	男	35	2006-6-16		科室3	监理	4700.09
10014	男	22	2014-7-15		科室1		2700.42

图 6.30　查询并分离出有“空值”的记录（条件区与查询结果）

2．查询并分离出不带有空值的记录

（1）建立条件区。在 J2:Q2 输入字段名行，如图 6.31 所示。

（2）输入非空值条件。因为没有空值的记录均为要查找的对象，所以建立条件区的条件之间是“与”关系。分别在 J3:Q3 单元格输入不等号“<>”。

（3）单击数据表中的任意一个单元格。

（4）单击“数据”选项卡，在“排序和筛选”组，单击“高级”，打开“高级筛选”对话框。

（5）列表区域已经自动选择。单击“高级筛选”对话框的“条件区域”文本框，选定数据表中的条件区 J2:Q3。

（6）在“高级筛选”对话框的“方式”中选中“将筛选结果复制到其他位置”。单击“复制到”文本框，单击 J5 单元格。

（7）单击“确定”按钮。筛选结果，如图 6.31 所示。

6.5.3　借助数据透视表进行自动查询

【例 6-14】已知“职工情况简表”，如图 6.19 所示。用数据透视表筛选功能和 VLOOKUP 函数创建自动显示符合条件的记录，如图 6.33 所示。

操作步骤：

（1）单击数据表区的任意一个单元格。

（2）在“插入”选项卡“表格”组，单击“数据透视表”。

（3）在“创建数据透视表”对话框的“选择放置数据透视表的位置”中，单击“现有工作表”，单击 K7 单元格（放置数据透视表的位置）。

（4）在“字段列表中”，将“性别”“科室”、“职务等级”拖拽到“报表筛选”框内

J	K	L	M	N	O	P	Q
条件区							
编号	性别	年龄	参加工作日期	学历	科室	职务等级	基本工资
<>	<>	<>	<>	<>	<>	<>	<>
查询结果							
编号	性别	年龄	参加工作日期	学历	科室	职务等级	基本工资
10001	女	36	2004-8-1	本科	科室2	副经理	4600.97
10002	男	28	2014-9-1	硕士	科室3	普通职员	3800.01
10003	女	30	2015-6-5	博士	科室3	普通职员	4700.85
10004	女	45	1996-11-12	本科	科室2	监理	5000.78
10006	男	40	2006-7-7	博士	科室1	副经理	5800.01
10008	男	55	1985-1-16	本科	科室2	经理	5600.5
10010	男	23	2015-7-15	本科	科室2	普通职员	3000.48
10011	男	36	2001-8-20	大专	科室1	普通职员	3100.71
10012	男	50	1992-5-18	硕士	科室1	经理	5900.55
10013	女	27	2010-12-21	中专	科室3	普通职员	2900.36
10015	女	35	2009-5-20	博士	科室3	监理	4600.46
10016	女	58	1982-1-17	本科	科室1	监理	5700.58
10017	女	30	2012-6-1	硕士	科室2	普通职员	4300.79
10018	女	25	2013-6-25	本科	科室3	普通职员	3500.39
10019	男	40	1999-2-23	大专	科室3	经理	4800.67
10020	男	38	1998-1-11	中专	科室2	普通职员	3301

图 6.31　查询并分离出不带空值的记录

（5）将“编号”拖拽到“行标签”，如图 6.32 所示。

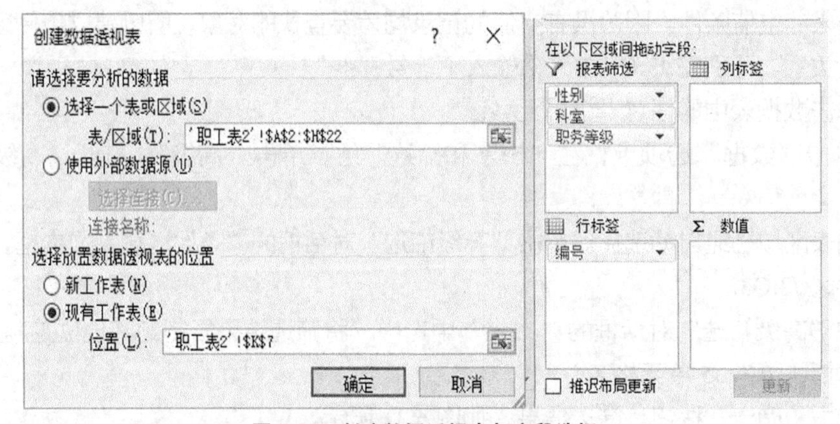

图 6.32　创建数据透视表与字段选择

（6）在 L7:R7 输入字段名称。

（7）在 L8 单元格输入公式：

=IF(ISERROR(VLOOKUP($K8,$A$2:$H$22,COLUMN(B2),0)),"-",VLOOKUP($K8,$A$2:$H$22,COLUMN(B2),0))

（8）将 L8 公式向右复制到 R 列，然后再向下复制到第 28 行。

执行以上操作后，可以在 L3:L5 分别选择要查询的值，便可以在下面的透视表自动显示要查询的结果。

例如，筛选性别“女”，“科室 3”的记录，如图 6.33 所示。

K	L	M	N	O	P	Q	R
性别	女						
科室	科室3						
职务等级	(全部)						
行标签	性别	年龄	参加工作	学历	科室	职务等级	基本工资
10003	女	30	42160	博士	科室3	普通职员	4700.85
10013	女	27	40533	中专	科室3	普通职员	2900.36
10015	女	35	39953	博士	科室3	监理	4600.46
10018	女	25	41450	本科	科室3	普通职员	3500.39
总计	-	-	-	-	-	-	-
	-	-	-	-	-	-	-
	-	-	-	-	-	-	-
	-	-	-	-	-	-	-

图 6.33　查询结果

习题

【第 1 题】对图 6.34 的数据表，完成以下任务。

查询 1：显示年龄大于等于 35 岁，且职务等级为“科员”的记录。

查询 2：显示年龄在 35～45 的记录（含 35 和 45）。

查询 3：显示性别为“男”且年龄<40 或性别为“女”且年龄≤35 的记录。

查询 4：显示科室 1 年龄小于 40 的性别为“男”的记录以及科室 2 年龄小于等于 30 的记录。

查询 5：显示本科及以上学历的记录，且基本工资低于平均工资的记录。

	A	B	C	D	E	F	G	H
1	职工情况简表							
2	编号	性别	年龄	参加工作日期	学历	科室	职务等级	基本工资
3	10001	女	36	2004-8-1	本科	科室2	副经理	4600.97
4	10002	男	28	2014-9-1	硕士	科室3	普通职员	3800.01
5	10003	女	30	2015-6-5	博士	科室3	普通职员	4700.85
6	10004	女	45	1996-11-12	本科	科室2	监理	5000.78
7	10005	女	42	1991-9-12	中专	科室1	普通职员	4200.53
8	10006	男	40	2006-7-7	博士	科室1	副经理	5800.01

图 6.34 【第 1 题】数据表

【第 2 题】对【第 1 题】数据表，完成以下任务。

选择指定的“科室”和“学历”能自动显示符合条件的相关记录信息。

【第 3 题】对图 6.35 的数据表，完成以下任务。

1. 用函数统计 3～5 月份上海和广州的销售数量。
2. 实现：同一个城市的数据排列在一起，如果是同一城市，将同类商品名称排列在一起。

3. 显示北京、上海的销售数量大于500的记录。

	月份	城市	商品名称	销售数量
2	1	北京	冰箱	346
3	1	天津	电视机	364
4	1	北京	空调	422
5	1	北京	电视机	461
6	1	天津	冰箱	585
7	1	广州	冰箱	648
8	1	天津	空调	649
9	1	上海	空调	658
10	1	广州	电视机	786
11	1	上海	电视机	786
12	2	广州	空调	201
13	2	广州	冰箱	283
14	2	天津	空调	354

图 6.35 【第 3 题】数据表

【第 4 题】已知职工号前 6 位为入职的年月，第 7～8 位为部门编号，最后 3 位为所在部门的人员编号。请根据职工号，分离出入职年月以及所在部门，如图 6.36 所示。

	A	B	C	D	E	F	G
1	职工号	入职年月	部门			部门编码	部门名称
2	20150102069	2015年01月	人力部			01	财务部
3	20130401079	2013年04月	财务部			02	人力部
4	20050805009	2005年08月	信息部			03	市场部
5	20000204046	2000年02月	生产部			04	生产部
6	20100302047	2010年03月	人力部			05	信息部
7	20150506079	2015年05月	质检部			06	质检部
8	20140205095	2014年02月	信息部			07	研发部
9	20081003070	2008年10月	市场部				

图 6.36 【第 4 题】数据表

CHAPTER7

第7章 商务数据分析

Excel 提供了非常实用的数据分析工具，如财务分析工具、统计分析工具、工程分析工具、规划求解工具、方案管理器等，利用这些分析工具，可解决数据管理中的许多问题。下面主要介绍财务管理与统计分析中常用的一些数据分析工具。

7.1 用模拟分析方法求解

7.1.1 单变量求解

单变量求解是求解只有一个变量的方程的根，方程可以是线性方程，也可以是非线性方程。单变量求解工具可以解决许多数据管理中涉及一个变量的求解问题。

【例 7-1】某企业拟向银行以 7%的年利率借入期限为 5 年的长期借款，企业每年的偿还能力为 100 万元，那么企业最多总共可贷款多少？

设计如图 7.1 所示的计算表格，在单元格 B2 中输入公式“=PMT（B1,B3,B4）”，单击“数据”选项卡“模拟分析”命令的“单变量求解”，则弹出“单变量求解”对话框，如图 7.2 所示，在“目标单元格”中输入“$B$2”，在“目标值”中输入“100”，在“可变单元格”中输入“$B$4”，然后单击“确定”按钮，则系统立即计算出结果，如图 7.1 所示，即企业最多总共可贷款 410.02 万元。

B2 = =PMT(B1,B3,B4)

	A	B	C
1	年利率（%）	0.07	
2	年偿还额（万元）	100	
3	期限（年）	5	
4	贷款总额（万元）	-410.02	
5			

图 7.1　贷款总额计算

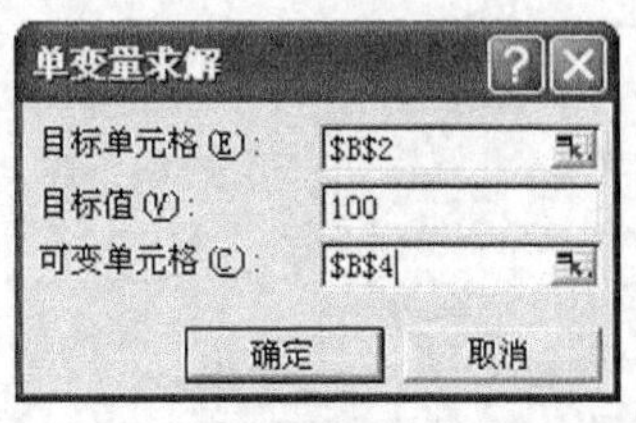

图 7.2　“单变量求解”对话框

7.1.2　模拟运算表

模拟运算表是将工作表中的一个单元格区域的数据进行模拟计算，测试使用一个或两个变量对运算结果的影响。在 Excel 中，可以构造两种模拟运算表：单变量模拟运算表和多变量模拟运算表。

1．单变量模拟运算表

单变量模拟运算表是基于一个输入变量，用它来模拟对一个或多个公式计算结果的影响。

【例 7-2】企业向银行贷款 10000 元，期限 5 年，使用“模拟运算表”模拟计算不同的利率对月还款额的影响。

步骤如下：

（1）设计数据表结构，输入计算模型（A1:B3）及变化的利率（A6:A14）。

（2）在单元格 B5 中输入公式“=PMT（B2/12,B3*12,B1）”，如图 7.3 所示；

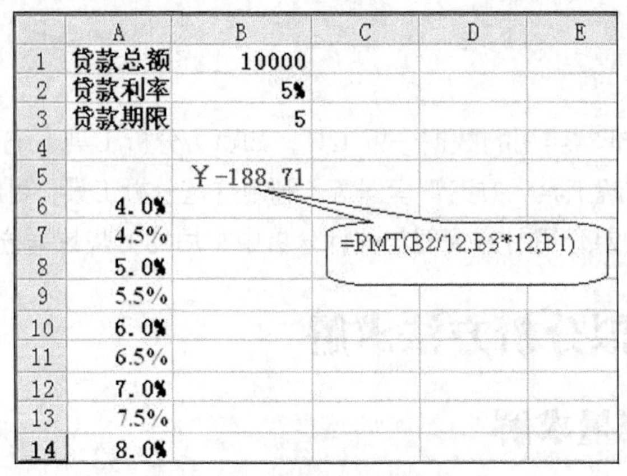

	A	B	C	D	E
1	贷款总额	10000			
2	贷款利率	5%			
3	贷款期限	5			
4					
5		￥-188.71			
6	4.0%				
7	4.5%				
8	5.0%				
9	5.5%				
10	6.0%				
11	6.5%				
12	7.0%				
13	7.5%				
14	8.0%				

图 7.3　单变量模拟运算表

（3）选取包括公式和需要进行模拟运算的单元格区域 A5:B14。

（4）单击“数据”选项卡“模拟分析”组的“模拟运算表”，弹出“模拟运算表”对话框，如图 7.4 所示。

（5）由于本例中引用的是列数据，故在“输入引用列的单元格”中输入“$B$2”。单击“确定”按钮，即得到单变量的模拟运算表，如图 7.5 所示。

2．双变量模拟运算表

双变量模拟运算表比单变量模拟运算表要略复杂一些，双变量模拟运算表是考虑两个变量的变化对一个公式计算结果的影响，它与单变量模拟运算表的主要区别在于双变量模拟运算表使用两个可变单元格（即输入单元格）。双变量模拟运算表中的两组输入数值使用的是同一个公式，这个公式必须引用两个不同的输入单元格。

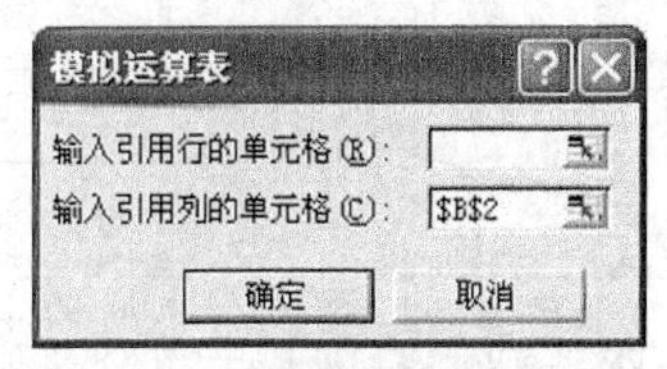

图 7.4 “模拟运算表”对话框

	A	B
1	贷款总额	10000
2	贷款利率	5%
3	贷款期限	5
4		
5		￥-188.71
6	4.0%	-184.1652
7	4.5%	-186.4302
8	5.0%	-188.7123
9	5.5%	-191.0116
10	6.0%	-193.328
11	6.5%	-195.6615
12	7.0%	-198.012
13	7.5%	-200.3795
14	8.0%	-202.7639

图 7.5 单变量的模拟运算表

创建双变量模拟运算表的一般过程如下。

（1）建立计算模型。

（2）在工作表的某个单元格内，输入所需引用的两个输入单元格的公式。

（3）在公式下面同一列中键入一组输入数值，在公式右边同一行中键入第二组输入数值。

（4）选定包含公式以及数值行和列的单元格区域。

（5）单击“数据”选项卡“模拟分析”→“模拟运算表”，弹出“模拟运算表”对话框。

（6）在“输入引用行的单元格”编辑框中，输入要由行数值替换的输入单元格的引用。

（7）在“输入引用列的单元格”编辑框中，输入要由列数值替换的输入单元格的引用。

【例 7-3】我们把在前面的例子中规定的还款期限由固定的 5 年期改变为在 1～5 年变化，即现在对计算的要求变成为：利用双变量模拟运算表及 PMT 财务函数计算贷款 10000 元，年利率在 4.0%～8.0%变化时，各种年利率下，当还款期限在 1～5 年变化时，每月等额的还款金额。

根据题目的要求，具体的操作可按如下步骤进行：

（1）按照双变量模拟运算表的输入要求，在工作表中输入以下内容：贷款总额（10000）、固定年利率（6%）、固定还贷期限（5）、每月还贷款金额公式、年利率变化序列（4.0%～8.0%），还贷期限变化序列（1，2，3，4，5），输入单元格式排列如图 7.7 所示（注意：在计算贷款期限时要乘以 12 以月为单位计算）。

在图 7.7 中，单元格 A5 中的公式为“=PMT（B2/12,B3*12,B1）”；单元格区域 A6:A14 为要作为替代输入单元格的“年利率”序列；单元格区域 B6:F6 为要作为替代另一个输入单元格的“还贷期限”序列。

（2）在单元格 A5 内输入公式“=PMT（B2/12,B3*12,B1））”，公式中的单元格 B2（代表年利率）、B3（代表期限）将作为输入单元格。

（3）选定单元格区域 A5:F14。

（4）单击“数据”菜单中的“模拟运算表”命令，弹出“模拟运算表”对话框，如图 7.6

所示。

（5）在“输入引用行的单元格”框中，选择或输入要用行数值序列（即“还贷期限”序列B5:F5）替换的输入单元格“$B$3”；在“输入引用列的单元格”框中，选择或输入要用列数值序列（即“年利率”序列A6:A14）替换的输入单元格“$B$2”，如图7.6所示。

（6）单击“确定”按钮。

经过上述操作过程后，得到双变量模拟运算表的计算结果如图7.7所示。

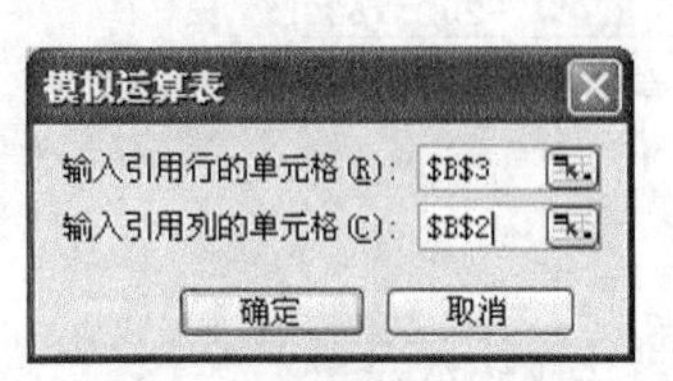

图7.6 “模拟运算表”对话框

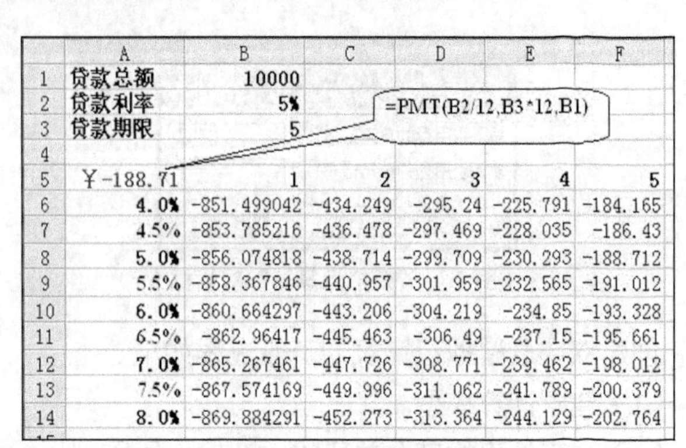

	A	B	C	D	E	F
1	贷款总额	10000				
2	贷款利率	5%				
3	贷款期限	5				
4						
5	￥-188.71	1	2	3	4	5
6	4.0%	-851.499042	-434.249	-295.24	-225.791	-184.165
7	4.5%	-853.785216	-436.478	-297.469	-228.035	-186.43
8	5.0%	-856.074818	-438.714	-299.709	-230.293	-188.712
9	5.5%	-858.367846	-440.957	-301.959	-232.565	-191.012
10	6.0%	-860.664297	-443.206	-304.219	-234.85	-193.328
11	6.5%	-862.96417	-445.463	-306.49	-237.15	-195.661
12	7.0%	-865.267461	-447.726	-308.771	-239.462	-198.012
13	7.5%	-867.574169	-449.996	-311.062	-241.789	-200.379
14	8.0%	-869.884291	-452.273	-313.364	-244.129	-202.764

图7.7 双变量模拟运算表

7.1.3 修改模拟运算表

当创建了单变量或双变量模拟运算表后，可以根据需要作各种修改。

（1）修改模拟运算表的计算公式。当计算公式发生变化时，模拟运算表将重新计算，并在相应单元格中显示出新的计算结果。

（2）修改用于替换输入单元格的数值序列。当这些数值序列的内容被修改后，模拟运算表将重新计算，并在相应单元格中显示出新的计算结果。

（3）修改输入单元格。选定整个模拟运算表（其中包括计算公式、数值序列及运算结果区域），然后单击“数据”选项卡“模拟分析”的“模拟运算表”命令，弹出“模拟运算表”对话框，这时可以在“输入引用行的单元格”框中或“输入引用列的单元格”框中重新指定新的输入单元格。

（4）由于模拟运算表中的计算结果是存放在数组中的，所以当需要清除模拟运算表的计算结果时，必须清除所有的计算结果，而不能只清除个别计算结果。如果用户想要只删除模拟运算表的部分计算结果，则屏幕上将会出现如图7.8所示的消息框，提示用户不能进行这样的操作。

图7.8 出错消息框

（5）如果只是要删除模拟运算表的运算结果，则在进行删除操作时，一定要首先确认选定的只是运算结果区域，而没有选定其中的公式和输入数值。然后按【Del】键。

（6）如果要删除整个模拟运算表（包括计算公式、数值序列及运算结果区域），则选定整个模拟运算表，然后按【Del】键（或在“编辑”菜单中，选择“清除”命令，然后单击“全部”）。

7.1.4 方案管理器

在企业的生产经营活动中，由于市场的不断变化，企业的生产销售受到各种因素的影响，企业需要估计这些因素并分析其对企业生产销售的影响。Excel 提供了称为方案的工具来解决上述问题，利用其提供的方案管理器，可以很方便地对多种方案（即多个假设条件,可达 32 个变量）进行模拟分析。例如，不同的市场状况、不同的定价策略等所可能产生的结果，也即利润会怎样变化。

下面结合实例来说明如何使用方案管理器进行方案分析和管理。

【例 7-4】某企业生产光盘，现使用方案管理器，假设生产不同数量的光盘（如 3000、5000、10000），对利润的影响。

已知：在该例中有 4 个可变量：单价、数量、推销费率和单片成本。

利润=销售金额－成本－费用×（1+推销费率）

销售金额=单价×数量

费用=20000

成本=固定成本＋单价×单片成本

固定成本=70000

1．建立方案

操作步骤：

（1）建立模型：将数据、变量及公式输入工作表中，如图 7.9 所示。我们假设该表是以公司去年的销售为基础的。在单元格“B7:B10”中保存着要进行模拟的 4 个变量，分别是：单价、数量、单片成本和推销费率。

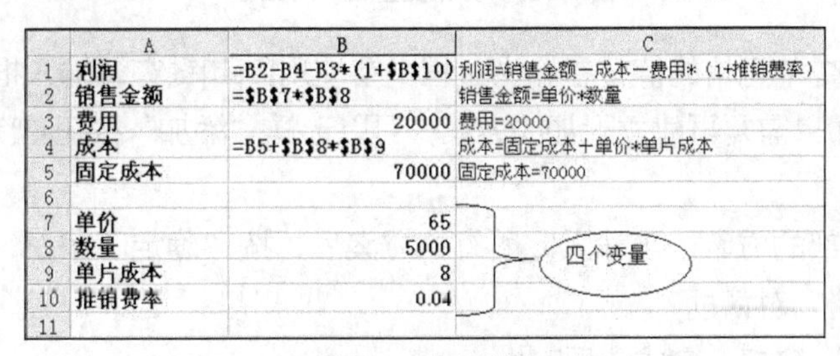

	A	B	C
1	利润	=B2-B4-B3*(1+$B$10)	利润=销售金额－成本－费用*（1+推销费率）
2	销售金额	=$B$7*$B$8	销售金额=单价*数量
3	费用	20000	费用=20000
4	成本	=B5+$B$8*$B$9	成本=固定成本＋单价*单片成本
5	固定成本	70000	固定成本=70000
6			
7	单价	65	
8	数量	5000	四个变量
9	单片成本	8	
10	推销费率	0.04	
11			

图 7.9 建立模型

（2）给单元格命名：为了使单元格地址的意义明确，可以为 B1:B10 单元格命名，以单元格 A1:A10 中的文字代替单元格的地址（命名后，在后面的方案总结报告中，会以“单价”代替地址“$B$7”、“数量”代替地址“$B$8”……）。方法为：选定单元格区域 A1:B10，单击“插入”选项卡“名称”组的“指定”，在出现的“指定名称”对话框中，选定“最左列”复选框。

（3）建立方案。

操作步骤：

- 单击“数据”选项卡“模拟分析”→“方案管理器”，出现“方案管理器”对话框，如图 7.10 所示。
- 按“添加”按钮，出现一个如图 7.11 所示的“编辑方案”对话框。

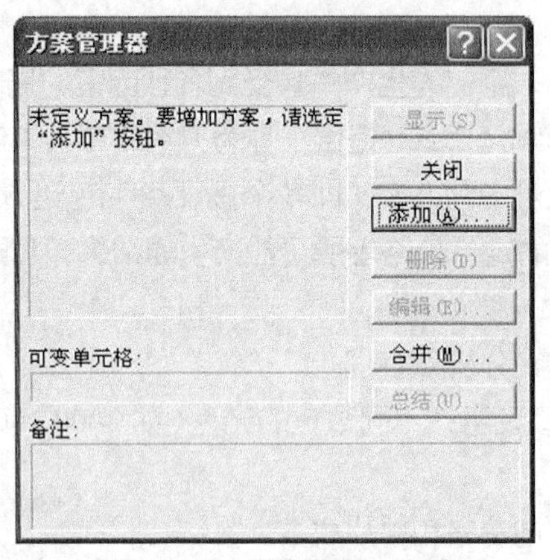

图 7.10 “方案管理器”对话框

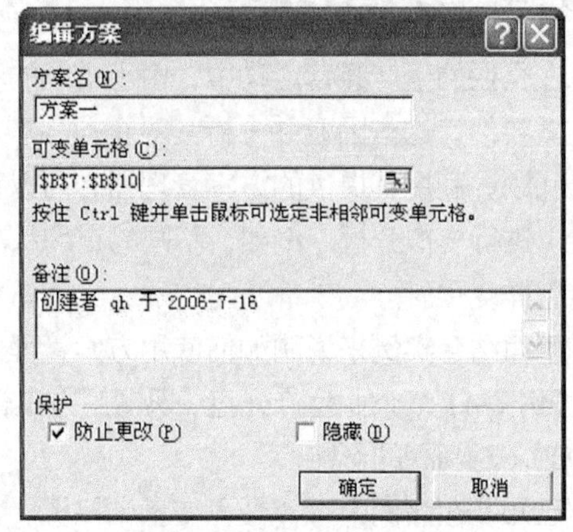

图 7.11 “编辑方案”对话框

- 在“方案名”框中键入方案名。在“可变单元格”框中键入单元格的引用，在这里我们输入“B7:B10”，可以选择保护项“防止更改”。按“确定”按钮，就会进入图 7.12 所示的“方案变量值”对话框。

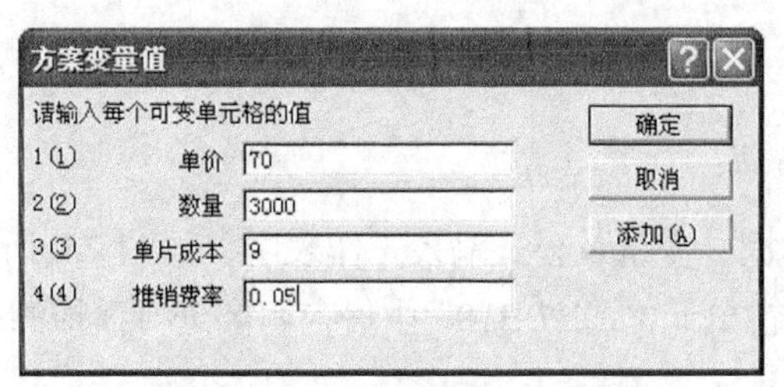

图 7.12 “方案变量值”对话框

- 编辑每个可变单元格的值，在输入过程中要使用[Tab]键在各输入框中进行切换。将方案增加到序列中，如果需要再建立附加的方案，可以选择“添加”按钮重新进入图 7.11“编辑方案”对话框中。
- 重复输入全部的方案。当输入完所有的方案后，按“确定”按钮，就会看到已设置了方案的“方案管理器”对话框。
- 选择“关闭”按钮，完成该项工作。

2．显示方案

设定了各种模拟方案后，任何时候都可以执行方案，察看模拟的结果。

操作步骤：

（1）单击“数据”选项卡“模拟分析”→“方案管理器”，出现如图 7.10 所示的“方案管理器”对话框。

（2）在“方案”列表框中，选定要显示的方案，如选定“方案一”。

（3）按下“显示”按钮，则被选方案中可变单元格的值出现在工作表的可变单元格中，同时工作表重新计算，以反映模拟的结果，如图 7.13 所示。

（4）重复显示其他方案，最后按下“关闭”按钮。

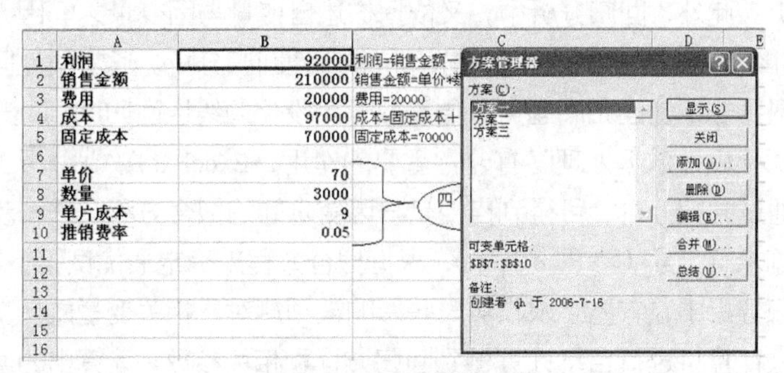

图 7.13　显示运算结果

3．修改、删除或增加方案

对做好的方案进行修改，只需在图 7.13 所示的“方案管理器”对话框中选中需要修改的方案，单击“编辑”按钮，系统弹出如图 7.11 所示的“编辑方案”对话框，进行相应的修改即可。

若要删除某一方案，则在如图 7.13 所示的“方案管理器”对话框中选中需要删除的方案，单击“删除”按钮。

若要增加方案，则在如图 7.13 所示的“方案管理器”对话框中单击“添加”按钮，然后在“添加方案”对话框中填写相关的项目。

4．建立方案报告

当需要将所有的方案执行结果都显示出来时，可建立方案报告。方法如下：

在“数据”选项卡→“模拟分析”→“方案管理器”命令，出现“方案管理器”对话框，按下“总结”按钮，出现如图 7.14（a）所示的“方案摘要”对话框。

在“结果类型”框中，选定“方案摘要”选项。在“结果单元格”框中，通过选定单元格或键入单元格引用来指定每个方案中重要的单元格。这些单元格中应有引用可变单元格的公式。如果要输入多个引用，每个引用间用逗号隔开。最后按“确定”按钮，Excel 就会把“方案摘要”表放在单独的工作表中，如图 7.14（b）所示。

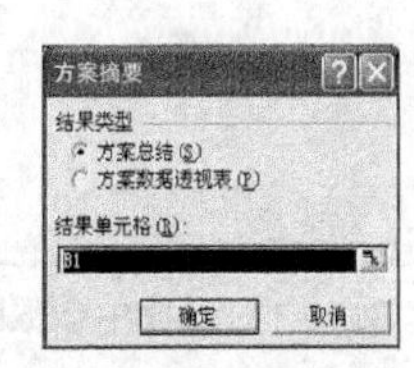

(a)“方案摘要”对话框

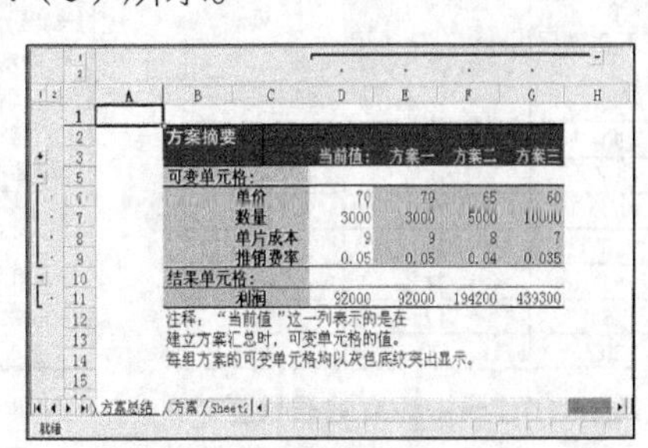

(b)“方案摘要”工作表

图 7.14　建立方案报告

7.2 线性回归分析

回归分析法，是在掌握大量观察数据的基础上，利用数理统计方法建立因变量与自变量之间的回归关系函数表达式（称回归方程式）。回归分析中，当研究的因果关系只涉及因变量和一个自变量时，叫作一元回归分析；当研究的因果关系涉及因变量和两个或两个以上自变量时，叫作多元回归分析。此外，回归分析中，又依据描述自变量与因变量之间因果关系的函数表达式是线性的还是非线性的，分为线性回归分析和非线性回归分析。通常线性回归分析法是最基本的分析方法，遇到非线性回归问题可以借助数学手段化为线性回归问题处理。

回归分析在试验设计数据处理时有非常重要的作用，Excel 的数据分析工具库中提供了回归分析的工具。通过回归分析，可得到自变量与因变量间的拟合方程，进一步可以使用数据分析工具库中的规划求解工具（参见 8.3 节），根据拟合方程来确定最优试验条件。

在预测的回归分析中，首先必须收集一些影响被预测对象相关变量的历史资料，然后再将收集到的数据输入计算机进行自动计算得到回归方程和相关参数。计算出的回归方程是否能够作为预测的依据取决于对相关参数进行分析，所以需要运用数据统计的方法如拟合检验、显著性检验得出检验结果。如果检验结果表明回归方程是可靠的，就可最后把已拟好的相关变量值代入回归方程得出最终的预测值。

【例 7-5】对销售额进行多元回归分析预测，数据如图 7.15 所示。

本例可用二元线性回归分析来求解。

设定变量：y=销售额，x=电视广告费用，x_2=报纸广告费用

方程为：$y=a_1x_1+a_2x_2+b$

通过线性回归分析确定 a_1、a_2、b 的值，从而确定方程。

1．操作方法与步骤

（1）建立数据模型。

将统计数据按图 7.15 所示的格式输入 Excel 表格中。

	A	B	C	D
1	销售额（万元）	电视广告费用（万元）	报纸广告费用（万元）	年份
2	960	50	15	1994
3	900	20	20	1995
4	950	40	15	1996
5	920	25	25	1997
6	950	30	33	1998
7	940	35	23	1999
8	940	25	42	2000
9	940	30	25	2001

图 7.15　在 Excel 工作表中建立数据模型

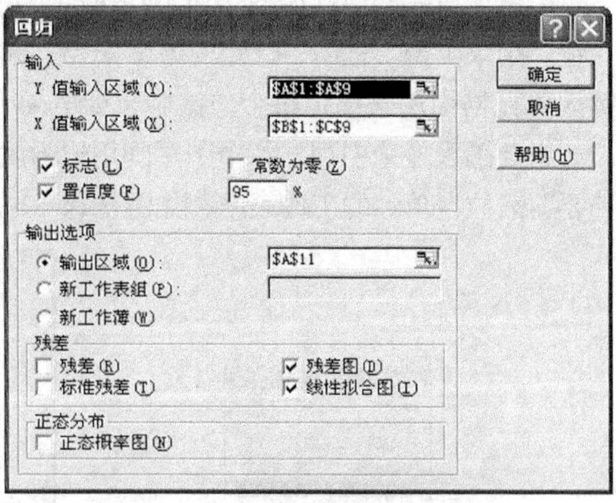

图 7.16　“回归”对话框中参数的设置

（2）单击“文件”选项卡→“选项”→“加载项”→“分析工具库”→“转到”，在“加

载宏”对话框中，选中“分析工具库”复选框，单击“确定”按钮。

（3）单击“数据”选项卡→“数据分析”，在“数据分析”对话框中，选中“回归”命令，单击“确定”按钮，则会出现如图 7.16 所示的“回归”对话框。

（4）选择工作表中的 A1:A9 单元格作为“Y 值输入区”，选择工作表中的 B1:C9 单元格作为“X 值输入区”，在“输出区域”框中选择 A11 单元格，并设置对话框中的参数如图 7.16 所示。

“回归”对话框中的各参数设置说明如下。

- “Y 值输入区域”：选择因变量数据所在的区域，可以包含标志。
- “X 值输入区域”：选择自变量取值数据所在的区域，可以包含标志。
- 如果选择数据时包含了标志则选择“标志”复选框。
- 如果强制拟合线通过坐标系原点则选择“常数为零复”选框。
- “置信度”：分析置信度，一般选择 95%。
- “输出”选项：根据需要选择分析结果输出的位置。
- “残差”选项：根据需要可选择分析结果中包含残差、标准残差及残差图、线性拟合图。
- 如果希望输出“正态概率图”则选择相应的复选框。

（5）按图 7.16 的内容设置对话框，按“确定”按钮，分析的数据结果如图 7.17 和图 7.18 所示，图形结果如图 7.19 和图 7.20 所示。

	A	B	C	D	E	F	G	H	
11	SUMMARY OUTPUT								
12									
13	回归统计								
14	Multiple R	0.958663444							
15	R Square	0.9190356							
16	Adjusted R Square	0.88664984							
17	标准误差	6.425873026							
18	观测值	8							
19									
20	方差分析								
21		df	SS	MS	F	Significance F			
22	回归分析	2	2343.540779	1171.77039	28.37776839	0.001865242			
23	残差	5	206.4592208	41.2918442					
24	总计	7	2550						
25									
26		Coefficients	标准误差	t Stat	P-value	Lower 95%	Upper 95%	下限 95.0	上限
27	Intercept	832.3009169	15.73868952	52.8824789	4.57175E-08	791.8433936	872.7584402	791.8434	872
28	电视广告费用（万	2.290183621	0.304064556	7.53189931	0.000653232	1.508562073	3.071805168	1.508562	3.0
29	报纸广告费用（万	1.300989098	0.320701597	4.05669666	0.009760798	0.476600745	2.125377451	0.476601	2.1

b　a1　a2

图 7.17　回归分析结果（一）

33	RESIDUAL OUTPUT				PROBABILITY OUTPUT	
34						
35	观测值	预测 销售额（万元）	残差	标准残差	百分比排位	销售额（万元）
36	1	966.3249344	-6.3249344	-1.16463	6.25	900
37	2	904.1243713	-4.1243713	-0.759433	18.75	920
38	3	943.4230982	6.57690179	1.2110254	31.25	940
39	4	922.0802349	-2.0802349	-0.38304	43.75	940
40	5	943.9390658	6.06093423	1.1160186	56.25	940
41	6	942.3800929	-2.3800929	-0.438254	68.75	950
42	7	944.1970496	-4.1970496	-0.772816	81.25	950
43	8	933.531153	6.46884701	1.1911289	93.75	960

图 7.18　回归分析结果（二）

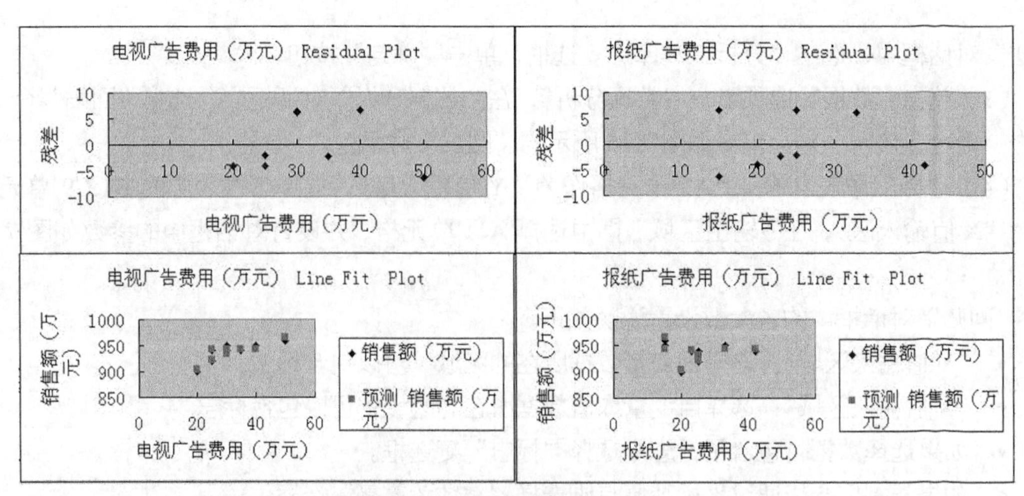

图 7.19 回归分析结果图（一）

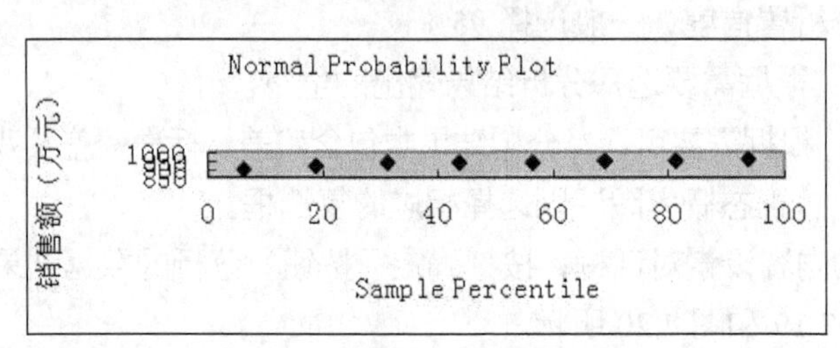

图 7.20 回归分析结果图（二）

2．回归分析结果

由回归分析结果可见：回归方程 $y=a_1x_1+a_2x_2+b$ 中，a_1=2.2901836209178；a_2=1.30098909825998；b=832.300916901311，将上述结果整理如表 7.1 所示。

表 7.1 回归结果整理

多元回归方程：	**y=2.290183621×x_1+1.300989098×x_2+832.3009169**		
标准差：	**a_1=0.304064556**	**a_2=0.320701597**	**b=15.73868952**
判定系数=0.9191356		y 估计值的标准误差=6.425873026	
F 统计值=28.37776839		自由度=5	
回归平方和=2343.540779		残差平方和=206.4592208	

3．检验回归方程的可靠性

在例 7-4 中，判定系数（或 r_2）为 0.9191356（单元格 B15 中的值），表明在电视广告费用 x_1、报纸广告费用 x_2 与销售额 y 之间存在很大的相关性。然后可以通过 F 统计来确定具有如此高的 r_2 值的结果偶然发生的可能性。假设事实上在变量间不存在相关性，但选用 8 年的数据作为小样本进行统计分析却导致很强的相关性，可用 Alpha 表示得出这样的相关性结论错误的概率。如果 F 观测统计值大于 F 临界值，表明变量间存在相关性。假设一项单尾实验的 Alpha 值为 0.05，根据自由度（在大多数 F 统计临界值表中缩写成 v_1 和 v_2）$v_1=k=2$，$v_2=d_f=n-(k+1)=8-(2+1)=5$，其中 k 是回归分析中的变量数，n 是数据点的个数，可以在 F 统计临界值表中查到

F 临界值为 5.79。而在单元格 A14 中的 F 观测值为 28.37776839，远大于 F 临界值 5.79。由此可以得出结论：此回归方程适用于对销售额的预测。关于此部分内容的详细说明，可参见有关统计书籍。

4．预测未来的销售额

假设 2002 年的电视广告费用预算为 35 万元，报纸广告费用预算为 18 万元，则根据多元线性回归方程 $y=2.290183621\times x_1+1.300989098\times x_2+832.3009169$ 可计算出 2002 年的销售额为 2.290183621×35+1.300989098×18+832.3009169，即 913.7583 万元。

7.3 规划求解

在经济管理中涉及很多的优化问题，如最大利润、最小成本、最优投资组合、目标规划等。在运筹学上称为最优化原则。最优化的典型问题就是“规划问题”。规划问题可以从两个方面进行阐述：一是用尽可能少的人力、物力、财力资源去完成给定的任务；二是用给定的人力、物力、财力资源去完成尽可能多的工作。两种说法，一个目的，就是利润的最大化，成本的最小化。

规划求解是 Excel 的一个非常有用的工具，不仅可以解决运筹学、线性规划等问题，还可以用来求解线性方程组及非线性方程组。

“规划求解”加载宏是 Excel 的一个可选安装模块，在安装 MicrosoftExcel 时，如果采用“典型安装”，则“规划求解”工具没有被安装，只有在选择“完全/定制安装”时才可选择安装这个模块。在安装完成进入 Excel 后，单击 Office“文件”选项卡→“选项”→“加载项”→“规划求解加载项”→“转到”，在“加载宏”对话框中选定“规划求解”复选框，然后单击“确定”按钮，则系统就会安装和加载“规划求解”工具。

求解“规划问题”一般要经过以下四个步骤。

（1）确定决策变量。决策变量就是问题等待决定的数量，用 X_1、X_2、⋯、X_n 表示。

（2）确定目标函数 Z。将决策变量用数学公式表达出来，就是目标函数。目标函数可以是最大（max）、最小（min），或某个具体确定值。

（3）确定约束条件。约束条件就是人力、物力、财力资源的限制范围，用≥、≤或=表示，还有非负约束（≥0）和整数约束（=int）。

（4）求解规划方程组，获取目标函数的最优化解。

做规划求解关键要设计一个表格，将决策变量、约束条件、目标函数依次排列，然后单击“工具”菜单中的“规划求解”。在“规划求解参数”对话框中输入“目标单元格”（用鼠标选取即可），目标单元格中必须事先输入含决策变量的计算公式，目标值可以根据需要设置为“最大值”“最小值”或“目标值”。如设置为“目标值”，应输入目标数值。“可变单元格”即决策变量的单元格，决策变量一般是一个组。“约束”栏输入约束条件，单击“增加”输入一个约束条件，再单击“增加”再输入一个，直到输完为止。单击“选项”，可修改迭代运算的参数，选取“采用线性模型”可以加快运算速度，选取“自动按比例缩放”可以避免数值相差过大引起的麻烦。以上设置完成后，单击“求解”，Excel 自动完成求解计算。需要说明的是，在求解之前，最好将决策变量设置一个近似的值，以便缩短求解计算次数。如果一次求解结果不理想，还可再来一次，一般两三次就可以了。

7.3.1　求解线性规划问题

【例 7-6】某厂生产 A、B、C 三种产品；三种产品的净利润分别为：90 元、75 元、50 元；三种产品使用的机时数分别为：3 小时、4 小时、5 小时；三种产品使用的手工时数分别为：4 小时、3 小时、2 小时；由于机器时数与人工时数的限制，生产产品的数量和品种受到制约。工厂极限生产能力为：机工最多 400 小时；手工最多 280 小时。对产品数量的限制为产品 A 最多不能超过 50 件，产品 C 至少要生产 32 件。如何安排产品 A、B、C 的生产数量，以获得最大利润?

可以将上述问题改写为数学形式：设品 A 的数量为 X_1，B 的数量为 X_2，C 的数量为 X_3。

将问题化为求最大值：

$\text{Max}Z=90X_1+75X_2+50X_3$

约束条件为：

$3X_1+4X_2+5X_3\leqslant 400$

$4X_1+3X_2+2X_3\leqslant 280$

$X_1\leqslant 50$

$X_2\geqslant 32$

用 Excel 求解生产产品 A、B、C 的数量。

操作步骤：

（1）建立数据模型：将上述变量、约束条件和公式，输入到工作表中，如图 7.21 所示。

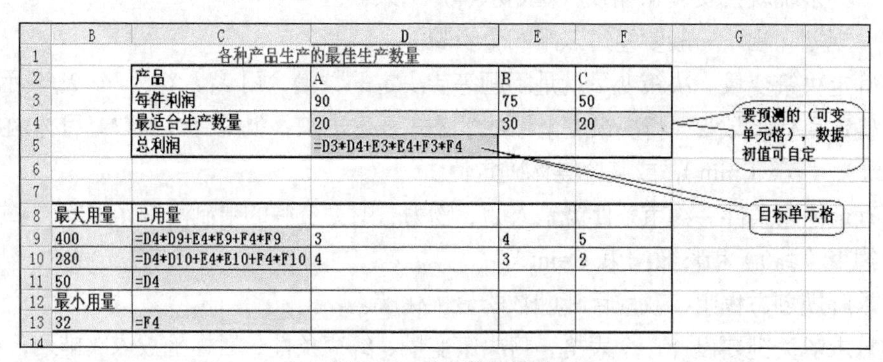

	B	C	D	E	F	G
1		各种产品生产的最佳生产数量				
2		产品	A	B	C	
3		每件利润	90	75	50	
4		最适合生产数量	20	30	20	
5		总利润	=D3*D4+E3*E4+F3*F4			
6						
7						
8	最大用量	已用量				
9	400	=D4*D9+E4*E9+F4*F9	3	4	5	
10	280	=D4*D10+E4*E10+F4*F10	4	3	2	
11	50	=D4				
12	最小用量					
13	32	=F4				
14						

图 7.21　建立数据模型

其中单元格中的公式如下。

D5：=D3×D4+E3×E4+F3×F4

C9：=D4×D9+E4×E9+F4×F9

C10：=D4×D10+E4×E10+F4×F10

C11：=D4

C13：=F4

（2）进行求解。单击“数据”选项卡→“规划求解”，弹出“规划求解参数”对话框，如图 7.22 所示。

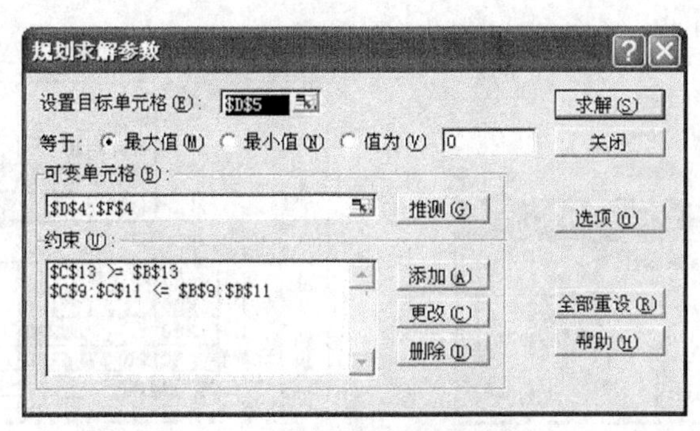

图 7.22 “规划求解参数”对话框

在“规划求解参数”对话框中，“设置目标单元格”框中输入“$D$5”；“等于”选“最大值”；“可变单元格”中输入“$D$4:$F$4”；在“约束”中添加以下的约束条件：“$C$13>=$B$13”“$C$9:$C$11<=$B$9:$B$11”。

这里，添加约束条件的方法是：单击“添加”按钮，弹出“添加约束”对话框，如图 7.23 所示，输入完毕一个约束条件后，单击“添加”按钮，则又弹出空白的“添加约束”对话框，再输入第二个约束条件。当所有约束条件都输入完毕后，单击“确定”按钮，则系统返回到“规划求解参数”对话框。

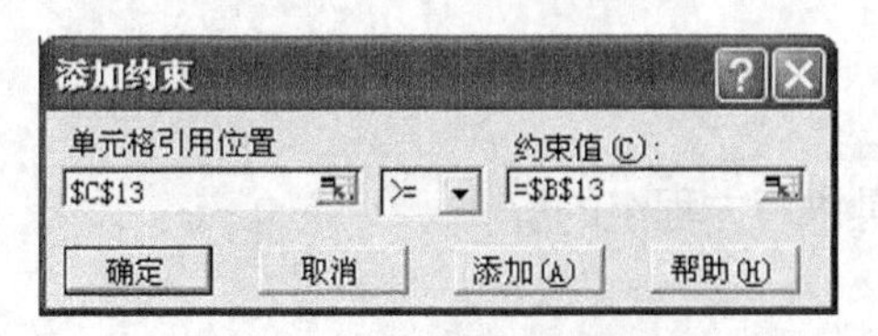

图 7.23 “添加约束”对话框

如果发现输入的约束条件有错误，还可以对其进行修改，方法是：选中要修改的约束条件，单击“更改”按钮，则系统弹出“改变约束”对话框，再进行修改即可。

如果需要，还可以设置有关的项目，即单击“选项”按钮，弹出“规划求解选项”对话框，如图 7.24 所示，对其中的有关项目进行设置即可。

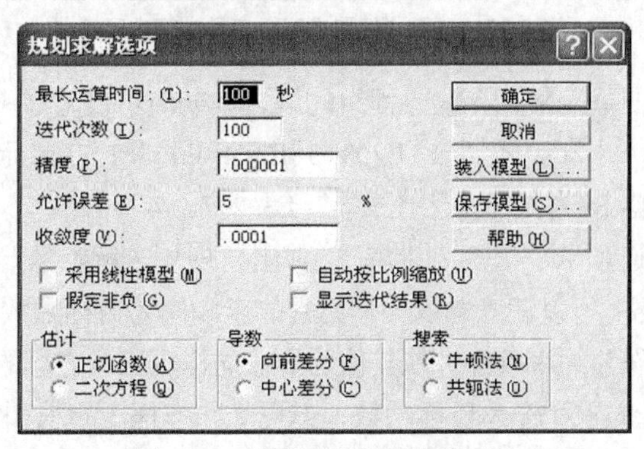

图 7.24 “规划求解选项”对话框

在建立好所有的规划求解参数后，单击“求解”按钮，则系统将显示如图 7.20 所示的“规划求解结果”对话框，选择“保存规划求解结果”项，单击“确定”按钮，则求解结果显示在工作表上，如图 7.25 所示。

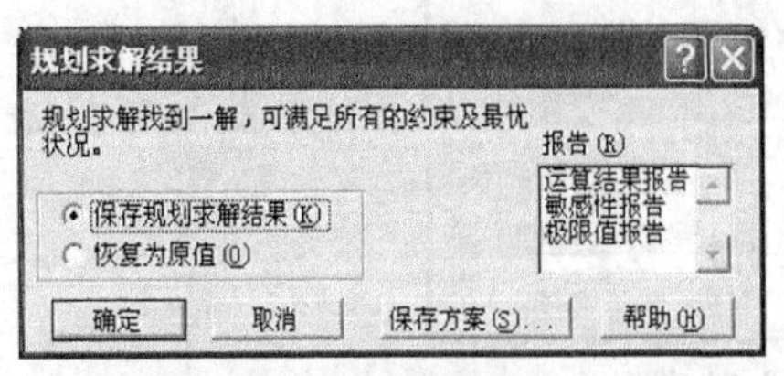

图 7.25 “规划求解结果”对话框

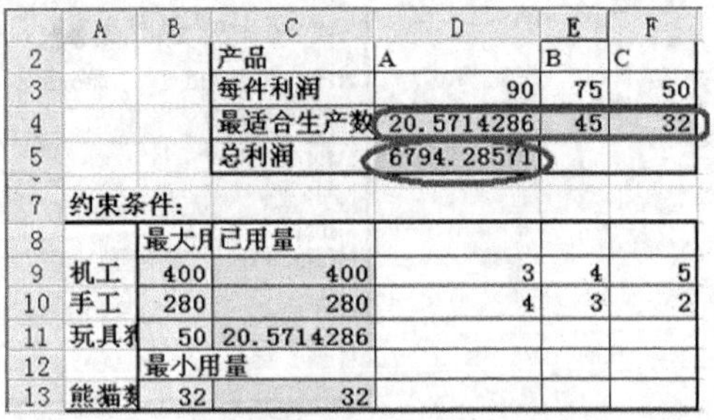

	A	B	C	D	E	F
2			产品	A	B	C
3			每件利润	90	75	50
4			最适合生产数	20.5714286	45	32
5			总利润	6794.28571		
7	约束条件:					
8		最大月	已用量			
9	机工	400	400	3	4	5
10	手工	280	280	4	3	2
11	玩具狗	50	20.5714286			
12		最小用量				
13	熊猫数	32	32			

图 7.26 运算结果

（3）如果需要，还可以选择“运算结果报告”“敏感性报告”“极限值报告”及“保存方案”，以便于对运算结果做进一步的分析。

7.3.2 求解方程组

利用规划求解工具还可以求解线性或非线性方程组，下面举例说明。

【例 7-7】有如下的非线性方程组：

$$\begin{cases} 8X^3+3Y-4Z-8=0 \\ XY+Z=0 \\ Y^2+Z-4=0 \end{cases}$$

利用“规划求解”工具求解方程组的解。

操作步骤：

（1）建立计算模型：在工作表中输入数据及公式，如图 7.27 所示。

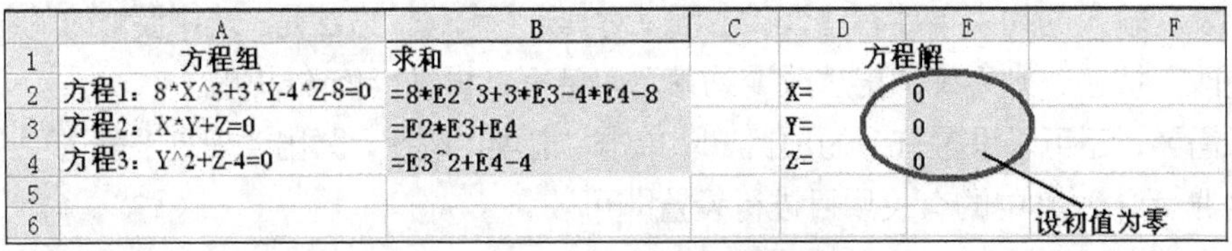

	A	B	C	D	E	F
1	方程组	求和		方程解		
2	方程1：8*X^3+3*Y-4*Z-8=0	=8*E2^3+3*E3-4*E4-8		X=	0	
3	方程2：X*Y+Z=0	=E2*E3+E4		Y=	0	
4	方程3：Y^2+Z-4=0	=E3^2+E4-4		Z=	0	
5						
6						设初值为零

图 7.27 利用“规划求解”工具求解方程组

单元格 E2:E4 为可变单元格，存放方程组的解，其初值可设为零（也可为空）。

在单元格 B2 中输入求和公式“=8×E2^3+3×E3−4×E4−8”；在单元格 B3 中输入求和公式“=E2×E3+E4”；在单元格 B4 中输入求和公式“=E3^2+E4−4”。

（2）单击“数据”选项卡→“规划求解”，弹出“规划求解参数”对话框，设置“规划求解参数”对话框中的参数：可以任意选取一个方程的求和作为目标函数（在求解时设其值为零，而其他两个方程的求和作为约束条件，使其值为零。这样，三个方程的求和都为零，就可以求解了）；这里选取方程 1 的求和作为目标函数，方程 2 和方程 3 的求和作为约束条件。

本例“设置目标单元格”设置为单元格“$B$2”；“等于”设置为“值为 0”；“可变单元格”设置为“$E$2:$E$4”；“约束”中添加“$B$3=0”“$B$4=0”。

如有必要，还可以对“选项”的有关参数进行设置，如“迭代次数”“精度”等，这里精度设置为 10^{-11}。

（3）单击“求解”，即可得到方程组的解，如图 7.28 所示。

	A	B	C	D	E
1	方程组	求和		方程解	
2	方程1：8*X^3+3*Y-4*Z-8=0	-3.167E-07		X=	0.1953
3	方程2：X*Y+Z=0	1.1275E-07		Y=	2.1
4	方程3：Y^2+Z-4=0	-2.123E-07		Z=	-0.41
5					

图 7.28　求解结果

7.4　移动平均

移动平均法是根据时间序列资料，逐项推移，依次计算移动平均，来反映现象的长期趋势。特别是现象的变量值受周期变动和不规则变动的影响，起伏较大，不能明显地反映现象的变动趋势时，运用移动平均法，消除这些因素的影响，进行动态数据的修匀，有利于进行长期趋势的分析和预测。

移动平均又分为简单移动平均和加权移动平均，加权移动平均与简单移动平均的区别在于：在简单移动平均法中，计算移动平均数时每个观测值都用相同的权数。而在加权移动平均法中，则需要对每个数据值选择不同的权数，然后计算最近 n 个时期数值的加权平均数作为预测值。在大多数情况下，最近时期的观测值应取得最大的权数，而比较远的时期权数应依次递减。加权移动平均认为要处理的数据中近期数据更重要而给予更多的权数。进行加权平均预测时，通常是先对数据进行加权处理，然后再调用分析工具计算。

简单移动平均的计算公式如下。

设 x_i 为时间序列中的某时间点的观测值，其样本数为 N；每次移动地求算术平均值所采用的观测值的个数为 n（n 的取值范围：$2<n<t-1$），则在第 t 时间点的移动平均值 M_i 为

$$M_i=\frac{1}{n}(x_i+x_{i-1}+x_{i-2}+\cdots+x_{i-n+1})=\frac{1}{n}\sum_{i=t-n+1}^{t}x_i$$

式中：M_i 为第 t 时间点的移动平均值，也可当作第 t+1 时间点的预测值，

即：$y_{i+1}=M_i$ 或 $y_i=M_{i-1}$。

移动平均分析工具及其公式可以基于特定的过去某段时期中变量的均值，对未来值进行预测。

【例 7-8】某公司 1994～2005 年销售额数据如图 7.29 所示。进行三年移动平均，并预测 2006 年销售额。

操作步骤：

（1）建立模型：将原始数据输入单元格区域 A1:B13，如图 7.31 所示。

（2）单击“数据”选项卡→“数据分析”，弹出“数据分析”对话框。

（3）在“数据分析”对话框中选择“移动平均”，单击“确定”按钮，弹出“移动平均”

对话框，如图 7.30 所示，在对话框中做下述设置。

- 在“输出区域”内输入：“B1:B13”，即原始数据所在的单元格区域。
- 在“间隔”内输入：“3”，表示使用三年移动平均法。
- 因指定的输入区域包含标志行，所以选中“标志位于第一行”复选框。
- 在“输出区域”内输入：“C1”，即将输出区域的左上角单元格定义为 C1。
- 选择“图表输出”复选框和“标准误差”复选框。

	A	B
1	年份	实际销售额
2	1994	280
3	1995	300
4	1996	350
5	1997	370
6	1998	420
7	1999	440
8	2000	490
9	2001	480
10	2002	500
11	2003	520
12	2004	630
13	2005	770

图 7.29　建立数据模型

移动平均
输入
输入区域(I): $B$1:$B$13
☑ 标志位于第一行(L)
间隔(N): 3
输出选项
输出区域(O): $C$1
新工作表组(P):
新工作薄(W):
☑ 图表输出(C)
☑ 标准误差
确定
取消
帮助(H)

图 7.30　“移动平均”对话框

（4）单击“确定”按钮，便可得到移动平均结果，如图 7.29 所示。

在图 7.31 中，C3:C12 对应的数据即为三年移动平均的预测值；单元格区域 D5:D12 即为标准误差。

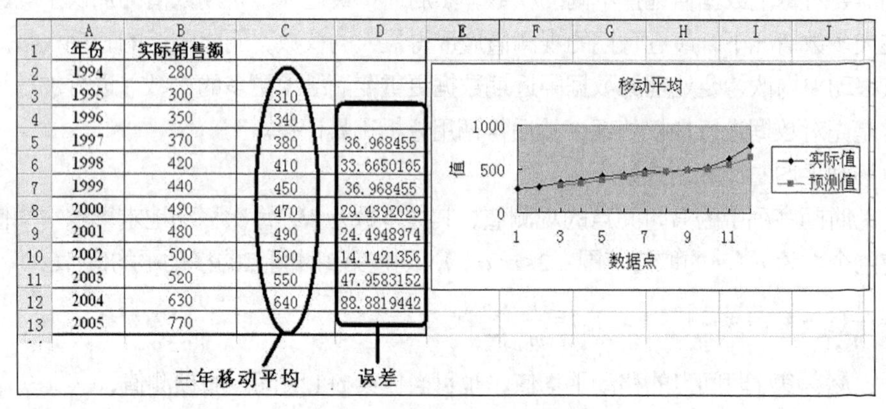

	A	B	C	D
1	年份	实际销售额		
2	1994	280		
3	1995	300	310	
4	1996	350	340	
5	1997	370	380	36.968455
6	1998	420	410	33.6650165
7	1999	440	450	36.968455
8	2000	490	470	29.4392029
9	2001	480	490	24.4948974
10	2002	500	500	14.1421356
11	2003	520	550	47.9583152
12	2004	630	640	88.8819442
13	2005	770		

图 7.31　“移动平均”的分析结果

7.5　指数平滑

指数平滑是在移动平均的基础上的进一步扩展。指数平滑法是用过去时间数列值的加权平均数作为趋势值，越靠近当前时间的指标越具有参考价值，因此给予更大的权重，按照这种随时间指数衰减的规律对原始数据进行加权修匀。所以它是加权移动平均法的一种特殊情形。其基本形式是根据本期的实际值 Y_t 和本期的趋势值 $\hat{Y}_t$，分别给以不同权数 α 和 $1-\alpha$，计算加权平均数作为下期的趋势值 $\hat{Y}_{t+1}$。

基本指数平滑法模型如下：

$$\hat{Y}_{t+1} = \alpha Y_t + (1-\alpha)\hat{Y}_t$$

式中：$\hat{Y}_{t+1}$ 表示时间数列 t+1 期趋势值；Y_t 表示时间数列 t 期的实际值；$\hat{Y}_t$ 表示时间数列 t 期的趋势值；α 为平滑常数（$0<\alpha<1$）。

若利用指数平滑法模型进行预测，从基本模型中可以看出，只需一个 t 期的实际值 Y_t，一个 t 期的趋势值 $\hat{Y}_t$ 和一个 α 值，所用数据量和计算量都很少，这是移动平均法所不能及的。

为了提高修匀程度，指数平滑可以反复进行，所以指数平滑方法可以分为一次平滑、二次平滑、三次平滑等。

【例 7-9】对例 7-7 的数据，用 Excel 进行单指数平滑。

操作步骤：

（1）建立数据模型：利用例 7-7 的数据模型。

（2）单击“数据”选项卡→“数据分析”，在弹出的“数据分析”对话框中选择“指数平滑”，单击“确定”按钮，显示“指数平滑”对话框。

（3）“指数平滑”对话框的“输入区域”框中键入“$B$1:$B$13”；在“输出区域”框中键入“$C$1”；输入“阻尼系数”框中键入数字 0.3；选中“图表输出”“标准误差”复选框。如图 7.32 所示。

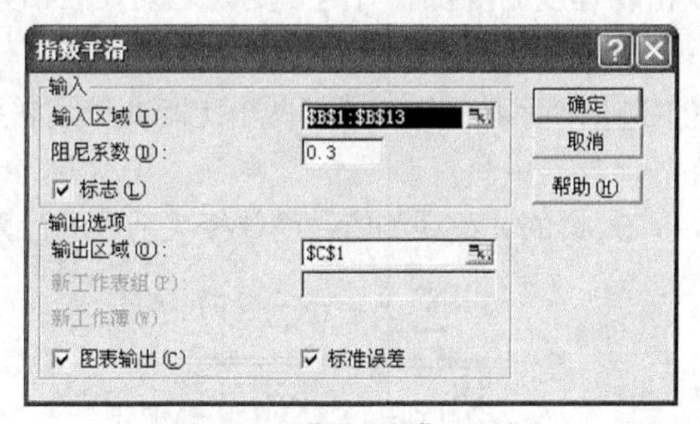

图 7.32 “指数平滑”对话框

（4）单击“确定”按钮。

结果如图 7.33 所示。

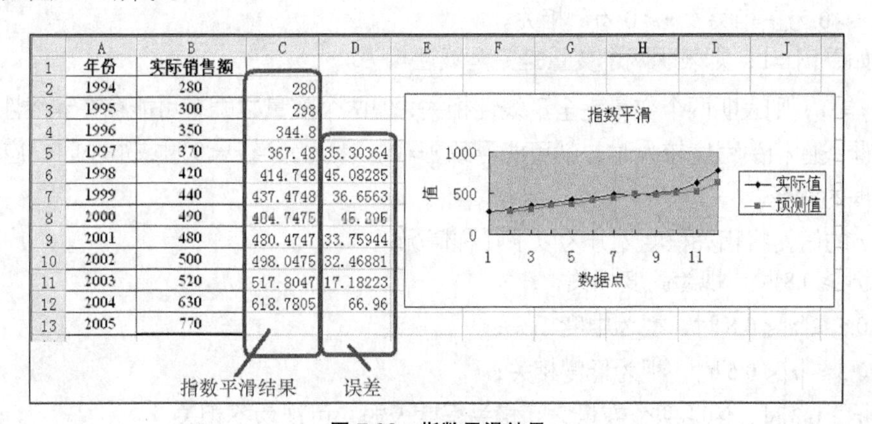

	A	B	C	D
1	年份	实际销售额		
2	1994	280	280	
3	1995	300	298	
4	1996	350	344.8	
5	1997	370	367.48	35.30364
6	1998	420	414.748	45.08285
7	1999	440	437.4748	36.6563
8	2000	490	484.7475	46.296
9	2001	480	480.4747	33.75944
10	2002	500	498.0475	32.46881
11	2003	520	517.8047	17.18223
12	2004	630	618.7805	66.96
13	2005	770		

图 7.33 指数平滑结果

指数平滑预测应注意的问题如下。

（1）平滑（阻尼）系数取值在 0～1，若希望敏感地反映观测值的变化，则取较大值，如 α=0.9,0.8,0.75 等；若要消除周期性变动，侧重于反映长期发展趋势，则取较小值，如 α=0.1,0.01 等。

（2）指数平滑是对近期数据加权修匀，越近期的数据影响越大（若一次结果不理想，可保持 α 取值做二次、三次指数平滑）。

（3）当数据变化规律接近于线性时，一次、二次指数平滑效果较好；当数据变化规律接近于非线性时，三次指数平滑效果较好。

7.6 相关分析

相关关系是指变量之间存在的不完全确定性的关系。在实际问题中，许多变量之间的关系并不是完全确定性的。例如，居民家庭消费与居民家庭收入这两个变量的关系就不是完全确定的。收入水平相同的家庭，它们的消费额往往不同；消费额相同的家庭，它们的收入也可能不同。对现象之间相关关系密切程度的研究，称为相关分析。

相关分析的主要目的是对现象之间的相关关系的密切程度给出一个数的度量，相关系数就是对变量之间相关关系密切程度的度量。对两个变量之间线性相关程度的度量称为简单相关系数。

简单相关系数又称皮尔逊相关系数，它描述了两个定距变量间联系的紧密程度。样本的简单相关系数一般用 r 表示。

设 $(x_i, y_i),\ i=1,2,\cdots,n$ 是 (x,y) 的 n 组观测值，简单相关系数的计算公式为：

$$r=\frac{\sum_{i-1}^{x}(x_i-\overline{x})(y_i-\overline{y})}{\sqrt{\sum_{i-1}^{x}(x_i-\overline{x})^2}\sqrt{\sum_{i-1}^{y}(y_i-\overline{y})^2}}$$

相关系数的取值范围是在-1 和+1 之间，即 $-1\leqslant y\leqslant 1$。

r 有如下性质：

（1）$r>0$ 为正相关，$r<0$ 为负相关。

（2）如果 $|r|=1$，则表明两个变量是完全线性相关。

（3）$r=0$，则表明两个变量完全不线性相关，但两个变量之间有可能存在非线性相关。当变量之间非线性相关程度较大时，就可能导致 $r=0$。因此，当 $r=0$ 时或很小时，应结合散点图做出合理的解释。

根据 r 的值，将相关程度划分为以下几种情况：

（1）$|r|\geqslant 0.8$ 时，视为高度相关；

（2）$0.5\leqslant|r|<0.8$ 时，视为中度相关；

（3）$0.3\leqslant|r|<0.5$ 时，视为低度相关；

（4）$|r|<0.3$ 时，说明两个变量之间相关程度极弱，可视为不相关。

对于多个变量的相关情况，一般是借助于一个反映两两变量之间相互关系的矩阵来表示，矩阵的行和列分别表示变量，阵中的下三角中的元素表示相关系数。由于该矩阵只有下三角真正有用，所以也称之为皮尔逊下三角矩阵。

【例 7-10】根据图 7.34 中的数据，对家庭月消费支出与家庭月收入的数据进行相关分析。

操作步骤：

（1）建立数据模型：将数据输入工作表中，如图 7.34 所示。

	A	B	C
1	家庭编号	月收入（百元）	月消费支出（百元）
2	1	9	6
3	2	13	8
4	3	15	9
5	4	17	10
6	5	18	11
7	6	20	13
8	7	22	14
9	8	23	13
10	9	26	15
11	10	30	20

图 7.34　相关分析数据模型

（2）单击"数据"选项卡→"数据分析"，在出现的"数据分析"对话框中选择"相关系数"，将弹出"相关系数"，设置对话框内容如下（见图 7.35）。

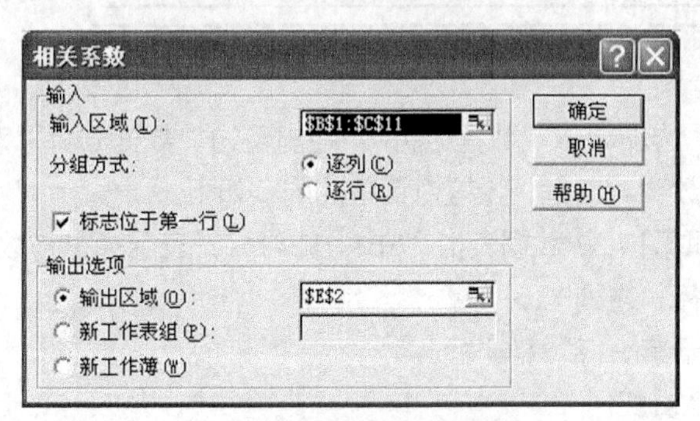

图 7.35　"相关系数"对话框

- 输入区域：选取图 7.34 数据表中"$B$1:$C$11"，表示标志与数据。
- 分组方式：根据数据输入的方式选择"逐行"或"逐列"，此例选择"逐列"；
- 由于数据选择时包含了标志，所以要勾选"标志位于第一行"复选框。
- 根据需要选择输出的位置，本例为"$E$2"。

（3）单击"确定"按钮，输出结果如图 7.36 所示。

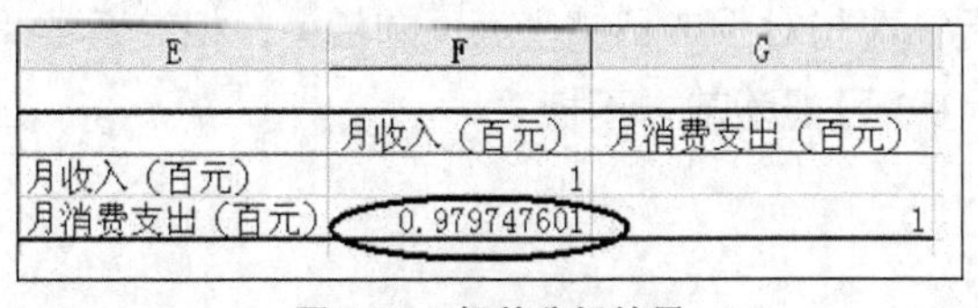

E	F	G
	月收入（百元）	月消费支出（百元）
月收入（百元）	1	
月消费支出（百元）	0.979747601	1

图 7.36　相关分析结果

分析结果表明：相关系数 r=0.979747601，表示家庭月消费支出与家庭月收入之间存在高度正相关关系。

【例 7-11】多变量的相关分析。某产品在十五个地区的产品销售额、广告费、促销费、对手产品销售额的统计数据，如图 7.37 所示，试分析数据序列的相关性。

操作步骤：

（1）建立数据模型：将数据输入工作表区域 A1:E16 中，如图 7.37 所示。

	A	B	C	D	E
1	地区	产品销售额	广告费	促销费	对手产品销售额
2	1	101.8	1.3	0.2	20.4
3	2	44.4	0.7	0.2	30.5
4	3	108.3	1.4	0.3	24.6
5	4	85.1	0.5	0.4	19.6
6	5	77.1	0.5	0.6	25.5
7	6	158.7	1.9	0.4	21.7
8	7	180.4	1.2	1	6.8
9	8	64.2	0.4	0.4	12.6
10	9	74.6	0.6	0.5	31.3
11	10	143.4	1.3	0.6	18.6
12	11	120.6	1.6	0.8	19.9
13	12	69.7	1	0.3	25.6
14	13	67.8	0.8	0.2	27.4
15	14	106.7	0.6	0.5	24.3
16	15	119.6	1.1	0.3	13.7
17					
18		产品销售额	广告费	促销费	对手产品销售额
19	产品销售额	1			
20	广告费	0.70769256	1		
21	促销费	0.61230329	0.161335	1	
22	对手产品销售额	-0.6248346	-0.21311	-0.4939	1

数据模型

相关矩阵

图 7.37　多变量相关分析数据模型及结果矩阵

（2）单击“数据”选项卡→“数据分析”，在出现的“数据分析”对话框中选择“相关系数”，将弹出“相关系数”对话框，设置对话框的内容如下。

- 输入区域：选取图 7.37 数据表中“$B$1:$E$16”，表示标志与数据。
- 分组方式：选择“逐列”。
- 勾选“标志位于第一行”复选框。
- 输出区域：“$A$18”。

（3）单击“确定”按钮，则出现分析结果矩阵，如图 7.37 中的区域 A18:E22 所示。

运算结果分析：B20=0.70769256，表示产品销售额与广告费正向相关，相关系数为 0.70769256（中度）；

B21=0.61230329，表示产品销售额与促销费正向相关，相关系数为 0.61230329（中度）；

B22=-0.6248346，表示产品销售额与对手产品销售额反向相关，相关系数为-0.6248346（中度）；

D22=-0.4939,表示促销费与对手产品销售额反向相关，相关系数为-0.4939（轻度）；

C21、C22 数据小于 0.3 可视为基本不相关。

7.7　方差分析

方差分析（Analysis of Variance，ANOVA）是数理统计学中常用的数据处理方法之一，是经济和科学研究中分析试验数据的一种有效方法，也是开展试验设计、参数设计和容差设计的数学基础。一个复杂的事物，其中往往有许多因素互相制约又互相依存。运用数理的方法对数据进行分析，以鉴别各种因素对研究对象某些特征值的影响大小和影响方式，这种方法就叫做方差分析。这里，把所关注的对象的特征称为指标，影响指标的各种原因叫做因素，在实验中因素的各种不同状态称为因素的水平。根据影响指标的因素的数量，方差分析分为单因素方差、双因素方差和多因素方差分析。根据因素间是否存在协同作用或称为交互作用，双因素方差分析可以分为无重复和有重复的。

Excel 数据分析工具库中提供了 3 种基本类型的方差分析：单因素方差分析、双因素无重复试验和可重复试验的方差分析，本节将重点介绍使用 Excel 对这 3 种方差进行分析。关于统计方面的知识，请参考有关统计的书籍。

7.7.1 单因素方差分析

单因素方差分析的作用是对某一因素的不同水平进行多次观测，然后通过统计分析判断该因素的不同水平对考察指标的影响是否相同。从理论上讲，实际上是在检验几个等方差正态总体的等均值假设。单因素方差分析的基本假设是各组的均值相等。

【例 7-12】为了考察不同的销售渠道对总销售额的贡献，连续半年对不同渠道的业绩进行观测，得到一组数据如图 7.38 所示，要求用方差分析判断各渠道的作用是否相同。

本例是一个典型的单因素方差分析问题，渠道作为营业业绩这个指标的一个主要因素，而不同的渠道可以视做该因素的不同水平。

操作步骤：

（1）建立数据模型：将数据输入工作表中，如图 7.38 所示。

	A	B	C	D	E	F	G
1	月份 渠道	一月	二月	三月	四月	五月	六月
2	经销商	548.85	439.95	244.46	386.42	419.19	755.29
3	商业网点	846.83	739.67	363.28	425.95	434.5	453.16
4	专卖店	719	361.96	282.66	161.91	426.9	526.97
5	集团采购	345.3	304.47	130.62	176.41	482.94	768.53

图 7.38 单因素方差分析数据模型

（2）单击“数据”选项卡→“数据分析”，在出现的“数据分析”对话框中选择“方差分析：单因素方差分析”，将弹出“方差分析：单因素方差分析”对话框，如图 7.39 所示。

（3）设置对话框的内容如下。

- 输入区域：选择分析数据所在区域“$A$2:$G$5”。
- 分组方式：提供“列”与“行”的选择，当同一水平的数据位于同一行时选择行，位于同一列时选择列，本例选择“行”。
- 如果输入区域的第一行或第一列包含标志，则选中“标志位于第一列”复选框，本例选取。
- α：显著性水平，一般输入“0.05”，即 95%的置信度。
- 输出区域：分析结果将以选择的单元格为左上角开始输出，本例选择“$A$7”。

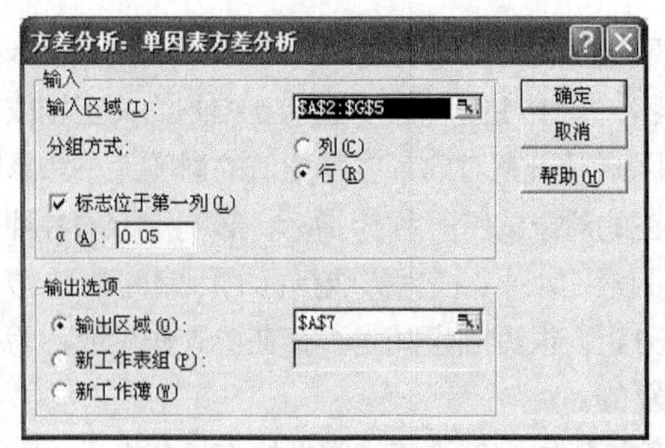

图 7.39 “方差分析：单因素方差分析”对话框参数设置

（4）单击“确定”按钮，则出现“单因素方差分析”结果，如图 7.40 所示。

	A	B	C	D	E	F	G
1	渠道 月份	一月	二月	三月	四月	五月	六月
2	经销商	548.85	439.95	244.46	386.42	419.19	755.29
3	商业网点	846.83	739.67	363.28	425.95	434.5	453.16
4	专卖店	719	361.96	282.66	161.91	426.9	526.97
5	集团采购	345.3	304.47	130.62	176.41	482.94	768.53
6							
7	方差分析：单因素方差分析						
8							
9	SUMMARY						
10	组	计数	求和	平均	方差		
11	经销商	6	2794.16	465.6933	29767		
12	商业网点	6	3263.39	543.8983	39366.07		
13	专卖店	6	2479.4	413.2333	37891.57		
14	集团采购	6	2208.27	368.045	54248.56		
15							
16							
17	方差分析						
18	差异源	SS	df	MS	F	P-value	F crit
19	组间	102664.5	3	34221.5	0.848783	0.483493	3.098393
20	组内	806366	20	40318.3			
21							
22	总计	909030.5	23				

数据模型

单因素方差分析结果

图 7.40 单因素方差分析数据模型及分析结果

运算结果说明：

运算结果分为概要和方差分析两部分。

（1）概要：返回每组数据（代表因素的一个水平）的样本数、合计、均值和方差。

（2）方差分析：返回标准的单因素方差分析表，包括离差平方和、自由度、均方、F 统计量、概率值、F 临界值。

其中的“组间”就是影响销售额的因素（不同的销售渠道），“组内”就是误差，“总计”就是总和，“差异源”则是方差来源，“SS”是平方和，“df”称为自由度，“MS”是均方，“F”称为 F 比（F 统计量），“P-value”则是原假设（结论）成立的概率（这个数值越接近 0，说明原假设成立的可能性越小，反之原假设成立的可能性越大），“F crit”为拒绝域的临界值。

分析组内和组间离差平方和在总离差平方和中所占的比重，可以直观地看出各组数据对总体离差的贡献。将 F 统计量的值与临界值比较，可以判定是否接受等均值的假设。其中 F 临界值是用 FINV 函数计算出来的。本例中 F 统计值是 0.848783，远远小于 F 临界值 3.098393。所以，接受等均值假设，即认为四种渠道的总体水平没有明显差距。从显著性分析上也可以看出，概率高达 0.48，远远大于 0.05。

7.7.2 无重复双因素方差分析

无重复双因素方差分析是考察在两个因素各自取不同水平时指标的观测值，然后通过统计分析判断不同因素、不同水平对指标的影响是否相同。从理论上讲，实际上是在检验几组等方差正态总体下的均值假设。无重复双因素方差分析的基本假设有两个，分别是各行和各列的均值相等。

【例 7-13】为了考察不同的广告媒体和费用对总销售额的影响，在一批社会经济水平相当的城市中采取了不同的广告组合，并分别统计了销售业绩，数据如图 7.41 所示。要求用双因素无重复方差分析研究不同的广告媒体和广告费用对销售业绩的影响。

操作步骤：

（1）建立数据模型：将数据输入到工作表中，如图 7.41 所示。

	A	B	C	D	E
1	媒体\费用	50000	100000	150000	200000
2	报纸	249.0672	1374.891	1125.111	2236.902
3	电视	871.5941	1528.93	1829.009	2416.326
4	户外	443.1311	772.6245	1354.849	1875.387
5	直邮	691.8338	734.9155	1790.991	2313.921

图 7.41　无重复双因素方差分析数据模型

（2）单击“数据”选项卡→“数据分析”，在出现的“数据分析”对话框中选择“方差分析：无重复双因素分析”，将弹出“方差分析：无重复双因素分析”对话框，如图 7.42 所示。

（3）设置对话框的以下内容。

- 输入区域：选择分析数据所在区域“$A$1:$E$5”。
- 如果输入区域的第一行或第一列包含标志，则选中“标志”复选框，本例选取。
- α：显著性水平，一般输入 0.05，即 95%的置信度。
- 输出区域：分析结果将以选择的单元格为左上角开始输出，本例选择“$A$7”。

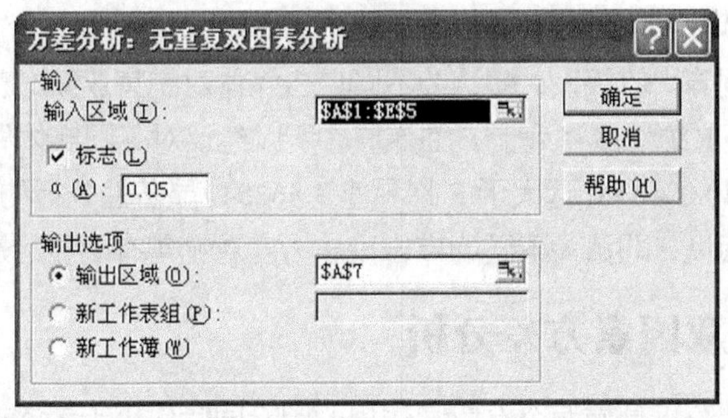

图 7.42　“方差分析：无重复双因素分析”对话框参数设置

（4）单击“确定”按钮，则出现“方差分析：无重复双因素分析”结果，如图 7.43 所示。

运算结果说明：

运算结果分为概要和方差分析两部分。

（1）概要：返回每个因素和不同水平下的样本数、合计、均值和方差。

（2）方差分析：返回标准的无重复双因素方差分析表，包括离差平方和（SS）、自由度（df）、均方（MS）、F 统计量、概率值（P-value）、F 临界值（F crit）。

	A	B	C	D	E	F	G
1	媒体 费用	50000	100000	150000	200000		
2	报纸	249.0672	1374.891	1125.111	2236.902		
3	电视	871.5941	1528.93	1829.009	2416.326		
4	户外	443.1311	772.6245	1354.849	1875.387		
5	直邮	691.8338	734.9155	1790.991	2313.921		
6							
7	方差分析：无重复双因素分析						
8							
9	SUMMARY	计数	求和	平均	方差		
10	报纸	4	4985.9712	1246.493	668995.95		
11	电视	4	6645.8591	1661.465	413115.9		
12	户外	4	4445.9916	1111.498	401431.89		
13	直邮	4	5531.6613	1382.915	643598.26		
14							
15	50000	4	2255.6262	563.9066	74915.845		
16	100000	4	4411.361	1102.84	166658.38		
17	150000	4	6099.96	1524.99	117345.09		
18	200000	4	8842.536	2210.634	55352.654		
19							
20							
21	方差分析						
22	差异源	SS	df	MS	F	P-value	F crit
23	行	662757.247	3	220919.1	3.4277081	0.06583	3.86254
24	列	5801367.32	3	1933789	30.004038	5.1E-05	3.86254
25	误差	580058.658	9	64450.96			
26							
27	总计	7044183.23	15				

数据模型

无重复双因素方差分析结果

图 7.43 “无重复双因素”方差分析数据模型及分析结果

通过分析行间、列间和误差的离差平方和在总离差平方和中所占的比重，可以直观地看出因素与水平的变化对总体指标变动的影响。将 F 统计量的值与临界值比较，可以判定是否接受等均值的假设。其中 F 临界值是用 FINV 函数计算出来的。

本例中行间、列间和误差的离差平方和水平接近。

行间 F 统计值是 3.4277081，略小于 F 临界值 3.86254。显著性分析的概率值 0.06583 也大于 0.05，所以接受行间等均值假设，即认为不同广告媒体对销售业绩的影响无明显区别。不过当置信度稍稍降低时，F 统计量将大于 F 临界值，所以建议对不同媒体做进一步研究分析。

列间 F 统计值是 30.004038，远大于 F 临界值 3.86254。显著性分析的概率值只有 0.000051，所以拒绝列间等均值假设，即认为不同的广告投放力度对销售有明显的影响。

7.7.3 可重复双因素方差分析

可重复双因素方差分析是使两个有协同作用的因素同时作用于考察对象，并重复试验，然后通过统计分析判断不同的因素组合在多次试验中对指标的影响是否相同。从理论上讲，这仍然是在检验几组等方差正态总体下的均值假设。可重复双因素方差分析的基本假设是三个，分别是各行、各列和各行列（可以假设是各“平面”）的均值相等。

【例 7-14】为了考察不同的 CPU 和不同的主板搭配是否有不同的效果，在保证其他配置相同的条件下，将三种 CPU 和四种主板搭配后各自进行三次试验，分别测量整机的综合测试指标 T-Mark。要求用可重复双因素方差分析研究不同的 CPU、主板以及两者的组合对整机性能的影响。

操作步骤：

（1）建立数据模型：将数据输入工作表中，如图 7.44 所示。

	A	B	C	D	E
1		MB-1	MB-2	MB-3	MB-4
2	CPU-1	4849.88	4361.16	3908.21	4154.78
3		5547.51	4456.65	4654.9	4882.91
4		5599.18	5866.57	5122.13	5638.24
5	CPU-2	4359.76	5010.71	6768.46	6446.17
6		6234.89	6577.75	7148.26	6984.44
7		6652.25	7038.27	7540.09	7472.54
8	CPU-3	4047.28	4779.92	5211.15	7331.84
9		5427.76	7948.62	7021.97	8818.88
10		6248.72	8416.37	7577.79	9053.08

重复试验

图 7.44 可重复双因素方差分析数据模型

（2）单击“数据”选项卡→“数据分析”，在出现的“数据分析”对话框中选择“方差分析：可重复双因素分析”，将弹出“方差分析：可重复双因素分析”对话框，如图 7.45 所示。

（3）设置对话框的以下内容。

- 输入区域：选择分析数据所在区域“$A$1:$E$10”。该区域必须由两个或两个以上按列或按行排列的相邻数据区域组成。
- 每一样本的行数：在此输入包含在每个样本中的行数。每个样本必须包含同样的行数。本例为“3”，即重复试验 3 次。
- α：在此输入要用来计算 F 统计的临界值的显著性水平。α 为与 I 型错误（弃真）发生概率相关的显著性水平。本例为“0.05”。
- 输出区域：分析结果将以选择的单元格为左上角开始输出，本例选择“$A$12”。

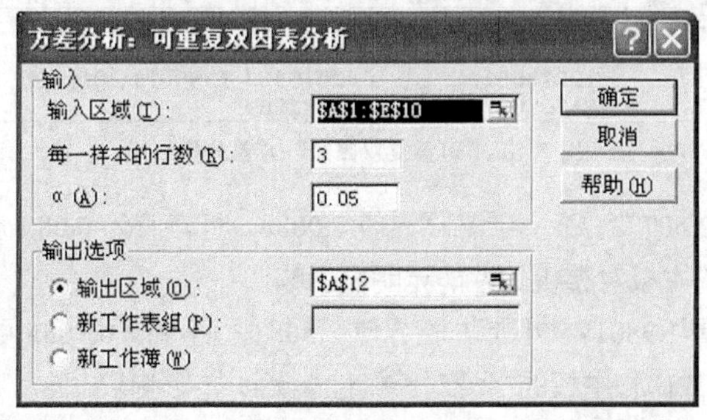

图 7.45 “方差分析：无重复双因素分析”对话框参数设置

（4）单击“确定”按钮，则出现“方差分析：可重复双因素分析”结果，如图 7.46 所示。

运算结果说明：

可重复双因素方差分析的结果较为复杂些，但是仍然分为概要和方差分析两部分。

（1）概要：概要部分对于不同的因素组合按照试验批次分别返回包括样本数、合计、均值和方差的概要表。

（2）方差分析：返回标准的可重复双因素方差分析表，其中包括离差平方和（SS）、自由度（df）、均方（MS）、F统计量、概率值（P-value）、F临界值（F crit）。

在可重复双因素方差分析中，总的离差平方被分解为四个部分：样本（即大行）、列、交互、内部（即误差）。而F统计和F临界值也各有三个：行间、列间和交互。它们用来分别检验三个（本例）基本假设。

行间F统计值是12.1434，远大于F临界值3.4028。概率值为0.0002也很小，拒绝行间等均值假设，即认为不同的CPU对整机的性能有明显影响。

	A	B	C	D	E	F	G
12	方差分析：可重复双因素分析						
13							
14	SUMMARY	MB-1	MB-2	MB-3	MB-4	总计	
15	CPU-1						
16	计数	3	3	3	3	12	
17	求和	15996.57	14684.4	13685.2	14675.9	59042	
18	平均	5332.19	4894.79	4561.75	4891.98	4920.2	
19	方差	175134.65	710542	374909	550225	410965	
20							
21	CPU-2						
22	计数	3	3	3	3	12	
23	求和	17246.9	18626.7	21456.8	20903.2	78234	
24	平均	5748.9667	6208.91	7152.27	6967.72	6519.5	
25	方差	1490968.7	1129782	148865	263569	903711	
26							
27	CPU-3						
28	计数	3	3	3	3	12	
29	求和	15723.76	21144.9	19810.9	25203.8	81883	
30	平均	5241.2533	7048.3	6603.64	8401.27	6823.6	
31	方差	1237673.1	3913870	1531498	871467	3E+06	
32							
33	总计						
34	计数	9	9	9	9		
35	求和	48967.23	54456	54953	60782.9		
36	平均	5440.8033	6050.67	6105.88	6753.65		
37	方差	780912.25	2322185	1911459	2756175		
38							
40	方差分析						
41	差异源	SS	df	MS	F	P-value	F crit
42	样本	25093240	2	1.3E+07	12.1434	0.0002	3.4028
43	列	7773040	3	2591013	2.50773	0.083	3.0088
44	交互	12275597	6	2045933	1.98017	0.1085	2.5082
45	内部	24797007	24	1033209			

图7.46 “可重复双因素”方差分析结果

列间F统计值是2.50773，略小于F临界值3.0088。概率值为0.083也较大，接受列间等均值假设，即认为不同的主板对整机的性能无明显影响。

交互的F统计值是1.98017，小于F临界值2.5082，概率值0.1085更大，接受交互等均值假设，即认为不同的CPU和主板的搭配对整机性能无明显影响。

7.8 z-检验

在Excel中，假设检验工具主要有四个，如图7.47所示。

平均值的成对二样本分析实际上指的是在总体方差已知的条件下两个样本均值之差的检验，准确的说应该是z检验，双样本等方差假设是总体方差未知，但假定其相等的条件下进行的t检验，双样本异方差假设指的是总体方差未知，但假定其不等的条件下进行的t检验，双样本平均差检验指的是配对样本的 t 检验。

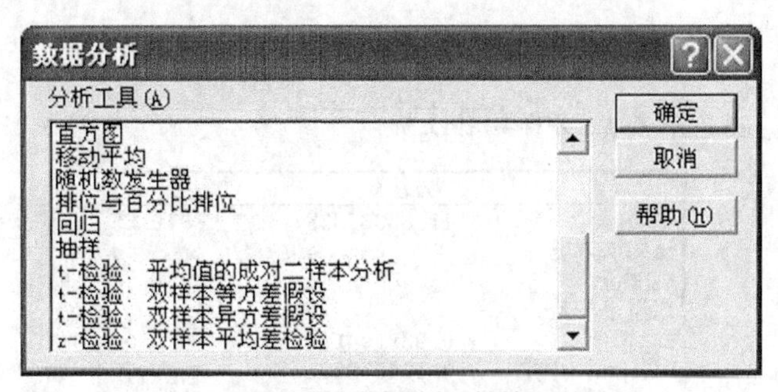

图 7.47 数据分析对话框

用 Excel 假设检验工具进行假设检验的方法类似，在此仅介绍 z 检验。

【例 7-15】某企业管理人员对采用两种方法组装新产品所需的时间（分钟）进行测试，随机抽取 6 个工人，让他们分别采用两种方法组装同一种产品，采用方法 A 组装所需的时间和采用方法 B 组装所需的时间如图 7.48 所示。假设组装的时间服从正态分布，以 α=0.05 的显著性水平比较两种组装方法是否有差别。

	A	B
1	方法A	方法B
2	72	69.8
3	69.5	70
4	74	72
5	70.5	68.5
6	71.8	73
7	72	70

图 7.48 z–检验数据模型

操作步骤：

（1）建立数据模型：输入数据到工作表，如图 7.48 所示。

（2）单击“数据”选项卡→“数据分析”，弹出“数据分析”对话框后，在其中选择“z-检验：双样本平均差检验”，弹出的对话框如图 7.49 所示。

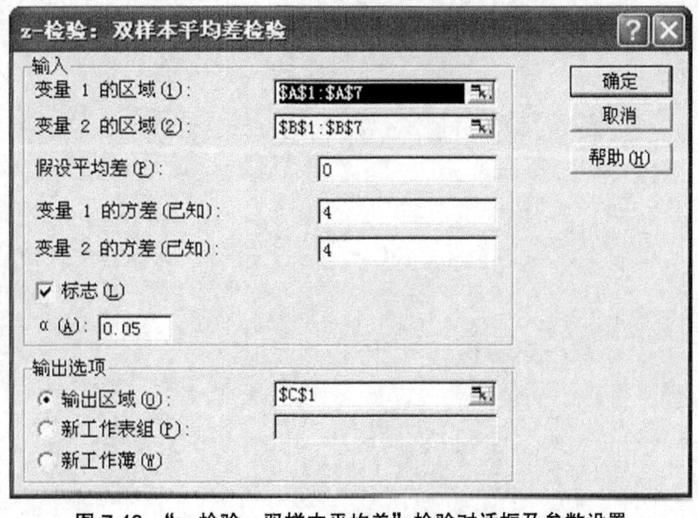

图 7.49 “z–检验：双样本平均差”检验对话框及参数设置

（3）按图 7.49 所示输入参数后，单击“确定”按钮，得到的输出结果如图 7.50 所示。

结果分析：在上面的结果中，我们可以根据 P 值进行判断，也可以根据统计量和临界值比较进行判断。如本例采用的是单尾检验，其单尾 P 值为 0.17，大于给定的显著性水平 0.05，所以应该接受原假设，即方法 A 与方法 B 相比没有显著差别；若用临界值判断，得出的结论是一样的，如本例 z 值为 0.938194，小于临界值 1.644853，由于是右尾检验，所以也是接受原假设。

C	D	E
z-检验：双样本均值分析		
	方法A	方法B
平均	71.63333333	70.55
已知协方差	4	4
观测值	6	6
假设平均差	0	
z	0.938194187	
P(Z<=z) 单尾	0.174072294	
z 单尾临界	1.644853	
P(Z<=z) 双尾	0.348144587	
z 双尾临界	1.959961082	

图 7.50　双样本平均差检验分析结果

CHAPTER8

第8章 基本应用实验

8.1 实验1 基础操作

【实验目的与要求】

1. 练习在 Excel 工作表中输入数据，包括日期数据、数值数据、文本数据、序列数据的输入操作。

2. 数字数据格式的设置。

3. 添加自定义序列。

【实验内容与操作步骤】

【第 1 题】输入数据表格。练习各种数据的输入操作、使数据显示小数点后两位数字。

操作步骤：

启动 Microsoft Excel 应用程序建立一个新的工作簿，在“Sheet1”工作表中按图 8.1 中表格输入数据。

特别提示：

（1）在 A6 单元格输入数字 1 之后，光标移到本单元格右下角，并且鼠标指针呈现为“+”时，按住【Ctrl】键，向下拖动鼠标至 A25，先放开鼠标按钮再放开【Ctrl】

键。在 A6～A25 单元格显示 1～20 的数字（数值数据）序列。

	A	B	C	D	E	F	G
1	上月结转余额:	74897.60	单位：人民币元				
2							
3	本月现金账目明细						
4							
5	序号	日期	收入	支出	余额	摘要	经办人
6	1	2015-9-1		50000.00		银行存款	郑晓
7	2	2015-9-2		5500.00		预支差旅费	王曼
8	3	2015-9-2	17463.00			当天销售金额	杜鸿宇
9	4	2015-9-2		4268.00		广告费	郑立新
10	5	2015-9-3		11100.00		第四季度房屋租金	郑晓
11	6	2015-9-3		463.55		购买办公用品	李莉
12	7	2015-9-3		135.00		报销出租车票	张彭
13	8	2015-9-3	15467.00			当天销售金额	杜鸿宇
14	9	2015-9-4		1800.00		汽车修理费	陈平
15	10	2015-9-4		3920.00		临时工劳务费(7人2天)	郑晓
16	11	2015-9-4	12454.00			当天销售金额	杜鸿宇
17	12	2015-9-5		10000.00		个人借款	魏明亮
18	13	2015-9-5		880.00		公司8月份电话费	郑晓
19	14	2015-9-5	10000.00			预收定金	郑晓
20	15	2015-9-5	16568.00			当天销售金额	杜鸿宇
21	16	2015-9-6		3493.00		购买打印机等办公设备	刘瑾
22	17	2015-9-6		685.00		午餐费	郝玲
23	18	2015-9-6		15000.00		预付货款	郑晓
24	19	2015-9-6	26784.00			当天销售金额	杜鸿宇
25	20	2015-9-7		10000.00		预付货款	刘瑾

图 8.1　数据表格

（2）选中单元格区域（B1,C6:E25），选择“开始”选项卡，在“数字”区中单击“增加小数位数”或“减少小数位数”按钮，直到所有数值都显示两位小数为止（此操作可以在数据输入之前，也可以在数据输入之后进行）。

【第 2 题】将“序号”“日期”“收入”“支出”“余额”“摘要”“经办人”定义为一个有序序列。

操作步骤：

（1）选定 A5 至 G5 单元格区域，单击“文件”→“选项”→“高级”，将右侧列表滚动至最下方，显示出“编辑自定义列表”按钮（见图 8.2）。

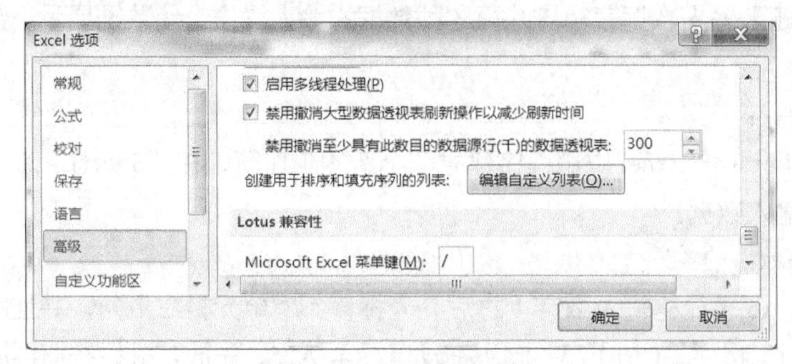

图 8.2　Excel 选项对话框

（2）单击“编辑自定义列表”按钮，弹出“自定义序列”对话框（见图 8.3）。

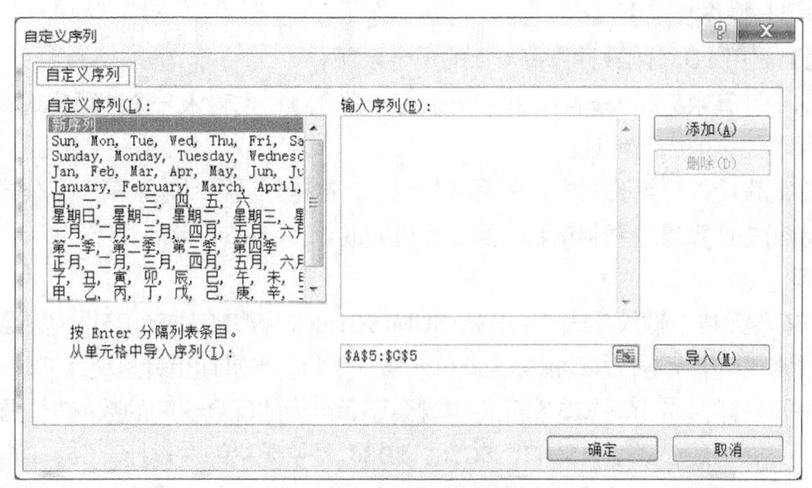

图 8.3 自定义序列对话框

（3）单击“导入”按钮，在“输入序列”的输入区和“自定义序列”列表中，都会显示选定单元格的内容（见图 8.4）。

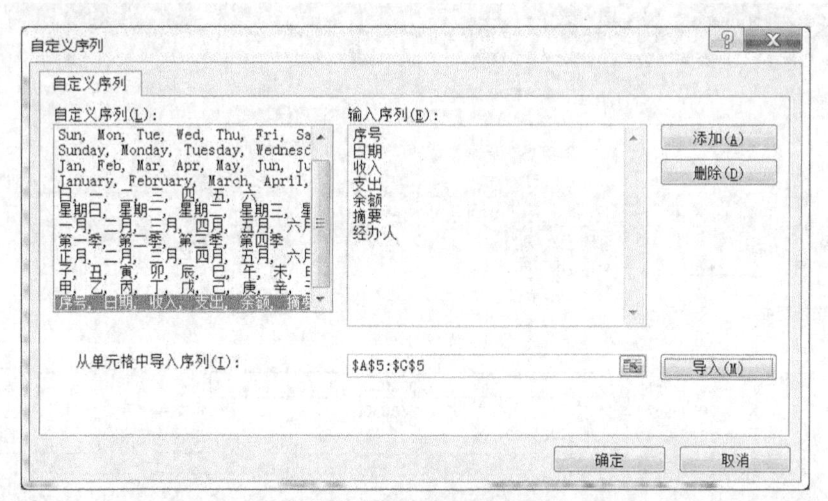

图 8.4 添加自定义序列

以后若再需要这样一组数据时，只需在一个单元格中输入“序号”，然后将光标移到本单元格右下角，鼠标指针呈现为“+”时，向右或向下拖动鼠标，就可以输入后面的数据值。当拖动的单元格区域超出数据值的个数时（此例中超过 7 个单元格），数据会在单元格中重复循环显示。

8.2 实验 2 常用函数应用

【实验目的与要求】

1. 练习使用一些常用函数进行计算和统计，如 SUM 函数、COUNT 函数、SUM IF 函数等。

2. 明确计算公式中绝对地址引用和相对地址引用的区别。

【实验内容与操作步骤】

【第 1 题】使用 SUM 函数计算每一天的现金余额。

在设计这个计算余额的公式中，我们可以每一个余额手动输入一个计算公式，这样在计算公式中只引用单元格的相对地址。

也可以在此设计的计算公式中，引用绝对地址，这样只需手动输入第一个公式，第二个及以后每一个余额的计算通过复制粘贴的操作即可完成。

操作步骤：

（1）在 E6 单元格中输入公式“=$B$1+SUM($C$6:C6)-SUM($D$6:D6)”(见图 8.5)。

（2）再选定 E6 单元格，移动鼠标至此单元格右下角，当鼠标指针呈现为“+”时，拖动鼠标至 E25，松开鼠标，在 E6～E25 单元格中就会显示当天的现金余额的数值（见图 8.6）。

特别说明：在上述公式中，$B$1、$C$6、$D$6 是单元格绝对地址，C6、D6 是单元格相对地址。这种地址引用方式其结果会是：将 E6 单元格中的公式复制到 E7 单元格中，E7 单元格中的公式变为“=$B$1+SUM($C$6:C7)-SUM($D$6:D7)”。即 E7 的公式中绝对地址这部分保持不变，相对地址会相应变成 C7、D7，E8，之下的单元格公式变化以此类推。

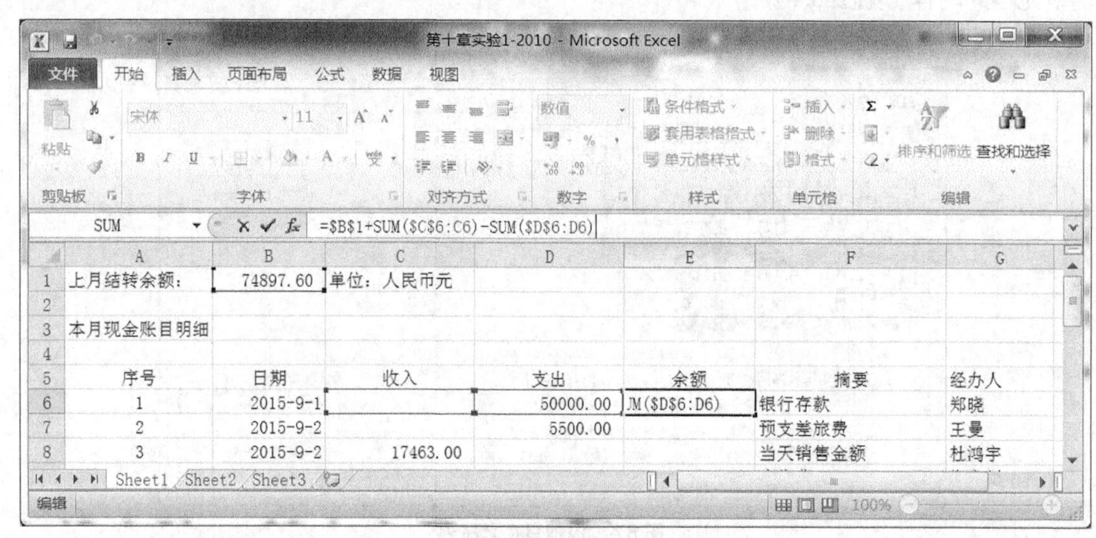

图 8.5 计算余额

【第 2 题】使用 COUNT 函数、SUMIF 函数和 SUM 函数，在“实验 1 第 1 题”的数据表格中统计有几笔收入、本月销售合计、本月预收定金合计、收入合计（假设本月最后一笔明细是序号为 20 的明细数据）。

操作步骤：

用户按下述说明输入相应的文本和公式。

I3 单元格输入文本“本月收入笔数”。

J3 单元格输入文本“本月销售合计”。

K3 单元格输入文本“本月预收定金合计”。

L3 单元格输入文本“收入合计”。

I4 单元格输入公式“=COUNT(C6:C25)”。

J4 单元格输入公式“=SUMIF(F6:F25,"当天销售金额",C6:C25)”。

K4 单元格输入公式“=SUMIF(F6:F25,"预收定金",C6:C25)”。

L4 单元格输入公式“=SUM(J4:K4)”。

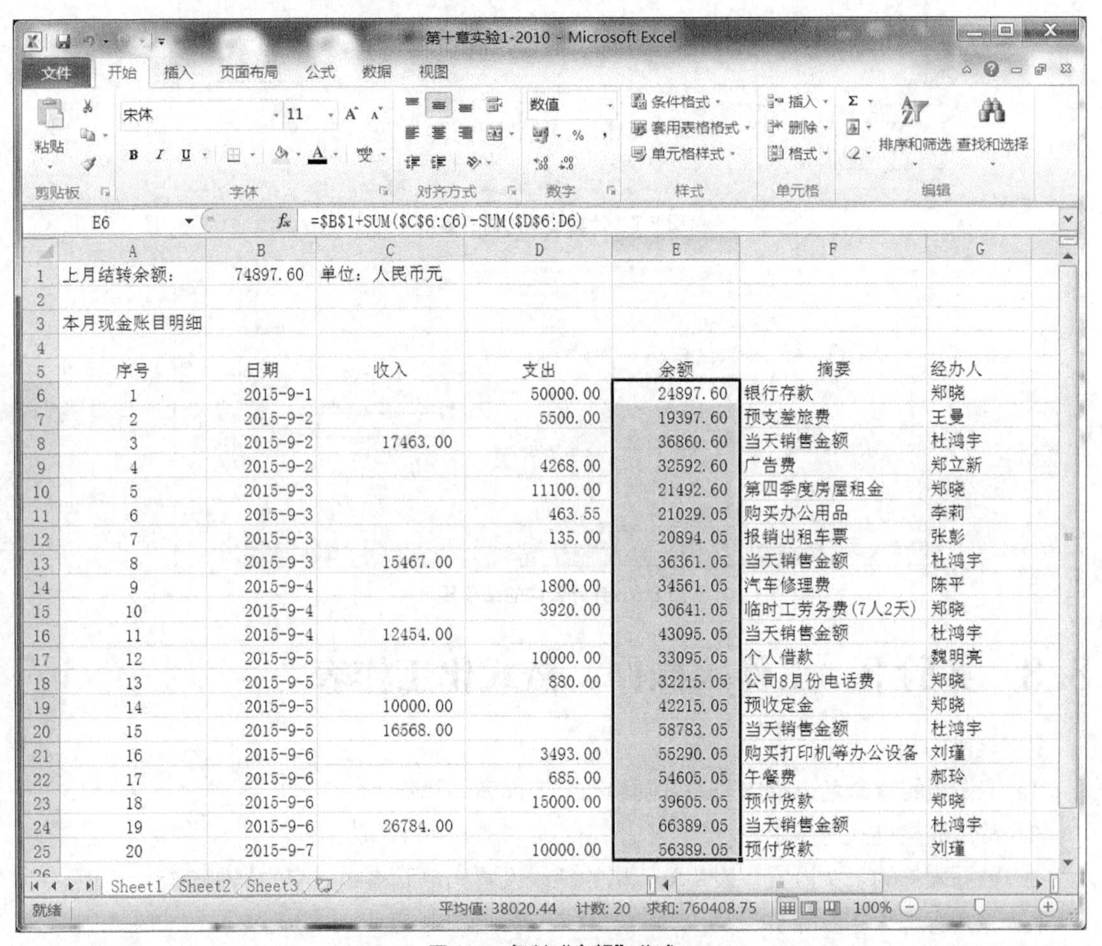

图 8.6 复制“余额”公式

【第 3 题】在“实验 1 第 1 题”的数据表格中，使用 COUNT 函数、SUMIF 函数和 SUM 函数统计本月支出笔数、本月支付货款合计、其余支出合计、总支出。

操作步骤：

用户按下述说明输入相应的文本和公式。

I7 单元格输入文本“本月支出笔数”。

J7 单元格输入文本“本月支付货款合计”。

K7 单元格输入文本“其余支出合计”。

L7 单元格输入文本“总支出”。

I8 单元格输入公式“=COUNT(D6:D25)”。

J8 单元格输入公式“=SUMIF(F6:F25,"预付货款",D6:D25)”。

K8 单元格输入公式“=SUMIF(F6:F25,"<>预付货款",D6:D25)”。

L8 单元格输入公式“=SUM(J8:K8)”。

第 2 题和第 3 题中的公式如图 8.7 所示，其公式的结果如图 8.8 所示。

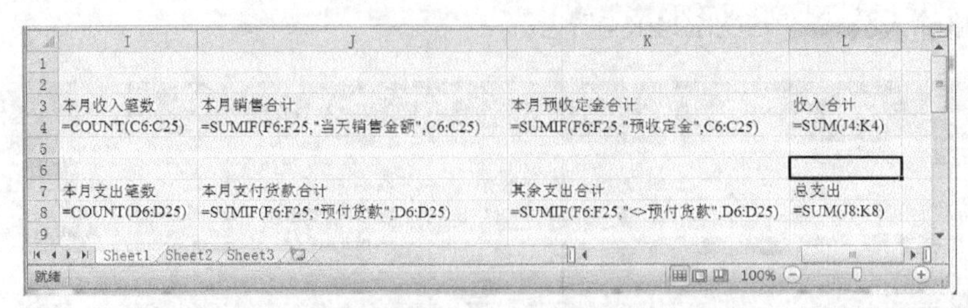

	I	J	K	L
1				
2				
3	本月收入笔数	本月销售合计	本月预收定金合计	收入合计
4	=COUNT(C6:C25)	=SUMIF(F6:F25,"当天销售金额",C6:C25)	=SUMIF(F6:F25,"预收定金",C6:C25)	=SUM(J4:K4)
5				
6				
7	本月支出笔数	本月支付货款合计	其余支出合计	总支出
8	=COUNT(D6:D25)	=SUMIF(F6:F25,"预付货款",D6:D25)	=SUMIF(F6:F25,"<>预付货款",D6:D25)	=SUM(J8:K8)
9				

图 8.7　计算公式的内容显示

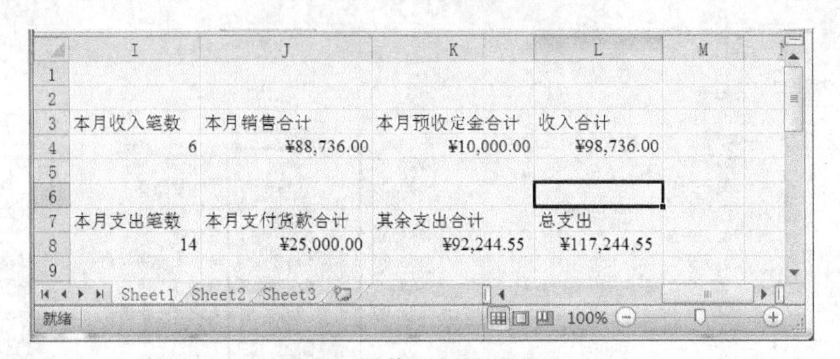

	I	J	K	L	M
1					
2					
3	本月收入笔数	本月销售合计	本月预收定金合计	收入合计	
4	6	¥88,736.00	¥10,000.00	¥98,736.00	
5					
6					
7	本月支出笔数	本月支付货款合计	其余支出合计	总支出	
8	14	¥25,000.00	¥92,244.55	¥117,244.55	
9					

图 8.8　计算公式的结果显示

8.3　实验 3　工作表操作、格式化工作表

【实验目的与要求】

1. 工作表的重命名、工作表的复制移动、工作表的删除。
2. 常用表格格式的应用。
3. 数据表格的表头设置，表头单元格的斜线设置，单元格中文字的强制换行。

【实验内容与操作步骤】

原有工作表状况，如图 8.9 所示。

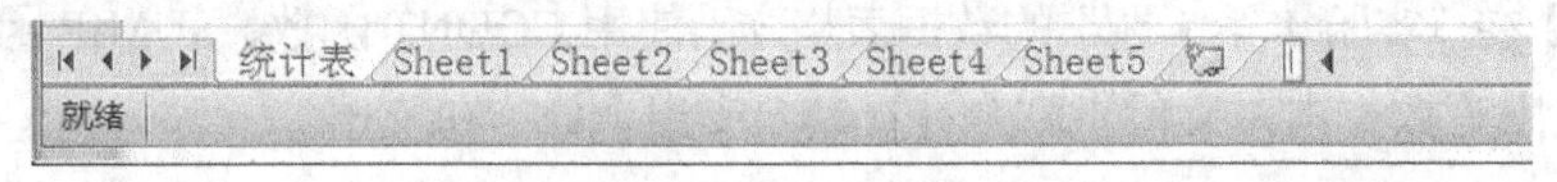

图 8.9　原工作表显示

【第 1 题】复制工作表“统计表”到“Sheet2”和“Sheet3”之间；移动“Sheet3”到“Sheet1”之前。

操作步骤：

（1）选择要复制的工作表“统计表”，按【Ctrl】键的同时拖曳“统计表”，将该工作表拖到“Sheet2”和“Sheet3”之间，先后释放鼠标和【Ctrl】键，则新增工作表的表名为“统计表

（2）”，如图 8.10 所示。

图 8.10　复制后工作表显示

（2）选择要移动的工作表“Sheet3”，拖到“Sheet1”的左侧（前面），释放鼠标，如图 8.11 所示。

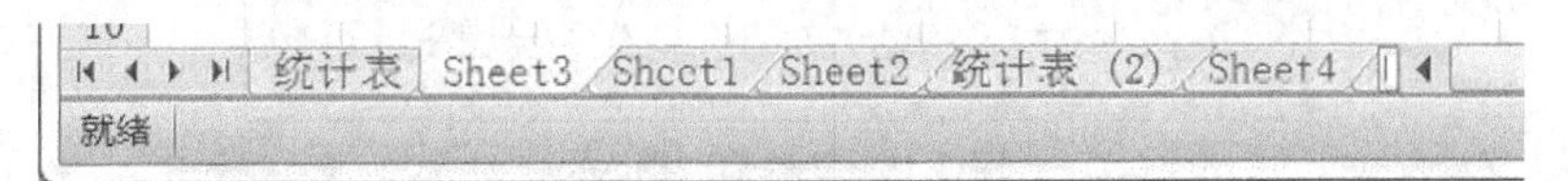

图 8.11　移动后工作表显示

【第 2 题】将“实验 1 第 1 题”中存放明细数据的工作表“Sheet1”重命名为“7 月份现金明细”。

操作步骤：

选择工作表“Sheet1”，单击鼠标右键，在弹出的菜单中选择“重命名”，如图 8.12 所示；或双击工作表 Sheet1，工作表名被选中，如图 8.13 所示，然后直接输入表名“7 月份现金明细”。结果如图 8.14 所示。

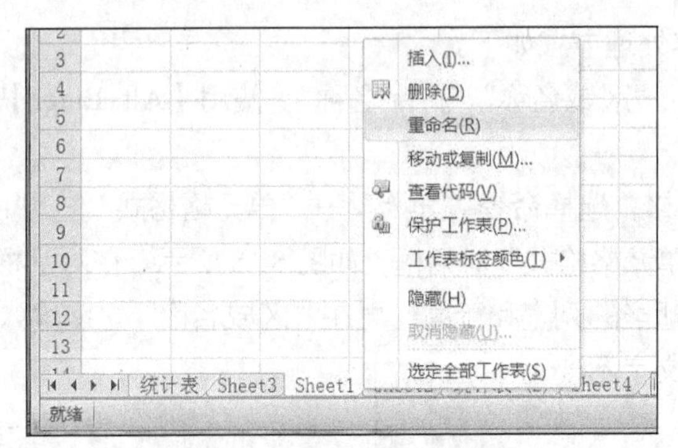

图 8.12　工作表命令列表

图 8.13　“重命名”工作表前

图 8.14　“重命名”工作表后

【第 3 题】删除工作表“统计表（2）”。

操作步骤：

选择工作表“统计表（2）”，单击鼠标右键（见图 8.15），在弹出的菜单中选择“删除”，再在随后的询问框中单击“删除”即可（见图 8.16）。特别提示：删除的工作表是永久删除，不可以被恢复。

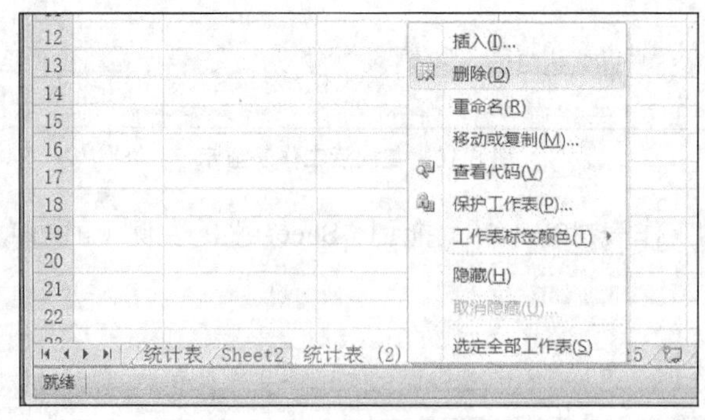

图 8.15　工作表“删除”

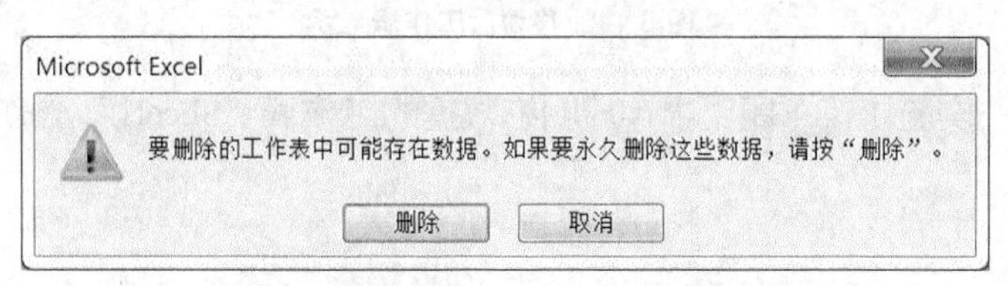

图 8.16　询问框——“删除”工作表

【第 4 题】将“统计表”中的数据格式化。

操作步骤 1：

A2 单元格中的内容处理方式如下。

（1）手动输入内容：“区域名称”“产品名称”。使用【Alt+Enter】组合键将文字在一个单元格内分为两行。

（2）选定 A2 单元格，选择命令“开始”→“单元格格式”→“设置单元格格式”，如图 8.17 所示。弹出“设置单元格格式”对话框，如图 8.18 所示。在对话框中选“边框”选项卡中的右下斜线按钮。设置适当的列宽和行高，再在“区域名称”之前输入适当空格，让该行文字内容靠右即可（下一行文字不变）。

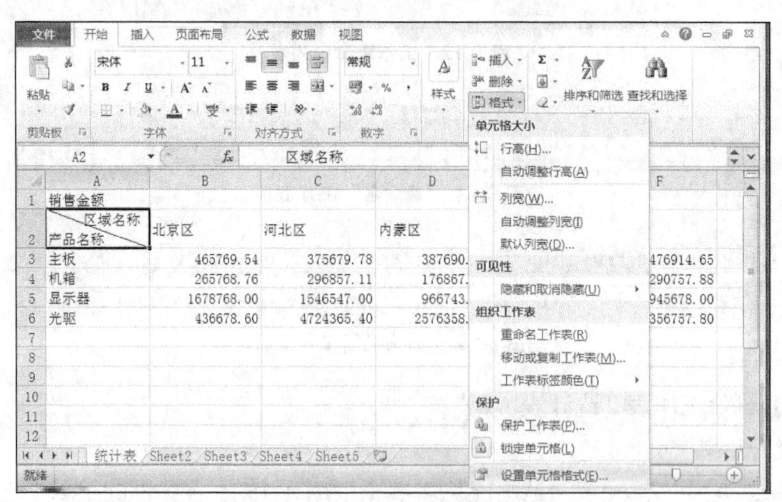

图 8.17　“格式”命令列表

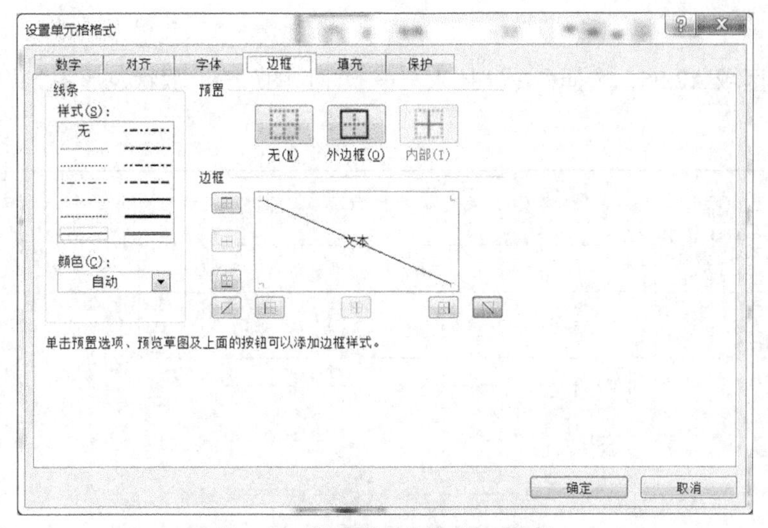

图 8.18 “设置单元格格式”对话框

操作步骤 2：

选定数据表区域 A2:F6，选择“开始”→“样式”→“套用表格格式”，如图 8.19 所示，选择一个中意的样式即可。

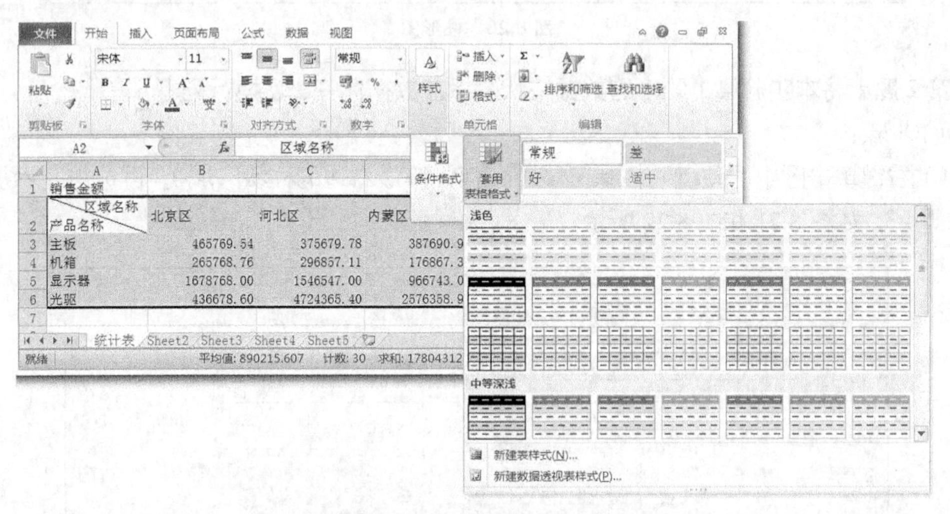

图 8.19 “常用表格格式”列表

8.4 实验 4 图表（柱形图、折线图和饼图）

【实验目的与要求】

1. 柱形图、折线图和饼图的操作。
2. 图表中的标签设置。
3. 行列数据的转换。

【实验内容与操作步骤】

【第 1 题】将工作表中的数据做成柱形图。

操作步骤：

选定数据区域 A2:F5，选择命令“插入”→“柱状图”→“簇状柱形图”即可，如图 8.20 所示。

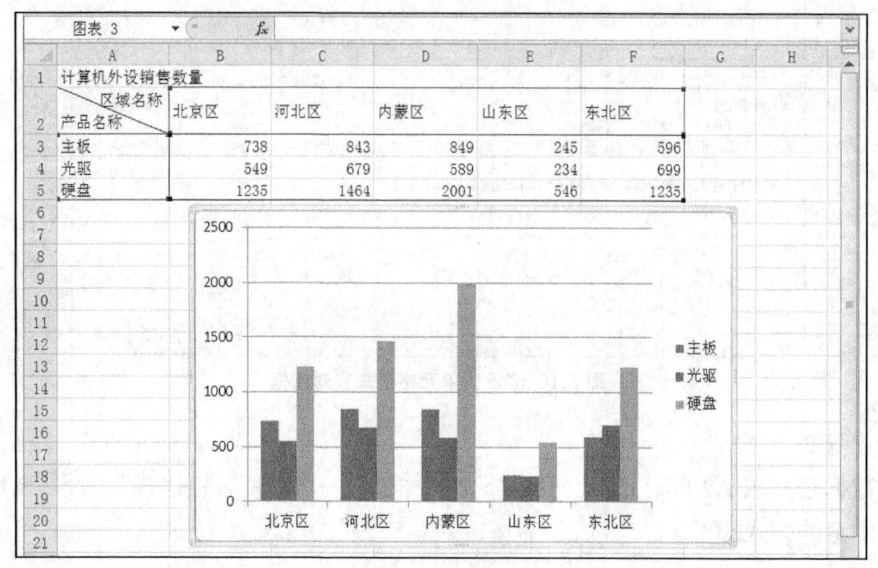

图 8.20　柱形图

【第 2 题】将本实验第 1 题中的数据柱状图添加数据标签、切换行列。

操作步骤：

（1）右键单击图中“硬盘”柱状区域（任何一簇最右边的柱状区域），再单击“添加数据标签”即可，如图 8.21 和图 8.22 所示。

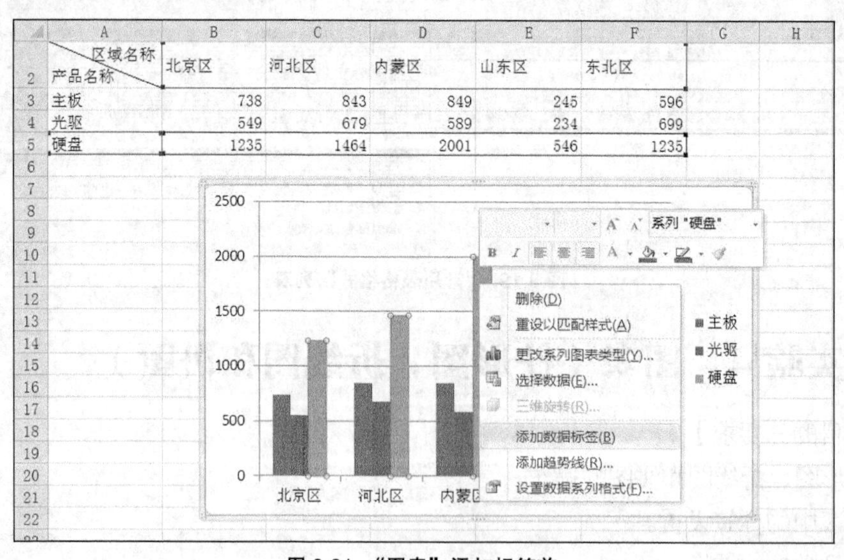

图 8.21　“图表”添加标签前

（2）在图表中的空白处右键单击，在弹出的命令菜单中单击“选择数据”，如图 8.23 所示。

在弹出的对话框中再单击“切换行/列”按钮，如图 8.24 所示。柱状图发生改变，结果如图 8.25 所示。

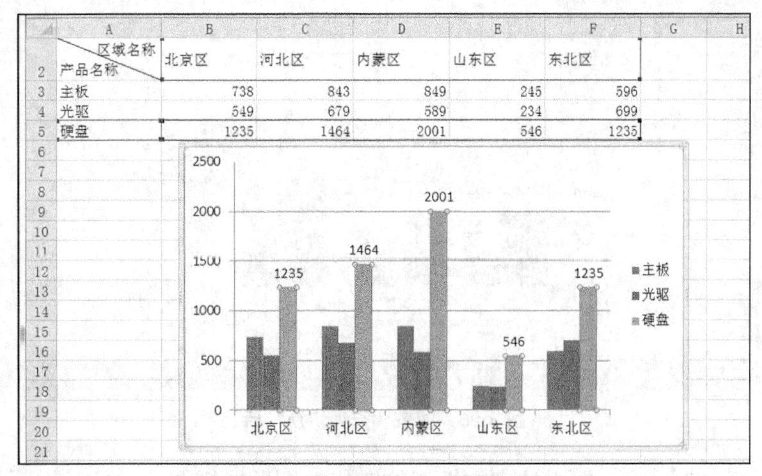

图 8.22 “图表”添加标签后

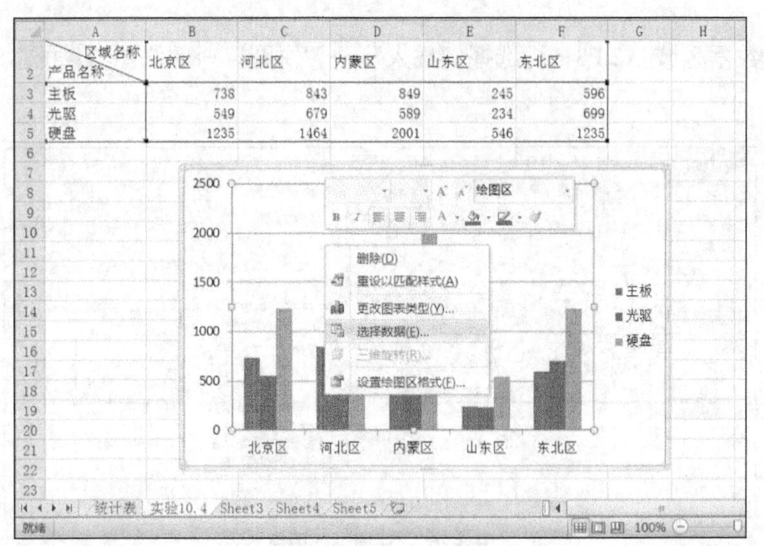

图 8.23 图表“行列切换”前

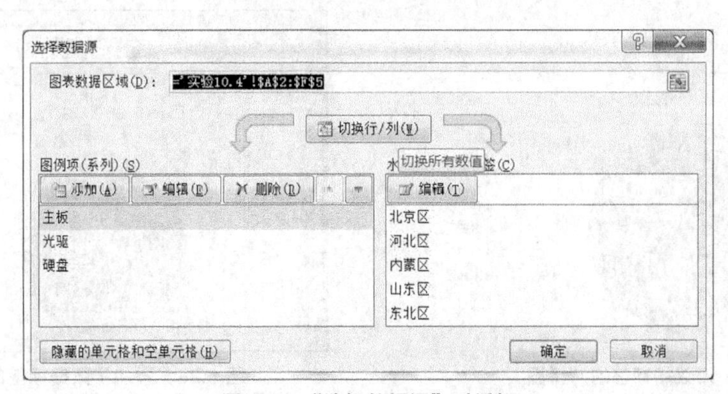

图 8.24 “选择数据源”对话框

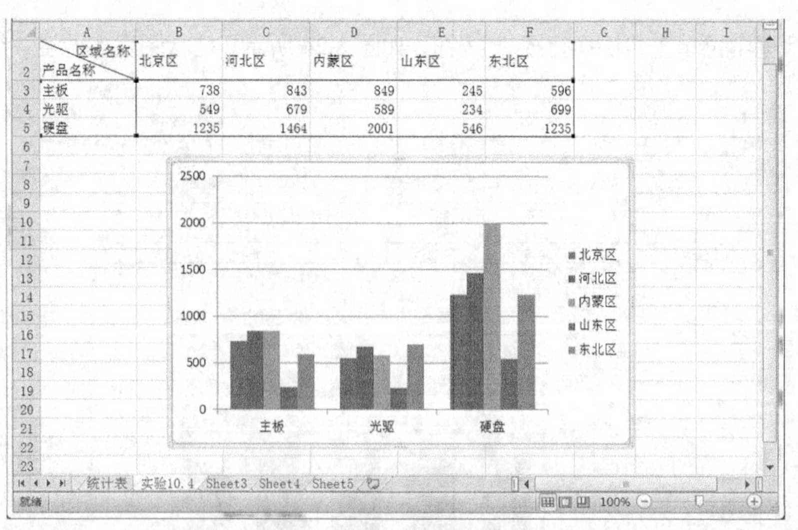

图 8.25　图表“行列切换”后

【第 3 题】将本实验第 1 题中的“主板”的销售数据做成饼图，并且添加百分比标签。

操作步骤：

（1）选定数据区域 A2:F3，再选择“插入”→“饼图”→“饼图”，如图 8.26 和图 8.27 所示。

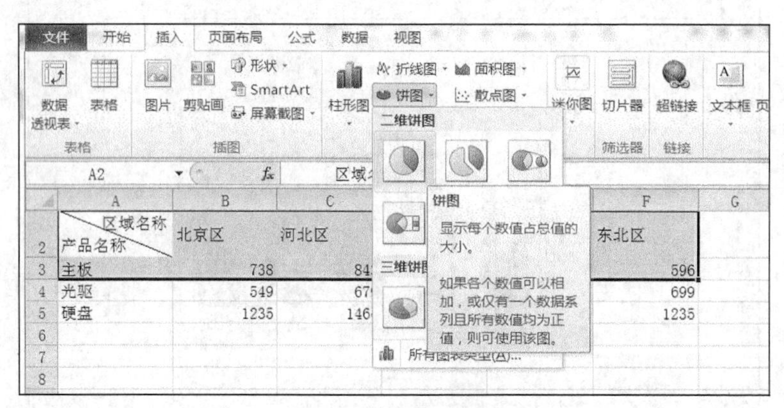

图 8.26　“饼图”作图前

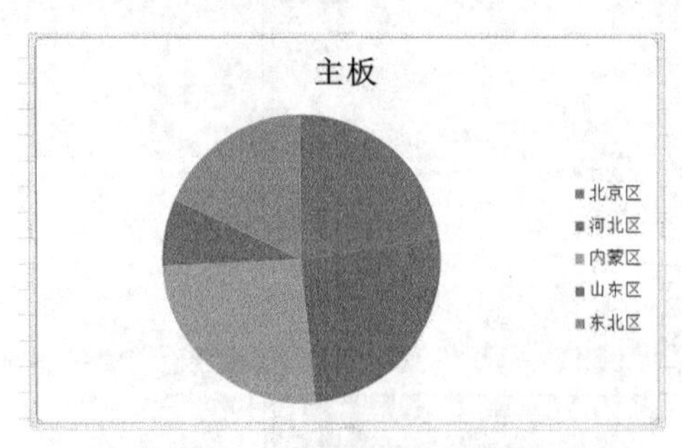

图 8.27　无数据标签的“饼图”

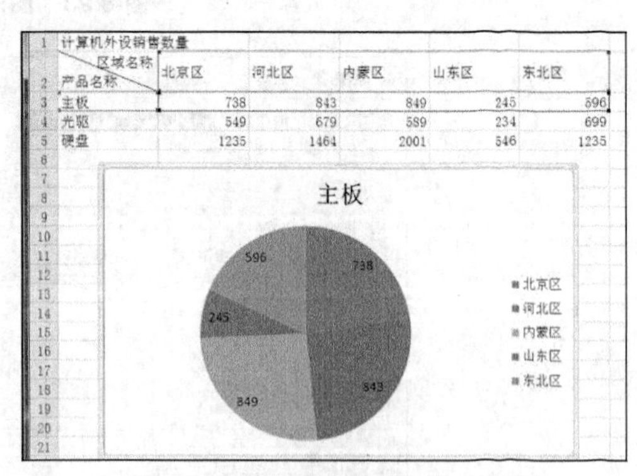

图 8.28　添加了数据标签的“饼图”

（2）在圆饼中任意位置右键单击，选择“添加数据标签”，如图 8.28 所示。

（3）在饼图中某一个数字位置上右键单击，选择“设置数据标签格式”命令，弹出“设置数据标签格式”对话框（见图 8.29）。按图 8.29 中选项设置，单击“关闭”按钮，结果如图 8.30 所示。

图 8.29 “设置数据标签格式”对话框

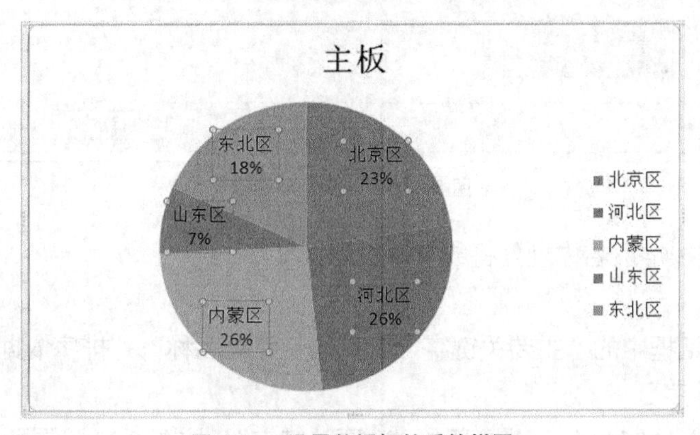

图 8.30 设置数据标签后的饼图

8.5 实验 5 排序和筛选

【实验目的与要求】

1. 工作表中单一字段的排序。
2. 工作表中多字段的排序。
3. 工作表中简单条件的筛选。

4．工作表中复杂条件的筛选。

【实验内容与操作步骤】

在做排序和筛选之前，在数据区域内任选一个单元格作为当前单元格。

【第 1 题】在学生成绩表中进行“排序”。

1.1　按成绩分数从高到低排序

操作步骤：

选择“数据”→“排序”，在“排序”对话框中的“主要关键字”列表中选“成绩”；“排序依据”列表选“数值”；“次序”列表选“降序”，如图 8.31 所示。

1.2　每门课程按分数从高到低排序

操作步骤：

选择“数据”→“排序”，在“排序”对话框中的“主要关键字”列表中选“课程名称”；“排序依据”列表选“数值”；“次序”列表选“升序”。

再按“添加条件”按钮增加“次要关键字”，在“次要关键字”列表中选“成绩”；“排序依据”列表选“数值”；“次序”列表选“降序”。

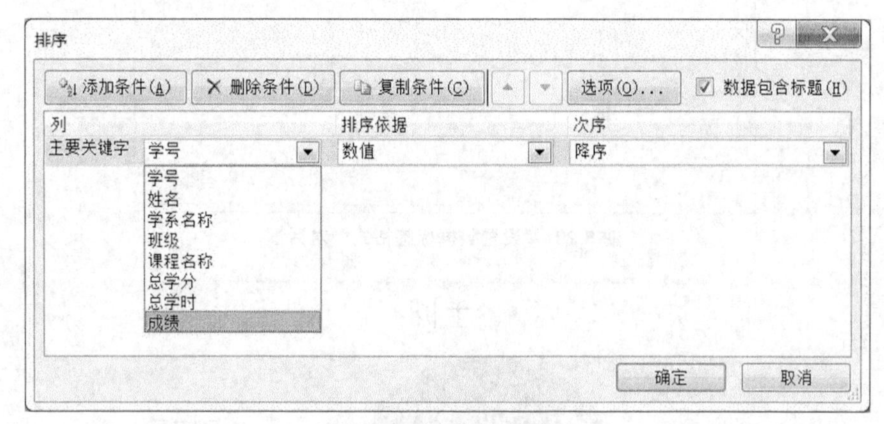

图 8.31　“排序”对话框

1.3　每门课程按学系名称划分将成绩从高到低排序

操作步骤：

在“排序”对话框中的“主要关键字”列表选“课程名称”；“排序依据”列表选“数值”；“次序”列表选“升序”。

按“添加条件”按钮两次，增加两个“次要关键字”，按图 8.32 设置即可。

【第 2 题】在学生成绩表中进行“筛选”。

2.1　筛选出“电商 1401”班所有学生所有课程的成绩

操作步骤：

选择“数据”→“筛选”，在“班级”下拉列表中，取消其他选择，只选择“电商 1401”选项，如图 8.33 所示，单击“确定”按钮。

2.2　筛选出学系名称是“国电”、课程名称是“电子商务”的学生成绩

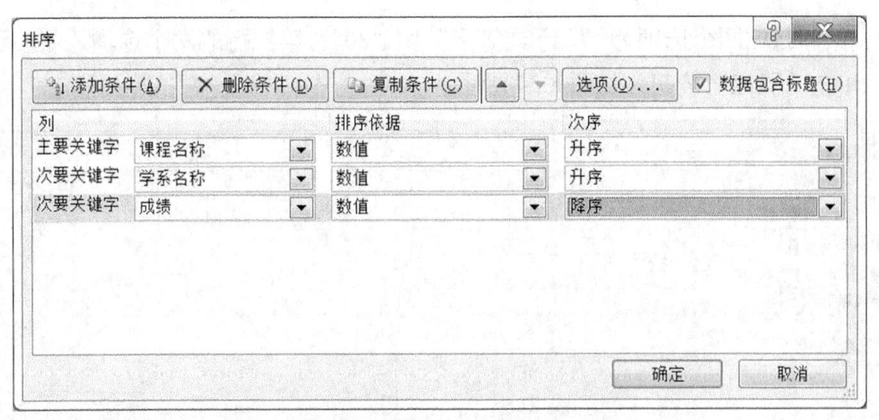

图 8.32 “添加条件”后的多字段排序设置

操作步骤：

选择“数据”→“筛选”，在“学系名称”下拉列表中只选择“国电”选项；在“课程名称”下拉列表中只选择“电子商务”选项，单击“确定”按钮。

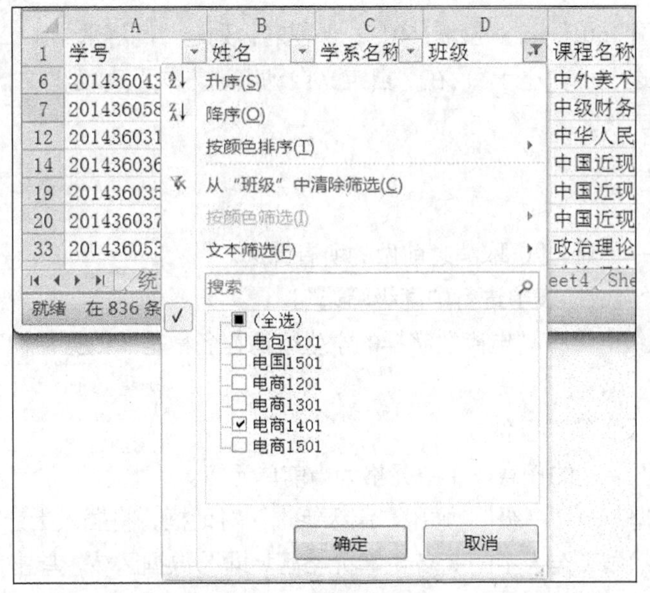

图 8.33 “筛选”选择

2.3 筛选出成绩在 90 分（包括 90）以上的学生信息

操作步骤：

选择“数据”→“筛选”→“数字筛选”→“大于或等于”，在弹出的“自定义自动筛选方式”对话框中，左侧第一行选择列表中选“大于或等于”，对应的右侧选择列表中输入“90”，单击“确定”按钮。

2.4 筛选出成绩在 80～89 分（包括 80）的学生信息

操作步骤：

选择“数据”→“筛选”→“数字筛选”→“介于”，在弹出的“自定义自动筛选方式”

对话框中，第一行的两个选项为“大于或等于”和“80”；第二行的两个选项为“小于或等于”和“89”，单击“确定”按钮，如图 8.34 所示。

图 8.34 “自定义自动筛选方式”对话框

2.5 筛选出班级为“电国 1501”“电商“1501”班级；课程名称是“高等数学（二）”“电子商务”的考试成绩不及格学生的信息

操作步骤：

班级列选“电国 1501”和“电商 1501”；课程名称列选“高等数学（二）”和“电子商务”；成绩列选“数字筛选”→“小于”，在“自定义自动筛选方式”对话框中，第一行左侧选“小于”；第一行右侧选“60”。

2.6 取消筛选。

操作步骤：

选择“数据”→“筛选”，取消之前做的所有筛选。

【第 3 题】在学生成绩表中进行“高级筛选”。

3.1 筛选出班级名中有“电商”字样的学生或课程名称是“数据结构”的学生的信息

操作步骤：

（1）按图 8.35 设置筛选条件。

（2）选定数据区域内的任意一个单元格为当前单元格。

（3）选择“数据”→“高级”，弹出“高级筛选”对话框，将插入指针定位在“条件区域”右侧的文本框中，然后工作表中图 8.35 的单元格区域即为数据区域，单击“确定”按钮。

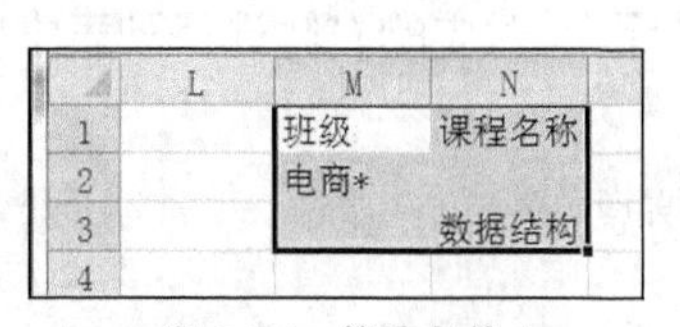

	L	M	N
1		班级	课程名称
2		电商*	
3			数据结构
4			

图 8.35 筛选条件 1

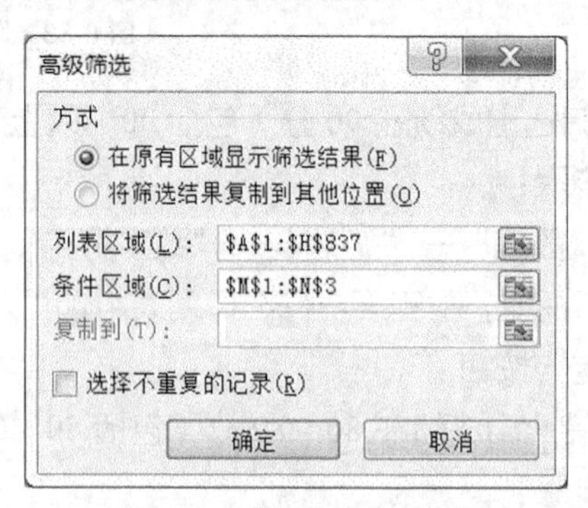

图 8.36 “高级筛选”对话框

3.2　筛选出“电包 1201”班、“计量经济学”课程；“电商 1301”班、“软件开发工具”课程；“电国 1501”班、“计算机网络”课程考试成绩不及格学生的信息

操作步骤：

（1）按图 8.37 设置筛选条件。

	L	M	N	O	P
1		班级	课程名称	成绩	
2		电包1201	计量经济学	<60	
3		电商1301	软件开发工具	<60	
4		电国1501	计算机网络	<60	
5					

图 8.37　筛选条件 2

（2）选定数据区域内的任意一个单元格为当前单元格。

（3）选择“数据”→“高级”，弹出“高级筛选”对话框，列表区域同上一题；再将插入指针定位在“条件区域”右侧的文本框中，然后工作表中选择图 8.37 的单元格区域$M$1:$O$4，即为数据区域，单击“确定”按钮。

3.3　取消筛选

操作步骤：

直接单击“数据”→“清除”。

8.6　实验 6　分类汇总和数据透视表

【实验目的与要求】

1. 灵活使用分类汇总操作。
2. 明确排序和分类汇总的区别和联系。
3. 学会和掌握数据透视表的操作。
4. 区分数据透视表与分类汇总的异同。

【实验内容与操作步骤】

【第 1 题】在产品销售数据表中，按下列要求进行分类汇总。

1.1　统计每一天的销售金额

操作步骤：

（1）先排序。

在数据区域内选择当前单元格，单击“数据”→“排序”，“主要关键字”选“日期”；“次序”选升序，单击“确定”按钮。

（2）再汇总。

在上述排序基础上，选择“数据”→“分类汇总”，在“分类汇总”对话框中，分类字段选“日期”，汇总方式选“求和”，选定汇总项中在“金额（元）”字段名前的复选框中单击鼠标左键，单击“确定”按钮。图 8.38 是汇总结果。

	A	B	C	D	E	F	G	H
1		“兴隆”电子产品销售公司						
2	序号	日期	省份	公司名称	产品名称	数量(个)	金额(元)	
31		**20150510 汇总**					197375	
60		**20150511 汇总**					255553	
89		**20150512 汇总**					175496	
90	85	20150513	北京	博讯	光驱	2	311	
91	86	20150513	北京	博讯	主板	10	1137	
92	87	20150513	北京	方达	光驱	13	9346	
93	88	20150513	北京	方达	机箱	44	1055	

图 8.38 “分类汇总”操作结果

左侧“+”对应的行是汇总数据，没有的行是明细数据。单击“+”会改成“−”，同时显示此一组的明细数据，单击“−”会改成“+”，同时隐藏明细数据。

1.2　统计每一天的每一种产品的销售数量

操作步骤：

（1）先排序。

当前单元格选择在数据区域内，单击“数据”→“排序”，“主要关键字”选“日期”；“次序”选“升序”；再单击“添加条件”按钮，“次要关键字”选“产品名称”，单击“确定”按钮。

（2）再汇总。

在上述排序基础上，选择“数据”→“分类汇总”，在“分类汇总”对话框中，分类字段选“产品名称”，汇总方式选“求和”，选定汇总项中在“数量（个）”字段名前的复选框中单击鼠标左键，单击“确定”按钮。

1.3　统计每一天、每一种产品、每一个省份销售数量总和以及销售金额总和

操作步骤：

（1）先排序。

当前单元格选择在数据区域内，单击“数据”→“排序”，“主要关键字”选“日期”；“次序”选“升序”；再单击“添加条件”按钮，“次要关键字”选“产品名称”；再单击“添加条件”按钮，“次要关键字”选“省份”；单击“确定”按钮。

（2）再汇总。

在上述排序基础上，选择“数据”→“分类汇总”，在“分类汇总”对话框中，分类字段选“省份”，汇总方式选“求和”，选定汇总项中在“数量（个）”字段名和“金额（元）”字段名前的复选框中单击鼠标左键，单击“确定”按钮。

1.4　统计每一个省份、每一种产品销售数量总和以及销售金额总和

（1）先排序。

当前单元格选择在数据区域内，单击“数据”→“排序”，“主要关键字”选“省份”；再单击“添加条件”按钮，“次要关键字”选“产品名称”；单击“确定”按钮。

（2）再汇总。

在上述排序基础上，选择“数据”→“分类汇总”，在“分类汇总”对话框中，分类字段选“产品名称”，汇总方式选“求和”，选定汇总项中在“数量（个）”字段名和“金额（元）”字段名前的复选框中单击鼠标左键，单击“确定”按钮。

【第 2 题】用数据透视表方法进行统计。

2.1 按产品名称统计每一天的销售个数

操作步骤：

（1）在“销售记录”表中将当前单元格选择在数据区域内。

（2）单击“插入”→“数据透视表”，在弹出的“创建数据透视表”中直接单击“确定”按钮，即显示数据透视表操作界面。在“数据透视表字段列表”中，将“日期”拖到“行标签”、将“产品名称”拖到“列标签”，将“数量（个）”拖到“Σ数值”。其结果如图 8.39 所示。

2.2 统计每一天的销售额

操作步骤：

（1）在“销售记录”表中将当前单元格选择在数据区域内。

（2）单击“插入”→“数据透视表”，在弹出的“创建数据透视表”中直接单击“确定”按钮，即显示数据透视表操作界面。在“数据透视表字段列表”中，将“日期”拖到“行标签”、将“金额（元）”拖到“数值”。

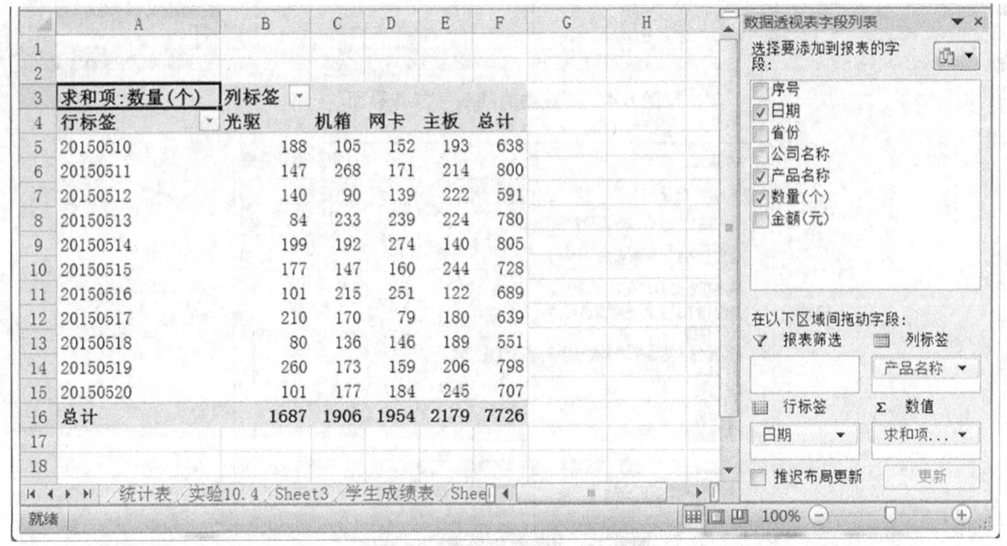

求和项:数量(个)	列标签				
行标签	光驱	机箱	网卡	主板	总计
20150510	188	105	152	193	638
20150511	147	268	171	214	800
20150512	140	90	139	222	591
20150513	84	233	239	224	780
20150514	199	192	274	140	805
20150515	177	147	160	244	728
20150516	101	215	251	122	689
20150517	210	170	79	180	639
20150518	80	136	146	189	551
20150519	260	173	159	206	798
20150520	101	177	184	245	707
总计	1687	1906	1954	2179	7726

图 8.39 “数据透视表”操作结果

2.3 统计每个省份、每种产品、每个公司销售数量总和及销售次数、每个公司的销售金额总和

操作步骤：

（1）在“销售记录”表中将当前单元格选择在数据区域内。

（2）单击“插入”→“数据透视表”，在弹出的“创建数据透视表”中直接单击“确定”按钮，即显示数据透视表操作界面。在“数据透视表字段列表”中，将“省份”拖到“报表筛选”、将“公司名称”拖到“行标签”、将“产品名称”拖到“列标签”、将“数量（个）”拖到“Σ数值”、将“金额（元）”拖到“Σ数值”，如图 8.40 所示。

（3）单击“列标签”列表项的“Σ数值”右侧下拉按钮→“移动到行标签”。

（4）再次将“数量（个）”拖到“Σ数值”，“Σ数值”列表增加一个“求和项：数量（个）2”。单击其右侧下拉按钮→“值字段设置”。在“值字段设置”对话框中将“计算类型”设置为“计数”，单击“确定按钮”，如图 8.41 所示。

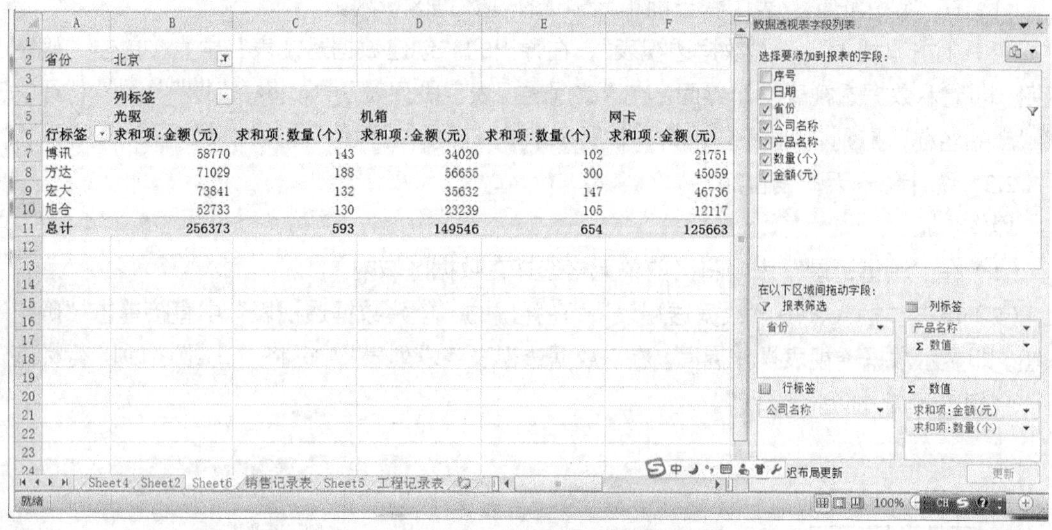

图 8.40 “数据透视表”操作界面

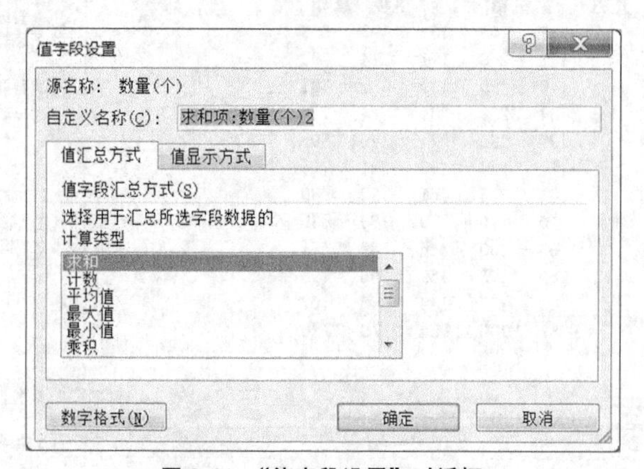

图 8.41 “值字段设置”对话框

CHAPTER9

第9章 函数应用实验

本章共有 5 个实验，每个实验的数据已经输入工作簿文件中。

9.1 实验 1 统计函数与数学函数

【实验目的与要求】

1. 学会使用 MIN、MAX、AVERAGE 函数进行最小值、最大值、平均值计算。
2. 学会使用 COUNTIF 做个数统计计算。
3. 学会使用 MODE、STDEV、MEDIAN 做众度、标准差、中位数计算。
4. 学会使用 FREQUENCY 做频度统计计算。

【实验内容与操作步骤】

【第 1 题】某区中考“统考成绩”表如图 9.1 所示（该表数据共有 6000 行）。

1.1 统计参加考试的考生人数（总分不为 0 的记录个数）、缺考人数、总分在 360 分以上的人数

操作步骤：

（1）参加考试的考生人数：在 K1 单元格中输入公式：=COUNTIF(G2:G6001, "<>0")。

（2）缺考人数：在 K2 单元格中输入公式：=COUNTIF(G2:G6001,0)。

（3）总分在 360 分以上的人数：在 K3 单元格中输入公式：=COUNTIF(G2:G6001,">360")。结果如图 9.2 所示。

	A	B	C	D	E	F	G
1	考试编号	政治	语文	数学	统考科目1	统考科目2	总分
2	10022036001001	18	26	58	79	123	304
3	10022036001002	69	19	69	94	113	364
4	10022036001003	0	0	0	0	0	0
5	10022036001004	67	48	91	132	106	444
6	10022036001005	82	72	74	63	79	370
7	10022036001006	77	33	27	128	118	383
8	10022036001007	31	61	79	87	120	378
9	10022036001008	47	56	58	47	63	271
10	10022036001009	17	19	64	87	99	286
11	10022036001010	78	16	51	101	98	344

图 9.1 学生成绩数据表

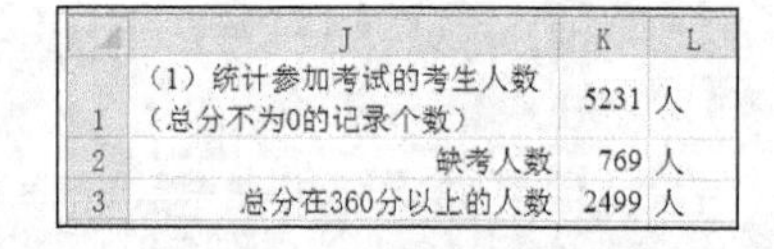

	J	K	L
1	（1）统计参加考试的考生人数（总分不为0的记录个数）	5231	人
2	缺考人数	769	人
3	总分在360分以上的人数	2499	人

图 9.2 统计结果 1

1.2　将参加考试（总分不为 0）的考生记录复制到表“第 2 题”（已重命名好的）中，为第 2 题的练习做准备

操作步骤：

（1）在“统考成绩”表中，单击 A1 单元格。

（2）单击“数据”→“筛选”→“总分”列下拉按钮→“0”→“确定”。（隐藏总分是“0”的行）

（3）在名称框输入 A1:G6001，单击【Enter】键（选定该单元格区域）。

（4）单击“开始”→“复制”。

（5）选定工作表标签“第 2 题”的 A1 单元格，单击“开始”→“粘贴”。

【第 2 题】在“第 2 题”表（共 5232 行）中，按如下要求统计。

2.1　统计表中各项成绩及总分的最高分、最低分、平均分、标准差、众度和中位数

操作步骤：

（1）政治最高成绩：在 N2 单元格中输入公式“=MAX(B2:B5232)”；

（2）政治最低成绩：在 N3 单元格中输入公式“=MIN(B2:B5232)”；

（3）政治平均成绩：在 N4 单元格中输入公式“=AVERAGE(B2:B5232)”；

（4）政治标准差：在 N5 单元格中输入公式“=STDEV(B2:B5232)”；

（5）政治众度：在 N6 单元格中输入公式“=MODE(B2:B5232)”；

（6）政治中位数：在 N7 单元格中输入公式“=MEDIAN(B2:B5232)”。

其他成绩对应项目的统计方法类似，不再重复。统计结果如图 9.3 所示。

	M	N	O	P	Q	R	S	T
1		政治	语文	数学	统考科目1	统考科目2	总分	
2	最高分	94	100	99	148	131	546	
3	最低分	11	16	24	32	47	175	
4	平均分	53.0	58.0	64.8	91.8	89.0	356.5	
5	标准差	24.2	24.3	22.3	26.4	24.5	53.9	
6	众度	88	29	85	105	116	361	
7	中位数	53	58	67	91	89	357	

图 9.3 统计结果 2

2.2　频度统计：分区间统计总分出现的频率及各区间人数的百分比。区间为 0：300 以下；300～349；350～399；400～449；450～499；500 以上。

操作步骤：

（1）输入频率计算分段点：在 O16:O20 单元格中输入 299,349,399,449,499。

（2）选定 P16:P21，输入公式“=FREQUENCY(G2:G5231,O16:O20)”。

（3）按【Ctrl+Shift+Enter】组合键即得出运算结果。

（4）在 N13～S13 单元格中分别输入“=P16”“=P17”“=P18”“=P19”“=P20”“=P21”。

（5）各分数区间人数的百分比：选定 N14，输入公式“=N13/SUM($N$13:$S$13)”，将此公式复制到 O14:S14 即可。运算结果如图 9.4 所示。

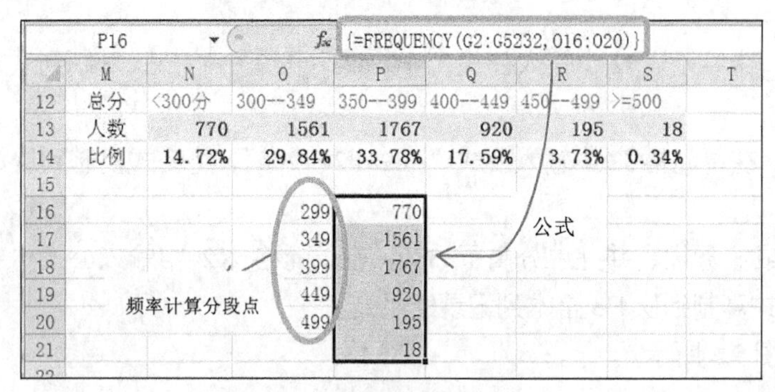

P16　{=FREQUENCY(G2:G5232,O16:O20)}

	M	N	O	P	Q	R	S	T
12	总分	<300分	300--349	350--399	400--449	450--499	>=500	
13	人数	770	1561	1767	920	195	18	
14	比例	14.72%	29.84%	33.78%	17.59%	3.73%	0.34%	
15								
16			299	770				
17			349	1561				
18			399	1767				
19			449	920				
20			499	195				
21				18				

图 9.4　频度函数解析

9.2　实验 2　逻辑函数

【实验目的与要求】

1．学会使用 IF 函数。

2. 学会使用 AND、OR 逻辑函数。

【实验内容与操作步骤】

在本章实验 1“统考成绩”表中（见图 9.5），按下列题目要求操作。

	A	B	C	D	E	F	G	H	I	J	K
1	考试编号	政治	语文	数学	统考科目1	统考科目2	总分	等级	政治+语文 在150分以上(基础优)	统考科目1+统考科目2 在200分以上(专业优)	基础优或专业优 并且总分高于380
2	10022036001001	18	26	58	79	123	304				
3	10022036001002	69	19	69	94	113	364				
4	10022036001004	67	48	91	132	106	444				
5	10022036001005	82	72	74	63	79	370				
6	10022036001006	77	33	27	128	118	383				
7	10022036001007	31	61	79	87	120	378				
8	10022036001008	47	56	58	47	63	271				
9	10022036001009	17	19	64	87	99	286				
10	10022036001010	78	16	51	101	98	344				
11	10022036001011	87	79	42	75	70	353				
12	10022036001012	45	68	42	123	61	339				
13	10022036001013	23	47	42	99	92	303				

图 9.5　IF 函数应用图例

【第 1 题】按“总分”自动评出等级。

等级标准：“优秀”：总分在 510 分以上；“良好”：总分 510～420 分；“中等”：总分 419～

360 分；“及格”：总分 359～270 分；“不及格”：总分在 270 分以下。

操作步骤：

在单元格 H2 中输入公式“=IF(G2>510,"优秀",IF(G2>=420,"良好",IF(G2>=360,"中等",IF(G2>=270,"及格","不及格"))))”，并将公式复制到区域从 H3 至本列记录结尾处。

【第 2 题】输入公式，以便判断该记录“基础优”“专业优”“基础优或专业优、并且总分高于 380”字段的值为“TRUE”或者为“FALSE”。

判断标准：

基础优：政治+语文在 150 分以上；

专业优：统考科目 1+统考科目 2 在 200 分以上。

操作步骤：

（1）基础优：在单元格 I2 中输入公式“=B2+C2>=150”，将公式复制到从 I3 至本列记录结尾处。

（2）专业优：在单元格 J2 中输入公式“=E2+F2>=200”，将公式复制到从 J3 至本列记录结尾处。

（3）基础优或业务优、并且总分高于 380：在单元格 K2 中输入公式“=AND(OR(I2,J2),G2>380)”，将公式复制到从 H3 至本列记录结尾处。

计算结果如图 9.6 所示。

	G	H	I	J	K	L
1	总分	等级	政治+语文 在150分以上(基础优)	统考科目1+统考科目2 在200分以上(专业优)	基础优或专业优 并且总分高于380	
2	304	及格	FALSE	TRUE	FALSE	
3	364	中等	FALSE	TRUE	FALSE	
4	444	良好	FALSE	TRUE	TRUE	
5	370	中等	TRUE	FALSE	FALSE	
6	383	中等	FALSE	TRUE	TRUE	
7	378	中等	FALSE	TRUE	FALSE	
8	271	及格	FALSE	FALSE	FALSE	

图 9.6　IF 函数应用结果

9.3　实验 3　数据库函数

【实验目的与要求】

学会使用 DCOUNT、DSUM、DMAX、DMIN 函数。

【实验内容与操作步骤】

【第 1 题】在本章实验 1 的“统考成绩”表中，按真实参加考试的人数 5231 人，有如下计算。

1. 总分在 400 分以上的记录个数；
2. 总分为 450～550 分的记录个数；
3. 统考科目 1 和统考科目 2 的分数都在 100 分以上的记录个数；
4. 符合下述条件之一的记录个数：总分在 480 以上；统考科目 1 在 110 分以上；统考科

目 2 在 110 分以上；

5. 考试编号中第 1 位到第 8 位是 10022021 的政治最高分；

6. 考试编号中第 1 位到第 8 位是 10022036、语文分数高于 90 分的考生其数学科目平均分。

操作步骤：

在使用数据库函数进行统计时：

（1）构造条件区域。

本题第 1 问：在 K2 单元格输入“总分”，在 K3 单元格输入“>=400”，则条件区域为“K2:K3”；

（2）选择放置结果的单元格输入公式（数据库函数）。

本题第 1 问：在单元格 P2 中输入公式“=DCOUNT(A1:G5232,G1,K2:K3)”。

本实验的 2～6 各问的条件区域设置及各公式如图 9.7 所示，计算结果如图 9.8 所示。

	K	L	M	N	O	P	Q	R	S
1	1. 总分400分以上的记录个数；								
2	总分					=DCOUNT(A1:G5232, G1, K2:K3)			
3	>=400								
4									
5	2. 总分为450～550分的记录个数；								
6	总分	总分				=DCOUNT(A1:G5232, G1, K6:L7)			
7	>=450	<=550							
8									
9	3. 统考科目1和统考科目2的分数都在100分以上的记录个数；								
10	统考科目1	统考科目2				=DCOUNT(A1:G5232, E1, K10:L11)			
11	>=100	>=100							
12									
13	4. 符合下述条件之一的记录个数：总分480以上； 统考科目1在110分以上；统考科目2在110分以上；								
14	总分	统考科目1	统考科目2			=DCOUNT(A1:G5232, G1, K14:M17)			
15	>=480								
16		>=110							
17			>=110						
18									
19	5. 考试编号中第1位到第8位是10022021的政治最高分；								
20	考试编号					=DMAX(A1:G5232, D1, K20:K21)			
21	10022021*								
22									
23	6. 考试编号中第1位到第8位是10022036、 语文分数高于90分的考生其数学科目平均分。								
24	考试编号	语文				=DAVERAGE(A1:G5232, D1, K25:L26)			
25	10022036*	>90							

图 9.7　数据库函数使用的文本图

	K	L	M	N	O	P	Q
1	1. 总分400分以上的记录个数；						
2	总分					1133	
3	>=400						
4							
5	2. 总分为450～550分的记录个数；						
6	总分	总分				213	
7	>=450	<=550					
8							
9	3. 统考科目1和统考科目2的分数都在100分以上的记录个数；						
10	统考科目1	统考科目2				766	
11	>=100	>=100					
12							
13	4. 符合下述条件之一的记录个数：总分480以上； 统考科目1在110分以上；统考科目2在110分以上；						
14	总分	统考科目1	统考科目2			2499	
15	>=480						
16		>=110					
17			>=110				
18							
19	5. 考试编号中第1位到第8位是10022021的政治最高分；						
20	考试编号					94	
21	10022021*						
22							
23	6. 考试编号中第1位到第8位是10022036、 语文分数高于90分的考生其数学科目平均分。						
24	考试编号	语文				66.03425	
25	10022036*	>90					

图 9.8　数据库函数计算结果图

9.4　实验 4　财务函数

【实验目的与要求】

1. 学会使用 PMT 函数计算贷款的每期偿还金额。

2. 学会使用 FV、PV 函数计算投资或贷款的现在值和未来值。

【实验内容与操作步骤】

【第 1 题】 PMT 函数。

1. 某人购房向银行申请 1000000 元贷款，年利率 4.90%，20 年还清，则每月需还房贷多少元?

操作步骤：

（1）在单元格 A4:C4 区域中分别输入利率（年）、期数（年）、贷款额数值。

（2）在单元格 D4 中输入公式：“=PMT(A4/12,B4*12,C4)”，结果如图 9.9 所示。

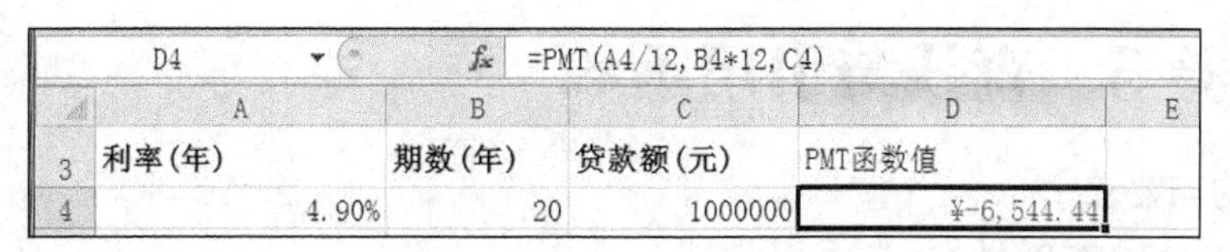

D4 =PMT(A4/12,B4*12,C4)

	A	B	C	D	E
3	利率(年)	期数(年)	贷款额(元)	PMT函数值	
4	4.90%	20	1000000	¥-6,544.44	

图 9.9 PMT 函数 1（贷款）

2. 某人计划以每个月存款，连续存 5 年的方式，5 年后可拥有 100000 元的存款额。设年利率为 1.35%，则每月需存款多少元？

操作步骤：

（1）在单元格 A8:C8 区域中分别输入利率（年）、期数（年）、存款额数值。

（2）在 D8 单元格中输入公式 “=PMT(A8/12,B8*12,,C8)”，结果如图 9.10 所示。

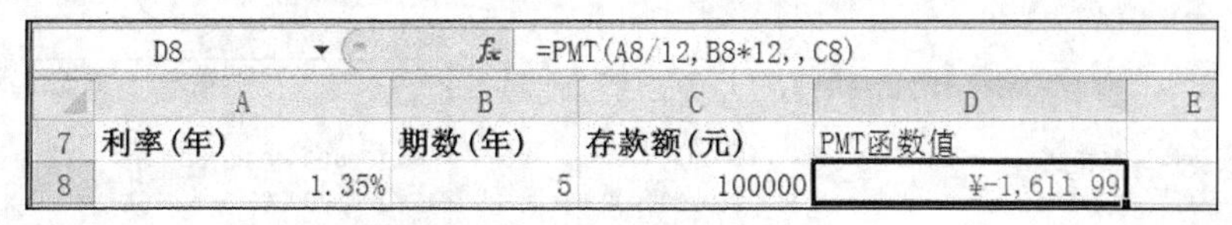

D8 =PMT(A8/12,B8*12,,C8)

	A	B	C	D	E
7	利率(年)	期数(年)	存款额(元)	PMT函数值	
8	1.35%	5	100000	¥-1,611.99	

图 9.10 PMT 函数 2（投资）

【第 2 题】FV 函数。

每月月初存入 1000 元，年利率为 2.25%，20 年后是多少金额。

操作步骤：

（1）在单元格 A13:C13 区域中分别输入每期投资数（月）、期数（年）、年利率（年）的数值。

（2）在 D13 单元格中输入公式“=FV(C13/12,B13*12,A13,,1)”，结果如图 9.11 所示。

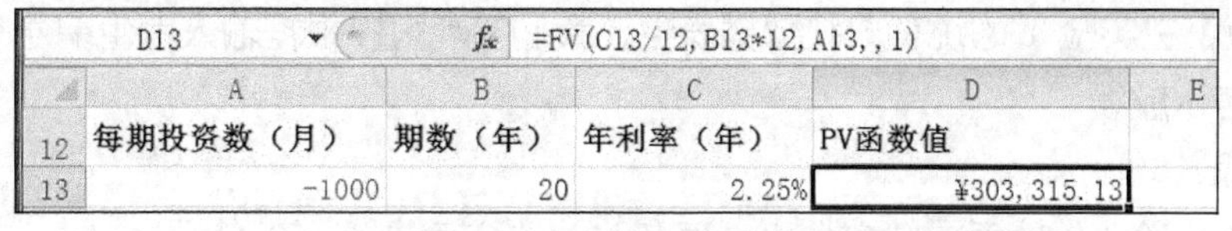

D13 =FV(C13/12,B13*12,A13,,1)

	A	B	C	D	E
12	每期投资数（月）	期数（年）	年利率（年）	PV函数值	
13	-1000	20	2.25%	¥303,315.13	

图 9.11 FV 函数（未来值）

【第 3 题】PV 函数。

计划 5 年内每年期期末最高偿还 24000 元，年利率为 4.90%，用 PV 函数计算当前向银行申请的贷款金额的最高限额。

操作步骤：

（1）在单元格 A18:C18 区域中分别输入每期偿还数（年）、期数（年）、年利率（年）数值。

（2）在 D18 单元格中输入公式“=PV(C18,B18,A18,,1)”，结果如图 9.12 所示。

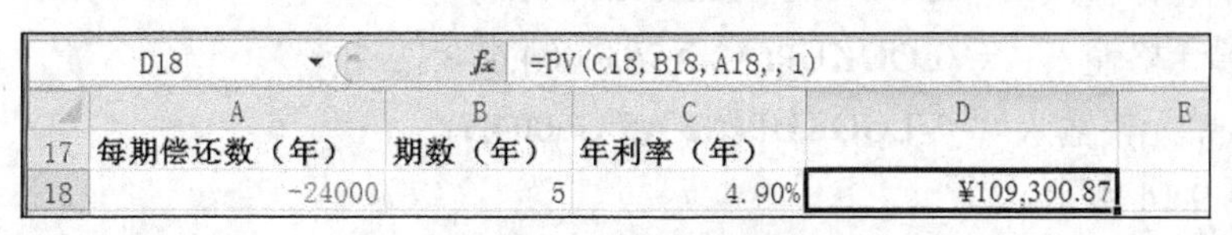

D18 =PV(C18,B18,A18,,1)

	A	B	C	D	E
17	每期偿还数（年）	期数（年）	年利率（年）		
18	-24000	5	4.90%	¥109,300.87	

图 9.12 PV 函数（现在值）

9.5 实验5 查找与引用函数

【实验目的与要求】

学会使用 VLOOKUP 做查找与引用计算。

【第 1 题】使用 VLOOKUP 函数根据图 9.13 中右侧“****年度税额计算表”，查找“综合所得净额”（D12 单元格中的数值）适应的税率及累进差额（结果放在 D13、D14 单元格中）。

操作步骤：

（1）适应税率：选择放结果的单元格 D13，输入公式“=VLOOKUP(D12,F5:H18,2)”。

（2）累进差额：选择放结果的单元格 D14，输入公式“=VLOOKUP(D12,F5:H18,3)”。

	A	B	C	D	E	F	G	H	I
1						****年度税额计算表			
2						所得额	税率	累进差额	
3						0	6%	-	
4	个人综合所得税计算模式					100,000.00	8%	1,600.00	
5	综合所得税总额			¥ 750,000.00		180,000.00	10%	4,800.00	
6	减：	免税额		¥ -68,000.00		260,000.00	12%	10,000.00	
7		抚养亲属免减额		¥ -40,000.00		350,000.00	15%	21,400.00	
8		扣除额：				560,000.00	18%	27,900.00	
9			标准扣除额	¥ -27,000.00		730,000.00	22%	67,100.00	
10			薪资特别扣除	¥ -60,000.00		1,000,000.00	26%	107,000.00	
11			储蓄特别扣除	¥ -144,574.00		1,500,000.00	30%	163,100.00	
12	综合所得净额			¥ 410,426.00		1,800,000.00	34%	235,100.00	
13			适用税率	15%		2,500,000.00	39%	350,100.00	
14			累进差额	¥ 21,400.00		2,880,000.00	44%	490,100.00	
15						4,000,000.00	50%	700,100.00	

图 9.13 VLOOKUP 函数应用图例

【第 2 题】在实验 1 的统考成绩数据表中，我们实现可以根据输入考生编号查找并显示该考生的各门考试成绩。

操作步骤：

（1）复制实验 1 的统考成绩数据表，表名改为“统考成绩（查询）”。

（2）将数据表按考生编号升序排序。

（3）在最前面插入 3 行。

（4）将原表头复制到第一行。

（5）B2 单元格输入“=VLOOKUP(A2,A5:G6004,2)”。

（6）C2 单元格输入“=VLOOKUP(A2,A5:G6004,3)”。

（7）D2 单元格输入“=VLOOKUP(A2,A5:G6004,4)”。

（8）E2 单元格输入“=VLOOKUP(A2,A5:G6004,5)”。

（9）F2 单元格输入“=VLOOKUP(A2,A5:G6004,6)”。

（10）G2 单元格输入“=VLOOKUP(A2,A5:G6004,7)”。

结果如图 9.14 所示。

在 A2 中输入一个正确的考生编号，就可以在 B2 到 G2 单元格中得到该考生的各科成绩。

G2	fx =VLOOKUP(A2,A5:G6004,7)						
	A	B	C	D	E	F	G
1	查找编号	政治	语文	数学	统考科目1	统考科目2	总分
2	10022021001007	71	50	90	106	97	414
3							
4	考生编号	政治	语文	数学	统考科目1	统考科目2	总分
5	10022021001001	57	92	91	118	92	450
6	10022021001002	0	0	0	0	0	0
7	10022021001003	14	87	80	108	85	374
8	10022021001004	89	58	65	76	59	347
9	10022021001005	44	79	42	61	97	323
10	10022021001006	62	100	90	49	128	429
11	10022021001007	71	50	90	106	97	414

图 9.14　VLOOKUP 函数应用实例

CHAPTER10

第10章 数据分析实验

10.1 实验1 Excel数据分析1

【实验目的与要求】

1. 掌握使用模拟运算表工具解决实际问题的方法。
2. 会使用方案管理器解决实际问题。
3. 掌握使用线性回归分析工具解决实际问题的方法。

【实验内容与操作步骤】

【第1题】模拟运算表。

1．单变量单公式模拟运算表

模拟计算当月收入为391000元时，税率分别为12%、14%、16%、18%、20%时应交纳的税费（设：税费=收入×税率）。

操作步骤：

（1）输入计算模型（A1:B2）及变化的税率(A5:A10)，如图10.1所示。

（2）在单元格B4中输入公式“=B2*B1”。

（3）选取包括公式和需要进行模拟运算的单元格区域A4:B10。

（4）单击“数据”选项卡→“数据工具”→“模拟分析”→“模拟运算表”，弹出“模拟运算表”对话框，在“输入引用列的单元格”中输入“$B$1”，如图 10.2 所示。

（5）单击“确定”按钮，即得到单变量的模拟运算表，如图 10.3 所示。

	A	B
1	税率	12%
2	月收入	391000
3		
4		=B2*B1
5	12%	
6	14%	
7	16%	
8	18%	
9	20%	
10	22%	

图 10.1　单变量模拟运算表

模拟运算表

输入引用行的单元格(R):

输入引用列的单元格(C): $B$1

确定　取消

图 10.2　“模拟运算表”对话框

	A	B
1	税率	12%
2	月收入	391000
3		
4		46920
5	12%	46920
6	14%	54740
7	16%	62560
8	18%	70380
9	20%	78200
10	22%	86020

图 10.3　运算表结果

2．单变量多（双）公式模拟运算表

若贷款 200000 元，期限 10 年，模拟计算当贷款年利率分别为 5.00%、5.25%、……、6.75%时月等额还款金额及利息总额。

操作步骤：

（1）输入计算模型（A1:B3）及变化的利率(A6:A13)。

（2）在单元格 B5 中输入计算还款的公式“=PMT(B3/12,B2*12,B1)”、在单元格 C5 中输入计算利息总额的公式“=-B5*B2*12”，负号是为了使结果为正数，如图 10.4 所示。

（3）选取包括公式和需要进行模拟运算的单元格区域 A5:C13。

（4）单击“数据”选项卡→“数据工具”→“模拟分析”→“模拟运算表”，弹出“模拟运算表”对话框，在“输入引用列的单元格”中输入“$B$3”。

（5）单击“确定”按钮，即得到运算结果。

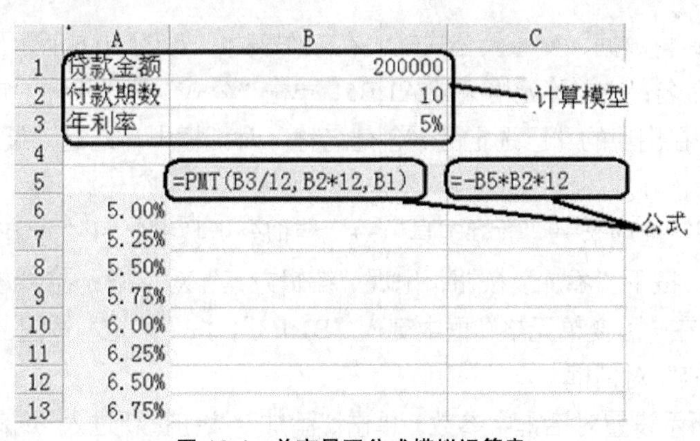

	A	B	C
1	贷款金额	200000	
2	付款期数	10	
3	年利率	5%	
4			
5		=PMT(B3/12,B2*12,B1)	=-B5*B2*12
6	5.00%		
7	5.25%		
8	5.50%		
9	5.75%		
10	6.00%		
11	6.25%		
12	6.50%		
13	6.75%		

图 10.4　单变量双公式模拟运算表

3．双变量模拟运算表

若贷款期限为 10 年，模拟计算当贷款分别为 200000 元、250000 元、……、500000 元，当年利率分别为 5.00%、5.25%、……、6.75%时月等额还款金额。

操作步骤：

（1）输入计算模型（A1:B3）、变化的利率（A6:A13）及变化的贷款额（B5:H5）。

（2）在单元格 B5 中输入计算还款的公式 “=PMT(B3/12,B2*12,B1)”，如图 10.5 所示。

（3）选取包括公式和需要进行模拟运算的单元格区域 A5:H13。

（4）单击“数据”选项卡→“数据工具”→“模拟分析”→“模拟运算表”，弹出“模拟运算表”对话框，在“输入引用行的单元格”中输入“$B$1”，“输入引用列的单元格”中输入“$B$3”。

（5）单击“确定”按钮，即得到运算结果。

	A	B	C	D	E	F	G	H
1	贷款金额	200000						
2	付款期数	10						
3	年利率	5%						
4								
5	=PMT(B3/12,B2*12,B1)	200000	250000	300000	350000	400000	450000	500000
6	5.00%							
7	5.25%							
8	5.50%							
9	5.75%							
10	6.00%							
11	6.25%							
12	6.50%							
13	6.75%							

图 10.5　双变量模拟运算表

【第 2 题】方案管理器。

设有以下三种备选方案，使用方案管理器生成方案及方案摘要，从中选出最优惠的方案。

- 工商银行：贷款额 300000 元，付款期数 120 期（每月 1 期，共 10 年），年利率 5.75%。
- 建设银行：贷款额 300000 元，付款期数 180 期（每月 1 期，共 15 年），年利率 6.05%。
- 中国银行：贷款额 300000 元，付款期数 240 期（每月 1 期，共 20 年），年利率 6.3%。

操作步骤：

（1）建立模型：将数据、变量及公式输入在工作表中，如图 10.6 所示。

（2）给单元格命名：选定单元格区域 A1:B5，单击“公式”选项卡→“定义的名称”→“根据所选内容创建”，在出现的“已选定区域创建名称”对话框中，选定“最左列”复选框。

（3）建立方案。

- 单击“数据”选项卡→“数据工具”→“模拟分析数据”→“方案管理器”，出现“方案管理器”对话框，按下“添加”按钮，出现“编辑方案”对话框：在“方案名”框中键入方案名“工商银行”，在“可变单元格”框中键入“B1:B3”，按“确定”按钮。就会进入到图 10.7 所示的“方案变量值”对话框。

- 按图 10.7 所示设置对话框中参数，单击“添加”按钮重新进入“编辑方案”对话框中，重复上述步骤，输入全部的方案。当输入完所有的方案后，按下“确定”按钮，就会看到图 10.8 的“方案管理器”对话框。至此，已完成了三套方案的设置。

（4）生成方案摘要报告：单击“方案管理器”对话框中的“摘要”按钮，在出现的“方案摘要”对话框中（见图 10.9）的“结果单元格”中输入“B5”，按“确定”按钮，则会生成“方案摘要”报告，如图 10.10 所示。

	A	B
1	贷款金额	300000
2	付款期数	120
3	年利率	5.75
4		
5	每期付款	=PMT(B3/12/100,B2,B1)

图 10.6 建立模型

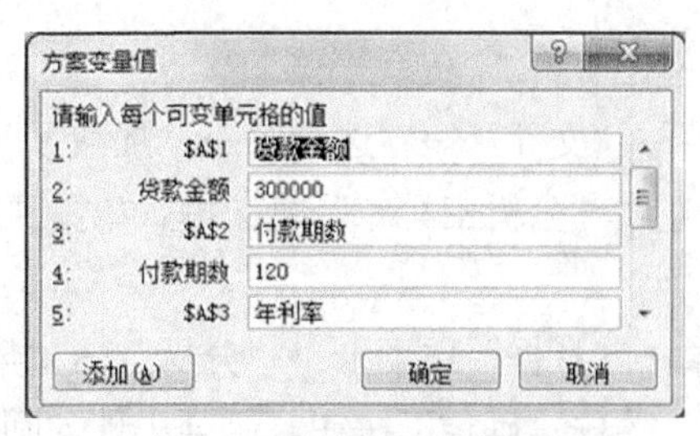

图 10.7 “方案变量值”对话框

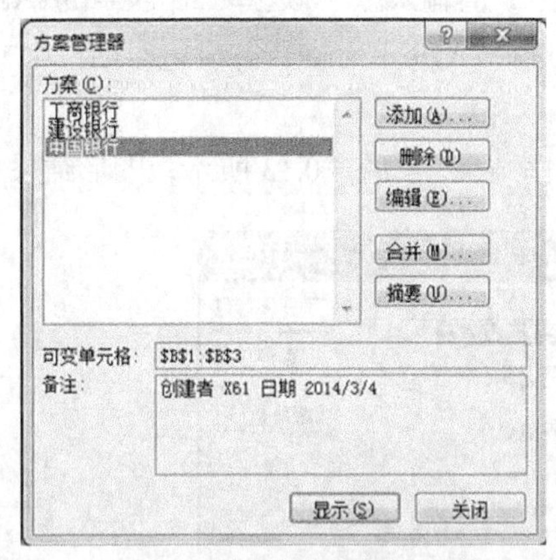

图 10.8 “方案管理器”对话框

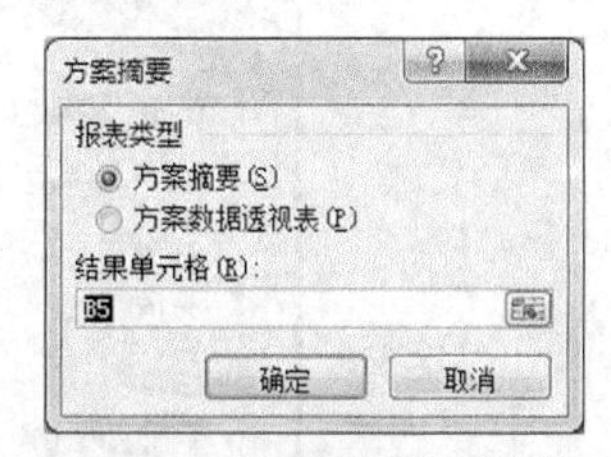

图 10.9 “方案摘要”对话框

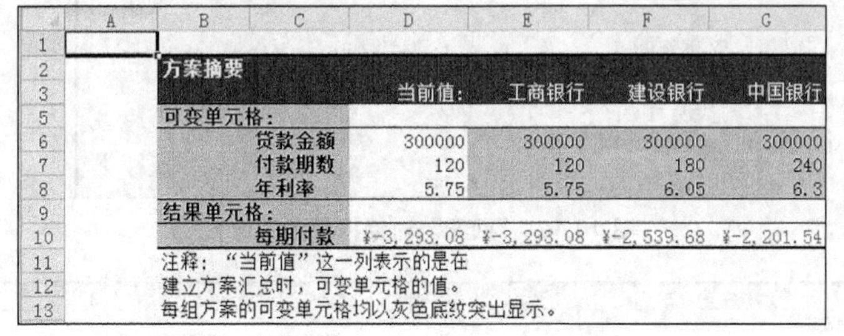

	A	B	C	D	E	F	G
1							
2		方案摘要					
3				当前值:	工商银行	建设银行	中国银行
5		可变单元格:					
6			贷款金额	300000	300000	300000	300000
7			付款期数	120	120	180	240
8			年利率	5.75	5.75	6.05	6.3
9		结果单元格:					
10			每期付款	¥-3,293.08	¥-3,293.08	¥-2,539.68	¥-2,201.54
11		注释:“当前值”这一列表示的是在					
12		建立方案汇总时,可变单元格的值。					
13		每组方案的可变单元格均以灰色底纹突出显示。					

图 10.10 “方案摘要”报告

【第 3 题】线性回归分析。

1.一元线性回归分析

某地高校教育经费(x)与高校学生人数(y)连续六年的统计资料如图 10.11 所示。

要求:建立回归直线方程,并估计教育经费为 500 万元的在校学生数。

操作步骤:

(1)建立数据模型。将数据输入 Excel 表格中,如图 10.11 所示。

	A	B
1	教育经费x(万元)	在校学生数y(万人)
2	316	11
3	343	16
4	373	18
5	393	20
6	418	22
7	455	25

图 10.11 建立数据模型

（2）回归分析。

- 单击“文件”→“选项”→“加载项”→“分析工具库”→“转到”，在“加载宏”对话框中，选中“分析工具库”复选框，单击“确定”按钮（若已加载数据分析宏，则此步骤可以省略）。
- 单击“数据”选项卡→“分析”→“数据分析”，在“数据分析”对话框中，选中“回归”命令，单击“确定”按钮。则会出现“回归”对话框。
- 选择工作表中的$B$1:$B$7 单元格作为“Y 值输入区”，选择工作表中的$A$1:$A$7 单元格作为“X 值输入区”，在“输出区域”框中选择$A$9 单元格，并设置对话框中的其他参数如图 10.12 所示。
- 单击“确定”按钮，则出现回归分析数据结果，如图 10.13 所示；图形结果（略）。

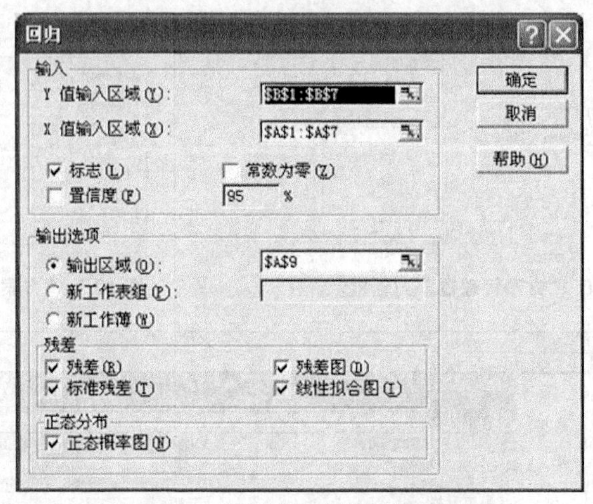

图 10.12 “回归”对话框及参数设置

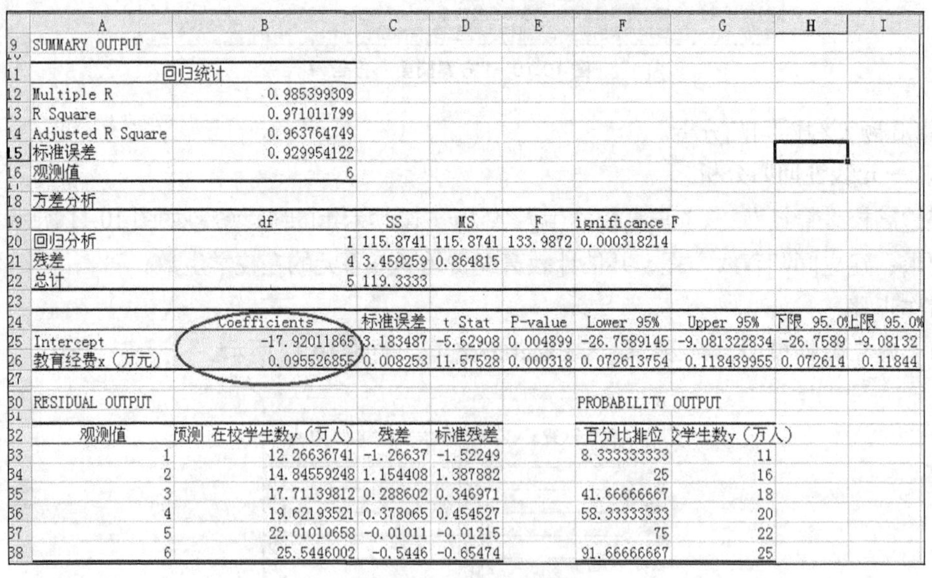

	A	B	C	D	E	F	G	H	I
9	SUMMARY OUTPUT								
11		回归统计							
12	Multiple R	0.985399309							
13	R Square	0.971011799							
14	Adjusted R Square	0.963764749							
15	标准误差	0.929954122							
16	观测值	6							
18	方差分析								
19		df	SS	MS	F	ignificance F			
20	回归分析	1	115.8741	115.8741	133.9872	0.000318214			
21	残差	4	3.459259	0.864815					
22	总计	5	119.3333						
23									
24		Coefficients	标准误差	t Stat	P-value	Lower 95%	Upper 95%	下限 95.0%	上限 95.0%
25	Intercept	-17.92011865	3.183487	-5.62908	0.004899	-26.7589145	-9.081322834	-26.7589	-9.08132
26	教育经费x（万元）	0.095526855	0.008253	11.57528	0.000318	0.072613754	0.118439955	0.072614	0.11844
27									
30	RESIDUAL OUTPUT					PROBABILITY OUTPUT			
32	观测值	预测 在校学生数y（万人）	残差	标准残差		百分比排位	校学生数y（万人）		
33	1	12.26636741	-1.26637	-1.52249		8.333333333	11		
34	2	14.84559248	1.154408	1.387882		25	16		
35	3	17.71139812	0.288602	0.346971		41.66666667	18		
36	4	19.62193521	0.378065	0.454527		58.33333333	20		
37	5	22.01010658	-0.01011	-0.01215		75	22		
38	6	25.5446002	-0.5446	-0.65474		91.66666667	25		

图 10.13 回归分析结果

（3）建立回归方程。

由图 10.13 可见，回归方程 $y=a*x+b$ 中，$a=0.095526855$；$b=-17.92011865$，所以方程为：$y=0.095526855*x-17.92011865$。

根据方程，当教育经费 X 为 500 万元时，在校学生数为

$$Y=0.095526855\times500-17.92011865$$
$$=0.095526855\times500-17.92011865\approx29.8 \text{ 万人}$$

2．多元线性回归

在图 10.14 的数据中，假设劳动力参与率（Y）与失业率（X_1）和平均小时工资（X_2）之间满足线性模型：$Y=a_1X_1+a_2X_2+b$，用线性回归的方法估计劳动力参与率（Y）关于失业率（X_1）和平均小时工资（X_2）的线性方程。

操作步骤：

（1）建立数据模型。将数据输入 Excel 表格中，如图 10.14 所示。

	A	B	C	D
1	年份	劳动力参与率	失业率	平均小时工资
2	1980	63.8	7.1	7.78
3	1981	63.9	7.6	7.69
4	1982	64	9.7	7.68
5	1983	64	9.6	7.79
6	1984	64.4	7.5	7.8
7	1985	64.8	7.2	7.77
8	1986	65.3	7	7.81
9	1987	65.6	6.2	7.73
10	1988	65.9	5.5	7.69
11	1989	66.5	5.3	7.64
12	1990	66.5	5.6	7.52
13	1991	66.2	6.8	7.45
14	1992	66.4	7.5	7.41
15	1993	66.3	6.9	7.39
16	1994	66.6	6.1	7.4
17	1995	66.6	5.6	7.4
18	1996	66.8	5.4	7.43
19	1997	68.01	6.5	7.01

图 10.14　建立数据模型

（2）回归分析。

- 单击“文件”→“选项”→“加载项”→“分析工具库”→“转到”，在“加载宏”对话框中，选中“分析工具库”复选框，单击“确定”按钮（若已加载数据分析宏，则此步可以省略）。
- 单击“数据”选项卡→“分析”→“数据分析”，在“数据分析”对话框中，选中“回归”命令，单击“确定”按钮，则会出现“回归”对话框。
- 选择工作表中的$B$1:$B$19 单元格作为“Y 值输入区”，选择工作表中的$C$1:$D$19 单元格作为“X 值输入区”，在“输出区域”框中选择$A$21 单元格，并勾选对话框中“标志”复选框。根据需要还可勾选其他选项。
- 单击“确定”按钮，则出现回归分析数据结果，如图 10.15 所示；图形结果（略）。

（3）建立回归方程。

由图 10.15 可见，多元线性回归方程 $Y=a_1X_1+a_2X_2+b$ 中，$a_1=-0.445368004$；$a_2=-3.880052403$；

b=98.09084159。

所以劳动力参与率（Y）关于失业率（X_1）和平均小时工资（X_2）的线性方程为：

$$Y=-0.445368004\times X_1-3.880052403\times X_2+98.09084159$$

	A	B	C	D	E	F	G	H	I
21	SUMMARY OUTPUT								
22									
23	回归统计								
24	Multiple R	0.941971527							
25	R Square	0.887310358							
26	Adjusted R Sq	0.872285072							
27	标准误差	0.440526912							
28	观测值	18							
29									
30	方差分析								
31		df	SS	MS	F	ignificance F			
32	回归分析	2	22.9207	11.4603453	59.054	7.74694E-08			
33	残差	15	2.91096	0.19406396					
34	总计	17	25.8317						
35									
36		Coefficients	标准误差	t Stat	P-value	Lower 95%	Upper 95%	下限 95.0%	上限 95.0%
37	Intercept	98.09084159	3.86823	25.35808406	1E-13	89.84590448	106.335779	89.84590448	106.3358
38	失业率	-0.445368004	0.08914	-4.996005178	0.0002	-0.63537582	-0.2553602	-0.63537582	-0.25536
39	平均小时工资	-3.880052403	0.53301	-7.279450845	3E-06	-5.01614648	-2.7439583	-5.01614648	-2.74396
40									
43	RESIDUAL OUTPUT					PROBABILITY OUTPUT			
45	观测值	预测 劳动力参与率	残差	标准残差		百分比排位	劳动力参与率		
46	1	64.74192106	-0.9419	-2.276254905		2.777777778	63.8		
47	2	64.86844178	-0.9684	-2.340345102		8.333333333	63.9		
48	3	63.97196949	0.02803	0.067738778		13.88888889	64		
49	4	63.58970053	0.4103	0.991533393		19.44444444	64		
50	5	64.48617281	-0.0862	-0.208245992		25	64.4		
51	6	64.73618479	0.06382	0.154216422		30.55555556	64.8		
52	7	64.67005629	0.62994	1.522327633		36.11111111	65.3		
53	8	65.33675489	0.26325	0.636160511		41.66666667	65.6		
54	9	65.80371458	0.09629	0.232684202		47.22222222	65.9		
55	10	66.08679081	0.41321	0.998565055		52.77777778	66.2		
56	11	66.41878669	0.08121	0.196260809		58.33333333	66.3		
57	12	66.15594876	0.04405	0.106454632		63.88888889	66.4		
58	13	65.99939325	0.40061	0.968109875		69.44444444	66.5		
59	14	66.3442151	-0.0442	-0.106850608		75	66.5		
60	15	66.66170898	-0.0617	-0.149126473		80.55555556	66.6		
61	16	66.88439298	-0.2844	-0.687266634		86.11111111	66.6		
62	17	66.85706501	-0.0571	-0.137903815		91.66666667	66.8		
63	18	67.99678221	0.01322	0.031942219		97.22222222	68.01		

图 10.15 回归分析结果

10.2 实验 2 Excel 数据分析 2

【实验目的与要求】

1. 掌握使用规划求解工具解决实际问题的方法。
2. 会使用相关分析工具解决实际问题。
3. 掌握使用单因素方差分析工具解决实际问题的方法。

【实验内容与操作步骤】

【第 1 题】规划求解。

1．求线性规划问题

工厂的生产，由于人工时数与机器时数的限制，生产的产品数量和品种受到一定的限制。例如，某服装厂生产男服和女服，生产每件男服需要机工 5 小时，手工 2 小时，生产每件女服需要机工 4 小时，手工 3 小时，机工最多有 270 小时，手工最多有 150 小时。生产男服一件可得利润 90 元，生产女服一件可得利润 75 元，男服的数量不能超过 42 件。

问：如何安排男服和女服的数量以获得最多利润。

操作步骤：

设生产男服数量为 X_1，女服数量为 X_2，问题化为求最大值 Max $Z=90X_1+75X_2$

约束条件如下。

机工时数约束：$5X_1+4X_2\leqslant 270$

手工时数约束：$2X_1+3X_2\leqslant 150$

男服数量约束：$X_1\leqslant 42$

用 Excel 求解 X_1、X_2 的数量。

加载规划求解命令：单击“文件”选项卡→“选项”→“加载项”→“规划求解加载项”→“转到”，在“加载宏”对话框中，选中“规划求解加载项”复选框，单击“确定”按钮（若已加载规划求解宏，则此步可以省略）。

（1）建立数据模型。将上述变量、约束条件和公式，输入工作表中，如图 10.16 所示。

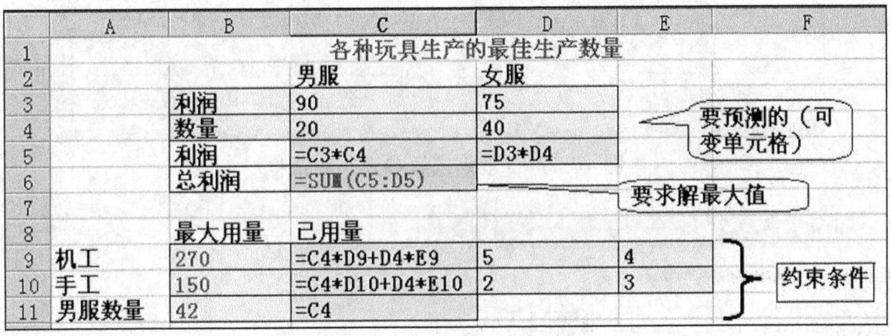

	A	B	C	D	E	F
1	各种玩具生产的最佳生产数量					
2			男服	女服		
3		利润	90	75		
4		数量	20	40		
5		利润	=C3*C4	=D3*D4		
6		总利润	=SUM(C5:D5)			
7						
8		最大用量	已用量			
9	机工	270	=C4*D9+D4*E9	5	4	
10	手工	150	=C4*D10+D4*E10	2	3	
11	男服数量	42	=C4			

要预测的（可变单元格）

要求解最大值

约束条件

图 10.16　建立数据模型

其中单元格中的公式如下。

C5：=C3*C4

D5：=D3*D4

C6：=SUM(C5:D5)

C9：=C4*D9+D4*E9

C10：=C4*D10+D4*E10

C11：=C4

（2）进行求解。

- 单击“数据”选项卡→“规划求解”，弹出“规划求解参数”对话框，如图 10.17 所示。
- 在“规划求解参数”对话框中；“设置目标”文本框中输入“$C$6”；“到”选“最大值”；“通过更改可变单元格”中输入“$C$4:$D$4”；在“约束”中添加约束条件：“$C$9:$C$11<=$B$9:$B$11”。
- 单击“求解”按钮，则系统将显示如图 10.18 所示的“规划求解结果”对话框，选择“保留规划求解的解”项，单击“确定”按钮，则求解结果显示在工作表上，如图 10.19 所示。

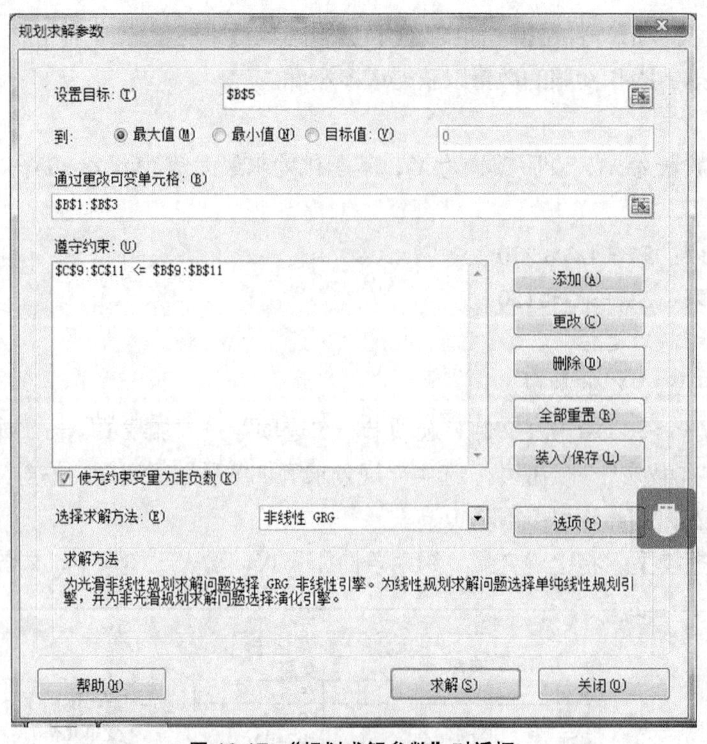

图 10.17 “规划求解参数”对话框

规划求解结果

规划求解找到一解，可满足所有的约束及最优状况。

报告：运算结果报告、敏感性报告、极限值报告

◉ 保留规划求解的解

○ 还原初值

☐ 返回“规划求解参数”对话框　☐ 制作报告大纲

确定　取消　保存方案...

规划求解找到一解，可满足所有的约束及最优状况。

使用 GRG 引擎时，规划求解至少找到了一个本地最优解。使用单纯线性规划时，这意味着规划求解已找到一个全局最优解。

图 10.18 “规划求解结果”对话框

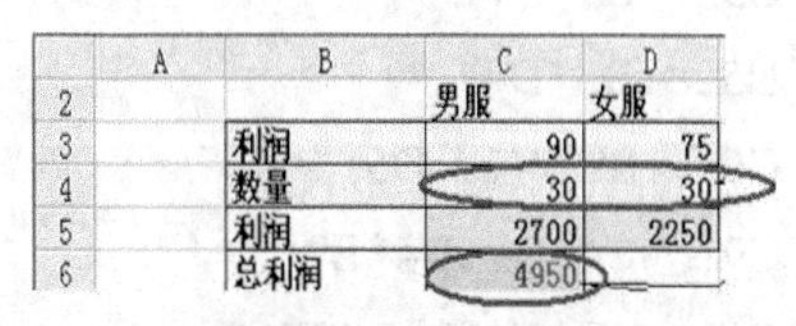

	A	B	C	D
2			男服	女服
3		利润	90	75
4		数量	30	30
5		利润	2700	2250
6		总利润	4950	

图 10.19 运算结果

- 如果需要，还可以选择“运算结果报告”“敏感性报告”“极限值报告”及“保存方案”，以便于对运算结果做进一步的分析。

2．求解非线性方程组：

$$\begin{cases} 3x^2+2y^2-2z-8=0 \\ x^2+(x+1)y-3x+z^2-5=0 \\ xz^2+3x+4yz-10=0 \end{cases}$$

操作步骤：

（1）建立数据模型：在工作表中输入数据及公式，如图 10.20 所示。

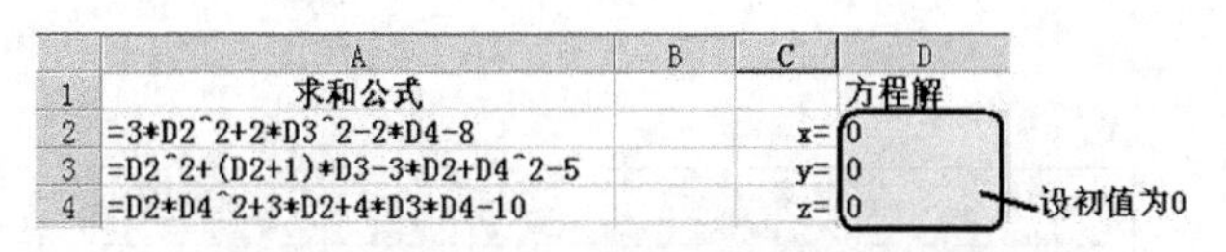

	A	B	C	D
1	求和公式			方程解
2	=3*D2^2+2*D3^2-2*D4-8		x=	0
3	=D2^2+(D2+1)*D3-3*D2+D4^2-5		y=	0
4	=D2*D4^2+3*D2+4*D3*D4-10		z=	0

图 10.20 利用“规划求解”工具求解方程组

- 单元格 D2:D4 为可变单元格，存放方程组的解，其初值可设为零（也可为空）。
- 在单元格 A2 中输入求和公式“=3*D2^2+2*D3^2-2*D4-8”。
- 在单元格 A3 中输入求和公式“=D2^2+(D2+1)*D3-3*D2+D4^2-5”。
- 在单元格 A4 中输入求和公式“=D2*D4^2+3*D2+4*D3*D4-10”。

（2）进行求解。

- 单击“数据”选项卡→“规划求解”，弹出“规划求解参数”对话框，在“规划求解参数”对话框中，“设置目标”文本框为“$A$2”；“等”设置为“目标值：0”；“通过更改可变单元格”设置为“$D$2:$D$4”；“遵守约束”中添加“$A$3:$A$4=0”。
- 单击“求解”按钮，即可得到方程组的解，如图 10.21 所示。

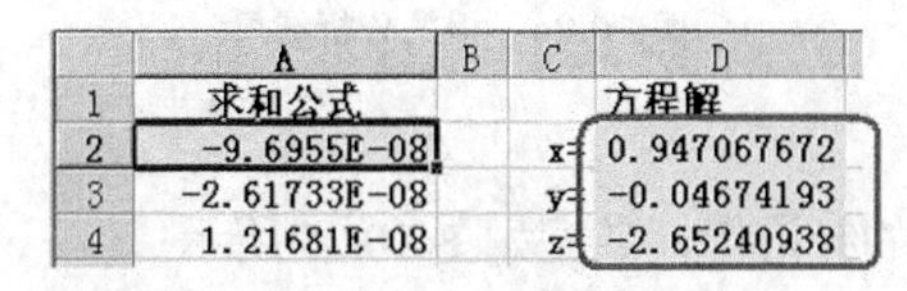

	A	B	C	D
1	求和公式			方程解
2	-9.6955E-08		x=	0.947067672
3	-2.61733E-08		y=	-0.04674193
4	1.21681E-08		z=	-2.65240938

图 10.21 求解结果

【第 2 题】相关分析。

1．单变量相关分析

某财务软件公司在全国有许多代理商，为研究它的财务软件产品的广告投入与销售额的关系，统计人员随机选择 10 家代理商进行观察，搜集到年广告投入费和月平均销售额的数据，如图 10.22 所示，用 Excel 的分析工具，分析广告投入与销售额的相关性。

操作步骤：

（1）建立数据模型：将数据输入工作表中，如图 10.22 所示。

	A	B	C	D	E	F	G	H	I	J	K
1	年广告费投入	12.5	15.3	23.2	26.4	33.5	34.4	39.4	45.2	55.4	60.9
2	月均销售额	21.2	23.9	32.9	34.1	42.5	43.2	49	52.8	59.4	63.5

图 10.22 相关分析数据模型

（2）单击“数据”选项卡→“数据分析”，在出现的“数据分析”对话框中选择“相关系数”，将弹出“相关系数”对话框，设置对话框内容如下。

- 输入区域：选取图 10.23 中$A$1:$K$2，表示标志与数据。
- 分组方式：根据数据输入的方式选择逐行或逐列，此例选择“逐行”。
- 由于数据选择时包含了标志，所以要勾选“标志位于第一列”复选框。
- 根据需要选择输出的位置，本例为“$A$4”，如图 10.23 所示。
- 单击“确定”按钮，输出结果如图 10.24 所示。

分析结果表明：相关系数 r=0.994198376，表示年广告投入费和月平均销售额之间存在高度正相关关系。

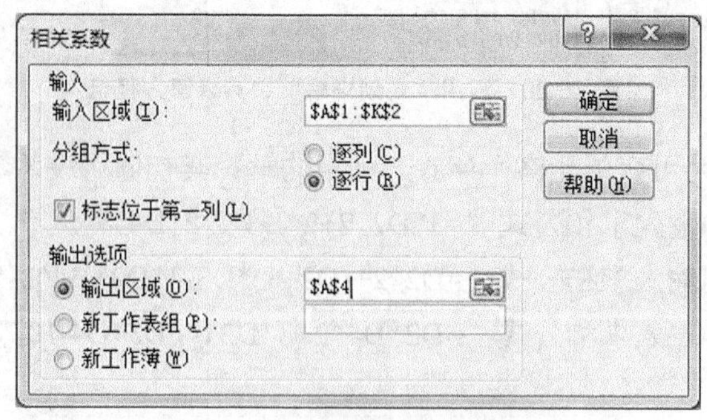

图 10.23 “相关系数”对话框

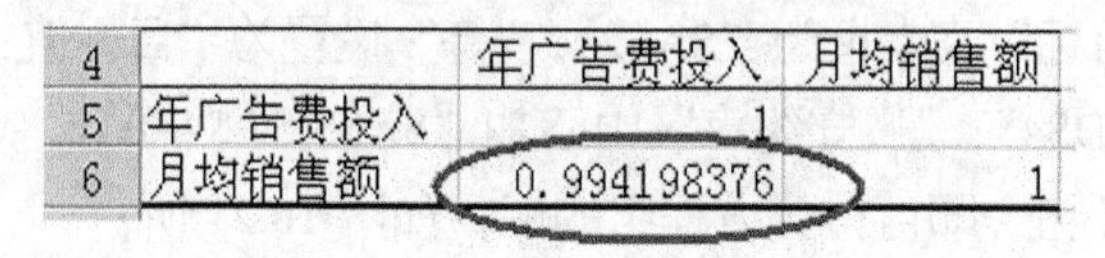

4		年广告费投入	月均销售额
5	年广告费投入	1	
6	月均销售额	0.994198376	1

图 10.24 相关分析结果

2．多变量相关分析

我国 23 个城市 2001 年的经济指标数据如图 10.25 所示。

要求用 Excel 工具分别计算两对变量间的相关系数，看看哪组变量的相关性强。

	A	B	C	D
1	城市	固定资产投资总额(Y)	GDP(x1)	工业总产值(x2)
2	1	52.9589	104.8208	87.1815
3	2	68.9508	485.6173	285.1619
4	3	69.2708	104.4875	84.6394
5	4	72.101	145.6452	100.1338
6	5	97.3925	211.1188	124.5826
7	6	122.7084	386.34	332.1319
8	7	124.3629	363.4412	355.3352
9	8	140.5708	315	251.7889
10	9	146.7685	302.747	258.8494
11	10	172.4216	348.7465	396.5228
12	11	178.7947	828.1974	640.0503
13	12	184.2512	558.3268	803.2877
14	13	199.2565	1003.0125	953.5921
15	14	207.7632	1074.2289	787.4438
16	15	253.0586	1235.64	1103.9275
17	16	256.9496	733.85	482.6105
18	17	257.8558	1066.2	786.7011
19	18	258.1724	1085.4284	860.8672
20	19	263.905	673.0627	411.003
21	20	279.8029	728.0774	370.0281
22	21	283.5581	1236.4727	757.1867
23	22	293.4728	1316.0846	1671.7464
24	23	311.7781	1120.1156	527.6195

图 10.25 我国 23 个城市 2001 年的经济指标数据（亿元）

操作步骤：

（1）建立数据模型：将数据按图 10.25 的格式输入工作表中。

（2）单击“数据”选项卡→“数据分析”，在出现的“数据分析”对话框中选择“相关系数”，将弹出“相关系数”对话框，设置对话框内容如下。

- 输入区域：选取图 10.25 中$B$1:$D$24，表示标志与数据。
- 分组方式：根据数据输入的方式选择逐行或逐列，此例选择“逐列”；

由于数据选择时包含了标志，所以要勾选“标志位于第一行”复选框；

根据需要选择输出的位置，本例为“$F$2”；

单击“确定”按钮，输出结果如图 10.26 所示。

	固定资产投资总额(Y)	GDP(x1)	工业总产值(x2)
固定资产投资总额(Y)	1		
GDP(x1)	0.864005641	1	
工业总产值(x2)	0.685896497	0.8607506	1

图 10.26 多变量的相关分析结果

分析结果表明：

固定资产投资总额（Y）与 GDP（x_1）的相关系数 r=0.864005641 为高度正相关关系；

GDP（x_1）与工业总产值（x_2）的相关系数 r=0.8607506 为高度正相关关系；

固定资产投资总额（Y）与工业总产值（x_2）的相关系数 r=0.685896497 为中度正相关关系。

【第 3 题】单因素方差分析。

国家统计局城市社会经济调查总队 1996 年在辽宁、河北、山西 3 省的城市中分别调查了 5 个样本地区，得城镇居民人均年消费额（人民币元）数据如图 10.27 所示。

要求：用单因素方差分析方法检验 3 省城镇居民的人均年消费额是否有差异（设 α=0.05）。

操作步骤：

（1）建立数据模型：将数据输入工作表中，如图 10.27 所示。

	A	B	C	D	E	F
1	省 地区	1	2	3	4	5
2	辽宁	3493.02	3657.12	3329.56	3578.54	3712.43
3	河北	3424.35	3856.64	3568.32	3235.69	3647.25
4	山西	3035.59	3465.07	2989.63	3356.53	3201.06

图 10.27 单因素方差分析数据模型

（2）单击“数据”选项卡→“数据分析”，在出现的“数据分析”对话框中选择“方差分析：单因素方差分析”，将弹出“方差分析：单因素方差分析”对话框。

（3）设置对话框的内容，如图 10.28 所示。

- 输入区域：选择分析数据所在区域“$A$1:$F$4”。
- 分组方式：提供列与行的选择，当同一水平的数据位于同一行时选择行，位于同一列时选择列，本例选择列。
- 如果输入区域的第一行或第一列包含标志，则选中“标志位于第一行”复选框。
- α：显著性水平，一般输入 0.05，即 95%的置信度。
- 输出区域：分析结果将以选择的单元格为左上角开始输出，本例选择“$A$6”。

（4）单击“确定”按钮，则出现“方差分析：单因素方差分析”结果，如图 10.29 所示。

运算结果表明：本例中 F 统计值是 501.4537，远远大于 F 临界值 3.238867。所以，拒绝接受等均值假设，即认为 3 省城镇居民的人均年消费额有显著差距。从显著性分析上也可以看出，概率几乎为 0，远远小于 0.05。

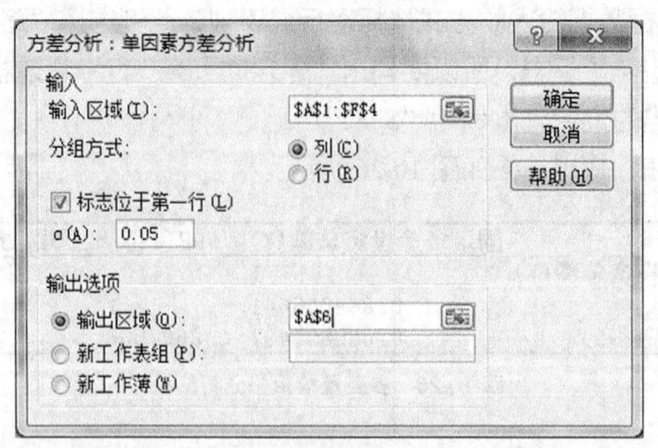

图 10.28 “方差分析：单因素方差分析”对话框参数设置

6	方差分析：单因素方差分析						
8	SUMMARY						
9	组	计数	求和	平均	方差		
10	省	5	15	3	2.5		
11	辽宁	5	17770.67	3554.134	22606.95		
12	河北	5	17732.25	3546.45	54584.24		
13	山西	5	16047.88	3209.576	41398.14		
16	方差分析						
17	差异源	SS	df	MS	F	P-value	F crit
18	组间	44601229	3	14867076	501.4537	4.999E-16	3.238867
19	组内	474367.3	16	29647.96			
20							
21	总计	45075597	19				

图 10.29 单因素方差分析结果

参考文献

[1] 杨尚群，乔红，蒋亚珺．Excel 实用教程．北京：人民邮电出版社，2009.
[2] EXCEL HOME．2010 数据处理与分析．北京：人民邮电出版社，2014.
[3] Cliff T.Ragsdale．电子表格建模与决策分析．北京：电子工业出版社，2006.
[4] Mihael Milton．深入浅出 Excel．北京：人民邮电出版社，2013.
[5] Mihael Milton．深入浅出数据分析．北京：电子工业出版社，2013.
[6] 通达信软件下载的股票数据.
[7] 中华人民共和国国家统计局网站：http://data.stats.gov.cn.
[8] 北京新发地批发市场网站：http://www.vegnet.com.cn/Price/Market/30.